大型燃气−蒸汽
联合循环发电设备与运行

电气分册

广东惠州天然气发电有限公司　编

中国电力出版社
CHINA ELECTRIC POWER PRESS

内 容 提 要

为适应大型燃气-蒸汽联合循环电站建设及技术快速发展的需要，同时鉴于我国目前针对大型燃气-蒸汽联合循环电站生产人员的侧重实际应用的培训专业书籍甚少，广东惠州天然气发电有限公司组织技术力量，编写了丛书《大型燃气-蒸汽联合循环发电设备与运行》，包括《机务分册》和《电气分册》，本书为其中的《电气分册》。

本书以三菱 F 级燃气-蒸汽联合循环发电机组为例，介绍了大型燃气-蒸汽联合循环机组主要电气设备和电气系统，并结合实际的运行经验，对主要电气设备和电气系统的结构及组成、运行操作方法、事故处理等方面进行了重点介绍。全书共分十一章，第一~五章分别着重介绍了联合循环发电机组的电气一次主设备的工作原理、性能结构、运行维护及注意事项、典型事故处理及运行经验分享等方面内容，主要包括发电机、变压器、静态变频器、励磁系统及电气主接线系统；第六章和第七章分别介绍了燃气-蒸汽联合循环发电机组配置的继电保护装置和电气自动装置的构成、原理、日常运维经验等；第八章主要介绍燃气-蒸汽联合循环发电机组的厂用电系统相关的设备组成及操作等；第九章和第十章重点介绍直流系统及 UPS 系统的设备组成原理及操作；第十一章针对电厂节能降耗采取的变频措施，着重介绍高、低压变频装置。

本书适用于从事大型燃气轮机及其联合循环电厂中关于设计、调试、运行的技术人员、管理人员，可作为运行人员及相关生产人员培训教材，也可供高等院校电气类专业师生参考。

图书在版编目（CIP）数据

大型燃气-蒸汽联合循环发电设备与运行．电气分册/广东惠州天然气发电有限公司编．—北京：中国电力出版社，2023.10（2024.9 重印）

ISBN 978-7-5198-7252-6

Ⅰ.①大…　Ⅱ.①广…　Ⅲ.①燃气-蒸汽联合循环发电-发电机组-运行　Ⅳ.①TM611.31

中国版本图书馆 CIP 数据核字（2022）第 221360 号

出版发行：中国电力出版社

地　　址：北京市东城区北京站西街 19 号（邮政编码 100005）

网　　址：http：//www.cepp.sgcc.com.cn

责任编辑：孙　芳（010—63412381）

责任校对：黄　蓓　常燕昆

装帧设计：赵姗姗

责任印制：吴　迪

印　　刷：三河市航远印刷有限公司

版　　次：2023 年 10 月第一版

印　　次：2024 年 9 月北京第二次印刷

开　　本：787 毫米×1092 毫米　16 开本

印　　张：21　插页 2

字　　数：529 千字

定　　价：98.00 元

《大型燃气-蒸汽联合循环发电设备与运行　电气分册》

编 委 会

主　　任　丁建华
副 主 任　黄世平　何玉才　蔡青春　黄文强　李三强
　　　　　杨卫国　陈晓强　刘　斌
委　　员　邱云祥　牛　勇　薛少华　彭志平　唐嘉宏
　　　　　关国杰　李　俊　陈　愈　黄纪新　曹明宣

编 写 人 员

主　　编　蔡青春
副 主 编　曹明宣　张廷艺
参编人员　王　一　赖炳通　王日彬　陈　贤　张东平

前　言

随着国家对环境保护的不断重视，燃气轮机技术的不断发展完善，以清洁能源天然气为燃料的大型燃气轮机及其联合循环发电近年来在我国得到了蓬勃发展，已经成为我国电力工业的重要组成部分之一。

为适应大型燃气-蒸汽联合循环电站建设及技术快速发展的需要，同时鉴于我国目前针对大型燃气-蒸汽联合循环电站生产人员的侧重实际应用的培训专业书籍甚少，广东惠州天然气发电有限公司组织技术力量，编写了丛书《大型燃气-蒸汽联合循环发电设备与运行》，包括《机务分册》和《电气分册》。本书为其中的《电气分册》。

本分册主要内容着重于对燃气-蒸汽联合循环发电的各电气设备和系统进行阐述。书中以三菱F级燃气-蒸汽联合循环发电机组电气设备为例，介绍了大型燃气-蒸汽联合循环机组主要电气设备和电气系统，并结合实际的运行经验对主要电气设备和电气系统的结构及组成、运行操作方法、事故处理和运行经验等方面进行了重点介绍。全书共分十一章，第一～五章着重介绍了联合循环发电机组的电气一次主设备的工作原理、性能结构、运行维护及注意事项、典型事故处理及运行经验分享等方面内容，主要包括发电机、变压器、静态变频器、励磁系统及电气主接线系统；第六章和第七章分别介绍了燃气-蒸汽联合循环发电机组配置的继电保护装置和电气自动装置的构成、原理、日常运维经验等；第八章主要介绍燃气-蒸汽联合循环发电机组的厂用电系统相关的设备组成及操作等；第九章和第十章重点介绍直流系统及UPS系统的设备组成原理及操作；第十一章针对电厂节能降耗采取的变频措施，着重介绍高、低压变频装置。

本书由广东惠州天然气发电有限公司负责编写，本册主编为蔡青春，副主编为曹明宣和张廷艺，由张廷艺负责本书的总体协调和汇总，由张廷艺、王一主要负责审稿与编写工作。同时，参与编写的人员还有赖炳通、王日彬、陈贤、张东平等。

在本书编写的过程中，作者参阅了大量国内外相关的学术著作、论文和工作报告，参考了许多相关专业图书和资料，甚至引用或介绍了其中部分论述和观点，在此特致感谢。

由于作者水平有限，书中难免有不少错误和不足之处，恳请广大读者批评指正。

编　者

2023 年 5 月

目　录

第一章

发 电 机

第一节 发电机系统介绍

一、发电机的基本原理

转子绕组通过直流励磁电流,建立励磁磁场,当转子旋转时,磁场随轴一起旋转并顺次切割定子各相绕组,由于定子绕组与励磁磁场之间的相对切割运动,定子绕组中将会感应出大小和方向按周期性变化的三相对称交流电源。

二、发电机的分类和特点

(一)发电机的分类

发电机的种类有很多种。

(1)按工作原理不同分:同步发电机和异步发电机。异步发电机较少使用,目前在广泛使用的大型发电机都是同步发电机。

(2)按原动机不同分:汽轮发电机、水轮发电机、燃气轮发电机、柴油发电机等。

(3)按冷却介质不同分:空冷发电机、氢冷发电机和水冷发电机。水冷发电机冷却效果最好,但运行要求高。

惠州 LNG 电厂二期三台机组燃气轮机均采用 QFR-340-2-16 型发电机,为全氢冷同步发电机,额定功率为 336.6MW。汽轮机均采用 QF-150-2-15.75 型发电机,为空冷同步发电机,额定功率为 150MW。

(二)氢冷和空冷发电机的优缺点(见表 1-1)

表 1-1 氢冷和空冷发电机的优缺点

冷却方式	优 点	缺 点
空冷发电机	(1)系统简单,不需要专门的氢气系统以及相关的密封油系统,运行费用低; (2)不需考虑漏氢对发电机的危害	(1)冷却效果差; (2)噪声大
氢冷发电机	(1)氢气的密度比空气小,氢冷发电机可降低风摩损耗和通风损耗。 (2)氢气有更大的导热系数和表面散热系数,冷却效果更好。 (3)氢冷发电机定子机座是密封结构,避免了灰尘和水汽进入发电机内部,降低维护费用。 (4)由于与氧气和水汽隔绝,发电机绝缘系统更不容易发生电晕。 (5)氢气密度小,同时采用密闭通风系统,可降低发电机噪声	(1)易着火,易爆炸,已泄漏扩散; (2)需制氢设备、干燥器、很好的密封系统,置换氢气烦琐

1

（三）同步发电机的基本特性

同步发电机的基本特性有五种：空载特性、短路特性、负载运行特性、外特性和调整特性。其中表征同步发电机性能的主要是空载特性、短路特性和负载运行特性，利用它们可以测定发电机的基本参数，是电机设计、制造的主要技术数据。

1. 空载特性

发电机不接负载时，电枢电流为零，称为空载运行。此时电机定子的三相绕组只有励磁电流 I_f 感生出的空载电动势 E_0（三相对称），其大小随 I_f 的增大而增加。但是，由于电机磁路铁芯有饱和现象，所以两者不成正比。反映空载电动势 E_0 与励磁电流 I_f 关系的曲线称为同步发电机的空载特性，如图 1-1 所示。

利用空载特性曲线可以判断转子绕组有无匝间短路，也可判断定子铁芯有无局部短路，如有短路，该处的涡流去磁作用也将使得励磁电流因升至额定电压而增大。

2. 短路特性

发电机在额定转速下，定子三相稳态短路时，电枢短路电流 I_k 与励磁电流 I_f 之间的关系曲线称为同步发电机的短路特性，如图 1-2 所示。

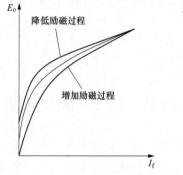

图 1-1　同步发电机的空载特性

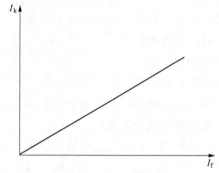

图 1-2　同步发电机的短路特性

如图 1-2 所示，短路特性为一条直线，利用它可以判断转子绕组有无匝间短路，若存在短路，由于匝数的减少，短路特性曲线也会降低。此外，发电机的同步电抗、短路比计算都需要利用短路特性。

3. 负载运行特性

当电枢电流 I 及功率因数 $\cos\varphi$ 均为常数时，端电压 U 与励磁电流 I_f 之间的关系曲线称为负载特性。

三、发电机的结构组成

发电机通常由定子、转子、端盖、机座及轴承等部件构成。

（一）发电机的定子

发电机的定子由机座、定子铁芯、定子绕组、端盖等部件组成。

1. 定子通风

燃气轮机发电机定子采用单风区全径向通风，如图 1-3 所示。冷却气体在铁芯两端从定子线棒端部和转子护环之间进入气隙，再沿径向经过铁芯风道流入铁芯背部。冷却气体冷却铁芯和定子线棒后，进入沿轴向布置在机座顶部的冷却器，冷却后由转轴两端的轴流风扇鼓进入发电机内部再次循环。

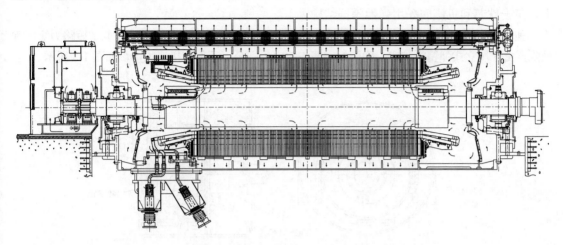

图 1-3　燃气轮机发电机定子通风流程

汽轮发电机定子采用密闭式分区空气循环通风系统，气体循环的动力由转子两端的轴流式风扇提供。由风扇鼓入的冷却气体一部分通过机座内的导风管进入各冷风区，再从铁芯背部沿铁芯风沟径向流入气隙，沿气隙轴向流动后拐入铁芯径向风沟进入机座背部热风区。热风通过安装在机座下面的冷却器冷却后再回到风扇，然后进入下次循环，如图 1-4 所示。

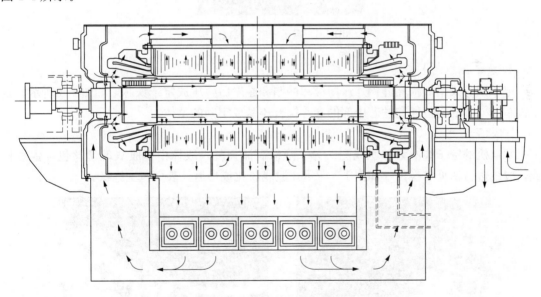

图 1-4　汽轮发电机定子通风流程

2. 定子机座、隔振结构和端盖

定子机座主要作用是支撑和固定定子铁芯和定子绕组，机座材料采用轧制焊接钢板，机座外皮采用大尺寸的整板下料以减少焊缝，使机座具有良好的气密性和能够承受氢爆产生的压力，同时在结构上还要满足发电机的通风和密封要求。

为了防止转子磁极和定子铁芯之间的磁拉力所导致的铁芯倍频振动传递到机座和基础上，定子铁芯和机座间采用弹性隔振结构。

弹性隔振结构在铁芯径向具有一定的柔性，在切向可以支撑铁芯的重量和承受短路力矩。弹性隔振由 8 块立式弹簧板构成，弹簧板上部与内定子把合，下部与机座焊接，如图 1-5 所示。

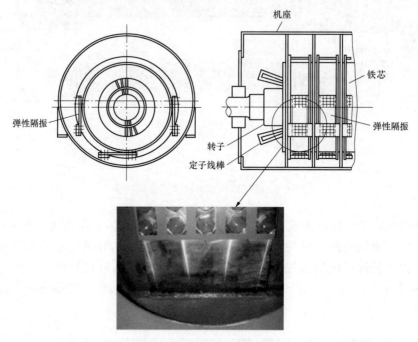

图 1-5　定子机座、隔振结构

3. 定子铁芯

定子铁芯采用低损耗硅钢片。扇形片冲制和涂漆后叠压成定子铁芯，如图 1-6 所示。定子铁芯由外圆的定位筋和铁芯中部的穿心螺杆压紧成牢固的整体。

4. 定子线圈

发电机的定子线圈为单匝线圈，为了降低涡流损耗，线棒由多股双玻璃丝包扁铜线构成，股线进行罗贝尔换位，如图 1-7 所示。股线胶化成形后，表面包主绝缘。

图 1-6　定子铁芯

图 1-7　定子线圈

5. 出线套管

在机座下方有 6 个出线套管，其中 3 个出线端，3 个中性点。定子电流在发电机集电环侧经定子引线、出线套管、离相封闭母线到变压器。以每个出线瓷套管端子为中心，从出线盒向下吊装着若干组穿心式电流互感器，分别提量给测量仪和继电保护使用。

（二）发电机的转子

发电机的转子主要由转子铁芯、励磁绕组（转子线圈）、护环和风扇等组成。

1. 转子通风

燃气轮机发电机的冷却氢气从中心环和转轴之间的空隙进入护环下的区域。其中一部分进入由端部垫块形成的 S 形风道表面冷却转子线圈端部，经大齿甩风槽进入气隙。

转子铜线底部设有轴向风道，冷却氢气从转子本体两端进入槽底风道后沿轴向向转子中部流动，经铜线径向风孔冷却铜线后进入气隙，再进入定子铁芯径向风道，如图 1-8 所示。

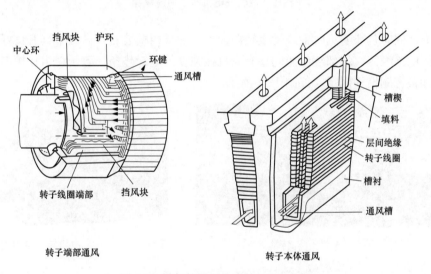

转子端部通风　　　　　　　转子本体通风

图 1-8　燃气轮机发电机转子通风流程

如图 1-9 所示，汽轮发电机的冷却空气从护环下进入转子绕组，一部分通过端部绕组的冷却风道，进入冷却绕组端部后，从本体两端的出风孔排出；另一部分由副槽分两路进入绕组槽部的冷却风道，从转子本体分两处排出。由转子排出的热风进入气隙后，汇入定子热风回到冷却器。

2. 转轴

转轴由 Ni-Cr-Mo-V 合金钢整体锻造而成，如图 1-10 所示。在转轴本体大齿中心沿轴向均匀地开了多个横向月形槽，又在励端轴柄的小齿中心线上开有两条均衡槽，即以均衡磁极中心线位置的两条磁极引线槽。这些都是为了均匀转轴上正交两轴线的刚度，从而降低倍频振动。在大齿上开有阻尼槽，使发电机在不平衡负载时，可以减少在横向槽边缘处的阻尼电流和由此引起的在尖角处的温度急剧升高，有效提高了发电机承受负序的能力。

3. 转子绕组

转子绕组采用具有良好机械性能和抗蠕变性能的含银铜线。转子绕组匝间垫条和绕组主绝缘分别采用环氧玻璃布板和玻璃坯布——NOMEX 纸槽衬。转子绕组端部运行时承受很

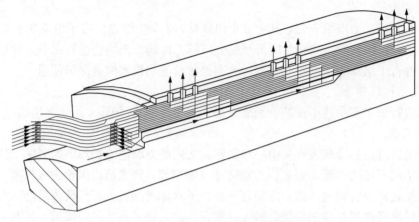

图 1-9　汽轮发电机转子通风流程

大的离心力，同时负荷变化时铜线发生轴向伸缩，护环内壁装有在高温下具有良好机械性能和绝缘性能的绝缘筒，端部绕组匝间垫有高机械强度的绝缘垫条。转子绕组在槽内用高强度的合金钢和铍青铜槽楔固定，如图 1-11 所示。

图 1-10　发电机转轴

图 1-11　发电机转子绕组

4. 护环

护环对转子绕组端部起着固定、保护、防止变形的作用。承受着转子的弯曲应力、热套应力和绕组端部及本身的巨大离心力。

护环热套在转轴上，用环键固定，见图 1-12。转子绕组端部被套在护环下，保证运行时绕组端部与直线部分间的径向相对变形最小。

护环绝缘内表面与铜线接触的部分设有滑移层，这种结构允许转子绕组在轴向无约束地热膨胀，避免附加应力。

为了减少转子端部的漏磁损耗，护环采用非磁性材料。

5. 风扇

转轴两端设有两个轴流式风扇。风叶材料为耐腐蚀铝合金，按相关规范对风叶作全部可靠性检测，如 X 光探伤等。风叶固定在风扇座环上，风扇座环材料为 Ni-Cr-Mo 合金钢，热套在转轴上，如图 1-13 所示。

(三) 端盖、轴承、集电环、氢冷器和电加热器

1. 端盖

端盖采用焊接结构，把合在定子机座上。端盖径向焊有筋板，具有足够的刚性。端盖中

装有轴承，挡油盖，油密封等部件，如图 1-14 所示。为防止气体泄漏，端盖与机座的把合面上有密封条。

图 1-12　发电机转子绕组护环　　　　图 1-13　发电机转子风扇

2. 轴承

燃气轮机发电机采用可倾瓦轴承，如图 1-15 所示，保证运行时轴承具有较高的稳定性和较低的瓦温。

图 1-14　发电机端盖　　　　图 1-15　燃气轮机发电机轴承

轴瓦下半部分由带球面座的下瓦套组成，下瓦套内圆垂线中心线两侧位置有两个可倾斜的瓦块。下瓦套的球面座可使轴承具有自调心功能。

下半瓦由铜质瓦块和钢制瓦座把合而成，瓦块内圆浇钨金以支撑轴颈。上半瓦设有泄油沟，结构与常规椭圆轴承相同。

轴颈表面要求超精加工，可增加轴承承载能力，维持可靠的润滑。

汽轮发电机采用椭圆瓦轴承，如图 1-16 所示，轴瓦外表面与轴承座内表面采用球面配合，使转子在运行时能自动调整中心。

3. 轴电流保护装置

为了防止轴电流，在轴承顶部与端盖用镶块绝缘；在轴承底部，轴承套和轴承配合面之间装有绝缘板，然后用绝缘螺栓固定，如图 1-17 所示。

除此之外，在所有可能导通轴电流部位都装有绝缘，如集电环，密封座与端盖之间，密封座和油管之间，油密封与端盖之间。所有部件都有足够的爬电距离，防止泄漏电流。

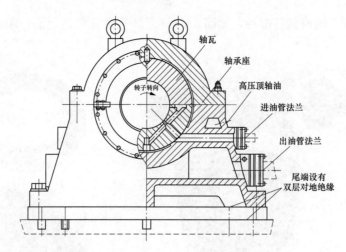

图 1-16　汽轮发电机轴承

图 1-17　发电机绝缘板

4. 密封座

燃气轮机发电机是氢气冷却，为防止氢气泄漏，装有密封座。密封座装在轴承内侧防止机座沿着转轴漏氢。

如图 1-18 所示，当密封油的压力大于机座内的压力时，密封油被压入密封瓦的槽里，通过密封瓦与转轴的间隙流到氢侧（机座内侧）和空气侧（机座外侧），这样就可以防止氢气从机内泄漏。

5. 集电环

集电环材料是工具钢，表面螺旋型凹槽可以使集电环与碳刷均匀接触，如图 1-19 所示。凹槽可以帮助空气逸出，这样由于转轴高速运转而在集电环表面产生的气体高压就不会阻止碳刷和集电环之间的良好接触。转子中心孔两端被堵上，但在集电环侧留有一个供实验用的孔，这样就可以对导电螺钉作泄漏实验。

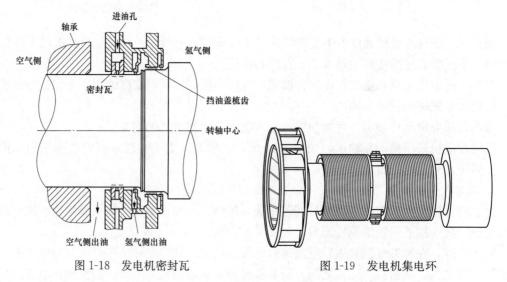

图 1-18　发电机密封瓦　　　　　　图 1-19　发电机集电环

在燃气轮机发电机大轴励端尾部和汽轮发电机两集电环中间各自装有一个同轴离心式风扇，该风扇对集电环及碳刷进行强迫冷却，并拥有独立的进、出风路，如图 1-3 和图 1-4 所示，有效消除碳粉对机组的污染。

集电环套在转轴上，在两者之间有绝缘套筒。集电环与转子绕组之间通过导电螺钉以及中心孔里的导电杆连接。导电螺钉有锥形螺纹与导电杆连接，而螺纹部分被拧入导电杆体，接触紧密。两套导电螺钉配有合成橡胶垫圈可以防止机内气体通过中心孔泄漏。

6. 冷却器

氢冷发电机冷却器放在发电机顶部，有两组，每组两台，共有 4 台氢气冷却器。空冷发电机冷却器放在发电机底部，共五台。如图 1-20 所示，冷却器由套片式的水管组成。冷却器组成部分有前后水箱、套片、冷却水管和外壳。套片材料是海军铜。

图 1-20　发电机冷却器

7. 电加热器

汽轮发电机由于是空冷，空气与外部大气不完全隔离，容易受潮。所以在汽轮发电机机座下部地坑内安装有电加热器。停机时（当湿度≥50%）开启电加热器，使机内温度高于环境温度 5℃（但绝对温度不超过 60℃），以防止发电机受潮。当机内空气相对湿度低于 50% 或机内温度达到 55℃时，停止加热器。发电机运行时不得开启电加热器，电加热器正常工作在自动方式。

四、发电机的监测系统

发电机的监测包括温度测量、振动测量、氢气湿度测量和发电机局放监测等。

1. 定子铁芯温度监测

在定子边段铁芯的齿顶和扼中、压指及磁屏蔽上设置热电偶，监视定子铁芯温度。

2. 定子绕组温度监测

在近汽端定子槽部上下层线棒之间埋置电阻测温元件，监测定子绕组温度。

3. 氢冷器冷却水总进出水温监测

在燃气轮机发电机冷却器的总出水管上设有热电偶元件，其测量信号送至 DCS。在汽轮发电机冷却器的进出水管上设有温度表，监视冷却水温度。

4. 发电机内冷却气体温度监测

燃气轮机发电机在汽端和励端冷却器内冷氢侧和热氢侧各设置 1 个测温元件，其测量信号送至 DCS。

汽轮发电机在1、2、3号风区各设置了2个测温元件，检测冷热风区风温；在发电机汽端和励端各设置了2个测温元件，检测发电机进口的冷却空气风温；其测量信号均送至DCS。

5. 轴承温度监测

在汽、励两端的下半轴承可倾瓦块内各设有一个热电偶，监视轴瓦温度；在汽、励两端的轴承回油管也设有热电偶检测回有温度；这两个信号均送至DCS。

6. 轴系振动监测

在燃气轮机和汽轮发电机汽、励两端和励磁机的轴承外挡油盖上都各设一个非接触式拾振器，测量转子轴颈振动；同时汽轮发电机还设有一个轴承盖振变送器，测量轴承座的振动；这些测量数据均送至DCS。

7. 燃气轮机发电机氢气的参数

发电机配备了一套氢气干燥器可以有效地控制发电机内氢气的湿度。配置一套在线氢气纯度/露点仪，可直观地反映机内氢气的纯度和露点。

第二节　发电机运行与维护

一、发电机的正常运行方式

（一）正常运行方式

1. 额定运行方式

发电机按照铭牌规定数据运行的方式，称为额定运行方式。发电机可以在这种方式下或在容量限制曲线的范围内长期连续运行。

发电机额定方式下的长期运行，主要是受机组的发热情况限制。发电机各部分的温度限制见表1-2、表1-3。

表1-2　　　　　　　　　　燃气轮机发电机温度限制表

项目	温度限值（℃）	备注
定子绕组及出线温度	≤106	埋设检温计
转子绕组温度	≤120	电阻法
定子铁芯温度	≤130	埋设检温计
定子端部结构件温度	≤130	埋设热电偶
集电环温度	≤130	温度计法
集电环出风温度	≤90	温度计法，制造厂标准
轴瓦温度	≤80	埋设检温计，进油温度≤46℃
轴承和油封回油温度	≤70	埋设检温计

2. 发电机容量限制曲线

图1-21为燃气轮机发电机在冷却水温为38℃、氢压为0.35MPa时运行容量曲线。发电机容量曲线给出了在不同功率因数条件下的负荷限制，其目的是控制定、转子绕组及定子铁芯中最热点的温度。

表 1-3 汽轮发电机温度限制表

项目	温度限值（℃）	备注
定子绕组温度	≤125	埋设电阻检温计
定子铁芯温度	≤120	埋设电阻检温计
转子绕组温度	≤115	电阻法
集电环温度	≤120	温度计法
轴瓦温度	≤80	轴承合金下埋设电阻检温计
轴承回油	≤65	埋设电阻检温计

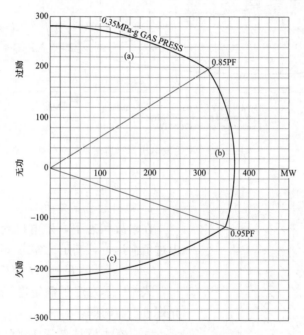

图 1-21 燃气轮机发电机运行容量曲线

在功率因数 0.0（过激）至额定功率因数范围内运行时受转子绕组的温度限制，相应于恒转子电流运行[见图 1-21(a)]。功率因数在额定功率因数 至 0.95（欠激）范围内的负荷是由定子绕组的温度所限制。在这段曲线区域内运行，定子电流恒定不变，转子电流将随负荷及功率因数的变化而变化，但其值始终小于额定励磁电流值[见图 1-21(b)]。运行在功率因数 0.95（欠激）至 0.0（欠激）范围内，其限制条件为定子端部铁芯、端部结构件的发热及励磁系统对在低励时的稳定性要求[见图 1-21(c)]。

图 1-22 是汽轮发电机运行容量曲线图。

注意：在正常运行时，发电机不允许超过铭牌的额定数据运行。

3. 电压、频率允许的变动范围

如图 1-23 所示，发电机允许长期在图 1-23 的实线框中运行。电压变化±5%、频率变化±2%范围内能连续输出额定功率。

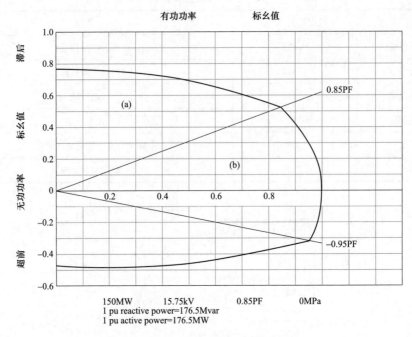

图 1-22 汽轮发电机运行容量曲线

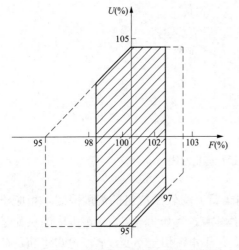

图 1-23 发电机电压频率允许波动范围

（二）异常运行

1. 短时过负荷能力

在事故状态下，发电机允许定子绕组在短时内过负荷运行，满足计算式（1-1），即

$$(I^2-1)t=37.5 \qquad (1-1)$$

式中：I 为定子额定电流的倍数，%；t 为可允许过电流时间，s。

注：在上述过电流工况下的定子温度将超过额定负荷时的数值，发电机定子过负荷每年不超过 2 次。

2. 三相短路

在额定容量，额定功率因数和 105% 定子电压条件下，发电机具有承受突然短路的能力，时间为 3s。

3. 不平衡负荷

发电机三相负荷不平衡或发生不对称短路时，定子电流中便会出现负序电流，因而产生负序旋转磁场，并在转子上感生双频涡流，使转子表面附加损耗增大，温度升高，同时产生交变转矩，使振动加大，定子电压波形也受到影响。

若每相电枢电流均不超过额定值 I_N，则持续不平衡负荷 I_2 与 I_N 之比（I_2/I_N）≤10%；在发生故障情况下，发电机瞬态负序能力 $(I_2/I_N)^2 t \leq 10$。

4.冷却器异常运行方式

燃气轮机发电机的正常运行时四台氢冷却器全部投入运行，以保证机内冷氢温度恒定，冷却水温度与冷氢温度之间温差保持 10℃左右，同时基本保持两侧冷氢温度平衡。当氢气冷却器部分停止运行时，发电机连续运行时所带负荷不能超过图 1-24 规定值。

条件(标准)	停运的冷却器数量/冷却器总数量(百分比)	容许负荷(100%指在气体压力下的额定负荷)
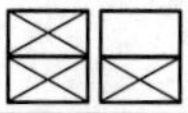	1/4	90
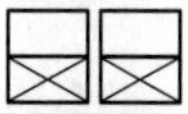	2/4	80
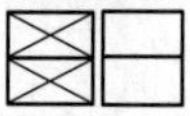	2/4	65

⊠ 工作   ☐ 停运

图 1-24 燃气轮机发电机允许负荷和冷却器投运数量关系

汽轮发电机一个冷却器停用时，允许带 80%额定负荷。

发电机冷却器初次使用时，应排除冷却管内的空气。如果冷却管内空气未排除完，冷却器将不会正确运行，甚至可能引起冷却气体温度在左右侧的不平衡。

如果上述状况在带负荷运行时出现，应及时检查冷却器内空气是否排尽。

二、发电机投运前的准备和检查

在机组启动前应完成下列检查项目：

(1) 确认下列辅助系统处于良好状态。

1）冷却器闭式冷却水系统；

2）轴承润滑油系统；

3）顶轴油系统；

4）氢气系统（氢冷发电机）；

5）密封油系统（氢冷发电机）。

(2) 检查电气连接，确认发电机的出口开关及发电机转子励磁回路开关位置状态是否正确。

(3) 确认发电机定子绕组和转子绕组的绝缘电阻均合格。

(4) 氢冷其他安全注意事项。

1）在运行中可能有少量氢气泄漏出来，因此在发电机周围 10m 范围内应严禁烟火。

2）因为少量氢气可能通过油密封混入轴承润滑油中，所以润滑油系统中的抽油烟风机必须处于连续运行状态。

3）从发电机出线套管漏出的氢气可能在封闭母线中汇集起来，平时巡检时需检查漏氢在线监测装置是否有报警。

4）当对发电机充氢、排氢或提取氢气样品时，操作过程应严格按照说明书进行。

(5) 空冷发电机启机前要确认发电机加热器已退出，发电机底部的漏液探测装置没有报警。

三、发电机运行中的检查监视

（一）检查与监视

1. 机内温度

随时监测下列各种温度。在任何工作条件下，每个温度测量值都不应超规定的最高值以及最低值。

（1）定子铁芯温度；

（2）机内冷、热氢或者空气温度；

（3）轴瓦温度；

（4）转子绕组温度。

2. 轴承振动

在线监测轴振动和/或轴承座振动情况，振动值不应超过其规定值。

3. 氢气、闭式冷却水和润滑油等介质的参数

（1）氢气湿度和纯度等；

（2）机内氢压；

（3）密封油压力，进、出油温度等；

（4）轴承润滑油压力，进、出油温度等；

（5）氢气冷却器的进、出水温度等。

密切监视机内氢压的变化，如果发现不正常氢压下降，应尽快找出原因，采取补救措施，并补入氢气使机内氢压恢复到额定值。

机内氢压必须高于水压 0.04MPa，以防止在事故状态，水进入机内。保持密封油压高于氢压（0.056±0.02)MPa，以防止氢气外泄。

随时检查机内湿度，保持机内氢气湿度值低于规定值，以便消除机内结露和转子部件产生应力腐蚀的可能性。

定期检查机内氢气纯度，如果纯度降到了规定值，应排出一些机内氢气，然后再补充一些氢气来提高机内氢气纯度。但每次置换的氢气量不应超过 10% 的氢气总量，以便避免机内氢气温度变化太大。

4. 氢冷发电机漏液检测装置

定期检查位于机座下面的液位信号器中的液位状态。若发现有油、水，应及时放尽，并迅速找出原因，加以消除。

5. 碳刷

定期检查碳刷的运行情况。当出现火花时，检查碳刷压力是否分布均匀，刷辫与刷块之间是否有松动现象等。

定期检查接地碳刷与转轴的接触状况。

（二）相关记录

发电机正常运行期间，应记录以下参数：

（1）所有电气数据，包括有功功率、无功功率、功率因数、电压、电流、频率等；

（2）轴承振动；

（3）上述所有温度值；

（4）上述冷却介质及润滑介质的参数。

第三节 发电机出口开关GCB

一、发电机出口开关概述

现在许多电厂的单元接线在发电机出口装设断路器（简称 GCB）。GCB 的特性是动作快速，开断电流大，使运行更加可靠。同时也使电气接线运行方式更加灵活，大大方便了运行人员的操作及维护。

发电机出口装设断路器（GCB）的主要优点如下：

（1）发电机组正常解列后的厂用电源是通过主变压器倒送电用厂用高压变压器提供，无论是机组启动还是停运都无需进行厂用电切换操作。

（2）当发电机内部故障或热力系统原因引起机组跳闸，GCB 自动断开，厂用电自动由主变压器导入，可做到无扰动切换厂用电，各种厂用辅机不会因发电机跳闸而改变工作状态，厂用电的可靠性大为提高。

（3）当主变压器或厂用高压变压器内部故障时（见图 1-25），GCB 可以快速切除故障电流（见图 1-26），减少变压器爆炸起火的可能性，为修复变压器创造条件。

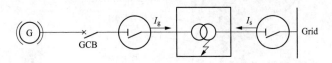

图 1-25　主变压器故障示意图

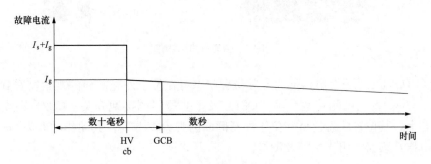

图 1-26　故障电流断开时间

二、GCB 的构成

惠州 LNG 电厂采用瑞士 ABB 高压技术有限公司的 HECS-100XL 型 SF_6 断路器，其额定电流为 18kA，开断电流为 100kA。如图 1-27 所示，该装置主要由 GCB 主柜、就地控制柜、GCB 液压弹簧操动机构、就地操动机构等组成。

（一）GCB 主柜

GCB 主柜内有以下设备（见图 1-28）：发电机出口开关（Q0）、发电机出口"隔离开关"或"刀开关"（Q9）、SFC 启动隔离开关（Q91）、发电机侧接地开关（Q81）、主变压器侧接地开关（Q82）等。

发电机出口开关（Q0）本体内充有 SF_6 气体（见图 1-29），具有优良的灭弧能力，能分合额定电流及短路电流，开关动作时间为 20～50ms。发电机出口隔离开关（Q9）及 SFC 启

15

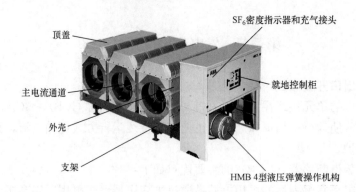

图 1-27 GCB外观图

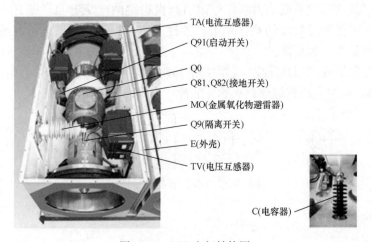

图 1-28 GCB主柜结构图

动隔离开关（Q91）无分合电流能力，其位置状态可在位于外壳侧面的观察窗看到，分合动作时间为2～3s。发电机侧接地开关（Q81）及主变压器侧接地开关（Q82）在设备转为检修状态时合上，其位置状态也可在位于外壳侧面的观察窗看到，其动作时间为2～3s。电流互感器及电压互感器均用于保护及测量。

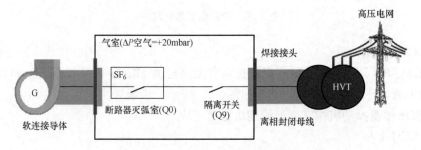

图 1-29 GCB内部气体分布图

如图1-29所示，加压的SF_6气体在断路器中用作灭弧介质，除出口开关（Q0）本体内充有SF_6气体外，整个GCB柜内是空气，由GCB冷却器对其进行冷却。当SF_6气体压力过低时，将闭锁GCB分、合闸回路的操作。

（二）GCB 液压机构

如图 1-30（a）所示，分闸时电磁阀在高压油作用下，转换到分闸位置。工作缸活塞下部的高压油注入低压油箱，工作缸活塞向下运动带动断路器转向分闸位置。缓冲系统在分闸过程即将终止时，产生阻尼作用以减低分闸冲击力，液压支撑力确保工作活塞保持在分闸位置，断路器处于分闸位置，并在工作活塞缸上下方差动力的作用下，保持在分闸位置。如图 1-30（b）所示，合闸时电磁阀在高压油作用下，转换到合闸位置，将高压油注入工作缸活塞下方。工作缸活塞上下方均为高压油，由于活塞下方面积大于上方面积，工作缸的向上作用力使断路器转向合闸位置。工作缸活塞的缓冲系统在合闸过程即将终止时产生阻尼作用，以降低合闸冲击力。液压支撑力确保工作活塞保持在合闸位置。操动机构任何的操作都将造成碟形弹簧装置的压力降低和改变碟形弹簧的变形量。碟形弹簧压缩量的改变将通过齿轮传动系统带动限位开关，使液压泵自动打压，使高压油腔中油压升高。当达到额定油压后，液压泵自动停泵。

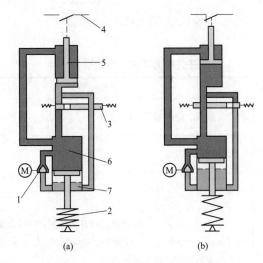

图 1-30　GCB 液压机构原理图

（a）分闸状态；（b）合闸状态

1—液压油泵；2—蓄能弹簧；3—电磁阀；4—GCB；5—工作缸活塞；6—高压油箱；7—低压油箱

（三）就地操动机构

发电机出口隔离开关、接地开关、SFC 隔离刀由电动机驱动，另外各配有一个如图 1-31

图 1-31　就地操动机构图

Q91—启动隔离开关；Q0—断路器；Q81、Q82—开关；Q9—出口隔离开关所示手柄操动机构和相应钥匙。必要时供手动分合和检修时锁定隔离开关位置。所有电动机操动机构均可用手动曲柄进行操作。

（四）GCB 的闭锁逻辑（见图 1-32 和表 1-4）

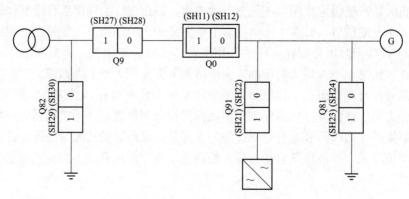

图 1-32　发电机出口接线图

表 1-4　　　　　　　　　　　GCB 开关隔离开关分合闸联锁条件

设备名称	操作内容	操作条件	操作地点
发电机出口开关（Q0）	合	Q82 断开、Q91 断开、Q9 合上	远方
发电机出口开关（Q0）	合	Q9 断开	就地
发电机出口开关（Q0）	分	无	远方、就地
发电机出口隔离开关（Q9）	合	主变压器高压侧开关母线侧接地开关断开、主变压器高压侧开关变压器侧接地开关断开、Q91 断开、Q82 断开、Q81 断开、Q0 断开、没有就地手摇装置闭锁	远方、就地
发电机出口隔离开关（Q9）	分	Q0 断开、没有就地手摇装置闭锁	远方、就地
SFC 启动隔离开关（Q91）	合	Q0 断开、Q82 断开、Q9 断开、没有就地手摇装置闭锁	远方
SFC 启动隔离开关（Q91）	分	没有就地手摇装置闭锁	远方
发电机侧接地开关（Q82）	合	发电机出口开关发电机侧无电压、Q9 断开、Q0 断开、Q91 断开、没有就地手摇装置闭锁	远方、就地
发电机侧接地开关（Q82）	分	没有就地手摇装置闭锁	远方、就地
主变压器侧隔离开关（Q81）	合	主变压器低压侧无电压、主变压器高压侧 I 母隔离开关断开、主变压器高压侧 II 母隔离开关断开、Q9 断开、没有就地手摇装置闭锁	远方、就地
主变压器侧接地开关（Q81）	分	没有就地手摇装置闭锁	远方、就地

第四节　运行经验分享

一、轴承测点异常

1. 事件经过

某厂 2 号机组发电机励端轴承 Y 向振动值瞬间由 $45\mu m$ 异常升高至 $159\mu m$，但 X 向振动维持 $48\mu m$ 无变化。机组的负荷、真空、差胀、轴向位移、汽缸金属温度，润滑油压、油温，轴承金属温度均无变化。

2. 原因分析

（1）出现此类事件时，机组应该会伴随蒸汽参数、真空、差胀、轴向位移、汽缸金属温度变化，润滑油压、油温，轴承金属温度也可能会有变化。但这次振动报警都没有发现相关参数有变化，初步确定是轴承振动测量回路异常。

（2）经热工人员进一步检查发现是测量探头安装距离不合适，导致测量异常。

（3）虽然多次出现振动异常，但由于轴承振动测点需要 X、Y 向两个值都达到跳机值才会导致跳机，因此，并未造成跳机事故。

3. 结论

（1）出现此类事件时，应查看同一轴承另一向振动和相邻的轴承振动是否有增大，如果未增加，且该向轴承振动瞬间跳跃，机组各项运行参数无明显变化，可初步确认为测量回路故障；

（2）如果就地检查机组突然发生强烈振动或清楚听出机内有金属摩擦声时，应立即打闸停机；

（3）建议在轴承保护设定中，需要轴承振动测点 X、Y 向两个值都达到跳机值才会导致跳机，避免测量信号故障的影响。

二、发电机漏氢事件

1. 事件经过

（1）某电厂运行人员巡检时发现 3 号机组氢气压力、纯度检测装置就地盘柜内有氢气泄漏。

（2）某电厂运行人员发现 1 号发电机补氢量明显增大，补氢频繁。

（3）运行人员停机后发现 3 号机 13m 励磁端漏氢气泄漏严重，立即排氢至 0.1MPa，并通知检修处理。现场检查发现氢气是从振动在线监测装置探头信号电缆转接端子处泄漏，并伴有尖啸声，退出 3 号发电机测振装置，用堵头将外漏的接线柱封堵。

2. 原因分析

（1）事件 1 和 2 发生后，运行人员携带可燃气体探测仪至就地检查后，发现为发电机内氢气压力开关接头处漏氢以及 1 号机氢气检测盘柜中露点检测装置法兰处轻微氢气外漏、1 号机氢气纯度和流量检测盘处外漏。

（2）事件 3 经厂家确认，3 号发电机 2 号探头漏氢的直接原因是 2 号探头端子螺栓孔中密封用的环氧树脂软化脱落所致，而生产该环氧树脂的工艺过程存在缺陷，环氧树脂所含的两种主要成分即固化剂与基础树脂的混合搅拌不够均匀导致这次事件的发生。

3. 结论

（1）氢气系统的查漏一定要注意安全，除检查管道接头外，还应检查盘柜内有无泄漏，注意查找漏氢过程中不要携带火种及手机、使用防爆对讲机，对取样口或阀门应重点排查。

（2）对于事件1，由于机组采用两班制运行模式，当场发现时，为不影响第二天机组的启动，用合适的锁母端盖将漏氢的探头信号电缆接口封堵。

（3）该电厂振动在线监测装置探头端子螺栓孔中密封用的环氧树脂使用的是厂家新工艺，对于厂家的新工艺，使用前应考虑工艺成熟性。该电厂考虑到另外探头的信号电缆转接端子存在很大泄漏风险，在机组停机期间将现在的人孔门更换回旧的人孔门。

（4）对于新设备的安装应加强监视，避免造成不必要的损失。

（5）对于两班制机组，补氢频率高，建议通过计算确认发电机的漏氢量是否超标，及时处理微漏氢。

三、发电机端部振动模态试验不合格

1. 事件经过

某电厂现场验收三台发电机的端部振动模态试验时，发现存在少数点不合格，且在三台发电机检修时，发现定子端部绑扎带上有黄色粉末，色泽呈黄色的粉末与液体混合后形成了泥膏状，分析黄色泥膏状物体是环氧树脂粉末与密封油油气混合形成的。

2. 原因分析

怀疑发电机端部的部分区域振动大，引起定子绕组端部绑扎带松动、摩擦，并产生了黄色粉末。根据厂家分析，这是由于设计相同发电机的制造偏差而发生的轻微改变而引起，对发电机整体运行影响不大。厂家技术人员对受损绑带进行更换并重新加固，同时在发电机定子端部加装在线测振装置，用于实时监控发电机定子绕组励端端部在运行中的振动情况。

3. 结论

（1）发电机出厂验收时一定要做端部动模试验，发现有不合格的点，应及时与厂家交涉，并要求厂家处理；

（2）发电机应加装端部振动在线测量装置，以掌握发电机运行中定子绕组的振动情况；

（3）每次发电机检修时，都应检查发电机端部情况，以便及时发现某些部件局部松动、磨损等情况。

四、发电机出口断路器油泵启动频繁

1. 事件经过

某电厂1号发电机出口断路器油泵在机组解列后频繁启动，但机组并网运行后，油泵基本不启动。配合厂家更换油路电磁阀，并在更换后进行了开关特性试验，均显示正常，可是1个月后，缺陷又重新出现，需待厂家来重新更换该油路电磁阀。

2. 原因分析

根据图1-30发电机出口断路器的液压机构原理图，当断路器在分闸位置时，油路电磁阀在分闸位置，油路电磁阀在该位置漏油，油泵就会频繁启停；当断路器在合闸位置时，油路电磁阀在合闸位置，而阀门在该位置不漏油，油泵不会频繁启停。因此，发生上述问题的原因是断路器的油路电磁阀在分闸位置时漏油。

3. 结论

（1）为避免油泵频繁启停造成电机烧毁，每次停机后都需运行人员手动去断开油泵的

电源。

(2) 加强与厂家的联系，设备存在问题时，及时沟通，掌握相关信息。

(3) 对于主设备和关键的辅助设备在签订合同时，要注意质保期和保修条款。

五、谐波干扰，造成发电机出口 TV 烧毁或一次保险熔断

1. 事件经过

(1) 某电厂 1 号发电机在 3000r/min 准备并网，合灭磁开关后，发电机-变压器组保护装置发出"三次谐波定子接地保护动作"告警信号。现场检查发现 1 号发电机出口 TV 1YH　A 相一次保险熔断。

(2) 某电厂 2 号机组在一次启动过程中，SFC 将 2 号机组拖至 2000r/min 以后正常退出，在 SFC 退出后发现 TV 柜冒烟，随即紧急停机。经检查，2 号发电机 1TV、2TV 已经烧毁。

(3) 某电厂 3 号机组在一次启动升速过程中，DCS 上发"发电机启停机保护动作"报警（保护定值：零序电压二次侧 8V，延时 2s），机组跳闸。

(4) 某电厂 1 号发电机在 3000r/min 准备并网，合灭磁开关后，发电机升压至 4.3kV 时，发电机-变压器组保护装置发出"发电机定子匝间短路保护动作"告警信号。现场检查发现 1 号发电机出口 TV 3YH　A 相一次保险熔断。

2. 原因分析

在燃气轮机发电机的启动过程中，SFC 输出电流含有丰富的谐波分量，容易发生基于 TV 与发电机系统对地分布电容之间的谐振，使得 TV 保险熔断烧毁。同时，在原设计中，发电机中性点通过高阻接地，但在设计阶段，改为通过接地变接地，使回路参数发生改变，增加了发生谐振的风险。

3. 结论

(1) 在三台发电机出口 TV 二次侧开口三角各增加一台微机消谐装置，以消除铁磁谐振对 TV 的影响。并使发电机出口 TV 开口三角电压 $3U_0$ 通过发电机出口开关 GCB 的辅助接点接入消谐装置，实现微机消谐装置在发电机并网前与解列后起消谐作用。

(2) 建议采用质量更好的 TV 保险。并对一些重要部位的保险进行定期检查或更换。

(3) 鉴于 SFC 拖动发电机启动过程中，发电机机端电压偏低（最高 3.4kV），若此时发生 TV 断线，TV 断线保护不能准确判断（采用电压平衡式 TV 断线判别方式，通过比较两组电压互感器二次侧的电压来触发报警，保护门槛值按二次侧电压 15V 整定，换算到一次侧电压为 3kV），建议对 TV 断线保护升级或增加 TV 保险熔断的报警信号至 DCS，以便运行人员尽早发现，及时处理。

(4) 对于两班制运行机组，启动频繁且每次启动都会产生大量谐波，在设计之初就要考虑好这方面的影响。

六、发电机直阻变大处理

1. 事件经过

某电厂对 1 号发电机转子进行直流电阻测量，测量结果为 0.1088Ω（环境温度 25℃），换算到 95℃ 为 0.137 45Ω，而厂家出厂试验时的直阻为 0.102Ω（32℃），换算到 95℃ 为 0.1261Ω，测量试验数据与厂家出厂值比较，差值为 9%，远远大于 2% 的允许偏差值。2 号、3 号发电机检修时，也出现了同样的问题。

2. 原因分析

利用分段测量，发现转子正极引线与负极引线的阻值占总电阻值的比例很高，且正极引线的阻值只有负极引线阻值的 1/20。检查发现阻值增大是由于正、负极集电环侧连接螺钉松动所致，而松动的原因是厂家安装时使用力矩不够，导致螺钉在运行中发生了松动，从而使转子正、负极内部引线的接触电阻变大。

3. 结论

（1）厂家要求必须把发电机转子抽出或至少打开发电机励侧大端盖才能处理。为节省费用和缩短检修时间，某电厂在发电机内部进行了多次的试验和测量，在不抽出发电机转子的前提下，安全、高效地完成了螺钉紧固工作；

（2）发电机每次大、小修都要严格按照相关要求测量发电机转子、定子直阻；

（3）要求制造厂家加强发电机引线螺栓的强度。

七、发电机出口短路故障

1. 事件经过

某电厂 6 号机组（包括 6 号燃气轮机发电机、9 号汽轮发电机）正常运行，6 号燃气轮机发电机负荷 260MW，9 号汽轮机发电机负荷 110MW，6 号机组总负荷 370MW。10 月 18 日 06：30，DCS 显示"发电机故障跳闸输出"报警，9 号汽轮机主变压器变高 2209 开关跳闸，9 号汽轮发电机停机；06：42，9 号汽轮发电机跳闸后 6 号机组余热锅炉水位波动大，中压汽包水位高导致余热锅炉水位限制动作，6 号燃气轮机发电机出口断路器 806 跳闸，6 号机组停机。

2. 原因分析

现场检查 9 号汽轮发电机保护 A 屏、B 屏保护启动，纵差保护动作；6 号燃气轮机发电机 A 屏、B 屏保护启动，热工保护动作联跳发电机。现场排查 9 号汽轮发电机 A、B、C 三相定子出线的盘式绝缘子均存在严重的放电痕迹，其中 C 相靠近 B 相处放电痕迹明显。C 相定子出线与 C 相中性点出线的软连接铜辫均有多根脱落情况，固定螺栓及连板散落在小室地面。根据上述检查情况，可确定本次 9 号汽轮发电机短路故障点发生在出线小室内。

3. 结论

根据保护装置、故障录波装置等信息，以及现场检查情况，确定本次 9 号汽轮发电机短路故障原因为发电机出口 C 相和中性点 C 相部分软连接螺栓松动，导致运行中发电机出口 C 相与中性点 C 相软连接铜辫子之间放电接地短路，继而发展为两相短路和三相短路接地故障。

八、发电机转子一点接地

1. 事件经过

某电厂 1 号机组 DCS 出现"发电机转子一点接地"报警，就地检查 13m 励磁小间内无积水结露现象，励磁小间内加热器正常，检查 6.5m 励磁间内各柜门，柜内直流母排无结露现象，且无其他异常情况，在励磁系统直流封母柜内检查转子绝缘监测装置，发现转子绝缘值显示 28kΩ（转子绝缘低 1 值 44kΩ，低 2 值 14kΩ）。

2. 原因分析

检修排查 1 号机组励磁直流母排，未发现明显接地等异常情况，怀疑励磁小间碳刷基座位置存在受潮导致转子绝缘值偏低，检修人员在励磁小间处加装了临时加热器，检查 1 号机转子绝缘值升至 485kΩ，现场复归报警后，DCS "发电机转子一点接地" 报警复归。

3. 结论

发电机停机时间长，且空气潮湿时，容易发生转子对地绝缘低事故，此时应排查励磁回路是否有凝露存在，若有应加装加热器，进行烘干。

第二章

变 压 器

第一节　电力变压器概述

变压器是一种静止的电气设备，它利用电磁感应原理将一种电压等级的交流电能转换成另一种电压等级的交流电能。变压器用途一般分为电力变压器、特种变压器及仪用互感器（电压互感器和电流互感器）。电力变压器按冷却介质可分为油浸式和干式两种。

一、变压器的工作原理与结构

（一）变压器的工作原理

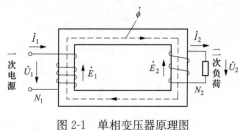

图 2-1　单相变压器原理图

变压器是根据电磁感应原理工作的。图 2-1 是单相变压器的原理图。从图 2-1 中可以看出，在闭合的铁芯上，绕有两个互相绝缘的绕组，其中，接入电源的一侧为一次侧绕组，输出电能的一侧为二次侧绕组。当交流电源电压 U_1 加到一次侧绕组后，就有交流电流 I_1 通过该绕组，在铁芯中产生交变磁通 ϕ，这个交变磁通不仅穿过一次侧绕组，同时也穿过二次侧绕组，两个绕组分别产生感应电势 E_1 和 E_2。这时，如果二次侧绕组与外电路的负荷接通，便有电流 I_2 流入负荷，即二次侧绕组有电能输出。

根据电磁感应定律可以导出一次侧绕组感应电势和二次侧绕组感应电势。

一次侧绕组感应电势为

$$E_1 = 4.44 f N_1 \phi_{\mathrm{m}} \tag{2-1}$$

二次侧绕组感应电势为

$$E_2 = 4.44 f N_2 \phi_{\mathrm{m}} \tag{2-2}$$

式中：f 为电源频率；N_1 为一次侧绕组匝数；N_2 为二次侧绕组匝数；ϕ_{m} 为铁芯中主磁通幅值。

由式（2-1）、式（2-2）得出

$$\frac{E_1}{E_2} = \frac{N_1}{N_2} \tag{2-3}$$

由此可见，变压器一、二次侧感应电势之比等于一、二次侧绕组匝数之比。

由于变压器一、二次侧的漏电抗和电阻都比较小，可以忽略不计，因此可近似地认为：

一次电压有效值为 $U_1 \approx E_1$，二次电压有效值为 $U_2 \approx E_2$。于是

$$\frac{U_1}{U_2} = \frac{E_1}{E_2} = \frac{N_1}{N_2} = K \tag{2-4}$$

式中：K 为变压器的变比。

变压器一、二次侧绕组因匝数不同将导致一、二次侧绕组的电压高低不等，匝数多的一边电压高，匝数少的一边电压低，这就是变压器能够改变电压的道理。

如果忽略变压器的内损耗，可认为变压器二次输出功率等于变压器一次输入功率，即

$$U_1 I_1 = U_2 I_2 \tag{2-5}$$

式中：I_1、I_2 为变压器一次、二次电流的有效值。

由此可得出

$$\frac{I_1}{I_2} = \frac{N_2}{N_1} = \frac{1}{K} \tag{2-6}$$

由此可见，变压器一、二次电流之比与一、二次绕组的匝数比成反比，即变压器匝数多的一侧电流小，匝数少的一侧电流大，也就是电压高的一侧电流小，电压低的一侧电流大。

（二）变压器的结构

油浸电力变压器典型结构如图 2-2 所示。

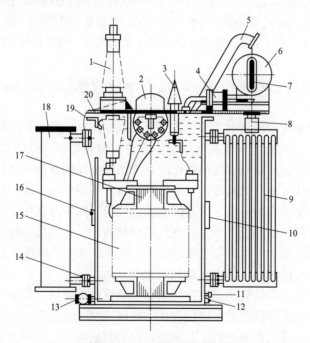

图 2-2　变压器结构示意图

1—高压套管；2—分接开关；3—低压套管；4—气体继电器；5—安全气道（放爆管）；6—油枕（储油柜）；
7—油表；8—呼吸器（吸湿器）；9—散热器；10—铭牌；11—接地螺栓；12—油样活门；13—放油阀门；
14—活门；15—绕组（线圈）；16—信号温度计；17—铁芯；18—净油器；19—油箱；20—变压器油

1. 铁芯

（1）铁芯结构。变压器的铁芯是磁路部分。由铁芯柱和铁扼两部分组成。绕组套装在铁芯柱上，而铁扼则用来使整个磁路闭合。铁芯的结构一般分为心式和壳式两类。

25

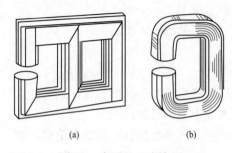

图 2-3　常用的心式铁芯
(a) 三相三柱式截面图；(b) 单相卷铁芯截面图

心式铁芯的特点是铁扼靠着绕组的顶面和底面，但不包围绕组的侧面。壳式铁芯的特点是铁扼不仅包围绕组的顶面和底面，而且还包围绕组的侧面。由于心式铁芯结构比较简单，绕组的布置和绝缘也比较容易，因此我国电力变压器主要采用心式铁芯，只在一些特种变压器（如电炉变压器）中才采用壳式铁芯。常用的心式铁芯见图 2-3。近年来，大量涌现的节能型配电变压器均采用卷铁芯结构。

(2) 铁芯材料。因为铁芯为变压器的磁路，所以其材料要求导磁性能好，导磁性能好，才能使铁损小。因此，变压器的铁芯采用硅钢片叠制而成。硅钢片有热轧和冷轧两种。由于冷轧硅钢片在沿着辗轧的方向磁化时，有较高的导磁系数和较小的单位损耗，其性能优于热轧，国产变压器均采用冷轧硅钢片。国产冷轧硅钢片的厚度为 0.35、0.30、0.27mm 等。片厚则涡流损耗大。片薄则叠片系数小，因为硅钢片的表面必须涂覆一层绝缘漆以使片与片之间绝缘。

2. 绕组

绕组是变压器的电路部分，一般用绝缘纸包的铝线或铜线烧制而成。根据高、低压绕组排列方式的不同，绕组分为同心式和交叠式两种。对于同心式绕组，为了便于绕组和铁芯绝缘，通常将低压绕组靠近铁芯柱；对于交叠式绕组，为了减小绝缘距离，通常将低压绕组靠近铁扼。

3. 绝缘

变压器内部绝缘材料主要有变压器油、绝缘纸板、电缆纸、皱纹纸等。

4. 分接开关

为了供给稳定的电压、控制电力潮流或调节负载电流，均需对变压器进行电压调整。目前，变压器调整电压的方法是在其某一侧绕组上设置分接，以切除或增加一部分绕组的线匝，改变绕组的匝数，从而达到改变电压比的有级调整电压的方法。这种绕组抽出分接以供调压的电路，称为调压电路；变换分接以进行调压所采用的开关，称为分接开关。一般情况下是在高压绕组上抽出适当的分接。这是因为高压绕组一则常套在外面，引出分接方便；二则高压侧电流小，分接引线和分接开关的载流部分截面小，开关接触触头也较容易制造。

变压器二次不带负载，一次也与电网断开（无电源励磁）的调压，称为无励磁调压；带负载进行变换绕组分接的调压，称为有载调压。

有载调压分接开关由切换开关、选择开关和操动机构等组成。切换开关是专门承担切换负载电流的部分，它的动作是通过快速机构按一定程序快速完成的；选择开关是按分接顺序使相邻即刻要换接的分接头预先接通，并承担连续负载的部分。切换开关和选择开关，两者通称为开关本体，一般都安装在变压器的油箱内，切换开关在切换负载电流时产生电弧，会使油质劣化。因此必须装在单独的绝缘筒（油箱）内，使之与变压器油箱内的油隔离开。

5. 油箱

油箱是油浸式变压器的外壳，变压器的器身置于油箱内，箱内灌满变压器油。油箱结构，根据变压器的大小分吊器身式油箱和吊箱壳式油箱两种。

(1) 吊器身式油箱。多用于 6300kVA 及以下的变压器，其箱沿设在顶部，箱盖是平的。因为变压器容量小，所以质量轻，检修时易将器身吊起。

（2）吊箱壳式油箱。多用于 8000kVA 及以上的变压器，其箱沿设在下部，上节箱身做成钟罩形，故又称钟罩式油箱。检修时无需吊器身，只将上节箱身吊起即可。

6. 冷却装置

变压器运行时，由绕组和铁芯中产生的损耗转化为热量，必须及时散热，以免变压器过热造成事故。变压器的冷却装置是起散热作用的。根据变压器容量大小不同，采用不同的冷却装置。

对于小容量的变压器，绕组和铁芯所产生的热量经过变压器油与油箱内壁的接触，以及油箱外壁与外界冷空气的接触而自然地散热冷却，无须任何附加的冷却装置。若变压器容量稍大些，可以在油箱外壁上焊接散热管，以增大散热面积。

对于容量更大的变压器，则应安装冷却风扇，以增强冷却效果。

当变压器容量在 50 000kVA 及以上时，应采用强迫油循环水冷却器或强迫油循环风冷却器。与前者的区别在于循环油路中增设一台潜油泵，对油加压以增加冷却效果。这两种强迫循环冷却器的主要差别为冷却介质不同，前者为水，后者为风。

7. 储油柜（又称油枕）

储油柜位于变压器油箱上方，通过气体继电器与油箱相通，见图 2-4。

当变压器的油温变化时，其体积会膨胀或收缩。储油柜的作用就是保证油箱内总是充满油，并减小油面与空气的接触面，从而减缓油的老化。

8. 压力释放装置（又称防爆管、安全气道）

位于变压器的顶盖上，其出口用玻璃防爆膜封住。当变压器内部发生严重故障、而气体继电器失灵时，油箱内部的气体便冲破防爆膜从安全气道喷出，保护变压器不受严重损害。

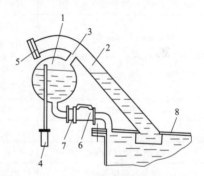

图 2-4　防爆管与变压器油枕间的连通
1—油枕；2—防爆管；3—油机与安全气道的连通管；
4—吸湿器；5—防爆膜；6—气体继电器；
7—蝶形阀；8—箱盖

9. 吸湿器

为了使储油柜内上部的空气保持干燥，避免工业粉尘的污染，储油柜通过吸湿器与大气相通。吸湿器内装有用氯化钙或氯化钴浸渍过的硅胶，它能吸收空气中的水分。当它受潮到一定程度时，其颜色由蓝色变为粉红色。

10. 气体继电器

位于储油柜与箱盖的联管之间。在变压器内部发生故障（如绝缘击穿、匝间短路、铁芯事故等）产生气体或油箱漏油等使油面降低时，接通信号或跳闸回路，保护变压器。

11. 高、低压绝缘套管

变压器内部的高、低压引线是经绝缘套管引到油箱外部的，它起着固定引线和对地绝缘的作用。套管由带电部分和绝缘部分组成。带电部分包括导电杆、导电管、电缆或铜排。绝缘部分分外绝缘和内绝缘。外绝缘为瓷管，内绝缘分为变压器油、附加绝缘和电容性绝缘。

（三）电力变压器的型号及技术参数

1. 型号

变压器的技术参数一般都标在铭牌上。按照国家标准，铭牌上除标出变压器名称、型号、产品代号、标准代号、制造厂名、出厂序号、制造年月以外，还需标出变压器的技术参数数据。需要标出的技术数据见表2-1。变压器除装设标有以上项目的主铭牌外，还应装设标有关于附件性能的铭牌，需分别按所用附件（套管、分接开关、电流互感器、冷却装置）的相应标准列出。

变压器的型号表示方法如图2-5所示。

表 2-1   **电力变压器铭牌所标出的项目**

	标注项目	附加说明
所有情况下	相数（单相、三相）	
	栖定容量（kVA 或 MVA）	多绕组变压器应给出个绕组的额定容量
	额定频率（Hz）	
	各绕组额定电压（V 或 kV）	
	各绕组额定电流（A）	三绕组自耦变压器应注出公共线圈中长期允许电流
	联结组标号、绕组联结示意图	6300kVA 以下的变压器可不画联结示意图
	额定电流下的阻抗电压	实测值，如果需要应给出参考容量，多绕组变压器应表示出相当于100%额定容量时的阻抗电压
	冷却方式	有几种冷却方式时，还应以额定容量百分数表示出相应的冷却容量；强近油循环变压器还应注出满载下停油泵和风扇电动机的允许工作时限
	使用条件	户内，户外使用，超过或低于 1000m 等
	总重量（kg 或 t）	
	绝缘油重量（kg 或 t）	
某些情况下	绝缘的温度等级	油浸式变压器 A 级绝缘可不注出
	温升	当温升不是标准规定值时
	联结图	当联结组标号不能说明内部连接的全部情况时
	绝缘水平	额定电压在 3kV 及以上的绕组和分级绝缘绕组的中性端
	运输重（kg 或 t）	8000kVA 及以上的变压器
	器身吊重、上节油箱重（kg 或 t）	器身吊重在变压器总重超过 5t 时标注，上节油箱重在钟罩式油箱时标出
	绝缘液体名称	在非矿物油时
	有关分接的详细说明	8000kVA 及以上的变压器标出带有分接绕组的示意图，每一绕组的分接电压、分接电流和分接容量，极限分接和主分接的短路阻抗值，以及超过分接电压105%时的运行能力等
	空载电流	实测值；8000kVA 或 63kV 级及以上的变压器
	空载损耗和负载损耗（W 或 kW）	实测值；8000kVA 或 63kV 级及以上的变压器；多绕组变压器的负载损耗应表示各对绕组工作状态的损耗值

2. 相数

变压器分单相和三相两种，一般均制成三相变压器以直接满足输配电的要求。小型变压器有制成单相的，特大型变压器做成单相后，组成三相变压器组，以满足运输的要求。

3. 额定频率

变压器的额定频率即所设计的运行频率，我国标准为 50Hz。

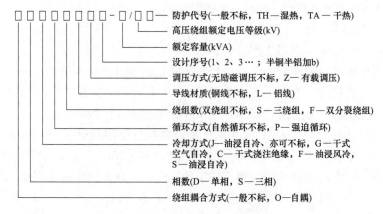

图 2-5　电力变压器型号表示方法

4. 额定电压

额定电压是指变压器线电压（有效值），它应与所连接的输变电线路电压相符合。我国标准输变电线路的电压等级（即线路终端电压）为 0.38、（3、6）、10、35、（63）、110、220、330、500(kV)。因此连接于线路终端的变压器（称为降压变压器）其一次侧额定电压应与上列数值相同。

考虑线路的电压降，线路始端（电源端）电压将高于等级电压，35kV 以下的要高 5%，35kV 及以上的高 10%，即线路始端电压为 0.4、（3.15、6.3）、10.5、38.5、（69）、121、242、363、550(kV)。因此连接于线路始端的变压器（即升压变压器），其二次侧额定电压应与上列数值相同。

变压器产品系列是以高压的电压等级区分的，为 10kV 及以下、20kV、35kV、（66kV）、110kV 系列和 220kV 系列等。

5. 额定容量

额定容量是指在变压器铭牌所规定的额定状态下，变压器二次侧的输出能力（kVA）。对于三相变压器，额定容量是三相容量之和。

变压器额定容量与绕组额定容量有所区别：双绕组变压器的额定容量即为绕组的额定容量；多绕组变压器应对每个绕组的额定容量加以规定，其额定容量为最大的绕组额定容量；当变压器容量由于冷却方式变更时，则额定容量是指最大的容量。

6. 额定电流

变压器的额定电流为通过绕组线端的电流，即线电流（有效值）。它的大小等于绕组的额定容量除以该绕组的额定电压及相应的相系数（单相为 1，三相为 3）。

单相变压器额定电流为

$$I_N = \frac{S_N}{U_N}$$

式中：I_N 为一、二次额定电流；S_N 为变压器的额定容量；U_N 为一、二次额定电压。

三相变压器额定电流为

$$I_N = \frac{S_N}{\sqrt{3}U_N}$$

三相变压器绕组为 Y 连接时，线电流为绕组电流；D 连接时，线电流等于 1.732 绕组电流。

7. 绕组连接组标号

变压器同侧绕组是按一定形式连接的。

三相变压器或组成三相变压器组的单相变压器，则可以连接为星形、三角形等。星形联接是各相线圈的一端接成一个公共点（中性点），其余接端子接到相应的线端上；三角形联接是三个相线圈互相串联形成闭合回路，由串联处接至相应的线端。

星形、三角形、曲折形等连接，现在对于高压绕组分别用符号 y、D、Z 表示；对于中压和低压绕组分别用符号 y、d、z 表示；有中性点引出时则分别用符号 YN、ZN 和 yn、zn 表示。

变压器按高压、中压和低压绕组连接的顺序组合起来就是绕组的连接组，例如：变压器按高压为 D、低压为 yn 连接，则绕组连接组为 Dyn(Dyn11)。

8. 调压范围

变压器接在电网上运行时，变压器二次侧电压将由于种种原因发生变化，影响用电设备的正常运行。因此变压器应具备一定的调压能力。根据变压器的工作原理，当高、低压绕组的匝数比变化时，变压器二次侧电压也随之变动，采用改变变压器匝数比即可达到调压的目的。变压器调压方式通常分为无励磁调压和有载调压两种方式。

9. 空载电流

当变压器二次绕组开路，一次绕组施加额定频率的额定电压时，一次绕组中所流过的电流称为空载电流 I_0，变压器空载合闸时有较大的冲击电流。

10. 阻抗电压和短路损耗

当变压器二次侧短路，一次侧施加电压使其电流达到额定值，此时所施加的电压称为阻抗电压 U_z，变压器从电源吸取的功率即为短路损耗。以阻抗电压与额定电压 U_N 之比的百分数表示，即

$$u_z = \frac{U_z}{U_N} \times 100(\%)$$

11. 电压调整率

变压器负载运行时，由于变压器内部的阻抗压降，二次电压将随负载电流和负载功率因数的改变而改变。电压调整率是说明变压器二次电压变化的程度大小，为衡量变压器供电质量的数据。其定义为：在给定负载功率因数下（一般取 0.8）二次空载电压 U_{2N} 和二次负载电压 U_2 之差与二次额定电压 U_{2N} 的比，即

$$\Delta U\% = \frac{U_{2N} - U_2}{U_{2N}} \times 100(\%)$$

式中：U_{2N} 为二次额定电压，即二次空载电压；U_2 为二次负载电压。

电压调整率是衡量变压器供电质量好坏的数据。

12. 效率

变压器的效率 η 为输出的有功功率与输入的有功功率之比的百分数。通常中小型变压器的效率约为 90% 以上，大型变压器的效率在 95% 以上。

13. 温升和冷却方式

(1) 温升。变压器的温升，对于空气冷却变压器是指测量部位的温度与冷却空气温度之

差；对于水冷却变压器是指测量部位的温度与冷却器入口处水温之差。

油浸式变压器绕组和顶层油温升限值：因为 A 级绝缘在 98℃时产生的绝缘损坏为正常损坏，而保证变压器正常寿命的年平均气温是 20℃，绕组最热点与其平均温度之差为 13℃，所以绕组温升限值为 98℃－20℃－13℃＝65℃。

油正常运行的最高温度为 95℃，最高气温为 40℃，所以顶层油温升限值为 95℃－40℃＝55℃。

（2）冷却方式。变压器的冷却方式有多种，如干式自冷、油浸风冷等，各种方式适用于不同种类的变压器。

二、干式变压器

干式变压器是指铁芯和绕组不浸渍在绝缘液体中的变压器。在结构上可分为以固体绝缘包封绕组和不包封绕组。

1. 环氧树脂绝缘干式变压器

环氧树脂是一种早就广泛应用的化工原料，它不仅是一种难燃、阻燃的材料，而且具有优越的电气性能，已逐渐为电工制造业所采用。

用环氧树脂浇注或浸渍作包封的干式变压器即称为环氧树脂干式变压器。

2. 气体绝缘干式变压器

气体绝缘变压器为在密封的箱壳内充以 SF_6（六氟化硫）气体代替绝缘油，利用 SF_6 气体作为变压器的绝缘介质和冷却介质。它具有防火、防爆、无燃烧危险，绝缘性能好，与油浸变压器相比，具有质量轻、防潮性能好、对环境无任何限制、运行可靠性高、维修简单等优点，缺点是过载能力稍差。

3. H 级绝缘干式变压器

近年来，除了常用的环氧树脂真空浇注型干式变压器外，又推出一种采用 H 级绝缘干式变压器。用作绝缘的 NOMEX 纸具有非常稳定的化学性能，可以连续耐压 220℃高温，在起火情况下，具有自熄能力；即使完全分解，亦不会产生烟雾和有毒气体，电气强度高，介电常数较小。

三、惠州 LNG 电厂（下文称惠电）二期配置的主要变压器及其技术规范

（一）燃气轮机主变压器（见表 2-2）

表 2-2　　　　　　　　　　　燃气轮机主变压器技术规范

型号		SFP-400000/220		三相变压器 50Hz 户外使用		
额定容量（kVA）		400000/400000		冷却方式	ODAF（强油循环风冷）	
		高压			低压	
	位置	分接	电压（kV）	电流（A）	电压（kV）	电流（A）
分接头位置对应额定电压、额定电流	1	+5.0%	254.1	908.9	16	14 433.8
	2	+2.5%	248.05	931.0		
	3	0%	242	954.3		
	4	−2.5%	235.95	978.8		
	5	−5%	229.9	1004.5		

温升限值（℃）	顶层油：50（电阻法）		
	高压绕组：62（电阻法）		
	低压绕组：62（电阻法）		
	油箱、铁芯和金属结构件：78（电阻法）		
空载电流（%）	0.069	空载损耗（kW）	152.68
负载损耗（kW）	865.02	短路电压（%）	19.44
接线组别	YNd11	总重（t）	251.6
生产厂家	特变电工衡阳变压器有限公司		

（二）汽轮机主变压器（见表 2-3）

表 2-3　　　　　　　　　　　汽轮机主变压器技术规范

型号	SFP-180000/220			三相变压器 50Hz 户外使用	
额定容量（kVA）	180000/180000			冷却方式	ODAF（强油循环风冷）
分接头位置对应额定电压、额定电流	高压			低压	
	位置	分接	电压（kV）	电流（A）	电压（kV）	电流（A）
	1	+5%	254.1	409		
	2	+2.5%	248.05	419	15.75	6598.3
	3	0%	242	429.4		
	4	−2.5%	235.95	440.4		
	5	−5%	229.9	452		
温升限值（℃）	顶层油：50（电阻法）				
	高压绕组：62（电阻法）				
	低压绕组：62（电阻法）				
	油箱、铁芯和金属结构件：78（电阻法）				
空载电流（%）	0.06		空载损耗（kW）		78.70
短路损耗（kW）	487.50		短路电压（%）		17.76
接线组别	YNd11		总重（t）		161
生产厂家	特变电工衡阳变压器有限公司				

（三）厂用高压变压器（见表 2-4）

表 2-4　　　　　　　　　　　厂用高压变压器技术规范

型号	S-16000/16			三相 50Hz 户外使用	
额定容量（kVA）	16000/16000			冷却方式	ONAN（油浸自冷）
额定电压（kV）	16±2×2.5%/6.3			接线组别	Dyn1
分接头位置对应额定电压、额定电流	高压			低压	
	位置	分接	电压（V）	电流（A）	电压（V）	电流（A）
	1	+5%	16 800	549.9		
	2	+2.5%	16 400	563.3		
	3	0%	16 000	577.4	6300	1466.3
	4	−2.5%	15 600	592.2		
	5	−5%	15 200	607.8		

续表

温升限值（℃）	顶层油：50（电阻法）		
	高压绕组：62（电阻法）		
	低压绕组：62（电阻法）		
	油箱、铁芯和金属结构件：75（电阻法）		
空载电流（%）	0.12	空载损耗（kW）	10.87
负载损耗（kW）	58.17	短路阻抗（%）	7.96（额定分接）
—	—	总重（t）	36.10
生产厂家	山东电力设备有限公司		

（四）高压备用变压器（见表 2-5）

表 2-5　　　　　　　　　　高压备用变压器技术规范

型号	SZ10-16000/220	三相 50Hz 户外使用　有载调压	
额定容量（kVA）	16 000	冷却方式	ONAN（油浸自冷）
额定电压（kV）	（220±8×1.25%）/6.3	额定电流(A)	41.99/1466
绝缘水平	LI950AC935/LI400 AC200/LI75AC35	接线组别	YN yn0
空载电流(%)	0.16	空载损耗(kW)	17.63
负载损耗(kW)	72.99	短路阻抗(%)	7.95
器身质量(t)	21.0	油重(t)	21
上节油箱重(t)	5.6	总重(t)	59.5

（五）低压厂用变压器（见表 2-6）

表 2-6　　　　　　　　　　低压厂用变压器技术规范

名称	机组工作变压器	主厂房公用变压器	化水变压器
型号	SCB10-2000/6.3	SCB10-1250/6.3	SCB10-2000/10
额定容量（kVA）	2000	1250	2000
额定频率	50Hz 3 相	50Hz 3 相	50Hz 3 相
额定电压（kV）	（6.3±2×2.5%）/0.4		
额定电流	183.3/2886.8	114.6/1801.2	140/2200
接线组别	D,yn11	D,yn11	D,yn11
阻抗电压	$U_d=10\%$	$U_d=8\%$	$U_d=8\%$
空载损耗(kW)	3.02	2.65	2.13
负载损耗(kW)	19.7	15.5	10.24
温升限值(℃)	绕组平均温升：80（电阻法）/铁芯、结构件温升：80（电阻法）		
空载电流(A)	0.3	0.3	0.3
冷却方式	AN	AN	AF
绝缘等级	F 级	F 级	F 级
生产厂家	海南金盘电气有限公司		

（六）励磁变压器、SFC 隔离变压器、启动励磁变压器（见表 2-7）

表 2-7　　　励磁变压器、SFC 隔离变压器、启动励磁变压器技术规范

名称	燃气轮机励磁变压器	燃气轮机启动 励磁变压器	SFC 隔离变压器	汽轮机励磁 变压器
型号	ZLSCB9-4000/16/0.7	ZLSCB-2400/16	ZLSCB9-5154/ 6.3/2×1.045	ZLSCB10-1450/ 15.75/0.5
接线方式	Y/△-11	Y/△-11	Dd0y1	Y/△-11
额定容量（kVA）	4000	2400	5153.5/2×2577	1450
额定电压（kV）	16/0.7	16/0.7	6.3/1.045/1.045	15.75/0.51
额定电流（A）	144/3299	128/2100	472/1424/1424	53.2/1641
绝缘等级	F		F	F
温升限值（℃）	80		80	80
短路电抗（%）		8.04		8.2
冷却方式	AN			AF/AN

（七）机组公用变压器（见表 2-8）

表 2-8　　　　　机组公用变压器技术规范

型号	SCB10-1250/6.3	额定频率	50Hz　3 相
额定容量（kVA）	1250	冷却方式	AN（自冷）
额定电流	114.6/1801.2	接线组别	DYn11
绝缘水平	LI 75 AC 35/ LI-AC 5	绝缘等级	F 级
防护等级	IP20	短路阻抗（%）	5.82
总重（kg）	3300	温升限值（℃）	80
产品代号	SD9722518-3	使用条件	户内式（Indoor）
生产厂家	顺特电气公司		
型号	SCB10-1250/6.3	额定频率	50Hz　3 相

（八）化水变压器（见表 2-9）

表 2-9　　　　　化水变压器技术规范

型号	SCB10-1600/6.3	额定频率	50Hz　3 相
额定容量（kVA）	1600	冷却方式	AN（自冷）
额定电流（A）	147/2309	接线组别	DYn11
绝缘水平	LI 75 AC 35/ LI 0 AC 3kV	绝缘等级	F 级
防护等级	IP20	短路阻抗（%）	8.02
总重（kg）	4900	温升限值（℃）	100
产品代号	SD9722518-2	使用条件	户内式（Indoor）
出厂编号	20052629（A 段）		20052614（B 段）
生产厂家	顺特电气公司		

（九）制氯变压器（见表 2-10）

表 2-10　　　　　　　　　　　　　　制氯变压器技术规范

型号	ZSCB-610/6/6/2×0.142	额定频率	50Hz　3 相
额定容量（kVA）	610/2×430	冷却方式	AN（自冷）/AF
额定电流（A）	58.7/2×1748	接线组别	Yyn0yn6
绝缘水平	LI 75 AC 35/ LI 0 AC 3kV	绝缘等级	F 级
防护等级	IP20	短路阻抗（%）	—
总重（kg）	3680	温升限值（℃）	75
产品代号	SSD21106682-1	使用条件	户内式（Indoor）
出厂编号	201612004		
生产厂家	顺特电气公司		

第二节　变压器的运行与维护

一、变压器中性点运行方式及规定

（1）各变压器中性点接线方式：主变压器高压侧中性点经接地开关直接接地；高压备用变压器高压侧中性点经接地线直接接地，低压侧中性点经接地开关及电阻接地（高阻接地）；厂高变低压侧中性点经接地开关及电阻接地（高阻接地），全部低压厂用变压器低压侧中性点经接地线直接接地。

（2）220kV 变压器停送电操作前，必须先将变压器中性点直接接地后，才可进行操作。操作完成后根据中调对中性点接地方式要求，再拉开（或不拉开）中性点"隔离开关"或"刀开关"。

（3）倒换变压器中性点接地开关时，应先合上原不接地变压器的中性点接地开关后，再拉开原直接接地变压器的中性点接地开关，原则是保证电网不失去接地点。

（4）当 220kV 母线并列运行时，必须保证有一台主变压器中性点接地开关合上；当 220kV 母线分段运行时，必须保证每一段 220kV 母线上有一台主变压器的中性点接地开关合上。

（5）变压器在由运行转检修时，应将中性点接地开关拉开。

（6）如中调对 220kV 变压器的中性点接地有特殊规定，按中调要求执行。

二、变压器温度规定

（1）变压器正常运行时，其高低压侧的绕组温度和上层油温应低于报警温度运行。

（2）燃/汽轮机主变压器、厂高变运行油温到达 85℃ 时，发油温高报警信号，达 105℃ 时发油温高跳闸信号（跳闸出口未投入，只发报警）。

（3）燃/汽轮机主变压器、厂高变运行绕组温度到达 105℃ 时，发绕组温度高报警信号，达 125℃ 时发绕组温度高跳闸信号（跳闸出口未投入，只发报警）。

（4）燃气轮机主变压器和汽轮机主变压器运行期间，冷却器全停 30min 后，如果出现油温 75℃ 报警信号，则风冷全停跳闸信号输出跳高压侧开关；如果没有出现 75℃ 报警信号，冷却器全停 60min 后，输出风冷全停跳闸信号跳高压侧开关。

（5）燃气轮机主变压器和汽轮机主变压器运行时必须投入工作风扇，油温高温过热器 50℃时一台辅助风扇投入，油温高温过热器 60℃时第二台辅助风扇投入。

（6）惠电二期主要干式变压器温控器参数设定如表 2-11 所示。

表 2-11　　　　　　　　　　惠电二期主要干式变压器温控器参数设定

名称	风机启动值（℃）	风机停运值（℃）	绕组高报值（℃）	铁芯高报值（℃）	绕组跳闸值（℃）	风机数量（台）	温控器电源
燃气轮机励磁变压器	70	60	140	140	无	6	燃气轮机 MCC 段
汽轮机励磁变压器	90	80	140	无	无	6	工作 MCC 段
工作变压器 公用变压器 化水变压器	100	80	130	无	150	6	变压器本体低压侧
SFC 隔离变压器	90	80	110(高压侧)；120(低压侧)	140	150	6	燃气轮机 MCC 段
制氯变压器	90	80	140	无	150	6	二期加氯 MCC 段

三、变压器的绝缘规定

（1）变压器在检修后或停运 7 天以上，在投运前应测量其绝缘阻值和吸收比，并将结果记录在值班记录上。

（2）变压器绕组电压在 10kV 以上，测绝缘电阻应选用 5000V 兆欧表；在 10kV 以下 3kV 以上，应选用 2500V 兆欧表；500V 及以下选用 500V 兆欧表。

（3）变压器绝缘电阻的允许值不做具体规定，但必须符合以下标准：吸收比 R60/R15 不低于 1.3 或极化指数 R600/R60 不低于 1.5。

（4）测量变压器绕组绝缘电阻不合格时，应及时汇报当值值长，并联系检修人员查找原因及时处理，绝缘电阻合格后方可投入运行。

四、220kV 变压器有载调压分接开关操作的有关规定

变压器的有载调压分接头接在变压器的高压侧，如系统电压发生变动或厂用电负荷变化需调整电压时，只需改变高压侧分接头开关位置即可达到低压侧所需的电压、来保证厂用电的质量，它能在额定容量范围内带负荷调整电压。变压器有载调压分接开关操作规定如下：

（1）需经值长同意后，才能进行有载调压分接开关的操作。

（2）有载调压分接开关操作必须是一人操作，一人监护。

（3）当变压器电流超过额定电流的 1.1 倍时，不允许操作调压分接开关。

（4）有载调压分接开关正常操作时，应采用远方控制，在特殊情况时，经值长同意后，可在就地电动操作。

（5）应逐级调压，分接变换操作必须在一个分接变换完成，且检查无异常情况后，方可进行第二次分接变换。同时监视分接抽头就地和远方指示位置一致，变压器低压侧电压、电流的变化等情况，如在完成一次分接抽头交换操作后，变压器低压侧电压无变化，应停止操作，查明原因。

（6）电动操作时，按下操作按钮后，不得连续按着，以防连续切换数级。

（7）当 220kV 系统电压高于变压器分接头电压的 5％时，应及时进行调整。

（8）当变压器调压抽头油箱绝缘油的色谱分析数据出现异常（主要为乙炔和氢的含量超标）或油位异常升高或降低，不允许分接变换操作。

（9）每次变压器调压分接开关操作后，都应将操作时间、分接位置、电压变化情况及累计动作次数作记录。

（10）在变压器供机组厂用电期间，应该加强监视变压器低压侧电压，变压器低压侧电压应控制在 6.3kV±5％之间，如电压不在此范围，应调整变压器有载抽头。

（11）分接开关操作中发生下列异常情况时应作如下处理，并及时汇报。

1）操作中若发生连续动作时（连续升或连续降），应在指示盘上出现第二个分接位置时立即切断操作电源。

2）若分接头停在两档的中间位置，则应手摇到就近适当分接位置。

3）远方电气控制操作时，计数器及分接位置指示正常，而电压表和电流表又无相应变化，应立即切断操作电源，中止操作。

4）分接开关发生拒动、误动；电压表和电流表变化异常；电动机构或传动机械故障；分接位置指示不一致；内部切换异声；过压力的保护装置动作；看不见油位或大量喷漏油及危及分接开关和变压器安全运行的其他异常情况时，应禁止或中止操作。

五、变压器无载调压抽头有关规定

（1）主变压器高压厂用变压器、干式变压器为无载调压，必须断开变压器各侧电源，并做好安全措施后，由维修人员改变其调压抽头，分接头变换完毕后，应注意分接头位置的正确性，同时应确认线圈直流电阻在允许范围及检查锁紧位置，并对分接头变换情况作好记录，以便随时查核。

（2）变压器直流电阻的要求。

1）1.6MVA 以上变压器，各相绕组电阻相互间的差别不应大于三相平均值的 2％，无中性点引出的绕组，线间差别不应大于三相平均值的 1％。

2）1.6MVA 及以下的变压器，相间差别一般不应大于三相平均值的 4％，线间差别一般不应大于三相平均值的 2％。

3）与以前相同部位测得值比较，其变化不应大于 2％。

六、燃气轮机、汽轮机主变压器冷却器的运行方式和规定

（1）主变压器冷却器接入两路独立、互为备用的电源，通过转换开关选择工作电源。当电源 1 发生故障时，则自动切除电源 1，投入电源 2；当电源 2 发生故障时，则自动切除电源 2，投入电源 1，并发出故障信号，同时将故障信号送到主控室。两路电源每 30 天切换一次。冷却器在主变压器受电前应投入运行。

（2）当冷却器柜门打开时，自动启动照明回路，照明灯亮，关上柜门后，照明灯自动关闭。

（3）燃气轮机主变压器装设五组强迫油循环冷却器，生产厂家为保定博为泓翔，正常运行方式为：两组工作，两组辅助，一组备用（出厂默认第一、三组工作，第二、四组辅助，第五组为备用）。变压器高压侧开关合闸后，第一组冷却器启动并延时 2s 启动第三组，当油温高过 50℃时启动第二组，油温高过 60℃时启动第四组；收到过负荷信号（指变压器负荷达 127MVA，即高压侧电流达 577A）启动第二、四组冷却器，过负荷信号消失延时 60s 后停止。系统工作轮换周期为 15 天，第二周期时，第二、四组为工作，第一、三组为辅助，以此类推。当运行中任一组发生故障退出运行时，备用组自动投入运行。

（4）汽轮机主变压器装设四组强迫油循环冷却器，生产厂家为保定博为泓翔，正常运行方式为：两组工作，两组辅助（出厂默认第一、三组工作，第二、四组辅助）。变压器高压侧开关合闸后，第一组冷却器启动并延时 2s 启动第三组，当油温高过 50℃时启动第二组，油温高过 60℃时启动第四组；收到过负荷信号（变压器负荷达 57MVA，即高压侧电流达 259A）启动第二、四组冷却器，过负荷信号消失延时 60s 后停止。系统工作轮换周期为 15 天，第二周期时，第二、四组为工作，第一、三组为辅助，以此类推。

（5）冷却器控制柜每一组冷却器设有运行方式控制转换开关，转换开关有自动、停止、手动三个位置。转换开关打至"手动"位置时，对应冷却器启动；转换开关打至"停止"位置时，对应冷却器停运。冷却器转换开关在"自动"位置时，对应冷却器的工作状态才会根据 PLC 接受的油温、负荷情况，按照预先设定的程序逐级分组投入运行相应的冷却器。

（6）冷却器控制柜各故障状态灯处于正常时为绿色，当故障触发后为黄色。当任一组运行时，系统没有收到"运行反馈信号"或"油流反馈信号"，或者收到"风机故障信号"，将在各自上方闪烁报警灯。

（7）在没有启动冷却器的情况下，主变压器不允许直接带负荷，也不允许长期空载运行。

（8）主变压器在运行状态，就地手动启动冷却器运行时，应依次启动各组冷却器，不可同时启动多台冷却器运行。

七、变压器正常运行中的监视与维护

值班人员应按现场规程规定定期监视、检查运行中和备用中的变压器及其附属设备，以便了解和掌握变压器的运行状态。

（一）变压器的监视

变压器在运行中，值班人员应根据控制盘上的仪表（有功、无功，电流表，温度表等）来监视变压器的运行状态，使负荷电流不超过允许值，电压不得过高，温度在允许范围内等，并每小时记录表计数据一次。若变压器在过负荷条件下运行，除应积极采取措施（如改变运行方式戏降 低负荷等）外，还应加强监视并将过负荷情况记录在记事本上。

厂用变压器的检查维护周期，应根据现场实际情况及有关制度分别进行检查。

（二）油浸式变压器的正常检查与维护

（1）值班人员应按岗位职责，对油浸变压器及其附属设备进行全面维护和检查。

（2）检查油枕及充油套管内油位的高度应正常，油色应透明稍带黄色，其外壳无漏浊、渗油现象。

（3）检查变压器瓷套管应清洁无裂纹和放电现象，引线接头接触完好无过热现象。

（4）检查变压器上层油温不超过允许温度。自冷油浸变压器上层油温应在 85℃以下，强油风冷变压器上层油温应在 75℃以下。同时，监视变压器温升不超过规定值，并作好温度检查记录。

（5）检查变压器的声音应正常。变压器在运行中一般有均匀的嗡嗡声，如内部有噼啪的放电声，则可能是绕组绝缘有击穿现象，如声音不均匀，则可能是铁芯和穿心螺母有松动现象。发现以上异常声音时，应迅速向值长汇报。

（6）协助化学人员做好变压器绝缘油的定期取样工作。运行人员应及时掌握化验结果，及时发现变压器中可能存在的异常情况。

（三）干式变压器的正常维护和检查

干式变压器是以空气为冷却介质，比起油浸式变压器具有体积小、质量小、安装容易、维护方便，没有火灾和爆炸危险等特点。在运行中的正常检查维护内容如下：

（1）高低压侧接头无过热，电缆头无漏油、渗油现象。

（2）绕组的温升，根据变压器采用的绝缘等级，监视温升不得超过规定值。

（3）变压器室内无异味，运行声音正常，室温正常，其室内吹风通风设备良好。

（4）支持绝缘子无裂纹、放电痕迹。

（5）变压器室内屋顶无漏水、渗水现象。

（四）变压器的特殊检查项目

（1）在下列情况下应对变压器进行特殊巡视检查，增加巡视检查次数：

1）新设备或经过检修、改造的变压器在投运72h内；

2）有严重缺陷时；

3）气象突变（如大风、大雾、大雪、冰雹、寒潮等）时；

4）雷雨季节特别是雷雨后；

5）高温季节、高峰负载期间；

6）变压器急救负载运行时。

（2）检查项目如下：

1）当系统发生短路故障或变压器故障跳闸后，应立即检查变压器系统有无爆裂、断脱、变形、移位、焦味、烧伤、闪络、烟火及喷油现象。

2）下雪天气，应检查变压器引线接头部分是否有落雪后立即熔化或冒蒸汽现象，导线部分应无冰柱。

3）雷雨天气，检查瓷套管有无放电闪络现象，并检查避雷器放电记录器的动作情况。

4）大风天气应检查引线摆动情况及有无搭挂杂物。

5）大雾天气，检查瓷套管有无放电闪络现象。

6）气温骤冷或骤热，应检查变压器的油位及油温正常，伸缩节导线及接头是否有变形或发热现象。

7）变压器过负荷时对变压器的温度、温升进行特别检查，其冷却系统的风扇、油泵运行正常。

8）变压器异常运行期间（如轻瓦斯动作）应对变压器的外部进行检查。

9）大修及新安装的变压器在试运期间，对变压器的声音、电流、温度、引线套管等部位进行检查无异常及过热现象，同时变压器本体应无漏油、渗油现象，气体继电器内无气体。

八、变压器投运前的准备

（一）变压器投入运行前应做好下列工作

（1）有关工作票已结束，拆除临时安全措施，恢复常设遮栏及标示牌。

（2）检查变压器两侧开关、刀闸、PT刀闸均在断开位置。

（3）按要求测试变压器的绝缘电阻，将结果记录，并与以前所测值比较，如有异常应立即报告处理。

（4）如果是有载调压变压器投运，有载分接头开关电动操作试验应正确无误。

（5）检查变压器的保护投入正常，保护装置无异常现象。

（二）油浸式变压器投入运行前按下列要求进行检查

（1）检查储油柜（油枕）和充油套管的油色和油位正常。

（2）气体继电器充满油，内部无气体。

（3）检查变压器顶部无遗留物，各部分引线接触良好，套管绝缘子清洁，无放电痕迹。

（4）检查油箱，冷却器无渗油、漏油现象。

（5）检查呼吸器硅胶颜色正常，呼吸畅通。

（6）变压器接地线牢固。

（7）检查油路各阀门位置正确。

（8）确认压力释放设备正常。

（9）检查照明、消防设备正常并已投入运行。

（10）检查变压器就地控制柜已送电，就地控制柜的辅助电源已送上。

（11）确认变压器分接开关位置正确。

（12）分别试验启动各组冷却器，检查油泵，风扇运行正常，阀门位置正确，无异音或过大振动。试验完成后，应将冷却器的选择开关打至正常运行选择位置。

（13）检查母线、避雷器及其开关等设备是否正常。

（三）干式变压器投运前的检查

（1）检查所有紧固件、连接件、标准件无松动。

（2）检查变压器本体及套管无异物。

（3）检查安装于变压器外罩上的温度显示器外观正常（温度显示器在变压器充电后将自动投入运行）。

（4）检查变压器的铁芯是否良好及永久性接地。

（5）高低压绝缘电阻的测试合格。

（6）检查变压器外罩前后柜门已关好锁紧。

第三节　变压器的倒闸操作

一、变压器的操作与并列运行一般规定

（一）变压器的操作

1. 一般规定

（1）新安装（或大修后）的变压器，投运前应分别进行5(3)次全电压冲击。

（2）合闸试验，试验时变压器差动、气体保护全部投入。

（3）变压器并、解列操作应使用开关进行，严禁用隔离开关投入或停运变压器。

（4）变压器倒闸操作严格按操作票进行。

（5）主变压器投运或停运前，必须合上其中性点接地隔离开关，正常运行时主变压器中性点的接地方式应符合调度规定。

（6）变压器充电时，应根据表计变化，确认充电良好方可接带负荷，并对开关及变压器

各部进行检查。

（7）用无载调压变压器调整分头工作，必须在变压器停电后，并在专用记录本上写明分头位置及变动原因。

（8）主变压器分接头切换应根据系统调度员的命令执行。

2. 变压器的停送电操作顺序

（1）单电源变压器。单电源变压器停电时应先断开负荷侧开关，再断开电源侧开关，最后拉开各侧隔离开关，送电时操作顺序与此相反。

（2）双电源或三电源变压器。双电源或三电源变压器停电时，一般先断开低压侧开关，再断开中压侧开关，然后断开高压侧开关，最后拉开各侧隔离开关，送电操作顺序与此相反。特殊情况下，此类变压器停送电的操作顺序还必须考虑保护的配备和潮流分布情况。

（3）中性点直接接地系统电压为 110kV 及以上的空载变压器停送电操作前，应将变压器中性点接地，防止中性点绝缘受损。

（4）用无载调压分接开关进行调整电压时，应将变压器停运后，才可改变变压器的分接头位置，并应注意分接头位置的正确性。在切换分接头以后，必须用欧姆表或测量用电桥，检查回路的完整性和三相电阻的一致性。变压器如有带负荷调压装置时，可以带负荷手动或自动调压。

（二）变压器的并列运行

变压器的并列运行，就是将两台或两台以上变压器的一次绕组并联在同一电压等级的母线上，二次绕组并联在另一电压等级的母线运行。

为了达到变压器的理想运行状态，变压器并联运行时，必须满足下列条件：

（1）各台变压器的接线组别应相同；

（2）各台变压器的变比应相等；

（3）各台变压器的短路电压（或阻抗百分数）应相等；

（4）新安装或大修后的变压器，除了满足上述三个条件外，还应核对变压器一、二次侧的相序相同。

二、变压器停送电倒闸操作的一般规定

在变压器倒闸操作过程中，应严格遵守以下原则：

（1）变压器各侧装有断路器时，必须使用断路器进行分合负荷电流及空载电流的操作。如没有断路器时，可用隔离开关拉合空载电流不大于 2A 的变压器。

（2）变压器投入运行时，应由装有保护装置的电源侧进行充电；变压器停止时，装有保护装置的电源侧断路器则应最后断开。

（3）变压器送电时采用先送高压侧，后送低压侧的方法；停电时反之。

（4）对于中性点直接接地系统的变压器，在投入或停止运行时，均应先合中性点接地开关，以防过电压损坏变压器的绕组绝缘。必须指出，在中性点直接接地系统内仅一台变压器中性点接地运行时，若要停止此台变压器，必须先合入另一台运行变压器的中性点接地开关后方可操作。否则，会使这个系统短时变成中性点绝缘的系统。变压器投入运行后，应根据值长的命令和系统的中性点方式的需要，切换中性点接地开关的状态。

强油循环冷却装置的安全运行，直接影响到变压器的安全运行。所以，对冷却装置的投入或停止运行有以下要求：

（1）在变压器送电操作前，冷却器装置能自动投入和退出。冷却器电源的控制回路受变压器断路器的辅助触点控制。根据断路器的状态来控制冷却器的运行或停止，实现自动控制的功能。

（2）变压器在投运时，应先启动冷却装置。变压器停止运行后，停止强迫油循环冷却装置的运行。

（3）冷却装置的冷却器在投运时，应根据具体情况来选择工作、辅助、备用状态，确保在变压器运行过程中，工作冷却器发生故障时，备用冷却器能自动联动投入。

（4）冷却系统有两路独立的交流电源，以提高电源的可靠性。两路电源可任意一个工作（或备用），当一路发生故障时，另一路自动联动投入。

（5）为了保证冷却器工作的可靠性，在变压器投运前，应做冷却器与冷却电源，以及变压器断路器与冷却器的联投、联停试验。

对于大修后或新安装的变压器投入运行时，由于是全电压投入，应做好运行技术措施。作为投入的基本试验内容为：充电五次、定相试验及保护联投试验。在投运过程中，应特别注意气体保护的运行情况。当变压器轻重气体保护动作后，要及时采取气样、油样进行分析，必要时作色谱分析。

三、主变压器和厂用高压变压器停电的典型操作

以惠电 4 号燃气轮机主变压器和 4 号厂用高压变压器为例，简述变压器停电的典型操作（先将 220kV 4 号主变压器及变高 2204 开关由运行状态转为冷备用状态，然后再由冷备用状态转检修状态）：

1. 220kV 4 号主变压器及变高 2204 开关由运行状态转为冷备用状态

（1）检查 220kV 4 号主变压器、16kV 4 号厂高变保护装置运行正常，各仪表、信号均显示正常，无异常报警信号。

（2）检查 220kV 4 号主变压器断路器、隔离开关、接地开关状态正确。

（3）检查 4 号机 6kV A 段母线已转由 220kV 启备变供电。

（4）检查 4 号机 6kV B 段母线已转由 220kV 启备变供电。

（5）合上 220kV 4 号主变压器压器中性点 224000 接地开关。

（6）断开 220kV 4 号主变压器高压侧 2204 开关。

（7）检查 220kV 4 号主变压器已无压，4 号主变压器冷却器均已停运。

（8）检查 16kV 4 号厂用高压变压器已无压。

（9）拉开 220kV 4 号主变压器高压侧 2204 开关出线侧 22044 隔离开关。

（10）拉开 220kV 4 号主变压器高压侧 2204 开关 I 母侧 22041 隔离开关。

（11）拉开 220kV 4 号主变压器中性点 224000 接地开关。

2. 220kV 4 号主变压器及变高 2204 断路器由冷备用状态转为检修状态

（1）确认 220kV 4 号主变压器及变高 2204 断路器已转为冷备用状态。

（2）在 220kV 4 号主变压器高压侧避雷器处验电，确认其无压。

（3）合上 220kV 4 号主变压器高压侧 220440 接地开关。

（4）检查 220kV 4 号主变压器高压侧 2204 断路器两端电压为 0。

（5）合上 220kV 4 号主变压器高压侧 2204 断路器出线侧 2204C0 接地开关。

（6）合上 220kV 4 号主变压器高压侧 2204 断路器母线侧 2204B0 接地开关。

(7) 合上 220kV 4 号主变压器低压侧 80420 接地开关。

(8) 在 220kV 4 号主变压器高压侧避雷器处验电，确认其无压。

(9) 在 220kV 4 号主变压器高压侧避雷器处装设一组临时地线。

(10) 在 16kV 4 号厂用高压变压器低压侧 614 开关柜后面软连接处验电，确认其无压。

(11) 在 16kV 4 号厂用高压变压器低压侧 614 开关柜后面软连接处装设一组临时地线。

(12) 拉开 16kV4 号厂用高压变压器中性点 64000 接地开关。

四、主变压器和厂用高压变压器受电的典型操作

以惠电 4 号燃气轮机主变压器和 4 号厂用高压变压器为例，简述变压器受电的典型操作（先将 220kV 4 号主变压器及厂用高压变压器 2204 断路器由检修状态转为冷备用状态，然后再由冷备用状态转运行状态）。

1. 220kV 4 号主变压器及厂用高压变压器 2204 断路器由检修状态转为冷备用状态

(1) 检查确认 220kV 4 号主变压器及厂用高压变压器 2204 断路器处于检修状态。

(2) 合上 16kV4 号厂用高压变压器中性点 64000 接地开关。

(3) 拆除在 16kV 4 号厂用高压变压器低压侧 614 开关柜后面软连接处装设的临时地线。

(4) 拆除在 220kV 4 号主变压器高压侧避雷器处装设的临时地线。

(5) 拉开 220kV 4 号主变压器低压侧 80420 接地开关。

(6) 拉开 220kV 4 号主变压器高压侧 220440 接地开关。

(7) 拉开 220kV 4 号主变压器高压侧 2204 断路器出线侧 2204C0 接地开关。

(8) 拉开 220kV 4 号主变压器高压侧 2204 断路器母线侧 2204B0 接地开关。

2. 220kV 4 号主变压器及变高 2204 断路器由冷备用状态转为运行状态

(1) 确认 220kV 4 号主变压器及变高 2204 断路器在冷备用状态。

(2) 合上 220kV 4 号主变压器中性点 224000 接地开关。

(3) 合上 220kV 4 号主变压器高压侧 2204 断路器 I 母侧 22041 隔离开关。

(4) 合上 220kV 4 号主变压器高压侧 2204 断路器出线侧 22044 隔离开关。

(5) 合上 220kV 4 号主变压器高压侧 2204 断路器。

(6) 拉开 220kV 4 号中性点 224000 接地开关。

第四节 变压器异常运行及事故处理

一、变压器发生下列情况之一者，应立刻停止运行

(1) 变压器的油箱内有强烈而不均匀的噪声和放电的声音，内部有爆裂声，变压器在运行中出现强烈而不均匀的噪声且振动加大。

(2) 变压器油枕或防爆管向外喷油。

(3) 变压器在正常负荷和正常冷却方式下，变压器油温不断升高。

(4) 油色变化过甚，在取样进行分析时，可以发现油内含有碳粒和水分，油的酸价增高，闪光点降低，绝缘强度降低，这说明油质急剧下降，这时很容易引起绕组与外壳间发生击穿事故。

(5) 瓷套管发现大的碎片和裂纹，或表面有放电及电弧的闪络痕迹时，尤其在闪络时，会引起套管的击穿，因为这时发热很剧烈，套管表面膨胀不均，甚至会使套管爆炸。

（6）变压器着火，此时应将变压器从电网切断后用消防设备进行灭火。在灭火时，须遵守《消防规程》的有关规定。

对于上述故障，在一般情况下，变压器的保护装置会动作，将变压器两侧的断路器自动跳闸，如保护因故未动作，则应立即手动停用变压器，再由检修人员进行检修。

二、变压器常见异常和故障处理

（一）变压器油位过高或过低

变压器的油位是随变压器内部油量的多少、油温的高低、变压器所带负荷的变化、周围环境温度的变化而变化的。此外，由于变压器箱体各部焊缝和放油门不严造成渗漏油也会影响变压器油位的变化。

值班人员如果发现变压器的油位高于油位线时，应通知检修人员放油，使油位降低到油位线以下。

当变压器油位过低，低于变压器上盖时，会使变压器的引接线部分暴露在空气中，降低了这部分的绝缘强度，有可能造成闪络。运行值班人员如发现油位过低、看不到油位计的油位时，应对变压器各部位进行检查，查明原因，并通知检修人员加油。

如果变压器有漏油现象，漏油量不大时，可临时采取堵漏的方法，并及时补油。

变压器油位下降时，若在运行中进行补油，应将"重瓦斯"保护退出，补油后运行24h，变压器运行无异常，再将"重瓦斯"保护投入。

当变压器的引出线采用充油套管时，套管油位随气温影响变化较大，不得满油或缺油。发现油位过高或过低时，应放油或加油。

（二）变压器油温升高

（1）检查变压器测温装置是否正常，温度表是否指示正确。

（2）检查变压器是否过负荷，如果是因为过负荷引起温度过高，应调整发电机出力或改变运行方式使变压器负荷降到额定值，保持变压器温度在报警值以下。

（3）如果未过负荷，检查变压器冷却系统的运行情况。如果运行中的冷却器故障而备用冷却器或辅助冷却器在油温高于其启动值又未能自动投入，应切换冷却系统运行选择方式，将备用的冷却器切换至运行方式。

（4）检查冷却装置的各阀门开启正确，散热器表面无大量的积垢。

（5）在正常负荷和正常冷却条件下，变压器油温较平时高出10℃以上或变压器负荷不变，油温不断上升，而检查结果证明冷却装置及冷却管路良好，且温度计、测点无问题，则认为变压器已有内部故障（如铁芯故障或绕组匝间短路等），此时运行人员应加强对变压器的负荷监视。联系进行变压器油的色谱分析，经过综合判断，查明原因，停止变压器运行。

（三）变压器油色不正常

变压器内的绝缘油可以增加变压器内各部件间的绝缘强度，还可以使变压器的绕组和铁芯得到冷却，并且具有熄灭电弧的作用。在检查变压器的过程中，对油色、油位的变化要密切监视，并根据油色、油位的变化，判断变压器的异常。变压器在运行中，由于长期受温度、电场及化学复合分解的作用，会使油质劣化。油质劣化的原因主要是空气和温度的影响。

在变压器中，空气在油箱内的空间与油面接触，而空气中危害最大的是氧气。油被空气氧化后，生成各种有机酸类，可能造成油质劣化。变压器长期通过负荷电流时，绕组温度升高，在油温 70℃ 以下时，油几乎很少发生变质，当温度达到 120℃ 或更高时，油将发生氧化。值班人员在变压器跳闸及正常巡视检查时，若发现变压器油位计中油的颜色发生变化，应汇报值长通知检修人员，取油样进行分析化验。当化验后发现油内含有碳粒和水分，油的酸价增高，闪点降低，绝缘强度也降低，这说明油质已急剧劣化、变压器内部存在故障。因此，运行人员应尽快联系投入备用变压器，停止该变压器的运行。在正常检查巡视中，运行人员观察油枕的油色应是透明带黄色。如呈现红棕色，则说明出现油质劣化现象，应通知有关部门进行油化验，并根据化验结果决定进行油处理或更换新油。

（四）变压器过负荷

变压器的过负荷运行分为两种情况，即正常过负荷和事故过负荷。

（1）变压器正常过负荷。变压器在运行中负荷是经常变化的。日负荷曲线的负荷率大多小于 1。负荷曲线有高峰和低谷，在高峰期间可能过负荷，绝缘寿命损失将增加；而欠负荷运行时，绝缘寿命损失将减小。只要将在大负荷期间（高峰期间）多损耗的绝缘寿命和在小负荷（低谷）期间少损失的绝缘寿命互相补偿，仍可获得变压器的使用年限。不增加变压器寿命损失的过负荷称为正常过负荷。

在正常过负荷时，油浸自冷变压器为额定值的 1.3 倍，强迫循环风冷变压器为额定值的 1.2 倍。在过负荷期间，绕组最热点的温度不超过 140℃，上层油温不超过 90℃。

运行人员在变压器过负荷时，应遵照现场运行规程中允许过负荷规定执行。

（2）变压器的事故过负荷。当发电厂及电力系统发生事故时，为了保证对重要用户的连续供电，允许变压器在短时间内（消除故障所必须用的时间）过负荷运行，称为事故过负荷。事故过负荷是牺牲变压器的寿命为代价，但如果严格执行变压器事故过负荷规定的数值和时间，不会过分牺牲变压器的寿命。

变压器事故过负荷的时间和数值，根据不同的冷却方式和环境温度，应安装制造厂规定执行。在无制造厂规定时，应按表 2-12 执行。

表 2-12　　　　　　　　　　变压器允许过负荷倍数和时间

过负荷倍数	1.30	1.45	1.60	1.75	2.00	2.40	3.00
允许持续时间（min）	120	80	30	15	7.5	3.5	1.5

变压器过负荷期间，冷却系统的冷却器全部开启投入。应特别注意：变压器有严重缺陷时，如铁芯烧损、线圈匝间故障修复后，不应过负荷运行。

变压器在过负荷时，其各部分的温度比额定负荷时高，使绝缘材料的机械、电气性能变坏，逐渐失去绝缘材料原有的性能，产生绝缘老化现象。这种绝缘材料虽有一定的电气强度，但变得干燥而又脆弱，在发生外部故障或正常运行中的冲击产生电动力的作用下，很容易损坏。绝缘的老化程度主要受温度的影响。

运行中的变压器过负荷时，出现电流指示超过额定值，有功、无功电能表指针指示增大，可能伴有"变压器过负荷"信号及"变压器超温"信号等报警。

值班人员在发现上述异常现象时，应按下述原则处理：

1）复归报警，汇报值长，记录过负荷运行时间。

2）调整负荷的分配情况。联系值长采用切换、转移的方法，减少该变压器所带的负荷。

3）及时调整运行方式，若有备用变压器时，应将备用变压器投入并列运行，分担一部分负荷。

4）属于正常过负荷，可根据正常过负荷的时间，严格执行。

应增加对该变压器的检查次数，加强对变压器温度的监视，不得超过规定值。

变压器存在有较大缺陷（如冷却系统不正常、油质劣化、色谱分析异常等）时，不允许变压器过负荷运行。

（五）变压器内部发出不均匀的异声

变压器在正常运行中发出的声音应是均匀的"嗡嗡"声，这是由交流电通过变压器绕组时，在铁芯内产生周期性的交变磁通，随着磁通的变化，引起铁芯的振动，而发出响声。由于制造技术、结构材料不同差异，使变压器这种响声有所差异，但基本上都是均匀的"嗡嗡"声，这是正常现象，如果产生不均匀响声或其他异声都属于不正常现象，运行人员应根据声音进行分析判断，查明原因。

（1）由于大动力设备启动时产生沉闷的"嗡嗡"声音。如厂用高压变压器带有大容量的给水泵、循环水泵等电动机，启动电流较大，引起负荷骤然变化，而属于这种现象是短时的，启动完毕后可恢复正常。若变压器的负荷为电弧炉或大容量整流电源时，五次谐波分量较大，致使变压器内产生"哇哇"声。

（2）在用电设备的高峰期间，由于变压器过负荷，使变压器内发出很高而又沉闷的"嗡嗡"声。

（3）在长期运行和反复冲击下运行的变压器，使个别部件松动，变压器内发出异声。如因负荷突变，某些零件过度松动，造成变压器内部有部件松脱声。如果变压器轻负荷或空负荷时，使某些离开叠层的硅钢片端部发生共振，造成变压器内部有一阵一阵的"哼哼"声，如铁芯的穿心或紧固螺丝不紧，使铁芯松动，造成变压器内部有周期性的强烈不均匀的"呼呼"声。

（4）若系统内发生短路故障或接地，在通过较大的短路电流时致使变压器内部发出沉重的"嗡嗡"声，在故障点切除后，变压器的声音恢复正常。

（5）由于内部接触不良或绕组击穿对铁芯或外壳发生间歇放电时，使变压器发出"吱吱"或"劈啪"的放电声。

（6）如果铁芯谐振，使变压器内发出"嗡嗡"和尖细的"哼哼"声，这种声音呈周期性变粗或变细。

（7）变压器内部发生短路故障，将产生电动力，发出的声音是"嗡咚"的冲击声。

（六）变压器冷却装置故障

在变压器冷却装置的运行中，冷却系统故障主要是指冷却器的电源失电、风扇、潜油泵的电机故障以及冷却水系统发生异常。上述故障将会使变压器冷却装置全部或部分停止运行。值班人员应根据不同现象进行如下的处理：

（1）冷却系统全部停运。此时应严密监视变压器上层油温变化情况，尽快查明原因设法恢复。冷却系统一时不能恢复，允许变压器在额定负荷下运行，主变压器最长允许运行时间不超过 1h；当上层油温超过 75℃时，主变压器最长允许运行时间不超过 20min。

（2）当变压器控制盘上出现"备用冷却器投入"或"备用冷却器投入后故障"信号，说明工作或者辅助位置的冷却器跳闸或备用冷却器投入后又跳闸。这种情况可能是由于油泵或风扇电机故障引起的。运行人员应检查工作、备用冷却器跳闸原因，并根据情况倒换冷却的运行方式,尽快恢复冷却器的运行。

(七)运行中变压器发出"轻瓦斯"保护动作信号

当变压器轻瓦斯信号动作时,运行值班人员应立即查明原因,进行处理。气体保护动作于信号的原因有以下3个方面:

(1)因滤油、加油和冷却系统不严密使空气进入变压器或因温度下降、漏油使油位降低。

(2)变压器内部轻微故障,而产生微量气体。

(3)发生超越性短路,保护的二次回路故障引起的误动。

如果经变压器外部检查未发现任何异常时,应严密监视变压器的运行情况,如电流、电压及声音的变化,并记录轻瓦斯动作的时间和间隔,此时重瓦斯不得退出运行。值班人员还应检查变压器油枕油色和油位、气体继电器气体量及颜色,收集气体继电器中的气体,判明其性质。必要时取油样进行化验和作色谱分析。

(1)如果轻瓦斯保护多次动作发信或间隔时间逐渐缩短,则应尽快安排变压器停用。

(2)气体中不含可燃性成分,且是无色无臭的,说明聚集的气体为空气,此时变压器仍可运行,继续观察。

(3)如果气体有可燃性,则说明变压器内部有故障,应停止变压器运行。并根据气体性质来鉴定变压器内部故障的性质。如气体颜色为黄色可燃的,即为木质故障;若为淡灰色强烈臭味可燃性气体,即为绝缘纸或纸板故障;若为灰色和黑色易燃的气体,即为短路后油被烧灼分解的气体。

(八)变压器保护动作跳闸

变压器在运行中,当断路器自动跳闸时,值班人员应按以下步骤迅速处理:

(1)当变压器的断路器自动掉闸后,应检查备用变压器是否联动投入。如无备用变压器时,应倒换运行方和负荷分配,维持运行系统及设备的正常供电。

(2)检查确认保护动作的原因,判明保护范围和故障性质。

(3)了解系统有无故障及故障性质。

(4)若属于人员误碰、保护有明显误动或者变压器后备保护动作(过流及限时过流),在故障点切除后,应对变压器进行外部检查确认无异常,并查明故障点确在变压器以外,经请示值长同意,可不经外部检查对变压器试送电一次。

(5)如属于差动、重瓦斯或电流速断等主保护动作,故障时又有明显冲击现象,则应对变压器进行详细的检查,并停电后进行测定绝缘试验等。在未查清原因以前,禁止将变压器投入运行,减少变压器的损坏程度或扩大故障范围。如重瓦斯保护动作,判明为变压器内部发生的故障。重瓦斯保护动作后使变压器跳闸,运行人员处理时,应用取样瓶在气体继电器排气门处收集气体,取得气体后可根据气体继电器内积累的气体量、颜色和化学成分,初步判断故障的情况和性质。根据气体的多少可以判断故障的程度。若气体是可燃的,则气体继电器动作的原因是变压器内部故障所致。气体的鉴别必须迅速进行,否则经一定的时间颜色就会消失。根据气体的颜色和性质可初步判断故障的性质和部位。根据鉴别情况,结合变压器的结构和绝缘材料,以及对变压器油的色谱分析和变压器电气试验,就可分析判断出变压器的故障部位,为检修变压器创造条件。

(6)详细记录故障现象、时间及处理过程。

（九）变压器着火的处理

（1）变压器着火时，应立即断开变压器两侧电源，停运冷却器，隔离其他辅助电源。

（2）主变压器或厂用高压变压器着火时，应将该单元机组解列停机。

（3）如果变压器的消防装置未启动，应手动启动变压器灭火装置，通知消防人员，按照消防规程灭火。在变压器灭火过程中，可用干粉灭火器灭火。

（4）地面油坑着火时，可用黄沙或干粉灭火器灭火。

第五节 运行经验分享

一、两班制联合循环电厂主变压器冷却器的控制系统 PLC 节能改造经验

主变压器冷却方式采用强油循环风冷，共设置有五组冷却器，一组冷却器运行可以满足变压器容量 120MVA 的冷却需求，且各组冷却器的启动回路均未设置延时。目前主变压器冷却器的运行方式为：主变压器受电后处于"工作"状态的两组冷却器立即启动运行，两外两组"辅助"状态的冷却器根据主变压器高压侧电流或上层油温自动启停，还有一组冷却器备用。由于两班制电厂承担电网调峰的作用，每台机组一年的运行小时数仅有 3500h 左右，那么在机组停运阶段主变压器均处于轻载运行状态。在主变压器轻载运行状态下，其冷却器仍然维持原有的控制方式，会造成电能的很大浪费。

采用 PLC 控制系统对主变压器冷却器的控制系统启停回路进行改造，对两班制电厂主变压器的节能有突出效果。其作用体现在以下几个方面：

（1）当两班制机组停机后，因主变压器所带负荷较小，PLC 控制系统自动设定只有一组冷却器运行，完全可以满足主变压器轻载运行的冷却需要。

（2）在两班制机组启停机过程中，其他冷却器可以依靠主变压器负荷或上层油温情况，通过 PLC 的运行程序逐台投入运行。当变压器上层油温达到温度设定值或变压器负荷电流达到设定值时，冷却器可以按顺序逐台投入运行。当变压器上层油温小于温度设定值且变压器负荷电流小于设定值时，冷却器逐台退出运行。以惠州 LNG 电厂为例，当主变压器负荷电流达到 180A 时，PLC 控制系统启动第二台冷却风扇，当主变压器负荷电流达到 300A 时，启动第三台冷却风扇，而第四台冷却风扇则根据主变压器的上层油温来启动。这样就可以满足冷却器根据变压器高低负荷和季节工况变化进行最优配置。

（3）使用 PLC 控制后，可以方便主变压器在各种条件下逐台启动冷却器，减小冷却器启动瞬间对油流的扰动，避免重气体保护误动作。

采用 PLC 控制后，可以满足一台冷却器正常运行，其他三台根据主变压器电流或上层油温逐台投入运行。一年可为电厂节约厂用电约 22 万 kWh，经济效益可观。

二、强油循环风冷变压器冷却器全停后，如超过规定时间故障仍未排除，则应将变压器退出运行

强油循环风冷变压器上层油温是直接测量的。现在一般是两种方式：一种是铂电阻测温，另一种是液体测温。液体测温应用比较广，是利用一根毛细管把温度探头和测压力的原件连起来，探头里的液体温度与变压器一致，根据热胀冷缩，通过毛细管对感压元件产生一个压力。感压元件测定压力，再由转换元件把压力值转换为温度值。

强油循环风冷变压器的绕组温度是在上层油温的基础上叠加变压器的电流间接折算得出

的。相对来说，油温是比较准确的值，绕组温度不太准确。

如果冷却器全停后，因为油循环中断，变压器的上层油温和绕组温度无法真实反映变压器内部绕组的局部过热温度，即使变压器上层油温表和绕组温度表数值没有变化，其线圈内部的温度可能已经上升了，短时间内热量还能够依靠自循环向外部散热，但是由于自循环换的散热效果比较差，绕组温度迅速上升后上层油温可能还维持在较低值，这样并不能正确反映此处绕组温度。若绕组温度过高，变压器内部线圈的焊点会发生局部过热从而损坏绝缘，所以如果规定的时间内（上层油温高于75℃至多可运行20min、低于75℃至多可运行1h）不能恢复冷却装置运行，应将变压器退出运行，而不能因为变压器油温不高，选择退出变压器的冷却器全停保护。

三、电网直流偏磁导致主变压器运行声音异常

1. 事件经过

巡检发现1号主变压器运行声音较正常时大，经检查1号主变压器中性点处的直流分量较大，达到51A，询问中调后得知某条500kV直流输电线路因异常处于单极运行方式所致。

2. 原因分析

直流输电线路在正常运行时两极电流相等，地回路中的电流为零，但是在异常情况下，直流输电线路采用单极运行方式，接地极就会有电流流过，接地极都会有电流流过，在直流输电线路和大地间形成回路。在我国，110kV及以上电压等级系统主变压器中性点采取直接接地。如果处于不同地点的主变压器中性点电位被不同程度的抬高，则直流电流将通过大地和交流线路，由一台电厂或变电站的主变压器中性点流入，再由另一台电厂或变电站主变压器中性点流出，致使主变压器中性点有很大的直流分量，变压器产生直流偏磁。其主要危害有以下几点：①变压器励磁电流的畸变；②噪声增大；③对变压器波形的影响，当铁芯工作在严重饱和区，漏磁通会增加，在一定程度上使电压的波峰变平；④变压器铜耗的增加；⑤变压器铁耗增大。

3. 结论

（1）当直流输电线路单极运行时，在500kV换流站的接地极附近，或沿海电厂的变压器中性点会流过较大的直流电流分量，使变压器产生直流偏磁。

（2）直流偏磁使变压器铁芯磁通趋于饱和，漏磁增加，导致变压器振动加剧，噪声增大。

（3）对于受直流偏磁影响较大的电厂，建议加装消除直流偏磁的装置。例如采用电容隔直法、小电阻限流法、反向电流限制法和电位补偿法等。

（4）装设消除直流偏磁的装置，如果主变压器中性点直流分量较大，1号主变压器中性点应通过电容隔直装置接地，以缓解原来中性点接地变压器的直流偏磁。

四、利用红外线成像仪发现主变压器引线接头松动

1. 事件经过

在某厂利用红外线成像仪对2号主变压器进行温度观测，发现2号主变压器B相引线接头温度达到90℃左右，比其他两相引线接头温度高40℃左右。

2. 原因分析

2号主变压器停电检修时，发现B相引线接头有松动，接触电阻增大，紧固后消除了事故隐患。

3. 结论

发电厂利用红外热成像仪，可以发现了大量设备早期缺陷，避免了许多设备事故的发生，减少电厂损失。利用红外热成像仪及时发现的设备缺陷主要有高电压设备接头发热、变压器箱体涡流损耗、锅炉汽轮机方面的问题、阀门保温、高压电机引线发热、端子排端子发热、电路板发热、电缆鼻子发热等。

五、380V 工作 A 变接地故障分析及处理

1. 事件经过

4 号机组工作 A 变在运行中跳闸，4 号机组 380V 工作 A 段失电。经检查和分析发现是由于 4 号机低压厂用变压器 A 高压侧 B 相电缆发生接地短路故障造成。

2. 原因分析

（1）变压器高压侧接口处与电缆间距过小，在长期带电情况下由于振动、高压等原因造成对电缆屏蔽层外层绝缘击穿。

（2）二期机组电缆头施工、安装工艺不良；安装时未将屏蔽层钢铠及半导体层进行剥脱，绝缘击穿瞬间通过内部钢铠直接接地，导致 B 相接地短路。

3. 结论

（1）彻底检查和排除隐患，对 6kV 开关柜后电缆、干式变高压侧电缆、高压变频器电缆、SFC 设备电缆、发电机中性点到 PT 柜电缆头通过观察孔进行外观检查，发现隐患利用停机整改。

（2）停机检修对所有 6kV 电缆头工艺进行检查，依照规程对电缆进行交流耐压试验。

六、2 号主变压器送电导致 1 号机组发电机振荡，有功和无功大幅波动

1. 事件经过

2 号主变压器检修结束，14：13 操作 2 号主变压器送电，合上主变压器高压侧断路器 2202。

14：13 1 号机报 "GENRATOR POWER OUTPUT-2 SPRAD HIGT-2" "EMERGENCY OIL INTERMEDIATE PRESS LOW"，"CONT OIL SUPL PRESS LOW"，1 号控制油泵 A 联锁启动，1 号机组功率在 315～285MW 之间大幅波动。

14：13 接值长令，手动退出 1 号机组退出 AGC；将 1 号机组负荷指令由 300MW 降低至 250MW，机组负荷下降。

14：14 派人至就地检查控制油泵运行正常，控制油系统无漏油现象，1 号控制油泵 B 电流与 1 号控制油出口压力有波动现象。

14：16 1 号机组功率波动现象消失，1 号控制油泵 B 电流恢复正常，1 号控制油出口压力稳定在 12MPa。

14：25 退出 1 号机组一次调频。

2. 原因分析

（1）励磁系统及 PSS 响应正常，不是本次功率振荡的主要原因。

（2）一次调频动作正常，不是本次功率振荡的主要原因。

（3）阀门跟随指令正常动作，不存在阀门卡涩等异常问题。

（4）本次功率振荡期间，IGV 的波动幅度 25%，通过理论计算，可导致机组功率波动峰峰值约 40MW，因此，进一步确认本次功率振荡原因为 IGV 周期性波动。2 号主变压器发生励磁涌流后，运行的 1、3 号机组电气参数受到干扰，虽然此时机组实际机械功率没有变化，但是由于受到电气量的干扰，造成燃气轮机测量计算的功率发生了变化，引起 IGV 开度调整，IGV 开度调整进一步造成压气机功耗波动，最终出现了在机组燃料流量基本稳定的情况下的有功功率振荡。

3. 结论

针对功率变送器在励磁涌流下出现暂态测量异常的现象，参考同类事件的处理措施，做以下逻辑调整：由于目前没有更好的技术措施可以有效解决励磁涌流对功率变送器的测量影响，因此，在机组空充主变压器前，将 IGV 回路中机组功率测量反馈值临时锁定，同时申请临时退出机组 AGC，待主变压器充电完成后，解除 IGV 功率测量反馈回路的锁定，同时申请投入机组 AGC，可有效避免类似功率振荡事件的发生。

七、主变压器冷却器 PLC 故障

1. 事件经过

事件一：3 号机组正常运行时，DCS 上出现 "3 号 MAIN TR COOLER PLC FAUILT" 报警，DCS 上多次显示 3 号机主变压器 4 台冷却器出现全停，随后 4 台主变压器冷却器逐台自启现象。

事件二：2 号机组 330MW 运行时，处于 "辅助" 位的 2 号主变压器 1、4 号冷却器自动停运。

事件三：1 号主变压器冷却器多次全停后重新启动；1 号主变压器冷却器发 "MAIN TR PLC FAULT" 报警；随后 "MAIN TR PLC FAULT" 报警复归，现场检查 1 号主变压器 PLC 已执行工作电源切换与主变压器冷却器运行方式切换（但未到自动切换周期）。就地检查发电机-变压器组保护柜上无主变压器冷却器全停报警及其他异常报警，检查 1 号机 UPS 馈线柜 1 号主变压器冷却器控制电源开关无异常，主变压器冷却器两路动力电源无异常；检查网控机上多次发 "1 号主变压器冷却器加热电源和控制电源故障" 报警并随即复归。

2. 原因分析

事件一：检修人员检查后将主变压器冷却器切至手动状态（不通过 PLC 控制），维持 4 台冷却器运行；检修人员检查后怀疑 PLC 柜后端子排接线松动导致冷却器工作异常；电气人员值守待 3 号机组停运后处理；停机后检修人员试按压 PLC 柜后负责电源监视的功能模块，就地冷却器立刻全停，然后全部冷却器立刻启动，DCS 上同时出现 3 号主变压器冷却器 PLC 故障报警，确定是该功能模块松动接触不良导致故障反复出现；把该功能模块紧固后，试按动模块已无 PLC 故障发生。

事件二：经电气检修人员检查，发现 2 号主变压器冷却器就地 PLC 柜内一中间继电器故障，将两组 "辅助" 冷却器切至 "手动" 运行方式。

事件三：电气检修检查后告知可能是 PLC 内部故障导致，待 1 号机检修时处理；暂时将 1 号主变压器冷却器 1、2、3、5 切手动维持运行，主变压器冷却器 4 投自动备用，加强监视。

3. 结论

（1）主变压器冷却器 PLC 为重要设备，控制主变压器冷却器电源切换及冷却器切换，发生故障时，应及时到现场确认主变压器冷却器运行情况，DCS 加强监视主变压器油温及绕组温度，若温度超限，必要时退 AGC 降负荷运行。

（2）若主变压器冷却器 PLC 故障导致冷却器频繁启停，机组运行时将"工作""辅助"冷却器切至手动运行，"备用"冷却器切至停止，运行中的冷却器跳闸时，及时去就地投入"备用"冷却器；机组停运时，将"工作"冷却器切至手动运行，"辅助""备用"冷却器切至停止。

（3）若 PLC 出现严重故障，导致主变压器冷却器运行方式紊乱，可以联系电气检修人员退出 PLC，根据机组运行情况手动控制冷却器的运行方式。

八、主变压器本体发生渗油或漏油事件

1. 事件经过

事件一：巡检发现 3 号主变压器地面存在大片油迹，油从变压器上部沿着变压器外壁滴至地面（约 10s 一滴），将 3 号机厂用电切至启备变供电。

事件二：3 号机主变压器西侧顶部中间位置（爬梯左侧）渗油，约 30s 一滴沿着主变压器西侧本体流至主变压器本体底部结合面，主变压器本体至地面约 1min 一次滴油。油枕油位接近于 7，就地油温约 60℃。清理油迹并放置油布在变压器底部。

2. 原因分析

事件一：电气检查确认为为 3 号主变压器本体与主变压器冷却器连接法兰处渗油，主变压器运行中暂无法处理，3 号机检修期间处理，继续跟踪。

事件二：开票检查处理，发现漏油点为油箱温度计与主变压器油箱接口处，更换垫片后现已无漏油。

3. 结论

发现主变压器渗油、漏油时，漏油量不大时，可临时采取堵漏的方法（若短时无法处理，应加强巡视，重点监视主变压器油位及泄漏是否扩大），并及时补油。在运行中进行补油，应将"重瓦斯"保护退出，补油后运行 24h，变压器运行无异常，再将"重瓦斯"保护投入。

当主变压器大量漏油时，油位已看不见，应立刻紧急停运主变压器。

九、主变压器高压侧开关状态异常

1. 事件经过

7 号主变压器高压侧 2207 开关就地汇控柜"故障显示器"报"非全相显示"报警，网控柜"7 号汽轮机主变压器 220kV GIS 机构非全相动作"光字牌闪动报警。就地检查 7 号主变压器高压侧 2207 开关的三相开关机械指示在分闸位置，检查 7 号主变压器高压侧 2207 开关测控柜、7 号发电机-变压器组保护屏、7 号发电机-变压器组故障滤波屏无异常报警。

2. 原因分析

7 号主变压器高压侧 2207 开关三相之间的分合闸间隔时间超过限定值引起，不会影响开关动作，将就地汇控柜和网控柜复归后报警消失。

3. 结论

主变压器高压侧开关状态改变时，应及时确认无相应报警，网控机确认开关三相动作正常，并在 GIS 就地也需检查主变压器高压侧开关三相的状态，确保无异常。

十、主变压器避雷器出现污闪现象

1. 事件经过

运行巡检发现 6 号燃气轮机主变压器 C 相避雷器有持续滋滋声，其他两相无异常声音。

2. 原因分析

电气人员就地检查后初步判定 6 号燃气轮机主变压器 C 相出线避雷器侧瓷瓶存在污闪现象，需择机进行清理，暂无法处理，提高巡检频次，记录避雷器泄漏电流数值，加强监视。

3. 结论

运行人员巡检时，应加强监视主变压器避雷器运行情况，并定期记录避雷器泄漏电流数值，若声音异常或者泄漏电流超过规定值，表明避雷器运行异常，及时通知电气检修人员查明原因并处理。

第三章

静 态 变 频 器

第一节 静态变频器介绍

一、静态变频器（SFC）作用

大型燃气-蒸汽联合循环机组在启动、高盘冷却、水洗等过程中，整个轴系的驱动力矩均是由同步发电机作为同步电动机运行来提供的。当同步发电机作为同步电动机运行时，SFC 将取自机组 6kV 母线的工频电源通过变频后，施加到发电机的定子上，使发电机变成调频调速的电动机转动起来，并同轴带动燃气轮机启动。

同步电机转速 n 与电源频率 f 的关系为

$$n = 60f/p \tag{3-1}$$

在同步电机极对数 p 一定时，改变电源频率 f 就可以改变发电机的转速。由于加在发电机定子上的是变频后的交流电，使得燃气轮机转速按预先设定的速率加速上升。

当燃气轮机启动时，SFC 从单元机组 6kV 厂用电系统取电，将恒定的电压和频率电源变换成电压和频率可变的电源，可变的电源施加于发电机定子线圈；同时 6kV 厂用电系统给发电机转子提供励磁电压，在发电机转子上产生磁场，发电机定子产生的旋转磁场作用于磁体转子，使转子转动起来。SFC 就是通过对输出电压、频率的改变使发电机转子达到系统指定的转速。

二、SFC 结构

以惠州 LNG 电厂二期为例，3 台机组共配置两套相互独立的静态变频器，每一套 SFC 可以启动任意一台燃气轮机组。当一套静态变频器出现故障，燃气轮机仍然可以依靠另一套静态变频器启动。两套系统均设置有切换开关柜，通过切换开关来实现 3 台机组选择其中任意一套作为启动电源供给。SFC 结构见图 3-1。

SFC 由谐波滤波器、输入变压器、整流器、直流电抗器、逆变器、控制屏、启动励磁变压器、SFC 选择切换柜等部分组成。其各部分功能简要如下：

（1）谐波滤波器：其内部是由电感和电容组成谐振电路，用来吸收在整流和逆变过程中所产生的 5 次、7 次、11 次谐波，防止谐波对电厂其他电气设备的影响，以及防止谐波反送到电网中造成对电网的谐波污染，同时可提高 SFC 的功率因数。

（2）输入变压器：为静态变频器提供电源，同时通过变压器漏抗限制晶闸管短路时的短路电流。

（3）整流器：为三相桥式全控整流装置。通过对晶闸管导通角的控制把 50Hz 交流电压

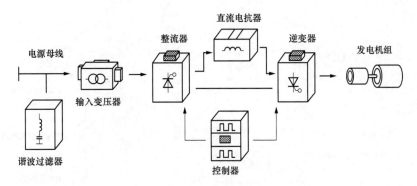

图 3-1　SFC 结构图

转换为直流电压，并控制直流电压使直流电流达到适当值。

（4）直流电抗器：限制波纹，使直流电流更加平滑。

（5）逆变器：通过对晶闸管相位控制，把直流逆变成频率可变的交流，其频率从 0.05～33.3Hz 平滑可调，使发电机加速平滑。

（6）控制屏：接受来自 TCS 的控制信号，控制和协调 SFC 各部件的工作，并具有内部故障自我诊断、报警和保护功能。

（7）转子位置检测：主要有两种检查方法，第一种是利用发电机端 TV 检测的电磁感应法测量转子初始位置，为逆变器触发信号提供参考信号；第二种是安装于转子转轴之上，用以测量转子的位置，其反馈信号为逆变器触发信号的参考信号。

（8）启动励磁变压器：在 SFC 拖动燃气轮机期间，为发电机提供励磁电源，电源取自本机组厂用 6kV 母线，低压侧额定电压为 150V，容量 300kVA。

（9）SFC 逻辑切换柜：接收来自 TCS 的指令，依照预定逻辑按顺序对相应的断路器、隔离开关进行断开或闭合操作，以便完成所选 SFC 与被启动的机组之间的电气连接，达到启动机组的目的。

三、SFC 启动发电机接线图

如图 3-2 所示，SFC 装置从 6kV 厂用电取电，经过整流、逆变后通过切换开关给对应的发电机定子供电。在发电机出口断路器装置内还设置有 SFC 启动隔离开关，在机组启动前该隔离开关合上，SFC 给发电机定子提供变频后的电源，使发电机作为同步电动机拖动燃气轮机运行，SFC 退出运行后该隔离开关拉开。

发电机中性点经单相接地变压器（接地变）接地，发电机中性点接地变一次侧设置发电机中性点接地隔离开关，在 SFC 投入运行之前该接地隔离开关拉开，以防止 SFC 整流器与逆变器之间发生接地故障时，会产生很大的直流电流经发电机中性点流过，从而烧毁接地变压器。当 SFC 退出运行后，发电机中性点接地隔离开关再次合上。

四、SFC 主要参数

SFC 额定参数主要包括额定输入容量、交流输入电压、直流额定电压、直流额定电流。

（1）额定输入容量：6600kVA；

（2）交流输入电压：3 相，6kV，50Hz；

（3）直流额定电压：4.1kV；

（4）直流额定电流：1195A；

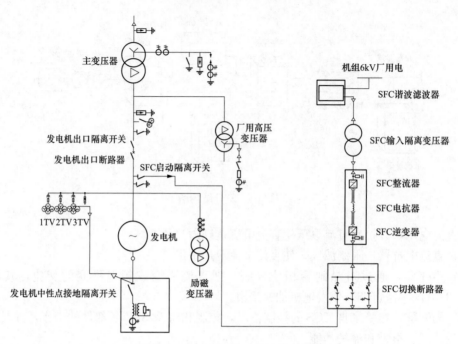

图 3-2　SFC 启动发电机主接线图

（5）逆变输出电压：3 相，3.4kV，0.05～3.33Hz；

（6）额定功率：4900kW。

五、SFC 工作原理

（一）主电源回路图

SFC 主回路由 SFC 隔离变压器、整流器、直流电抗器、逆变器组成，见图 3-3。整流器采用三相 12 脉波全控晶闸管整流桥，将恒定的三相交流电压变成可变的直流电压。逆变器采用 6 脉波全控晶闸管逆变桥，将整流桥输出的直流电压转换成变幅值和变频率的交流电压。这个可变的交流电源施加于发电机使发电机加速到指定的转速。

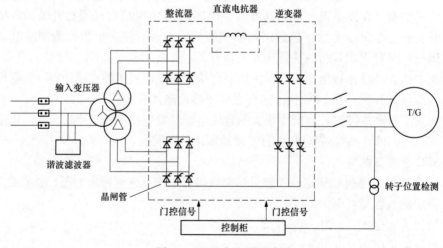

图 3-3　SFC 主电源回路图

当机组启动时，发电机作为同步电动机运行，发电机定子绕组由 SFC 供电，厂用 6kV 电源经启动励磁变压器降压整流后向发电机转子绕组供电。在定子、转子电流共同产生的电磁力矩的作用下，使发电机转子旋转、升速。

（二）整流器工作原理

如图 3-4 所示，整流器侧的直流电压 E_{dr} 稍微大于逆变器侧的直流电压 E_{di}（$E_{dr} > E_{di}$）。直流电流 I_d，等于电压差 $\Delta V = E_{dr} - E_{di}$ 除以直流回路电阻 R，该电流流过直流回路。

$$I_d = \Delta V / R \tag{3-2}$$

通过整流器的相控可以调节输出直流电压为任意值。直流电压是触发延迟角 α 的函数。

$$E_d \approx 1.35 E_s \cos\alpha \tag{3-3}$$

式中：E_d 为输出直流电压；E_s 为输入交流电压（线电压）。

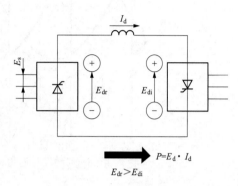

图 3-4　SFC 简化图

根据直流电流反馈控制自动调节整流器的触发延迟角 α。由式（3-3）可以看出，当触发角由 0°到 90°时，直流输出等效电压 E_{dr} 为正，此时称为整流状态，E_{dr} 的大小可通过改变触发角 α 调整；当触发角 α 大于 90°时，整流桥输出电压为负，即进入逆变状态。

图 3-5 为晶闸管触发角 α 为 30°时的电压波形，其等效直流输出电压为 E_{dr}。

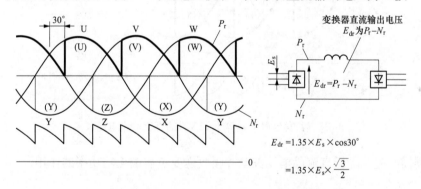

图 3-5　触发延迟角 α 等于 30°时的直流输出电压波形

图 3-6 晶闸管触发角 α 为 90°时的电压波形，可以看出，当触发角为 90°时，直流等效电压输出 E_{dr} 为 0。

图 3-7 为晶闸管触发角为 120°时的电压波形，由此可以看出，当触发角由 0°到 90°时，直流输出等效电压 E_{dr} 为正，此时称为整流状态，E_{dr} 的大小可通过改变触发角 α 调整，当触发角 α 大于 90°时，整流桥输出电压为负，即进入逆变状态。

在 SFC 的逆变器处于脉冲换相模式时，为使逆变器能够完成换相，要求整流输出电流为直流脉冲波，即每隔 60°电角度要求整流输出电流截止为零，此时整流器采用将触发角 α 调整到大于 90°来完成整流电流的截止，即常所说的逆变截止。

（三）直流电抗器工作原理

整流输出回路串接直流电抗器，对外相当于一个电流源。该电流源的交流阻抗近似无穷

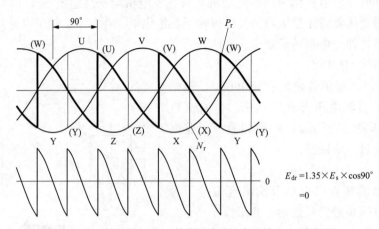

图 3-6　触发延迟角 α 等于 90°时的直流输出电压波形

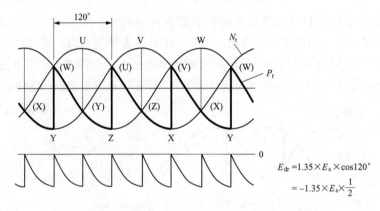

图 3-7　触发延迟角 α 等于 120°时的直流输出电压波形

大，电抗器同时起着降低直流段电压波动并吸收逆变负载端无功功率的作用。

（四）转子位置确定

在 SFC 解锁对定子绕组回路通流前，必须判断出转子的初始位置。当前在工程中应用较多的测量转子初始位置的方法有：①电磁式转子位置检测器（见图 3-8）；②利用发电机端 PT 检测的电磁感应法。

电磁式转子位置检测器，能够精确检测到转子的实际空间位置，从而准确触发逆变器晶闸管，实现逆变器换相。如图 3-8（a）所示，在转子的大轴上有一个凹凸形圆盘，它与转子同轴旋转。凹凸形圆盘四周按 120°角度分布共安装了 3 个电磁式位置传感器探头（A、B、C），传感器探头安装在发电机每相定子绕组的等效轴线处，转子的磁极方向与凹凸形圆盘的对称轴线偏差 30°，当凹凸形圆盘的凸出部分扫过传感器探头，相应的传感器会输出一个电压幅值恒定的方波。通过三个传感器输出的方波信号，就可以准确检测到转子的实际空间位置。

电磁感应法是近年来普遍使用在燃气轮机机组中测量转子初变位置的方法，其原理为首先由 SFC 设定并给出一个按阶跃函数变化的励磁电流值，此变化的励磁电流会在定子三相

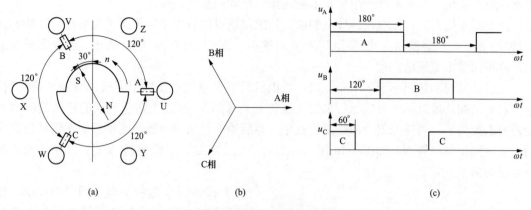

图 3-8 转子位置确定原理图

（a）转子位置监测器布置图；（b）对应三相定子绕组等效轴线；（c）传感器输出信号图

绕组中感应出电压，三相感应电压的相位、幅值与转子的初始位置有关，电磁感应最强的两相线电压其幅值必然是最大值。

（五）逆变器工作原理

逆变器一般采用120°通电型三相全控桥式电路。在正常运行时，不同桥臂的共阳极和共阴极各有一个晶闸管导通，即每一时刻，只有两相定子绕组通过电流，该两相电流将产生一个定子合成磁势。在一个周期内，不同晶闸管导通时，产生的所有定子合成磁势矢量图如图3-9所示。

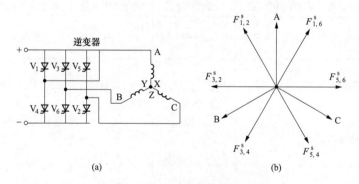

图 3-9 同步电机定子合成磁势图

（a）同步电机接线图；（b）定子合成磁势

根据电动机电磁转矩公式为

$$T_e = C_m F_s F_r \sin\theta \tag{3-4}$$

式中：C_m 为常数，与电机实际结构有关；F_s 为定子合成磁势幅值；F_r 为转子磁势幅值；θ 为定、转子磁势夹角；F_s 为超前 F_r 时为正值。

当定子合成磁势超前转子磁势，且它们之间夹角小于180°，就可以产生驱动电磁转矩，如果该电磁转矩大于转子的机械力矩，则可以拖动同步电机向定子合成磁势的方向旋转。在实际应用中，当转子磁势随转子的旋转而逐步靠近定子合成磁势时，控制逆变器进行正确换相，使定子合成磁势朝转子旋转的方向跃进一定角度，这样就可以继续维持定子、转子的磁势有一定的夹角，从而不断产生驱动电磁转矩，拖动同步电机旋转。

逆变器根据安装在发电机转轴上的位置传感器提供的位置信号依次实现换相。脉冲方式运行时 $\gamma \approx 0°$，负载换相方式运行时 $\gamma \approx \gamma_0$，这里 γ_0 足以使逆变时电流换相。逆变器重复上面的换相而输出交流电。

在启动的初期转速小于 80r/min 时，发电机没有足够的电压输出实现逆变器的换相时，逆变器的换相是通过脉冲方式运行来实现换相的。每隔 60° 通过关断整流器的输出使流过逆变器的电流为零，将逆变器全部晶闸管截止，然后给换相后应导通晶闸管发触发信号使其导通，实现同步电机换相。如图 3-10 所示，当运行到 f 点时，立即控制 A 相、C 相换相，即换相超前角 $\gamma_0 = 0°$。

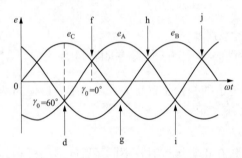

图 3-10　同步电机感应电势图

负载换相当同步电机转速大于 80r/min 时，由于脉冲换相方式引起的电流断续对同步电机的电磁转矩影响很大，这时候采用负载换相方式运行。利用同步电机的感应电势，关断需截止的逆变器晶闸管，完成共极晶闸管自然换相。如图 3-10 所示，当运行到 d 点时，提前 60° 发出 A 相晶闸管导通触发信号，即 $\gamma_0 = 60°$。

脉冲换相时工作原理（$\gamma_0 = 0°$）如表 3-1 所示。

表 3-1　　　　　　　　　　脉冲换相时工作原理（参考图 3-8 及图 3-10）

位置	对于图中 d 点	对于图中 f 点	对于图中 g 点	对于图中 h 点	对于图中 i 点	对于图中 j 点
换相前电流流向	C→A	C→B	A→B	A→C	B→C	B→A
换相前定转子合成磁势						
换相需导通晶闸管	V5、V6	V1、V6	V1、V2	V3、V2	V3、V4	V5、V4
换相后电流流向	C→B	A→B	A→C	B→C	B→A	C→A
换相后定、转子合成磁势						
转子位置输出[注]	A=0 B=0 C=1	A=1 B=0 C=1	A=1 B=0 C=0	A=1 B=1 C=0	A=0 B=1 C=0	A=0 B=1 C=1

晶闸管触发逻辑	V1	当A位置传感器输出为1，B位置传感器输出为0时，发V1晶闸管导通触发信号，即 $\overline{A}B=1$
	V2	同上，当 $A\overline{C}=1$ 时，发V2晶闸管导通触发信号
	V3	同上，当 $B\overline{C}=1$ 时，发V3晶闸管导通触发信号
	V4	同上，当 $A\overline{B}=1$ 时，发V4晶闸管导通触发信号
	V5	同上，当 $\overline{A}C=1$ 时，发V5晶闸管导通触发信号
	V6	同上，当 $\overline{B}C=1$ 时，发V6晶闸管导通触发信号

注　当位置输出方波电压信号时，置其输出为1；反之，为0。

由表 3-1 可以看出，采用脉冲换相方式（$\gamma_0=0°$）运行时，每当转子旋转 $60°$，根据转子的空间位置，晶闸管会换相一次，不断维持定子、转子磁势的夹角在 $60°\sim120°$ 范围内变化，提供脉动的电磁转矩。

负载换相时工作原理（$\gamma_0=60°$）如表 3-2 所示。

表 3-2　　　　负载换相时工作原理（参考图 3-8 及图 3-10）

位置	对于图中d点	对于图中f点	对于图中g点	对于图中h点	对于图中i点	对于图中j点
换相前电流流向	C→B	A→B	A→C	B→C	B→A	C→A
换相前定转子合成磁势	(矢量图)	(矢量图)	(矢量图)	(矢量图)	(矢量图)	(矢量图)
换相需导通晶闸管	V1、V6	V1、V2	V3、V2	V3、V4	V5、V4	V5、V6
换相后定子电流流向	A→B	A→C	B→C	B→A	C→A	C→B
换相后定、转子合成磁势	(矢量图)	(矢量图)	(矢量图)	(矢量图)	(矢量图)	(矢量图)
位置检测输出的数值	A=0 B=0 C=1	A=1 B=0 C=1	A=1 B=0 C=0	A=1 B=1 C=0	A=0 B=1 C=0	A=0 B=1 C=1

晶闸管触发逻辑	V1	当B位置传感器输出为0，C位置传感器输出为1时，发V1晶闸管导通触发信号，即 $\overline{B}C=1$
	V2	同上，当 $A\overline{B}=1$ 时，发V2晶闸管导通触发
	V3	同上，当 $A\overline{C}=1$ 时，发V3晶闸管导通触发
	V4	同上，当 $B\overline{C}=1$ 时，发V4晶闸管导通触发
	V5	同上，当 $\overline{A}B=1$ 时，发V5晶闸管导通触发
	V6	同上，当 $\overline{A}C=1$ 时，发V6晶闸管导通触发

由表 3-2 可以看出，采用负载换相方式运行（$\gamma_0 = 60°$）时，每当转子旋转 $60°$，根据转子的空间位置，晶闸管会换相一次，不断维持定子、转子磁势的夹角在 $120°\sim180°$ 范围内变化，提供脉动的电磁转矩。

SFC 在机组转速达到 80r/min 后，由脉冲换相方式转由负载换相方式运行，换相超前角 γ_0 由 $0°$ 跃变为 $35°$，从 80r/min 开始，随着负载电流增大，晶闸管的换相重叠角也会逐渐增大，为了使换相可靠，SFC 控制中心会将换相超前角 γ_0 由 $35°$ 逐渐增加到 $55°$。以 $\gamma_0 = 50°$ 为例，当转子运行到图 3-10 的 d 点时，由上面分析可知，此时需触发 V1 晶闸管导通，SFC 控制中心根据当时的转速及转速加速度计算出转子继续旋转 $10°$ 需要的时间 t，然后经时间延时 t 后，才向 V1 晶闸管发触发信号。即 $\gamma_0 = 50°$ 比 $\gamma_0 = 60°$ 推迟时间 t 向相应的晶闸管发触发信号。由于换相超前角 γ_0 越小，提供的电磁转矩越大，因此，惠州 LNG 电厂的 SFC 采用这种负载换相方式，既保证了可靠性，又提高了工作效率。

六、SFC 运行时需要投入的保护

由于机组每次启动时都需要在低频低压工况下运行约 25min，因此，除了常规的发电机保护之外，有必要针对此特殊运行工况，装设一些发电机保护和对可能引起误动的保护进行闭锁，来保证发电机可靠、安全运行。SFC 投入运行期间需装设的保护如下：

1. 低频过流保护

SFC 投入运行期间，虽然发电机的机端电压只有 1.8kV 仅为发电机额定电压的 11%，但其运行频率较低，对应的交流电抗较小，此时，发电机发生相间短路的故障电流，可能会严重烧毁发电机，因此，在 SFC 投入运行期间有必要装设低频过流保护。该保护经 SFC 断路器辅助触点控制，在 SFC 投入运行时，保护投入，SFC 退出运行后保护自动退出。

2. 起停机保护

虽然 SFC 投入运行期间，机端电压及频率较低，但仍可能出现较大的发电机定子单相接地故障电流。起停机保护作为发电机升速尚未并网前的定子接地短路故障的保护，采用基波零序电压原理，其零序电压取自发电机机端 PT，该保护经发电机出口断路器辅助触点控制，在发电机并网前，保护投入，并网后保护自动退出。

在 SFC 直流侧发生接地时，由于 SFC 投入运行时，会先拉开发电机中性点隔离开关，不会产生很大的故障电流，而导致发电机中性点接地变压器损坏，因此无需安装 SFC 直流侧接地保护。

3. 发电机-变压器组保护投退情况（见表 3-3）

表 3-3　　　　　　　　　　发电机-变压器组保护投退情况

保护名称	SFC 投入运行时	SFC 退出运行但发电机没有并网期间	发电机并网后
100%定子接地保护	×	√	√
逆功率保护	×	√	√
失磁保护	×	√	√
失步保护	×	√	√
频率保护	×	√	√
启停机保护	√	√	×
低频过流保护	√	×	×
GCB 失灵启动	×	×	√

注　√表示保护投入，×表示保护退出。

第二节　静态变频器运行方式

一、启动过程

SFC 启动分为正常启动和高盘启动两种方式，SFC 正常启动过程分为 5 个阶段（见图 3-11）。此外，高盘启动即可认为完成正常启动的前两个阶段。

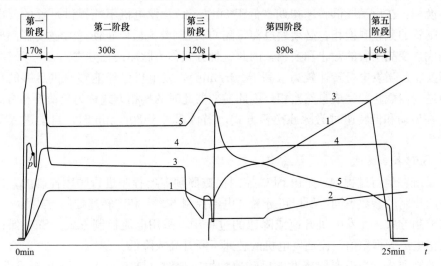

图 3-11　机组启动过程中参数曲线图

注：曲线 1 为机组转速，r/min；曲线 2 为燃气轮机燃料量，CSO；曲线 3 为 SFC 输出电流，A；曲线 4 为 SFC 输出电压，V；曲线 5 为发电机励磁电流，A。

第一阶段，SFC 将转子快速拖动到约 700r/min，满足燃气轮机点火前的吹扫工作。该阶段维持励磁电流不变，通过减小整流桥触发控制角使定子电流增大，从而增大电磁力矩，达到快速提高转速的目的。在图 3-11 中 p 点之后，SFC 将由脉冲换相模式转为负荷换相模式运行。

第二阶段，通过维持机端电压及定子电流不变，使转子转速维持约 700r/min 不变，对燃气轮机进行点火前吹扫。

注：若选择 SFC 高盘启动（机组振动检查、水洗、吹扫），则 SFC 的启动过程仅完成前两个阶段即可，SFC 带动发电机维持 700r/min 不变。

第三阶段，增大整流桥触发控制角使定子电流减小，并维持机端电压不变，使转子转速下降到约 598r/min，满足燃气轮机点火转速要求，燃气轮机准备点火。

第四阶段，燃气轮机开始点火。通过减小整流桥触发控制角使定子电流迅速增大，并维持不变，而且机端电压也维持在 1.8kV 不变，使 SFC 输出功率不变（随着转速上升，电磁力矩减小），然后通过逐步增加燃气轮机的燃料量，保持转子有恒定的加速力矩，使转速均匀加速到约 2000r/min。

第五阶段，维持机端电压不变，并逐步增大整流桥触发控制角使定子电流逐步减小到零，从而使 SFC 输出功率逐步减小。同时，燃气轮机继续增加燃料量，使转速继续均匀上升，当转速上升到约 2400r/min 后，SFC 输出功率减小到零，SFC 退出运行，由燃气轮机的燃烧动力独自维持转子旋转。

二、控制方式

SFC 在运行过程中，按逆变器的换相方式可分为"脉冲换相"和"负荷换相"；按 SFC 的控制模式可分为"电流控制方式"和"转速控制方式"；按励磁系统控制方式可分为"恒电流模式"和"恒电压模式"。

（一）逆变器的换相方式

脉冲换相：在启动或低转速初期（低于 80r/min），发电机不能提供足够的反电势实现逆变器晶闸管的截止和换相，必须通过在每隔 60°控制整流器停止使通过逆变器晶闸管电流为零来完成逆变晶闸管的截止和换相，因此这种方式称为脉冲换相方式。

负荷换相：当发电机转速较高（高于 80r/min），发电机已经能够提供足够的反电势使该换相的逆变器截止并完成自然换相。因此逆变器此时的换相方式称为负荷换相方式。

SFC 在启动和低转速时为脉冲换相方式，当转速大于 80r/min 时，自动进入负荷换相方式。

（二）SFC 控制方式

SFC 系统在运行过程中，是由 SFC 控制柜按照预定的程序进行顺序控制的，因为在不同的阶段所控制的参数不同，所以可分为"电流控制方式"和"转速控制方式"。

电流控制方式：在发电机升速或降速的过程中，采用电流控制方式。SFC 保证供给发电机的电枢电流为恒定值，而使发电机的转速不断升高或降低。

转速控制方式：当需要维持发电机转速为恒定值时（维持 700r/min 吹扫或维持 560r/min 点火时），SFC 采用转速控制方式。此时 SFC 通过调节供给发电机的电枢电流，来保证发电机转速为恒定值。

（三）励磁系统控制方式

SFC 在运行过程中，发电机励磁电源是通过启动励磁变压器（6kV/150V）提供的。在发电机转速较低，机端电压尚未达到 1.8kV 时，SFC 控制柜发信号给励磁系统，由励磁系统 AVR 维持"恒励磁电流模式"；当发电机转速已较高，机端电压到达 1.8kV 时，命令励磁系统 AVR 维持机端电压为恒定值，进入"恒电压模式"。SFC 采用速度检测器来实现 AVR 的控制方式的改变。

恒电流模式：当转速低于 80r/min 时，AVR 维持励磁电流为恒定值，此时发电机机端电压小于 1.8kV。

恒电压模式：当转速高于 80r/min 时，AVR 通过调节励磁电流维持发电机端电压为恒定值 1.8kV。

第三节　静态变频器运行监视

一、SFC 启动

（一）SFC 启动前检查

（1）检查确认 SFC 控制柜、SFC 逻辑控制柜、谐波滤波器柜、整流器柜、逆变器柜、直流电抗器柜、SFC 切换断路器（DS-14/DS-15/DS-16 或 DS-24/DS-25/DS-26）柜、SFC 启动隔离开关的所有控制、动力、加热器电源均已合上，所有仪表、信号电源正常，指示灯正确亮起（DS-14、DS-15、DS-16，为二期 1 号 SFC 分别启动 4 号、5 号、6 号发电机的切换开关；DS-24、DS-25、DS-26，为二期 2 号 SFC 分别启动 4 号、5 号、6 号发电机的切换断路器）。

（2）检查确认 SFC 所有设备均满足送电条件，SFC 隔离变压器高压侧断路器、SFC 切换断路器、SFC 启动隔离开关、启动励磁变压器高压侧断路器、启动励磁变压器低压侧断路器、励磁变压器低压侧断路器、发电机中性点隔离开关、励磁断路器均在热备用状态。

（3）本台机组所有附属系统均已满足 SFC 相应的启动要求（SFC 正常启动与高盘启动对附属系统的要求有所不同）。

（二）SFC 启动选择

SFC 及励磁系统图见图 3-12。

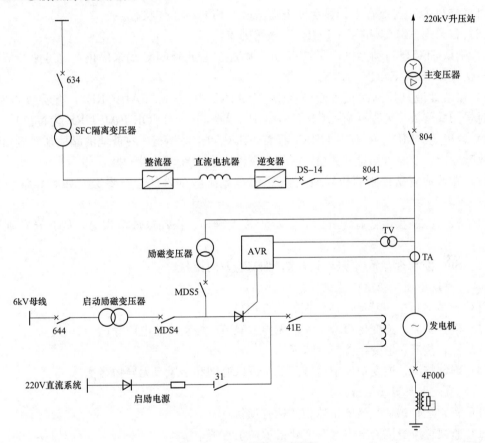

图 3-12　SFC 及励磁系统图

634—SFC 隔离变高压侧断路器；644—启动励磁变压器 6kV 进线断路器；DS-14—1 号 SFC 启动 4 号发电机的切换断路器；8041—SFC 启动隔离开关；804—发电机出口断路器；MDS5—励磁变压器低压侧断路器；MDS4—启动励磁变压器低压侧断路器；4F000—发电机中性点接地隔离开关；41E—灭磁断路器；31—启励电源切换开关

参照图 3-12 所示，以选择 1 号 SFC 启动 4 号机组为例，待 SFC-1 SELECT 变红，燃气轮机"READY TO STATR"变红，发启动令后，SFC 系统以及励磁系统的开关隔离开关动作顺序为：发电机中性点接地隔离开关 4F000 将断开；励磁变压器低压侧断路器 MDS5 将断开；SFC 和相应发电机之间的切换断路器将合上；启动励磁变压器低压侧断路器 MDS4

将闭合；SFC 启动隔离开关 8041 将合上；启动励磁变压器 6kV 进线断路器 644 将合上；SFC 隔离变高压侧断路器 634 将合上；灭磁断路器 41E 合上。逆变器开始工作，发电机作为同步电动机运行。

机组启动指令分为机组正常启动和高盘启动。机组正常启动时，SFC 带动发电机升速至 2400r/min 左右自动退出运行；高盘启动时，SFC 带动发电机升速至 700r/min 左右维持该转速运行，直至由机组停运指令发出为止。

二、运行监视

（一）SFC 控制盘运行监视

SFC 控制盘上的共有一块触摸显示屏和一个手动紧急跳闸按钮"EMERGENCY OFF"。SFC 正常运行中，SFC 控制盘的检查项目如下所述。

（1）监视 SFC 控制盘上的显示屏正确显示了 SFC 的工作状态。

（2）若出现"MAJOR FAILURE"报警则应：

1）确认 SFC 已自动停机，即"STOP"灯亮。若此时 SFC 仍未停止，应迅速按下紧急跳闸按钮"EMERGENCY OFF"。

2）在就地液晶控制面板画面中点击"MAIN"并点击"FAILURE"，查看故障原因，并及时告知检修人员处理（MAJOR FAILURE 为红色，MINOR FAILURE 为黄色）。

3）若出现"MINOR FAILURE"报警，SFC 可继续运行。在就地液晶控制面板画面中查明故障原因，及时告知检修人员，并密切关注事态发展，及时汇报。

（3）在就地液晶控制面板界面上查看 SFC 系统各部件的运行参数，如有异常应及时汇报。

（4）SFC 控制盘声音有无异常，如有无较大噪声、振动或放电声等，如有异常则及时汇报。

（5）SFC 控制盘有无焦糊味等异味，如有应及时上报。

（二）整流、逆变柜运行监视

SFC 正常运行中，整流、逆变柜的检查项目：

（1）检查整流、逆变柜声音正常，无异常噪声、振动或放电声等；

（2）检查整流、逆变柜无焦糊味等异味；

（3）确认整流、逆变柜风扇运行正常，进风滤网和出风口无异物堵塞。

（三）直流电抗器柜运行监视

SFC 正常运行中，直流电抗器柜的检查项目：

（1）监视直流电抗器室空气温度计指示在正常值；

（2）确认冷却风扇运行正常，空气进口及冷却风机出口畅通无堵塞；

（3）检查直流电抗器室声音正常，无较大噪声、振动或放电声等；

（4）检查直流电抗器室无焦糊味等异味；

由于直流电抗器运行时会产生较强的磁场，不要长时间逗留。

（四）SFC 变压器运行监视

SFC 正常运行中，SFC 变压器的检查项目：

（1）检查变压器温度为正常值。

（2）变压器电流、电压正常。

（3）观察变压器外观、一次及二次连接均正常。

（4）听变压器运行时的声音，无明显噪声和振动。

（五）谐波滤波器柜运行监视

SFC 正常运行中，SFC 谐波滤波器柜的检查项目：

（1）监视谐波滤波器柜控制面板上 5 次、7 次、11 次谐波装置运行正常。

（2）监视谐波滤波器柜就地无异常报警。

（3）检查谐波滤波器柜有无焦糊味等异味。

（4）检查谐波滤波器柜内声音正常，无较大噪声、振动或放电声等。

（5）确认风机运行正常，进风滤网和出风口无异物堵塞。

三、SFC 停运

（一）机组正常启动时的停运

（1）机组转速升至 2000r/min 时，SFC 开始逐渐减少输出电流，当机组转速升至 2400r/min 左右时，SFC 自动退出运行。

（2）参照图 3-12 所示，SFC 退出运行时，SFC 系统及励磁系统断路器、隔离开关的动作顺序为：灭磁断路器 41E 自动断开；SFC 隔离变高压侧断路器 634 断开；启动励磁变压器 6kV 进线断路器 644 断开；启动励磁变压器低压侧断路器 MDS4 断开；SFC 启动隔离开关 8041 断开；发电机中性点接地隔离开关 4F000 合上；SFC 和发电机之间的切换断路器断开；励磁变压器低压侧断路器 MDS5 合上。

（二）机组高盘启动时的停运

（1）高盘运行维持机组转速 700r/min，当运行人员发出机组停运指令时，SFC 系统退出运行；

（2）SFC 退出运行时断路器、隔离开关动作顺序和机组正常启动时 SFC 退出运行的顺序一样；

（3）二期 SFC 高盘停止后，SFC 控制系统会发故障报警，需就地复位报警。

第四节　静态变频器事故处理

一、SFC 故障处理原则

SFC 各个部件的监视参数和保护动作报警均汇总在 SFC 逻辑控制盘上。SFC 的故障分为主要故障"MAJOR FAILURE"和次要故障"MINOR FAILURE"两种。两种故障的分类方法及内容见表 3-4 和表 3-5。

（一）主要故障"MAJOR FAILURE"

发生主要故障时，SFC 系统会断电自动停机，若发现 SFC 已报"MAJOR FAILURE"故障但 SFC 仍在运行，则可考虑选择如下方法紧急停运 SFC 系统：

（1）立即在 TCS 上操作停运 SFC（在机组在高盘或正常启动过程中）；

（2）立即在对应 SFC 控制柜就地按下手动跳闸"MANUAL TRIP"按钮。

确认 SFC 已经停运，检查相应 SFC 系统的各断路器、隔离开关均已分开，并在 SFC 控制柜显示屏界面上查明故障原因，通知检修人员处理。

（二）次要故障"MINOR FAILURE"

发生次要故障时 SFC 可继续运行，但应在显示屏界面上查明故障内容，并密切关注 SFC 设备运行情况，待 SFC 停机后通知检修人员作相应处理。

（三）紧急情况

若出现火灾和危及人身、设备及系统安全的紧急情况时，应立即紧急停运 SFC 系统，下面列出 SFC 运行过程中的所有主要故障和次要故障。

主要故障见表 3-4，将发"MAJOR FAILURE"声光报警，并使 SFC 自动跳闸。

表 3-4　　　　　　　　　　　SFC 主要故障"MAJOR FAILURE"清单

序号	故障显示灯名称	序号	故障显示灯名称
1	变压器温度高	21	DC 电源电压低
2	变压器油位低	22	DC15V 电压低
3	变压器瓦斯报警	23	DC5V 电压低
4	变压器差动	24	触发脉冲 DC24V 电压低
5	整流器晶闸管触发脉冲丢失	25	高压触发脉冲电源电压低
6	整流器触发脉冲放大器故障	26	线路电压低/MCCB 跳闸
7	整流器缺相	27	电流偏差-整流器/逆变器
8	整流器过流	28	加速时间延长
9	整流器浪涌吸收器故障	29	超速
10	整流器冷却空气温度高	30	手动跳闸
11	整流器冷却风机故障	31	控制器冷却风机主要故障
12	DC 电抗器温度高	32	MELSEC 故障
13	DC 电抗器冷却风机故障	33	24V DC 电压低
14	逆变器晶闸管触发脉冲丢失	34	控制回路故障
15	逆变器触发脉冲放大器故障	35	紧急停机（外部）
16	逆变器缺相	36	谐波滤波器熔断器熔断
17	逆变器过流	37	谐波滤波器电容器故障
18	逆变器浪涌吸收器故障	38	谐波滤波器过热
19	逆变器冷却空气温度高	39	谐波滤波器过流
20	逆变器冷却风机故障	40	谐波滤波器风机故障

次要故障（见表 3-5）将发"MINOR FAILURE"声光报警，SFC 可以继续运行。

表 3-5　　　　　　　　　　　SFC 次要故障"MINOR FAILURE"清单

序号	故障显示灯名称	序号	故障显示灯名称
1	整流器冷却风机次要故障	4	控制器冷却风机次要故障
2	DC 电抗器冷却风机次要故障	5	谐波滤波器/变压器风机次要故障
3	逆变器冷却风机次要故障	6	辅助回路 MCCB 跳闸

二、SFC 常见故障处理

（一）整流器过流保护动作

1. 现象

（1）TCS 上报"整流器过流保护动作""发电机-变压器组保护动作"等报警；

（2）SFC控制柜上有"MAJOR FAILURE""整流器过流保护"动作报警；

（3）机组跳闸，SFC系统开关、隔离开关复位。

2. 原因

（1）整流器脉冲信号不正常；

（2）整流器输入电压波形异常。

3. 处理

（1）检查整流器柜中的板卡，必要时更换板卡；

（2）检查整流器输入回路；

（3）在试验模式下检测整流器脉冲信号波形是否正常，若波形不正常，需要检查整流器柜中的板卡，必要时更换板卡；

（4）在确认故障元件并检修正常后，需要复位"主要故障"报警。

（二）逆变器过流保护动作

1. 现象

（1）TCS上报"逆变器过流保护动作""发电机-变压器组保护动作"等报警；

（2）SFC控制柜上有"MAJOR FAILURE""逆变器过流保护"动作报警；

（3）机组跳闸，SFC系统开关、隔离开关复位。

2. 原因

（1）逆变器输出电压波形异常；

（2）逆变器触发信号波形异常。

3. 处理

（1）检查逆变器输出回路，检修故障元件；

（2）检查逆变器柜中的板卡，必要时更换板卡；

（3）在确认故障元件并检修正常后，需要复位"主要故障"报警。

（三）电流差动保护动作

1. 现象

（1）TCS上报"电流差动保护动作""发电机-变压器组保护动作"等报警；

（2）SFC控制柜上有"MAJOR FAILURE""电流差动保护"动作报警；

（3）机组跳闸，SFC系统开关、隔离开关复位。

2. 原因

（1）整流器脉冲信号不正常；

（2）整流器晶闸管故障；

（3）整流器输入回路故障。

3. 处理

（1）检查整流器柜中的板卡，必要时更换板卡；

（2）检查整流器晶闸管阻值是否正常，必要时更换晶闸管；

（3）检查整流器输入回路；

（4）在确认故障元件并检修正常后，需要复位"主要故障"报警。

（四）整流器（逆变器）冷却风机工作异常

1. 现象

（1）TCS 上可能报"整流器（逆变器）冷却风机次要故障"报警；

（2）若 TCS 上报"整流器（逆变器）冷却风机故障"报警，则 SFC 跳闸；

（3）SFC 控制柜上可能有"MAJOR FAILURE""整流器（逆变器）冷却风机次要故障"动作报警；

（4）若机组跳闸，SFC 系统开关、隔离开关复位。

2. 原因

（1）冷却风机回路的热继电器动作；

（2）工作电源失电。

3. 处理

（1）整流器或逆变器冷却风机异常是次要故障，SFC 系统可继续运行，密切关注 SFC 设备的运行情况，若在 SFC 运行过程中报"逆变器（整流器）冷却空气温度高"报警，则 SFC 跳闸；

（2）检查冷却风机回路热继电器是否跳闸，检查回路元件；

（3）检查相应工作电源开关是否跳闸。

（五）SFC 回路异常

1. 现象

使用 1 号 SFC、2 号 SFC 启动机组时，TCS 都会发出"SFC CIRCUIT FOR GT ＊ TIMEOVER"报警以及"SFC1 CIRCUIT FAULT""SFC2 CIRCUIT FAULT"报警。

2. 原因

SFC 主回路、SFC 励磁回路开关隔离开关未正常动作或开关隔离开关的状态信号未正确送给 SFC 控制柜。

3. 处理

（1）按照 SFC 启动时隔离开关动作顺序，分别检查 SFC 主回路、SFC 励磁回路断路器、隔离开关、中性点接地开关动作情况，检查各断路器、隔离开关是否动作正确。

（2）在 SFC 控制柜上按下急停按钮，再按下复位按钮。

（3）将所有断路器、隔离开关的远方就地切换开关切换一次再投回远方，手动分开励磁变压器低压侧 MDS5 断路器，将选择方式投回远方；检查 SFC 隔离变压器、启动励磁变压器高压侧断路器位置信号、谐波滤波器主回路保险是否有熔断报警等。

（4）若经过以上处理仍无法启动机组，则应通知检修人员处理。

第五节　静态变频器运行经验分享

一、GCP 柜二次端子虚接导致 2 号 SFC 首次拖动 5 号机失败

（1）事件经过：2 号 SFC 在安装调试完成后首次拖动 5 号机，拖动开始后，燃气轮机电流迅速飙升到 1000A 以上，转速 390r/min 跳闸，2 号 SFC 重故障报警，就地检查 SFC "PWR LineOverVolt"跳闸，5 号机组励磁报"PTfailExcON"故障。检查励磁、发电机出口 PT，对发电机回路通流通压试验均未发现问题，之后依次用 1 号 SFC 和 2 号 SFC 拖动 5

号机组，励磁电流均不断上升，超过800A时在SFC处手动打闸。

（2）原因分析：电气技术人员继续对SFC和励磁的二次回路进行检查，分析故障原因。检查SFC发给5号机组励磁的信号时，发现SFC经发电机控制盘GCP发给5号机组励磁的"SFC投入"的二次线虚接在X2-14端子上。

燃气轮机励磁系统有SFC启动工作状态和正常并网发电状态两种工作状态，靠"SFC投入"信号来切换。在SFC启动工作状态下，SFC启动开始，SFC将通过GCP发"SFC投入"的信号给励磁AVR，AVR进入"手动"给定模式，SFC同时发给励磁4~20mA（对应0~800A）的转子励磁电流给定，该值与励磁电流反馈经过比较后形成误差信号输入AVR的PID回路，励磁根据SFC给定的毫安量来提供励磁电流来使燃气轮机转速上升。如果励磁在SFC拖动时没有收到"SFC投入"的信号，AVR会工作在正常并网发电状态，外部SFC给定的4~20mA转子励磁电流不起作用，AVR在起励后仍然会按照自并励模式下给定电流上升，自并励模式下励磁起励电流设定30%，此时励磁电流将在3390×30%＝1017A左右，但由于AVR在"自动"模式下检测不到PT电压，会在起励后励磁报PT故障，"自动"模式会立即切到"手动"模式。

（3）结论：机组接线质量问题，二次回路接线存在虚接的情况。做好机组投产后第一年的大修工作，加强检修过程管理，提高检修质量，对重要回路的继电器、保护装置和回路接线进行重点检查，对重要测量、仪器仪表进行定期校验，避免自动设备误动或拒动，避免电气测量不准引起设备故障。做好新机组的点检、巡检工作，认真熟悉新设备的结构和性能，通过设备外观和指示灯所显示的故障信息来提早发现缺陷。

二、6kV母线电压波动导致1号SFC拖动5号机过程中跳闸

（1）事件经过：1号SFC在拖动5号机组启动到2169r/min过程中，1号SFC重故障跳闸，5号燃气轮机跳闸。现场检查SFC控制盘故障报文显示"CUB LV AuxUnderVolt"，经电气分部技术人员检查后复归故障，重新启动机组成功。

现场检查SFC控制盘故障报文显示"CUB LV AuxUnderVolt"，事件描述为：辅助电源电压（3×400V）跌至最小允许值。

（2）原因分析：由于1号SFC电源取自4号机组6kV，在1号SFC在拖动5号机组过程中，4号机组启动高压给水泵B，拉低4号机组6kV电压由6050V低到5540V，低电压持续的时间为10s左右。

（3）结论：本次1号SFC拖动5号机过程中，跳闸由CUB辅助电源电压低引起，故障时380V工作A段的实际电压已跌落至340V左右，达到电压监视继电器MIN动作值，SFC的保护动作行为正确。

（4）处理方法：避免在SFC拖动时工频启动高压给水泵这样的大功率负荷，造成厂用电压下降。调整三相电压监视继电器的动作值或时间定值，如将动作值降低为20%或将时间定值由1s改为10s，躲过起泵时低电压持续的时间。调整厂高变（由4挡调到5挡）或厂低变（由3挡调到4挡）分接开关，保证机组各级厂用电压在合理的范围内。

三、谐波滤波器故障，导致启动失败

（1）事件经过：2号SFC在选择启动3号机后出现重故障跳闸，跳闸后可手动复归故障，再次选择启动后又出现重故障跳闸，DCS报"SFC2 TRIP（MAJOR FAILURE）""GENERATOR PROTECTION TRIP"，就地控制柜有"HARMONIC FILTER OPERA-

TION ERROR"报警。随后用 1 号 SFC 启动 3 号机组成功。

（2）原因分析：查看了启机过程中 DCS 的事件记录及就地控制柜的事件记录，在 2 号 SFC 谐波滤波柜 7 次谐波柜开关综保面板上显示"不平衡电压动作"，发现七次谐波滤波柜内 A 相电容有明显鼓包，且阻值偏大。

（3）结论：由于 7 次谐波柜内 A 相电容故障，启动条件不满足，引起用 2 号 SFC 系统启动机组失败。

（4）处理方法：更换故障电容，加强设备定检及检修管理，在定检及检修作业文件包中增加测量熔断器及电容数值内容。

四、SFC 拖动 6 号燃气轮机过程中，6 号发电机的负序电流超限报警

（1）事件经过：6 号燃气轮机在 SFC 拖动的过程中，DCS 多次报"GT GEN. NEGATIVE SEQUENCE CURRENT RANGE OVER"（发电机负序电流超限）报警，随即复归。

（2）原因分析：负序电流由负序变送器送至 DCS，量程范围为 0～1.6kA。DCS 设置的负序电流超限上下限报警值为 0 和 1.6kA。在 SFC 拖动的变频运行期间负序电流在报警值 1.6kA 左右波动，造成频繁报警，其他两台机组现象基本一致。机组转速大于 1000r/min 后负序电流逐渐下降，并网后机组的负序电流基本为 0。

（3）结论：SFC 拖动发电机运行，特别时在机组转速小于 1000r/min 时，发电机负序电流较大，属于共性问题，在 SFC 运行时应屏蔽此报警。

（4）处理方法：在 DCS 发电机负序电流报警判断逻辑中增加 GCB 的合位信号，与门输出，在拖动变频运行过程中屏蔽该报警信号；同时将报警上限值设小，提高机组并网运行过程中报警的可靠性。

五、2 号 SFC 拖动 3 号机组启动时，转子位置传感器故障跳闸

（1）事件经过：3 号机使用 2 号 SFC 启动过程，吹扫阶段 2 号 SFC 重故障跳闸，现场检查 SFC 控制屏显示"INVERTER THYRISTOR MIS-FIRING"。

（2）原因分析：经检查发现整流器晶闸管脉冲信号消失，进一步检查确认 3 号发电机 A 相转子位置传感器故障，导致拖动过程中丢失相位信号。

（3）结论：3 号发电机 A 相转子位置传感器故障，导致拖动过程中丢失相位信号，SFC 故障跳闸。

（4）处理方法：更换 3 号发电机 A 相转子位置传感器。

六、1 号 SFC 拖动 2 号机组启动时，SFC 控制柜交流电源故障跳闸

（1）事件经过：2 号机组启动过程，选择 1 号 SFC 后出现 SFC 重故障报警，机组启动失败。

（2）原因分析：经排查是因为 1 号机电气包 GT/ST MCC 段 1 号♯1SFC 控制柜交流 380V 电源开关旋钮连杆松脱。

（3）结论：1 号机电气包 GT/ST MCC 段 1 号 SFC 控制柜交流 380V 电源开关旋钮连杆松脱，1 号 SFC 控制柜交流 380V 电源失电，SFC 重故障报警跳闸。

（4）处理方法：1 号机电气包 GT/ST MCC 段 1 号 SFC 控制柜交流 380V 电源开关紧固连杆固定螺丝，重新送电。

第四章

励 磁 系 统

第一节　励磁系统概述

一、励磁的主要作用

励磁系统是发电机的重要组成部分，对电力系统及发电机本身的安全稳定运行有很大的影响。励磁系统的主要作用有：

（1）机端电压调节：在发电机空载状态下，空载电势就等于发电机端电压，改变励磁电流也就改变发电机端电压。

（2）无功功率调节：发电机迟相运行时输出无功功率；发电机进相运行时吸收无功功率。

（3）提高电力系统的稳定性，包括静态稳定性和暂态稳定性及动态稳定性。

（4）灭磁功能：发电机发生事故或正常停机时，能对发电机进行自动灭磁，保证发电机的安全。

（5）转子绝缘监测：监测发电机转子绝缘。

惠电二期燃气蒸汽联合循环机组为分轴机组，汽轮机发电机励磁系统与常规发电机组励磁系统相同。燃气轮机发电机的励磁系统除了在机组正常运行时负责电压、无功调节之外，在机组启动过程中，还需配合静态变频器（SFC），承担燃气轮机点火和机组冲转的任务。

二、励磁方式的分类

同步发电机的励磁系统主要有两大类，一类是直流励磁机励磁系统，另一类是半导体励磁系统。

（1）直流励磁机励磁系统是采用直流发电机作为励磁电源，供给发电机转子回路的励磁电流。目前在100MW及以上发电机上很少采用。

（2）半导体励磁系统是把交流电经过硅元件或晶闸管整流后，作为供给同步发电机励磁电流的直流电源。半导体励磁系统分为静止式和旋转式两种。

第二节　燃气轮机发电机励磁系统

一、燃气轮机发电机励磁系统的组成

励磁系统包括励磁电源和励磁装置，其中励磁电源的主体是励磁变压器；励磁装置则根据不同的规格、型号和使用要求，分别由调节屏、控制屏、灭磁屏和整流屏组合而成。

惠州 LNG 电厂二期（以下简称惠电二期）燃气轮机发电机励磁系统采用 ABB UNITROL 6800 励磁调节器，用于同步发电机静止励磁系统（自并励方式）。静止励磁系统通过晶闸管整流桥控制励磁电流，来调节同步发电机端电压和无功功率。

励磁电源通过励磁变压器从燃气轮机发电机机端取电；励磁装置由 9 台柜子组成，分别是燃气轮机发电机励磁进线柜（＋EA）、四个整流柜（＋EG1、＋EG2、＋EG3、＋EG4）、直流母线出线柜（＋EE）、灭磁断路器柜（＋ES）、AVR 励磁调节柜（＋ER）、励磁启动柜。四个整流柜按 N-2 方式设计，即一个整流柜故障，不影响励磁装置正常运行，两个整流柜故障，装置仍能维持发电机端压在额定值运行，但不能实现强励。

UNITROL 6800 励磁系统可分为五个主要部分（见图 4-1）。

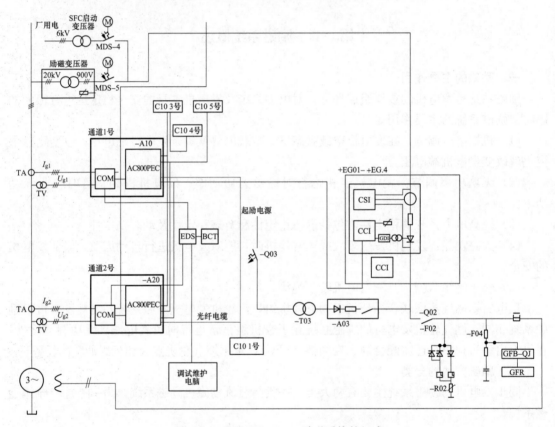

图 4-1　UNITROL 6800 励磁系统的组成

1. 励磁变压器

启动励磁变压器采用三相干式变，容量 300kVA，接线组别 Y/d11，额定二次线电压为 250V，一次电压 6.3kV。燃气轮机启动时，励磁系统由机组 6kV 母线经过启动励磁变压器供电，同步发电机的磁场电流经由启动励磁变压器、晶闸管整流桥（＋EG1，…，＋EG4）和磁场断路器（－Q02）供给。

励磁变压器采用三相干式变，容量 4000kVA，接线组别 Y/d11，额定二次线电压为 700V，一次电压 16kV。正常运行时，励磁系统由发电机机端电压经过励磁变压器供电，同步发电机的磁场电流经由励磁变压器、晶闸管整流桥（＋EG1，…，＋EG4）和磁场断路器（-Q02）供给。励磁变压器将发电机端电压降低到晶闸管整流桥所需的输入电压，在电气上将发电机电压与发电机磁场绕组之间隔离，并为晶闸管整流器提供整流阻抗，限制交流侧和直流侧的短路电流。

2. 两套相互独立的励磁调节器（-A10，-A20）

自动电压调节器采用冗余设计，每个调节器包含一个自动通道、一个手动通道。

该单元功能主要结构及功能简述如下：①控制器（AC 800PEC），主要功能包含了所有励磁调节功能，导通脉冲计算和产生，过励、欠励限制等，辅以输入输出板（CIO），实现开关量、模拟量的输入、输出；②通讯测量控制板（CCM），实现测量和控制信号的快速处理、电气隔离，以及信号转换。

此外，每个整流柜内配有整流桥控制接口板（CCI）、门极驱动接口板（GDI）和整流桥信号接口板（CSI），用以实现每个功率柜脉冲的形成和触发回路。

燃气轮机励磁系统还设置一个独立励磁电流调节器并带有独立的门控器的紧急备用通道（见图4-2）。如果两个常用通道（自动及手动模式）均出现故障，则会自动切换到紧急备用通道。在紧急备用通道运行时，只能手动调节发电机励磁电流。

3. 晶闸管整流器单元（-EG1，…，-EG4）

晶闸管整流装置整流方式为三相全控桥，具有逆变能力，整流柜数量4个，每柜可提供2000A电流。如一个柜故障退出，余柜可满足包括1.1倍额定励磁和强励在内的各种运行工况的要求；退出两个柜能保证发电机在额定工况下连续运行，但不能实现强励。每个晶闸管元件设快速

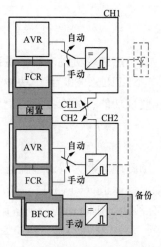

图4-2　自动电压调节器冗余配置图

熔断器保护，以便及时切除短路故障电流，每柜的交流侧设浪涌吸收措施抑制尖峰过电压。冷却方式采用强迫风冷，风机采取冗余设计，具有100%备用，在风压或风量不足时备用风机自动投入。冷却风机电源为两路并自动切换。

4. 起励单元（-A03）

应用了高频脉冲列触发技术，惠电二期三台燃气轮机发电机的励磁系统在日常启停机过程中，已实现了无需外部辅助电源的残压起励，正常起励过程中，晶闸管整流器的输入端仅需要10~20V的电压即可正常工作，380V交流整流启励系统仅提供40A的直流电流作为辅助后备措施（见图4-3），与其他励磁装置相比，大大简化了起励回路，同时也提高了启机成功率。

5. 灭磁单元（-Q02，-F02，-R02）

采用独特的CROWBAR技术实现转子灭磁和过电压保护（见图4-4）。正常停机时，采取逆变灭磁方式；事故停机状况下，采用灭磁断路器和非线性电阻灭磁方式。当转子电压高于过电压定值时（无论正向还是反向过电压），就触发晶闸管导通，将非线性电阻接入转子，消耗转子回路上的能量；跨接器还可做灭磁时的耗能回路，当发电机灭磁时，励磁调节器发一个触发命令到跨接器，使发电机转子绕组接入灭磁电阻进行灭磁。

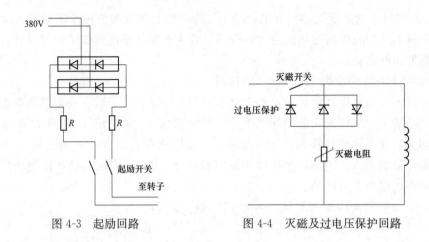

图 4-3　起励回路　　　　　　图 4-4　灭磁及过电压保护回路

二、燃气轮机发电机励磁系统的软件功能

UNITROL6800 系统功能非常丰富，包括逻辑控制功能、调节控制功能、限制保护功能、监视功能、故障报警与记录和追忆功能等。下面主要介绍调节控制和限制保护功能。

（一）调节控制功能

1. 调节单元

励磁调节器为双通道配置，每个通道均包含有自动通道（AVR）、手动通道（FCR）和手动紧急通道（BFCR）。调节器的切换次序为：正常工作通道 AVR 运行，如果工作通道 AVR 故障，则自动切换到备用通道的 AVR，若备用通道的 AVR 再故障，此时可自动切到FCR，若 FCR 再故障，还可自动切换至 BFCR。多重的后备调节手段使调节器具有极高的可靠性。

自动调节单元和手动调节单元有以下几点的区别：

（1）自动调节具有电压和电流调节；手动调节只具有励磁电流调节功能（无发电机电压调节功能）。

（2）在自动方式下，欠励限制是根据 $P(Q)$ 曲线的五点拟合法；在手动方式下，则是采用 $P(I_e)$ 的五点拟合法。

（3）在自动方式下，调节单元配备了三组 PID 参数，分别适用于正常情况、过励状态和欠励状态下，自动根据实际运行的状态进行参数选择，以保证各种情况下励磁装置均能稳定运行；在手动方式下，PI 调节单元无微分环节，只有一组参数。

2. 叠加控制单元

叠加控制包含恒无功控制和恒功率因数两种方式。可以通过参数设定来直接确定叠加控制代表恒无功还是恒功率因数，也可结合外部输入命令来进行选择。控制终端面板上的给定到限信号实际综合了自动、手动、恒无功和恒功率因数四种方式，有一种情况到限就发出信号，同样增减按钮也是提供给四种方式，内部通过相关命令分开。

3. PSS 单元

UNITROL 6800 的电力系统稳定器是一种电气功率和转子角频率复合型稳定器，PSS功能是通过测量单元板（CCM）上的数字信号处理器来完成，采用数字化交流采样和滤波技术，以加速功率和频率作为输入信号，控制算法以 IEEE 421.4-2005：2B 型为基础，具有自动防反调功能。PSS 的目的是通过引入一个附加的反馈信号，以抑制同步发电机的低频振荡，有助于整个电网的稳定性。PSS 原理示意图见图 4-5。

　　PSS 作为一种附加励磁控制环节，即在励磁电压调节器中，通过引入附加信号，产生一个正阻尼转矩，去克服励磁调节器引起的负阻尼，控制量可以采用电功率偏差（ΔP）、机端电压频率偏差（Δf）、过剩功率（ΔP_m）和发电机轴速度偏差（ΔW）以及它们的组合等。它不仅可以补偿励磁调节器的负阻尼，而且可以增加正阻尼，使发电机有效提高遏制系统低频振荡能力。单独一个电厂投入 PSS 是没有效果的，只有大部分电源点都投入 PSS，电网的抗振荡能力才能提高。

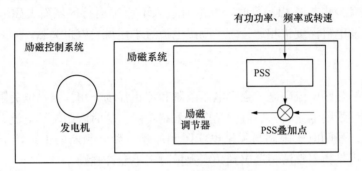

图 4-5　PSS 原理示意图

　　燃气轮机 PSS 系统投/退：燃气轮机 PSS 系统投退可在远方 TCS 上执行，也可在就地励磁调节柜控制屏上执行，正常情况下在远方 TCS 上执行；PSS 装置投入后，燃气轮机负荷大于额定负荷 30％时自动投入运行，装置才起作用，燃气轮机负荷小于额定负荷 30％时自动退出，不起作用。

　　正常启停机过程中，PSS 不会跟随励磁系统投入或退出，如果励磁控制器电源断电，励磁 PSS 不会自动退出。

　　4. 绝缘监测单元

　　燃气轮机发电机励磁系统配置了德国本德尔 BENDER IRDH275 型绝缘监测装置，为注入式转子接地保护装置，安装在励磁开关柜内，采用双端注入式接地保护，根据转子绝缘设置了两段保护，第一段设为报警，第二段设为跳机。

　　（二）限制保护功能（增加励磁模式的说明：恒流、恒压）

　　1. 低励限制和保护

　　低励限制用于防止励磁过低导致发电机失去静态稳定，或因发电机端部磁密过高引起的发热。低励保护是在低励限制失去作用时将调节器切到备用通道以维持运行。低励限制和保护与发电机失磁保护匹配，它们之间的动作先后顺序应该是低励限制、低励保护、发电机失磁保护。

　　2. 伏赫限制和保护（V/Hz 限制和保护）

　　V/Hz 限制就是限制发电机过激磁，主要是用于防止发电机转速未到额定值而机端电压过高，导致发电机过磁通发热。可作为主变压器的过磁通保护。伏赫限制定值既要符合发电机和主变压器的过激磁曲线，又要小于发电机-变压器组保护中的过励磁保护定值。V/Hz 保护是在 V/Hz 限制失去作用时将调节器切换至备用通道维持运行。

3. 过励限制和保护

为励磁电流设一个高限，避免转子回路过负荷。该限制值应高于额定工况下的励磁电流，且与发电机转子短时过负荷特性匹配。过励保护是在过励限制失去作用时，根据故障判断分析进行动作，或切换备用通道，或直接去跳灭磁断路器。

4. 定子电流限制

当发电机电流大于限制值时，降低励磁电流，通过减小无功来减小定子电流，防止定子绕组过热。

5. 欠励限制

P/Q 限制避免发电机进相运行时，发电机进入不稳定运行区域而失磁跳闸；最小励磁电流限制器防止发电机深度进相运行时，励磁电流过小使得发电机失磁。同时防止转子端部过热。

6. 强励限制

强励限制包括强励电流限制、强励电压限制和停止强励作用。强励电流限制是指当转子电流超过许可的可强励电流时，通过强励电流限制功能，瞬时限制转子电流，维持在设定的强励电流倍数上；强励电压限制与强励电流限制原理一致，判断的也是转子可强励的电压值；停止强励作用是指当整流柜退出到一定数量时将不允许强励。

三、燃气轮机发电机励磁系统的运行与维护

（一）励磁系统投入运行准备工作

（1）合上励磁调节器工作电源开关。

（2）合上灭磁断路器的控制电源开关。

（3）合上整流柜风机的电源开关。

（4）合上整流加热器的电源开关（具体投退可根据环境温度和季节变化决定）。

（5）合上励磁启动变压器低压侧断路器和励磁变压器低压侧断路器的控制电源总开关和各自的控制电源开关。

（6）励磁启动变压器低压侧断路器和励磁变压器低压侧断路器的控制方式开关切换至"远方"位置。

（7）励磁系统没有报警和故障信息产生。

（8）励磁系统切换到远方控制方式。

（9）励磁系统切换到自动运行方式。

（二）启停过程励磁系统控制流程（见图4-6）

发电机在静态频变频器（SFC）启动方式下启动、并网以及解列时的励磁系统控制流程如下（以1号SFC拖动4号燃气轮机为例）：

（1）由燃气轮机控制系统发出启动指令。

（2）励磁变压器低压侧断路器MDS5、发电机中性点隔离开关4F000立即断开；1号SFC出口断路器DS14、励磁启动变压器低压侧断路器MDS4立即闭合。

（3）1号SFC启动隔离开关8041、6kV励磁启动变压器高压侧开关644闭合，最后闭合1号SFC隔离变高压侧断路器634。

（4）当上述操作完成后，由TCS发出闭合灭磁断路器的指令，AVR由"电压恒定"自动切换至"磁场电流恒定"方式运行。

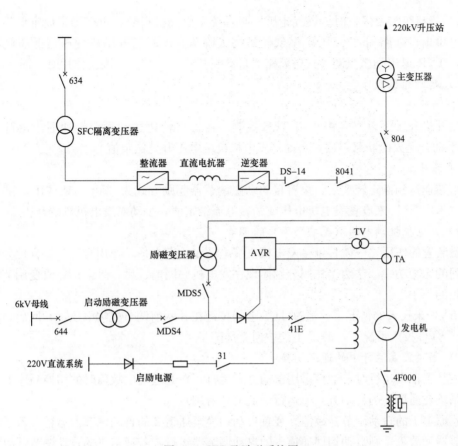

图 4-6　SFC 及励磁系统图

634—SFC 隔离变压器高压侧断路器；644—启动励磁变压器 6kV 进线断路器；

DS-14—1 号 SFC 启动 4 号发电机的切换断路器；8041—SFC 启动隔离开关；

804—发电机出口断路器；MDS5—励磁变压器低压侧断路器；MDS4—启动励磁变压器低压侧断路器；

4F000—发电机中性点接地隔离开关；41E—灭磁断路器；31—启励电源切换开关

（5）当燃气轮机冲转至 80r/min 时，AVR 自动切换至"电压恒定"方式运行，发电机机端电压升为 1.8kV。

（6）燃气轮机保持转速 700r/min，并进行吹扫。

（7）吹扫完成后，燃气轮机进入点火阶段，转速降为 550r/m。

（8）燃气轮机进入加速升速过程，直到转速升到 2400r/min。

（9）当燃气轮机转速为 2400r/min 时，SFC 控制停止，首先断开灭磁断路器。

（10）灭磁断路器断开后，相继断开 634、644，AVR 切换为"磁场电流恒定"。

（11）DS14、8041、MDS4 拉开，AVR 又切换为"电压恒定"，与此同时，励磁变压器低压侧断路器 MDS5、发电机中性点隔离开关 4F000 自动合上；以后在 TCS 控制下，燃气轮机转速达到额定值。

（12）手动合上灭磁断路器，在燃气轮机控制系统作用下，发电机电压自动上升，最后达到额定电压。

（13）发电机通过自动准同期装置并网。

（14）当机组需要停机时，燃气轮机控制系统发出停机指令，负荷降到设定值后，自动断开发电机出口断路器（GCB），燃气轮机熄火降速，同时断开励磁变压器低压侧断路器MDS5，AVR退出励磁控制，灭磁断路器自动断开。

（三）起励升压操作

1. 自动升压

自动开机升压可以完全由机组 TCS 控制。在机组转速达到额定转速后，运行人员在TCS上手动合上灭磁断路器后，自动将发电机机端电压升至额定值。

2. 手动升压

机组转速达到额定转速后，设置自动励磁调节器起励方式为"Ut"或"If"，还可通过小键盘"＋""－"来设置发电机电压或励磁电流给定值，手动对发电机机端升压。

（四）发电机机端电压（无功功率）的调节

励磁装置的作用之一就是维持发电机机端电压在给定水平，作用之二就是合理分配并联机组之间的无功功率。这两个作用分别体现在发电机并网前、后，且都是靠改变调节器给定值来达到的。

在AVC未投入的情况下，通过TCS上的按键在并网前调节机端电压，并网后，调节无功功率。AVC投入情况下，TCS上的按钮就屏蔽了。

（五）励磁装置运行中的通道切换

励磁装置正常运行时，通道采用自动方式运行。在通道发生故障时的切换顺序如下（假定励磁系统在通道1的自动方式下运行，通道2备用）：

（1）通道1的自动调节器故障，装置自动切换至通道2的自动调节器运行；若通道2的自动调节器又故障，则自动切回通道1的自动调节器运行，若通道1的自动调节器故障未消除，则自动切换至通道2的手动调节器运行；若通道2的手动调节器又故障，则自动切换至通道1的手动调节器运行；若通道1的手动调节器又故障，则自动切换至紧急备用通道运行；若紧急备用通道故障，则发跳闸信号使发电机跳闸。

（2）励磁装置在本通道的自动方式下检测到故障切换至本通道的手动方式后，直到本通道的自动调节器故障消除才允许切回到自动方式运行。由手动方式运行切换至自动方式运行的操作，必须在励磁调节柜上的励磁控制盘上就地手动进行。

（六）发电机励磁系统的控制模式

励磁装置的运行控制方式有远方和就地两种，远方控制在集控室进行，就地控制使用励磁调节柜上的就地控制盘进行。正常情况下，励磁装置应选择远方控制方式运行，只有当远方控制失效时才改为就地控制。励磁装置就地控制面板功能介绍见图4-7。

表4-1列出了可用的远方控制和就地控制命令，"反馈指示"表示命令发出后励磁装置是否反馈信息给控制室。

（七）发电机励磁系统运行中的监视和维护

运行期间应当进行下述的定期检查：

1. 定期控制室检查项目

（1）无限制器（低励、过励限制器）动作。

（2）工作调节器的设定点没有达到极限设定值。

（3）励磁电流、发电机电压和无功功率等参数显示平稳，无剧烈变化。

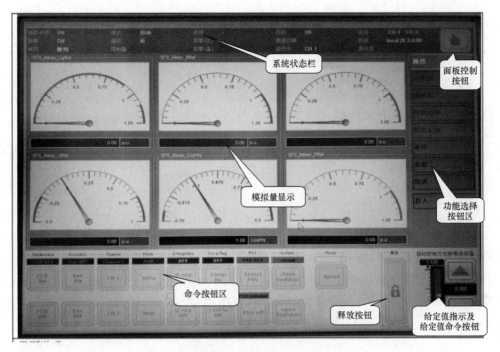

图 4-7　励磁装置就地控制面板功能介绍

表 4-1 远程控制和就地控制命令

命令	远控	就地控制	就地控制盘上对应英文标识	反馈指示
灭磁断路器合上	√	√	F.C.B ON	√
灭磁断路器断开	√	√	F.C.B OFF	√
励磁投入	√	√	EXC. ON	√
励磁退出	√	√	EXC. OFF	√
通道 1 运行		√	CH. I	√
通道 2 运行		√	CH. II	√
运行方式——自动		√	AUTO	√
运行方式——手动		√	MANUAL	√
工作调节器给定点　升高	√	√	RAISE	最大位置
工作调节器给定点　降低	√	√	LOWER	最小位置
无功功率调节器运行	√	√	PF/MVAR ON	√
无功功率调节器退出	√	√	PF/MVAR OFF	√
PSS 投入		√	Select PSS	√
PSS 退出		√	PSS OFF	√
控制方式——就地控制		√	手型绿色 开锁绿色	√
控制方式——远方控制		√	手型灰色 闭锁灰色	
复位		√	Reset	
释放		√	释放	

注　打"√"表示控制命令有效，命令发出后控制室有相应的反馈指示；带阴影的就地控制命令，表示只有同时在就地液晶面板上按下释放按钮键才有效。

2. 定期在就地励磁装置柜检查项目

（1）无报警动作。

（2）无非正常的噪声。

（3）柜内和柜门无积尘、无异物，无水汽凝结。

（4）交直流母排以及励磁调节器电路板等无放电、过热等现象。

3. 励磁调节器不允许在手动调节器方式下长期运行

若自动调节器故障，应尽快修复。短期不能修复，应及时汇报上级领导，以便安排停机处理。

第三节　汽轮发电机励磁系统

一、汽轮发电机励磁系统的组成

惠电二期汽轮发电机励磁系统采用中国电器科学研究院 EXC9100 型励磁系统，主要由励磁调节器单元（调节柜）、功率单元（3 个功率柜）、灭磁及过压保护单元（灭磁开关柜、灭磁柜、灭磁电阻柜等）、起励单元、励磁变压器等组成（见图 4-8）。

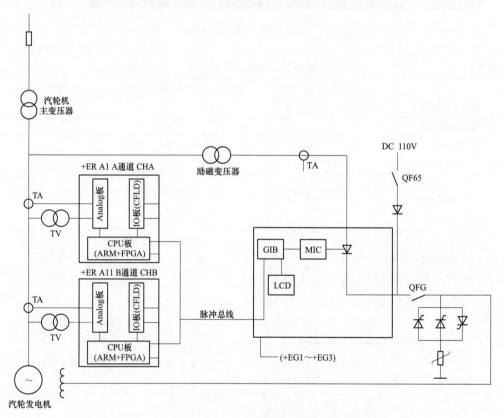

图 4-8　EXC9100 励磁系统的组成

1. 励磁变压器

汽轮机励磁变压器采用三相干式变压器，容量 1450kVA，接线组别 Y/d11，额定二次线电压为 5100V，一次电压为 15.75kV。

2. 励磁调节器单元

励磁调节器 A、B、C 通道硬件包括：主控制板、模拟量板、I/O 接口板。

主控制板采用主流 ARM＋新型 FPGA 的嵌入式精简系统。主控制板主要用于实现模拟量的同步采样和高速转换，完成同步采集控制、同步交流采样及算法实现、频率补偿、同步信号检测、脉冲形成以及 CPU 接口等功能。

模拟量板主要实现发电机机端 PT 电压、机端 CT 电流、励磁 CT 电流、同步信号、系统 PT 电压等模拟量信号的转换。

I/O 接口板，外部对励磁调节器的诸如起励、增减磁操作、逆变、并网等控制、操作、状态信号，及调节器向外输出的控制、状态信号，都需通过 I/O 接口板进行过渡转换，再与主控制板连接。

3. 汽轮发电机励磁系统配置

汽轮发电机励磁系统配置了湖南紫光的 DCAP-5085 注入式转子接地保护装置，安装在励磁开关柜内，采用双端注入式接地保护，根据转子绝缘设置了两段保护，第一段设为报警，第二段设为跳机。

4. 汽轮发电机 PSS 装置

发电机有功的低频振荡及轴速度或电网频率的变化可以通过电力系统稳定器（PSS）阻尼来调整；PSS 的投退必须根据中调指令执行。

汽轮机 PSS 系统投/退：汽轮机 PSS 系统投退需在就地控制屏上操作，就地控制屏上投入 PSS 后，当汽轮机负荷达到额定负荷 30％时，PSS 装置自动投入运行，此时 PSS 才起作用，当汽轮机负荷小于额定负荷 25％时，PSS 装置自动退出，不起作用。

二、汽轮发电机励磁系统的运行与维护

（一）汽轮机励磁系统启动前检查

（1）励磁系统一、二次回路的全部检修工作已结束，试验结果合格，全部工作票收回终结，安全措施拆除，恢复常设遮拦、警告牌。

（2）检查励磁变压器、同步变压器、灭磁电阻、整流装置等相关设备清洁完好，无杂物。

（3）测量励磁系统绝缘合格（用 500V 兆欧表，绝缘不应低于 1MΩ）。

（4）各转换设备、控制、保护和信号操作元件已调整到工作位置。

（5）在机组 110V 直流 A 段馈电屏送上发电机励磁启励电源开关。

（6）在机组 110V 直流馈电屏送上两路励磁直流控制电源。

（7）在机组保安段上送上发电机励磁柜风机电源开关。

（8）检查汽轮机发电机励磁系统各个盘柜内的保险、交直流控制电源开关均已合上，盘柜柜门已关好。

（9）转子过电压保护继电器复位。

（10）检查汽轮发电机励磁系统控制器显示屏无异常报警信息，上电默认调节器在 A 通道运行，B 通道为备用，且 A、B 通道都处于自动方式，励磁调节柜前门面板上 "A 通道运行"指示灯亮，HMI 控制盘界面上的"自动"指示灯点亮。

（11）确认励磁系统切换至"远方""自动"控制方式运行，励磁调节柜前门面板上"远控/近控"旋钮在"远控"位置,"整流/逆变"旋钮在"整流"位置。

(12) 确认功率柜脉冲"切除开关"在"OFF"位置,表示本柜脉冲可以正常输出。

(13) 检查汽轮发电机励磁系统励磁调节器、功率柜、灭磁柜就地控制屏无异常报警和故障信息。

(14) 检查发电机出口电压互感器的二次侧开关已合闸。

(二) 汽轮机励磁系统启动、停止

1. 汽轮发电机并网时励磁启动

(1) 汽轮机转速升至额定转速 3000r/min 稳定后,合上汽轮发电机灭磁开关。

(2) 在"励磁操作"窗口,点"起励"并确认,汽轮发电机定子自动升压,至额定电压;就地起励通过操作调节柜人机界面"起励操作"画面下的"起励"。

(3) 触摸条执行,注意每次"起励"时间不得低于 5s。

(4) 若机端电压不满足并网条件时,可通过"增磁"/"减磁"按钮调整电压。

2. 汽轮发电机解列时励磁停止

(1) 汽轮机正常停机解列时,采用励磁系统逆变灭磁;首先降低汽轮机负荷至规定范围,手动按"汽轮机紧急跳闸"按钮,将发电机解列,同时励磁开关自动跳闸,退出励磁。

(2) 汽轮机事故停机时,当收到励磁保护跳闸令时,采用灭磁电阻进行灭磁,跳开灭磁开关。

3. 汽轮机零起升压

汽轮机励磁调节器上电时,默认"零起升压"功能是退出的,"预置值升压"功能投入,当"零起升压"功能投入时,即是"预置值升压"功能退出,调节器只能选择一种起励建压方式;新机组或机组大修后首次起励升压应采用"零起升压"方式,并逐渐增磁到额定机端电压。"零起升压"操作如下:

(1) 在发电机开机试验时,进入调节柜人机界面"起励操作"画面,选择"零起升压"功能投入。

(2) 汽轮机转速升至额定转速 3000r/min 稳定后,合上汽轮发电机灭磁开关。

(3) 在"励磁操作"窗口,点击"励磁投入"并确认,汽轮发电机定子自动升压;就地起励通过操作调节柜人机界面"起励操作"画面下的"起励"触摸条执行,注意每次"起励"时间不得低于 5s。

(4) 在"零起升压"功能投入时,机端电压的起励建压水平只能为 10%(此值可通过调试软件设置,一般低于 20%);之后,再通过增、减磁操作升高机端电压值。

(三) 汽轮机励磁系统运行监视

(1) DCS 画面上励磁系统无异常报警,无励磁限制(低励、过励限制器)动作。

(2) 工作调节器的给定值没有达到限制值。

(3) 励磁电流、发电机电压和无功功率或功率因数等参数正常、平稳,无剧烈变化。

(4) 励磁间无异味,励磁调节柜和功率柜无异常声音。

(5) 励磁调节柜 HMI 控制盘界面上无异常报警信息。

(6) 励磁间各功率柜显示屏各参数显示正常,无异常报警信息,励磁电流和温度在正常范围内,功率柜脉冲正常投入,冷却风机运行正常。

(7) 励磁灭磁开关柜上显示屏各参数显示正常,无异常报警信息。

（8）励磁系统在远方控制。

（9）励磁系统在自动方式运行。

（10）各柜内和柜门无积尘、无异物，无水汽凝结。

（11）交直流母排以及励磁调节器电路板等无放电、过热等现象。

（12）励磁间温度正常，空调运行正常。

第四节 励磁系统事故处理

一、发电机励磁系统不能正常升压

1. 现象

发电机启动至额定转速后，励磁装置下达启励令后，发电机不能建立初始电压，导致启励失败。

2. 原因分析

（1）发电机端残压不足，且启励回路异常；

（2）励磁变压器故障，无法正常为整流器提供电源；

（3）整流器故障，不能满足正常运行需要；

（4）控制系统异常。

3. 处理

（1）首先检查机端电压是否足够，再检查启励回路是否接通，启励电压是否送到发电机转子上。

（2）励磁装置内部的启励接触器是否工作正常。此项检查工作可以按照启励接触器工作原理图进行电器合、分实验。

（3）检查励磁变压器的工作回路是否接通。发电机在启励升压后，是依靠励磁变压器给励磁装置提供整流电源，因此要保证励磁变压器原、次端工作回路必须正常。

（4）检查励磁装置的整流回路是否正常。

（5）有的机组在检修后，将转子与励磁输出的电缆反接。这样在下次启励时，转子电势的方向与启励电源的方向相反，也可造成启励失败。这在检修结束后需注意。

二、发电机组失磁

1. 现象

（1）TCS上发"发电机失磁"信号。

（2）发电机-变压器组保护装置上"信号""启动"灯亮；若失磁保护动作跳闸，则发电机-变压器组保护装置上"跳闸"灯亮，发电机跳闸。

（3）励磁电流显示为零，无功功率指示为负值。

（4）定子电压、电流波动较大。

（5）有功功率降低。

2. 处理

（1）若失磁保护动作跳闸，则按保护动作后的有关规定处理，检查励磁回路，查明并消除故障后重新并网；

（2）若仅来"失磁"报警信号，而失磁保护未动作跳闸，则判明失磁原因，短时间内无法恢复励磁时，立即减负荷到零后，将发电机解列；

（3）当失磁发展到非同期时，按机组振荡处理。

第五节 运行经验分享

一、启动励磁变压器高压开关拒动，造成励磁变压器故障

1. 事件经过

1 号燃气轮机定速 3000r，1 号燃气轮机灭磁断路器合闸后励磁电压、电流均为零，TCS 检查励磁系统未切换至"恒压模式"，就地检查励磁系统通道 1 为工作通道，控制方式为恒流模式，无报警。就地手动将通道 1 切至通道 2 后，TCS 画面上"恒压模式"按钮变红，励磁系统起励，励磁电压、励磁电流开始增加。1 号燃气轮机并网，机组总负荷逐步加至 350MW。运行约 1h 后机组调整，就地检查启动励磁故障。

2. 原因分析

按燃气轮机正常启动顺序，SFC 运行结束后，会自动先断开启动励磁变压器 6kV 侧开关，在收到开关分闸位置信号后，再断开启动励磁变压器低压侧 MDS-4。在本次事件中，当 SFC 运行结束后，由于启动励磁变压器高压侧开关控制回路断线，在 SFC 退出时启动励磁变压器高压侧开关没有断开，SFC 没有收到启动励磁变压器高压侧开关断开反馈信号，中断了 MDS-4 与 MDS-5 的切换。

运行人员没有留意到启动励磁变压器高压侧开关"控制回路断线"告警信号，用启动励磁变压器（300kVA）并网带负荷，由于启动励磁变压器容量太小，导致过负荷运行，开关"过流保护"动作，但因开关控制回路断线，开关拒动，启动励磁变压器短路烧毁。

3. 结论

机组启动过程，SFC 脱扣后，应仔细检查各断路器、隔离开关动作情况，及时发现异常报警，不得盲目操作。

二、励磁系统柜门信号异常导致燃气轮机励磁启动失败

1. 事件经过

启机发令时，转速未上升，出现跳闸信号报警，检查发现灭磁断路器 41E 未合闸，励磁调节柜控制盘上有禁止启动、辅助设备未准备好报警信号。

2. 原因分析

发现燃气轮机励磁交流封母柜柜门信号行程开关故障，开关触点未闭合，导致燃气轮机灭磁断路器柜内模块信号消失，灭磁断路器合闸逻辑无法导通，灭磁断路器无法合闸。

3. 结论

将燃气轮机直流母线柜、灭磁断路器柜、交流封母柜、柜门信号取消，简化燃气轮机灭磁断路器合闸逻辑，降低机组启动失败风险。

三、5 号燃气轮机励磁 2 号整流柜故障

1. 事件经过

5 号机组正常运行过程中，DCS 报燃气轮机励磁系统故障，5 号燃气轮机励磁 2 号整流控制柜退出运行。由于 5 号燃气轮机励磁已修改为 N-2 控制模式，单个整流控制柜退出运行后，机组仍然能继续运行。

2. 原因分析

对励磁系统进行初步检查，发现励磁系统有大量"CCI2"报警信息，判断 2 号整流控制柜内 CCI 模块故障。功率柜控制模块（CCI）是来控制功率模块的一个调节装置，该装置的功能有：测量同步电压、晶闸管电流、整流桥直流电流、励磁电压等数据；监控整流桥、通信装置、快熔装置状态；电流均衡调节器，平均电流；门控制单元集成同步；通信通道的接口。

3. 处理

5 号机组停机后，更换燃气轮机励磁系统 2 号整流控制柜内功率控制模块（CCI），系统恢复正常。

4. 结论

加强备品备件管理，重要备件使用后及时补充库存。需安装程序才能使用的相关备件在采购时需注明，要求厂家安装好程序再发货，验收时需检查程序是否确实已安装。

四、5 号燃气轮机发电机励磁系统整流柜温度高报警

1. 事件经过

DCS 上报"GT GENERATOR CONVERTER CUBICLE FAILURE"。导致 5 号机组顺控逻辑执行不下去，无法正常启动。现场检查 5 号机组的燃气轮机励磁系统画面上发现有如下报警信息：

Airtmep1 sensfit _ CCI3（环境温度 1 传感器故障）

CCI3 TIRP（整流柜 3 整流器控制接口装置跳闸）

CCI3 ALRAM（整流柜 3 整流器控制接口装置报警）

Conv red1 flt（整流器故障 1）

Conv red2 flt（整流器故障 2）

Conv red3 flt（整流器故障 3）

Redundancy fault（冗余故障）

2. 原因分析

在整流柜 3 的显示面板上看到显示柜内温度已经到了 196℃，对比其他整流柜只有 27℃。在整流柜 3 内找到整流硅的温度探头的引线（位于 CCI 接口装置 AC800PEC 的右下部），用万用表测量探头内阻，显示阻值为 198.5kΩ。之后再测量整流柜 2 的温度探头内阻，也为 198.5kΩ，说明整流柜 3 的探头和引线本身并无故障，判断接口装置 AC800PEC 出现了内部故障。

3. 处理

更换接口装置 AC800PEC 之后，送回装置电源。在经过 3min 的装置启动和自我检测后，观察整流柜 3 的显示面板上温度值已经回到正常的 27℃，显示面板指示灯由红色变为绿色，恢复正常。

4. 结论

工程阶段，加强对设备供货以及现场调试管理要求。

五、1 号发电机碳刷架基座受潮，"发电机转子一点接地"报警

1. 事件经过

1 号机组 DCS 出现"发电机转子一点接地"报警，就地检查 13m 励磁小间内无积水结露现象，励磁小间内加热器正常，检查 6.5m 励磁间内各柜门，柜内直流母排无凝露现象，且无其他异常情况，在励磁系统直流封母柜内检查转子绝缘监测装置，发现转子绝缘值显示 28kΩ（转子绝缘低 1 报警值 44kΩ，低 2 报警值 14kΩ）。

2. 原因分析

电气检修判断励磁小间碳刷基座位置存在受潮导致转子绝缘值偏低（近期 1 号机大修后也曾经出现类似报警）。

3. 处理方法

在励磁小间处加装了临时加热器烘烤碳刷架，检查 1 号机转子绝缘监测装置，转子绝缘值显示 485kΩ，现场复归报警后，DCS "发电机转子一点接地" 报警复归。

六、2 号机组启动期间，励磁整流柜风扇电源切换失败，机组跳闸

1. 事件经过

2 号机组启动，燃气轮机转速 210r/min，DCS 报 "整流柜故障" "励磁系统跳闸" "发电机保护跳闸"；就地检查励磁系统四个整流柜上都有故障报警及风扇故障灯亮。

2. 原因分析

电气检修人员检查发现励磁系统整流柜风扇一路电源接触器（来自机端电压励磁变压器低压侧）已合闸（该路电源是在发电机转速 3000r/min 时起励合闸），而另一路电源接触器（来自厂用电 UPS 220V 交流）未合闸（该路电源是 SFC 拖动时合闸），判断控制器动作异常。

3. 处理方法

控制回路重新断电复归，复归整流柜故障告警，启动四个整理柜风扇运行正常，机组再次启动正常。

七、发电机 5 号轴承润滑油渗漏，油雾污染发电机碳刷间

1. 事件经过

5 号机运行中，燃气轮机发电机碳刷间、发电机西侧外壳表面及地面有大量油污，现场检查无明显泄漏。

2. 原因分析

经排查，确认油污来自 5 号轴承处漏油，励磁间内大轴风扇抽吸作用将 5 号轴承处漏油抽出至风扇排气口并积聚形成油污。

3. 处理方法

对该区域油污及碳刷、滑环等进行清理，5 号轴承漏油缺陷彻底处理好前，机组运行时保持励磁小间门常开，降低碳刷间负压。

第五章

220kV 电气主接线系统

第一节 220kV 电气主接线

一、概述

发电厂的电气主接线是指发电厂中的电气一次设备按照设计要求连接起来，表示生产、传输、汇集和分配电能的电路，也称电气一次接线。其作用是将电源发出的电能通过变压器将电压升高，再通过不同的接线方式输送到电力系统中。220kV 母线接线图见附图 1（见文后插页）。

（一）电气主接线基本要求

电气主接线是电力系统网络结构的重要组成部分，直接影响着发电厂运行的可靠性、经济性，并与电气设备的选择、配电装置的布置、继电保护和自动装置的选定，以及电力系统稳定性和电网调度灵活性都有着密切的关系。为此对电气主接线应有如下基本要求：

（1）可靠性：根据系统和用户的需要，能保证供电的可靠性和电能质量。

（2）灵活性：适用各种运行方式，又便于检修。在其中一部分设备检修时，应尽量保证未检修回路能继续供电。

（3）操作方便：主接线应简单清晰，操作方便，尽可能地使设备切换所需的操作步骤最少，以便于运行人员掌握，不致在操作过程中出差错。

（4）经济性：在满足可靠性、灵活性和操作方便的前提下，应力求投资省，维护费用最少。

（5）便于扩建：主接线除满足当前的需要外，还应考虑将来有发展的可能性。

（二）电气主接线基本形式

发电厂主接线的基本环节是电源和出线，母线是连接二者的中间环节，起到汇集和分配电能的作用。按照主接线母线设置情况，主接线的基本形式可分为两大类：有汇流母线的接线形式和无汇流母线的接线形式。有汇流母线的接线形式有单母线接线、双母线接线、3/2接线、4/3接线等；无汇流母线的接线形式有单元接线、桥形接线、角形接线等。由于各个发电厂的出线回路数和电源数不同，且每个回路所传输的功率也不一样，为了便于电能的汇集和分配，在进出线较多时（一般超过 4 回），常采用母线作为中间环节，可以使接线简单清晰、运行方便，有利于安装和扩建，但设置母线后，配电装置占地面积大，使用的断路器、隔离开关等设备增多；无汇流母线的接线使用开关电器少，占地面积小，适于进出线回路少，不再扩建和发展的发电厂。

（三）220kV 配电装置

配电装置是根据电气主接线的连接方式，由开关电器、保护和测量电器、母线和必要的辅助设备组建而成的总体装置。惠州 LNG 电厂（以下简称惠电）220kV 配电装置采用 SF$_6$ 全封闭组合电器，国际上通常称为"气体绝缘金属封闭开关设备（gas insulated metal-enclosed switchgear，GIS）"。它是由断路器、隔离开关、快速或慢速接地开关、电流互感器、电压互感器、避雷器、母线和出线套管（或电缆终端）等高压电器元件，按电气主接线的要求依次连接组合成一个整体，并且全部封闭于接地的金属外壳中，壳体内充一定压力 SF$_6$ 气体，作为绝缘和灭弧介质。GIS 具有占地面积小，占用空间少，运行可靠性高，维护工作量小，检修周期长，不受外界环境条件的影响，无静电感应和电晕干扰，噪声水平低，抗震性能好，适应性强等一系列优点，因此在 110～1000kV 各个电压等级的电网中获得广泛应用。

二、电气主接线形式

惠电 220kV 配电装置采用双母线接线形式，燃气轮机及汽轮发电机分别以发电机-双绕组变压器单元接线接入 220kV 配电装置，燃气轮机发电机装设出口断路器，汽轮机发电机不装设出口断路器。下面详细介绍这两种接线形式的结构和特点。

（一）双母线接线

双母线接线有两组母线，每一电源和每一出线都经一台断路器和两组隔离开关分别与两组母线相连，两组母线之间通过母线联络断路器（简称母联开关）连接，如图 5-1 所示。采用两组母线后，使运行的可靠性和灵活性大为提高。

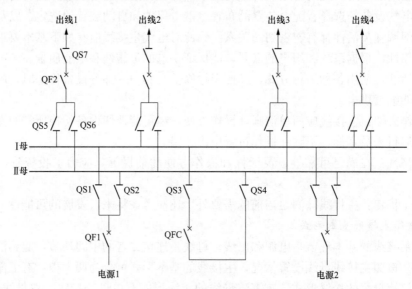

图 5-1　双母线接线图

1. 优点

（1）运行方式灵活。

1）双母并列运行：两组母线同时工作，并且通过母联开关并联运行，将电源和出线回路均衡分配在两组母线上，这是最常采用的运行方式。

2）双母分列运行：有时为了系统的需要，将母联开关断开（处于热备用状态），两组母线同时运行，这种运行方式常用于系统最大运行方式时，以限制短路电流。

3）单母线运行：母联开关断开，一组母线运行，另一组母线备用（或检修），所有电源和出线回路均接在运行母线上。

（2）供电可靠。

1）检修任一组母线时，不会停止对用户连续供电。例如，检修Ⅰ母线时，可将全部电源和线路倒换到Ⅱ母上运行。

2）检修任一回路的母线隔离开关时，只需停运该回路和与此隔离开关相连的母线，其他回路均可通过另一组母线继续运行。如图 5-1 所示，当要检修Ⅰ母线上的隔离开关 QS_5 时，需要断开断路器 QF_2 及两侧的隔离开关 QS_7、QS_6，并将Ⅰ母上的所有回路倒换至Ⅱ母线上工作，然后断开母联开关 QF_C，这样既能保证其余回路不断电，也能确保隔离开关 QS_5 与电源有效隔离。

3）一组母线故障后，能迅速恢复供电。例如：当Ⅰ母发生故障跳开所有断路器后，可将全部电源和线路倒换到Ⅱ母上运行。这样，所有回路不必等待故障排除即可迅速恢复供电。

（3）扩建方便。

向双母线左右两侧延伸扩建，均不会影响两组母线上电源和负荷的自由组合分配，扩建施工时也不会引起原有回路停电。

（4）根据系统调度的需要，双母线还可以完成一些特殊功能。例如：用母联开关与系统进行同期或者解列操作；当个别回路需要单独进行试验时（如发电机或线路检修后需要试验），可以倒空一组母线进行单独试验。

2. 缺点

（1）母线故障或检修时，需利用母线隔离开关进行倒闸操作，操作步骤比较复杂，容易造成误操作。

（2）检修任一回路断路器时，该回路仍需停电或短时停电。

（3）增加了大量的母线隔离开关及母线的长度，使配电装置结构较为复杂，占地面积增大，投资增多。

3. 应用范围

由于双母线有较高的可靠性，广泛应用于以下情况：进出线回数较多、容量较大、出线带电抗的 6～10kV 配电装置；35～60kV 出线数超过 8 回，或连接电源较大、负荷较大时；110kV 出线数为 6 回及以上时；220kV 出线数为 4 回及以上时。

（二）发电机-变压器组单元接线

如图 5-2 所示，发电机与变压器直接连成一个单元，组成发电机—变压器组，称为单元接线。这种单元接线简单，开关设备少，操作简单，且因不设发电机出口电压等级的母线，而在发电机和变压器之间采

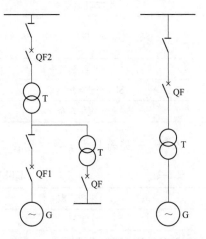

图 5-2 发电机-变压器组单元接线图

用封闭母线，使得在发电机和变压器低压侧短路故障的几率和短路电流比设置母线时有所减少。单元接线的主要缺点是单元中任一元件故障或检修都会影响整个单元的工作。

如图 5-2 中的左图为惠电燃气轮机发电机—双绕组变压器单元接线，经断路器接至 220kV 母线，燃气轮机发电机出口处只接有厂用电分支，不设母线，发电机与变压器之间装设出口断路器（GCB）和隔离开关，以便发电机解列后，厂用电能通过主变压器从 220kV 系统倒送，无需进行厂用电切换操作，提高了厂用电可靠性。右图为惠电汽轮机发电机—双绕组变压器单元接线，只在变压器高压侧装设断路器，汽轮机发电机出口不装设断路器，但留有可拆连接点，以便发电机单独试验。发电机和变压器的容量需要相匹配，必须同时工作，发电机发出的电能直接经过主变压器送至 220kV 系统。

第二节　220kV GIS 设备的基本参数和结构原理

一、220kV GIS 设备的基本参数

1. GIS 整体技术参数（见表 5-1）

表 5-1　　　　　　　　　　　　220kV GIS 的整体技术参数

项　目		单位	参　数
系统标称电压		kV	220
额定电压		kV	252
额定电流		A	4000/3150
额定频率		Hz	50
额定绝缘水平	1min 工频耐受电压（有效值）	kV	460
	雷电冲击耐受电压（峰值）	kV	1050
额定短路开断电流		kA	50
额定短路关合电流		kA	125
额定短时耐受电流		kA	50（3s）
零表压耐受电压		kV	1.3 倍相对地额定电压
SF_6 气体额定压力（20℃、表压）		MPa	GCB：0.6
			其他：0.4
SF_6 年漏气率		%	≤0.5
SF_6 水分含量（V/V）		PPM	150（GCB）/250（其他）
机械寿命		次	5000（连续操作 3000 次）

2. SF_6 断路器技术参数（见表 5-2）

表 5-2　　　　　　　　　　220kV GIS 的 SF_6 断路器技术参数

生产厂家		平高东芝
型号		GSP-245EH
额定电压		252kV
额定绝缘水平	雷电冲击耐受电压（峰值）	1050kV
	工频耐受电压（有效值）	460kV
额定频率		50Hz

额定工作电流	3150A
额定短时耐受电流	50kA（3s）
额定短路开断电流	50kA
额定线路充电开断电流	0.05kA
额定关合电流	125kA
首相开断系数	1.3
额定近区故障开断电流	$50 \times 90\%$kA
满容量开断次数	≥20 次
开断时间	50ms
合闸时间	100ms
额定控制电压	DC 110V
油泵电机额定电压	AC 380V
额定操作油压	24MPa
SF_6 气体额定压力（20℃）	0.6MPa
SF_6 气体报警压力（20℃）	0.575MPa
SF_6 气体闭锁压力（20℃）	0.55MPa
额定操作顺序	分-0.3s-合分-180s-合分
操动机构型式	集成式液压操动机构

3. 隔离开关技术参数（见表 5-3）

表 5-3　　　　　　　　　　　**220kV GIS 的隔离开关技术参数**

生产厂家		平高东芝
型号		KTM3-245RC/DLM3-245RC
额定电压		252kV
额定绝缘水平	雷电冲击耐受电压（峰值）	1050kV
	工频耐受电压（有效值）	460kV
额定频率		50Hz
额定工作电流		3150A
额定短时耐受电流		50kA（3s）
操动机构型式		电动机构
额定控制电压		110V DC
额定操作电压		110V DC
SF_6 气体额定压力（20℃）		0.4MPa

4. 接地开关技术参数（见表5-4）

表 5-4 220kV GIS 的接地开关技术参数

生产厂家		平高东芝
型号	检修用接地开关（ES）	EBM3-245C
	快速接地开关（H-ES）	EAP3-245C
额定绝缘水平	额定电压	252kV
	雷电冲击耐受电压（峰值）	1050kV
	工频耐受电压（有效值）	460kV
额定频率		50Hz
额定工作电流		3150A
额定短时耐受电流（3s）		50kA
额定峰值耐受电流（ES）		125kA
额定关合电流（H-ES）		125kA
操作方式		电动机构（ES）/弹簧机构（H-ES）
额定控制电压		DC 110V
额定操作电压		DC 110V
额定 SF_6 气体压力（20℃）		0.4MPa

5. 母线技术参数（见表5-5）

表 5-5 220kV GIS 的母线技术参数

额定绝缘水平	额定电压	252kV
	雷电冲击耐受电压（峰值）	1050kV
	工频耐受电压（有效值）	460kV
额定频率		50Hz
主母线工作电流		4000A
额定 SF_6 气体压力（20℃）		0.4MPa

二、220kV GIS 设备的结构原理

（一）SF_6 断路器的结构和工作原理

断路器能关合、承载、开断运行回路正常电流，也能在规定时间内关合、承载及开断规定的过载电流（包括短路电流）的开关设备，也称开关。其主要功能有两方面：其一是控制作用，在正常运行时倒换运行方式，把电气设备或线路接入电路或退出运行；其二是保护作用，当电气设备或线路发生故障时，在继电保护装置的作用下，能快速切除故障回路，以保证系统中无故障部分正常运行。断路器最大特点是能断开电气设备中负荷电流和短路电流。

GSP-245EH 型气体断路器是一种紧凑的和高性能的卧式断路器，为应用于气体绝缘的封闭开关电器 GIS 而设计。采用单压式（又称喷气式）灭弧原理，它利用了 SF_6 气体良好的绝缘性能和灭弧能力。此外，通过采用液压操动机构，使该断路器结构简单、可靠性较高。

GSP-245EH 型气体断路器的结构如图 5-3 所示。断路器由三相壳体、灭弧室和操动机

构组成。每相灭弧室分别安装在充满 SF_6 气体且接地的壳体中，每相灭弧室与各自的液压操动机构相连，允许单相操作。

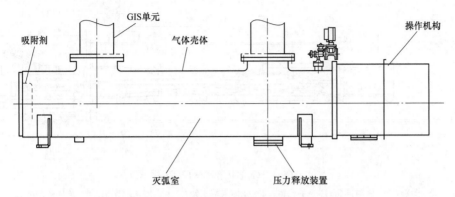

图 5-3　GSP-245EH 型气体断路器的外形图

GSP-245EH 型气体断路器有如下特点：

（1）体积小、质量轻。由于灭弧室的合理设计和液压操动机构的采用，GSP-245EH 型 SF_6 断路器的体积小，质量轻，这就减少了 GIS 的安装空间和质量。

（2）可靠性高。可靠性高来自两个主要方面：一是灭弧室零部件数量少，结构简单；另一个是采用集成块式液压操动机构，机构外部无配油管，减少了泄漏点。

（3）操作噪声低。高性能灭弧室和液压机构的采用减少了操作功，最大限度地降低了操作时发出的噪声。

（4）易于安装和维护。此断路器具有质量轻和结构简单的特点，使安装和维护工作容易。

（5）对地负荷小。由于采用了操作功小的灭弧室和噪声低、结构紧凑的液压操动机构，从而使断路器对地面的动载荷很小。

1. 壳体

三相壳体水平地安装在断路器的底座上。每相壳体的顶端作为该相灭弧室的检修孔，并封盖上一个上盖，在上盖上有一个安装好的吸附剂筐，用它来保证内部的 SF_6 气体处于正常状态。壳体的压力释放装置是一个保护装置，当断路器筒内气体压力过高时，压力释放装置动作，释放气体，防止爆炸。

2. 灭弧室

（1）灭弧室的机构。如图 5-4 和图 5-5 所示，每相灭弧室由一个静触头装配，一个动触头装配和一个压气室组成，在它们周围环绕着一个圆柱形绝缘子，这个圆柱形绝缘子用来支撑静触头装配，并且连接着动触头侧的支座，整个灭弧室又由另一个绝缘子支撑。

静触头装配包括一个静弧触头和一组静主触指（瓣形），前者定位于灭弧室的中心线上，后者装在静弧触头的外侧。

动触头装配包括一个动弧触头（瓣形）、一个动主触头和一个喷口。动弧触头和动主触头分别装置在与其相对应的静弧触头和静主触头处的对侧，动触头装配与压气缸相连。

压气室是由可移动的压气缸和一个固定的压气活塞组成。压气缸通过一根操作杆和一根绝缘拉杆与各自的油-液压操作缸上的驱动杆相连。另外，如上所述，压气缸与动触头装配相连，因此，动触头装配和压气缸通过液压操作缸一起被驱动。

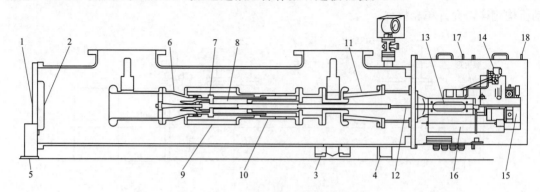

图 5-4　GCB 内部结构剖面图

1—上盖；2—吸附剂筐；3—手孔盖；4—壳体末端支架；5—壳体顶端支架；6—静触头装配；
7—动触头装配；8—压气室；9—圆柱形绝缘子；10—支座；11—绝缘子；12—绝缘拉杆；
13—驱动杆；14—液压操作缸；15—油泵单元；16—贮压器；17、18—操作单元 A 的盖板

（2）灭弧室的工作原理（见图 5-5）。

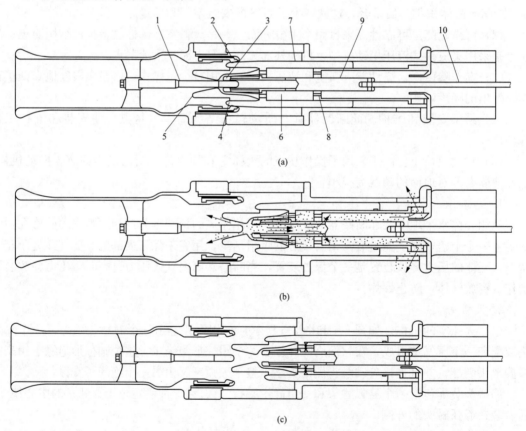

(a)

(b)

(c)

图 5-5　单压式 SF_6 断路器的灭弧原理

（a）合闸状态；（b）灭弧状态；（c）分闸状态

1—静弧触头；2—静主触头；3—动弧触头；4—动主触头；5—喷口；
6—压气室；7—压气缸；8—压气活塞；9—操作杆 10—绝缘拉杆

1）断路器分闸。①当给出分闸指令时，液压操作缸分闸侧的高压油排出，操作活塞被向上驱动（触头分闸方向）（见图5-7）。②加在活塞上的驱动力通过绝缘拉杆和操作杆传递给了动触头装配和压气缸，然后，动触头装配和压气缸被推向右侧。③在每个灭弧室里，动主触头首先和静主触头分离，接着，动弧触头和静弧触头分离，然后电弧在弧触头之间产生。同时，压气室中的 SF_6 气体被压缩。④压缩的 SF_6 气体沿着喷口吹向电弧，并且将电弧熄灭。

2）断路器合闸。①当给出合闸指令时，高压油流注到液压操作缸的分闸侧，操作活塞被向下驱动（触头合闸方向）（见图5-7）。②加在活塞上的驱动力通过绝缘拉杆和操作杆传递给了动触头装配。然后，驱动动触头装配向上移动。③在每个灭弧室里，动弧触头首先和静弧触头闭合，接着，动主触头再与静主触头闭合。

3. 液压操动机构

（1）液压操动机构的结构。

液压机构的系统结构如图5-6和图5-7所示。每一相有一个液压操作缸、一个油泵单元和一个贮压器。三个操作缸通过高压油驱动着各自的灭弧室。

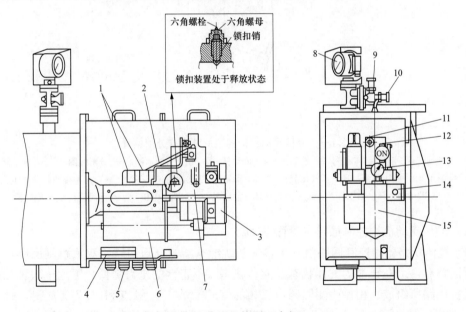

图5-6 液压机构图（中相）

1—辅助开关；2—连杆机构；3—油泵单元；4—加热器；5—电缆插接件；6—贮压器；7—油箱；
8— SF_6 密度继电器；9—常闭阀（充气）；10—常开阀；11—操作计数器；
12—位置指示器；13—油压表；14—油压开关；15—液压操作缸

每个操作缸由一个控制阀和一个阀块组成，阀块内有一个连接着驱动杆的液压操作活塞。控制阀由两个完全相同的分闸线圈中的一个或由一个合闸线圈来控制。

操作缸单元装配有一个油泵单元、一个油压表、油压开关、一个油泵电机、一个排油阀（通常处于关闭状态）、一个泄压阀、一个通气孔盖、一个液压油泵、一个止回阀和一个装在油箱侧面的油标，油过滤器安装在油箱里面。

对于每一相的辅助开关、分合闸指示器和操作计数器都通过连杆机构与各自液压操作缸的传动杆相连。

SF$_6$气体监视系统设计为三相，通过气体管路相连，以实现共同监测和控制，由SF$_6$密度继电器、常开阀和常闭阀（充气）等装置组成。

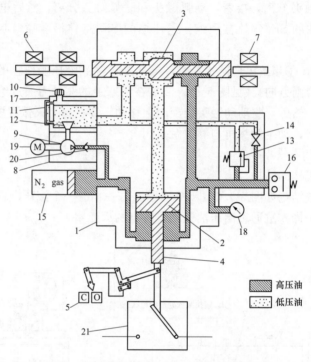

图 5-7 液压操动机构的系统结构（分闸位置）

1—操作缸；2—液压操作活塞；3—控制阀；4—传动杆；5—分合闸指示器；6—分闸线圈；7—合闸线圈；
8—油泵单元；9—液压油泵；10—通气孔盖；11—油标；12—油过滤器；13—泄压阀；14—排油阀（常闭状态）；
15—贮压器；16—油压开关；17—油箱；18—油压表；19—油泵电机；20—止回阀；21—灭弧室

（2）液压操动机构控制回路（见图 5-8）。

SF$_6$气体断路器的控制回路由一个包括防跳继电器的合闸回路，双重跳闸回路，一个相差检测回路和一个在异常的气体状态及液体状态（不正常的压力降低）下用于报警和操作模块的保护回路所组成。相差检测回路由三相的"a"（常开）触点和"b"（常闭）触点通过串-并联所构成，并通过一个时间继电器47T与跳闸回路相连使断路器（三相）在一定的时间延迟后同时开断。这些控制回路安装在GIS室的汇控柜内，汇控柜通过电缆插接件与断路器相连。

（3）液压操动机构的工作原理（见图 5-9）。

1）分闸操作。图 5-9（a）所示液压操作缸处于合闸状态，分闸指令一给出，分闸线圈带电，控制阀向右移动，转换结束。操作缸中活塞上面的高压油被排出并流到油箱。然后液压操作活塞借助于操作缸中传动杆侧的高压油向上移动（分闸方向），传动杆侧的高压油由贮压器供给，见图 5-9（c）。此外，操作活塞的传动杆侧承受着常高压，此时活塞的上部与油箱相连，于是活塞稳定保持在分闸位置，见图 5-9（d）。

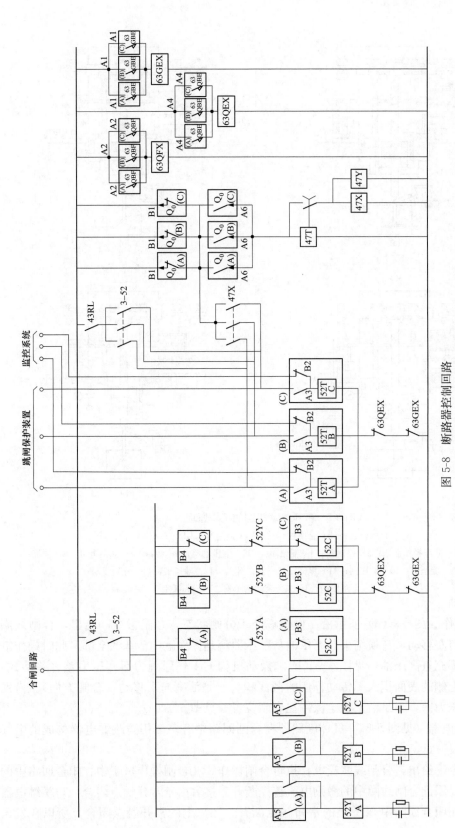

图 5-8　断路器控制回路

52T—差动开关；52Y—常闭辅助继电器；A1~A6—常态"a"触点；63GEX—液压开关合闸联锁；
63GEX—SF₆ 气体密度开关的分闸/合闸联锁；47T—相差时间继电器；47X、47Y—相差辅助继电器；
B1~B4—常态"b"触点　3-52—手动操作开关；Q₀—手动操作开关；63QBF、63QBE—液压开关；
63GBE—SF₆ 气体压力开关

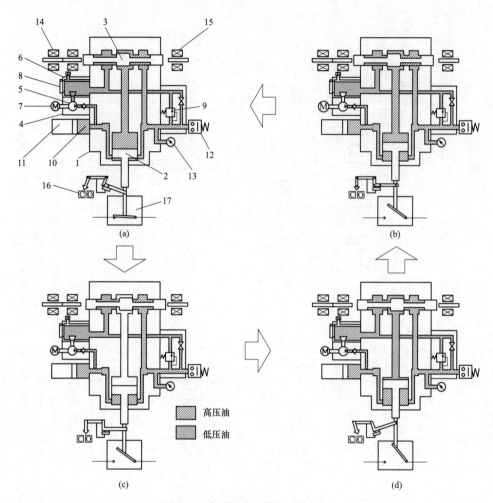

图 5-9　液压操动机构的工作原理

（a）合闸位置；（b）合闸过程；（c）分闸过程；（d）分闸位置

1—操作缸；2—液压操作活塞；3—控制阀；4—油泵单元；5—液压油泵；6—油箱；7—油泵电机；8—油标；

9—泄压阀；10—贮压器；11—氮气；12—油压开关；13—油压表；14—分闸线圈；

15—合闸线圈；16— 分合闸指示器；17—灭弧室

2）合闸操作。图 5-9（d）所示液压操作缸处于分闸状态，合闸指令一给出，合闸线圈带电，控制阀向左移动，转换结束。高压油从贮压器流到操作缸中活塞的上部，此时操作缸中活塞的两侧都充有高压油，见图 5-9（b）。操动机构的工作原理为活塞压力差（差动式）原理，即活塞上侧的表面积大于传动杆侧的截面积，于是活塞向下移动（合闸方向）。借助于如上所说的压力差，于是活塞稳定保持在合闸位置，见图 5-9（a）。

3）防跳继电器（见图 5-8）。气体断路器在合闸回路中有一个用防跳继电器构成的电气防跳系统。

当合闸指令一给出，合闸线圈受电，执行合闸操作。在合闸操作过程中，闭合回路中的常闭触点断开，因此合闸线圈中的激励电流首先断开。接着由于常开触点闭合，防跳继电器52Y受电，因而闭合回路中52Y上的常闭触点断开，52Y上的常开触点闭合。所以在发出一个合闸指令后，防跳继电器继续保持带电状态。

在这个条件下，当发出一个分闸指令，分闸线圈带电，即便在此时合闸指令不断发出，也会执行分闸操作。在分闸操作完成以后，即使继续发出合闸指令，合闸操作也不可能执行，因为防跳继电器 52Y 由于先前的合闸指令正通过自身的常开触点处于带电状态，而它的常闭触点在闭合回路中是断开的。这种状况将持续到合闸指令转换结束，以至于防跳继电器信号解除，它的常闭触点闭合后才会改变。

4）手动操作（见图 5-8）。在 43RD 转换到"近控"后，可以通过手动操作转换开关对断路器的三极进行分、合闸操作。

（4）非全相保护装置（见图 5-8）。

对于非全相（异步）保护装置，就是如果三相在合闸操作中不同步进行，那么三相在一定的时间延迟后分闸，具体如下：

1）在合闸操作中发生异步时，仅故障相的常闭触点保持在闭合状态，而正常相的常开触点都是闭合的。因而时间继电器 47T 带电。

2）在经过一段延迟时间后，通过时间继电器的作用，一个辅助继电器 47X 带电并闭合它自身的常开触点。

3）所有相的分闸线圈通过故障相的常闭触点和 47X 的常开触点带电，这些触点都是闭合的。然后所有相进行分闸操作。

表 5-6 示意了异步检测的标准延迟时间。对于单相高速自动重合闸的延迟时间，应长于在单相操作中为防止不可预测的自动跳闸等其他任务中的延迟时间。

表 5-6　　　　　　　　　　220kV GIS 的接地开关技术参数

任　务	延迟时间（s）
单相高速自动重合闸	2
其他任务	0.5

（5）液压操动机构的监视与保护。

1）SF_6 气体压力和密度的监视。用带有报警和闭锁触点的 SF_6 密度继电器监视气体断路器中的 SF_6 气体。压力开关的动作值如表 5-7 所示。

2）液压操作系统的监视。液压操作的油压通过油压表来显示，且通过带有触点的油压开关来监视，如表 5-7 所示。

表 5-7　　　　　　　　　　气体压力表和油压开关的动作值

气体监视器（20℃）	0.575MPa	发出低压报警
	0.55MPa	合闸和分闸命令闭锁
油压开关	25.0MPa	油泵操作停止
	24.0MPa	油泵操作开始
	22.0MPa	重合闸命令闭锁
	19.5MPa	发出低压报警
	19.0MPa	合闸指令闭锁
	18.0MPa	分闸指令闭锁

（二）隔离开关和接地开关的结构和工作原理

1. 隔离开关

隔离开关，即在分位置时，触头间有符合规定要求的绝缘距离和明显的断开标志；在合位置时，能承载正常回路条件下的电流及在规定时间内异常条件（如短路）下的电流的开关设备，也称刀闸。但隔离开关无灭弧装置，不能用来接通和切断负荷电流和短路电流。其主要功能有以下三点：

（1）隔离电压。在检修电气设备时，用隔离开关将被检修的设备与电源电压隔离，以保证检修人员及设备的安全。

（2）倒闸操作。在双母线的电路中，可利用隔离开关将设备或线路从一组母线切换到另一组母线，实现运行方式的改变。

（3）接通和断开小电流电路。因隔离开关具有一定的分、合小电感电流和电容电流的能力，故一般可用来进行以下操作：拉开、合上充电电容电流不超过 5A 的空载引线；拉开、合上无故障的电压互感器和避雷器；拉开、合上无接地故障的变压器中性点接地开关；拉开、合上 220kV 及以下电压等级无阻抗的环路电流，但必须采取防止环路内开关分闸的措施。

2. 接地开关

接地开关，属于隔离开关的一种，主要用在电路接地部分的工作，也称接地刀闸、地刀。它不需要承载正常电路下的电流，但需在一定时间内承载非正常条件下的电流，如短路电流。接地开关有两种：检修接地开关和快速接地开关，检修接地开关配置在断路器两侧隔离开关旁边，在断路器检修时两侧接地，起到保护人身安全的作用。而快速接地开关配置在出线回路的出线隔离开关靠线路一侧，它有两个作用：

（1）开合平行架空线路因静电感应产生的电容电流和电磁感应产生的电感电流；

（2）当外壳内部绝缘子出现爬电现象或外壳内部燃弧时，快速接地开关将导电主回路快速接地，通过断路器来切除故障电流。

为了减少隔离开关和接地开关的零部件数量，满足 GIS 开关设备的小型化要求，大多数 GIS 设备是由一个隔离开关和一个或两个接地开关组合而成后封装在一个充有 SF$_6$ 气体的接地壳体内，如母线侧隔离开关 DS 和检修接地开关 ES 两个元件设置一个壳体内（见图 5-10），线路侧隔离开关、检修接地开关 DS 和快速接地开关 H-ES 三个元件设置在一个壳体内（见图 5-11）。此外，隔离开关和检修接地开关都是分箱式结构，DS/ES 设计为三功位结构，共用一台电动操动机构（包括连杆、杠杆），三相机械联动操作。通过装在设备壳体旁边的操动机构，既可以进行电动操作，也可以进行人力操作。快速接地开关采用电动储能弹簧操动机构，并在数秒储能时间后快速完成其分/合操作。

隔离开关 DS 和接地开关 ES 组合成一个整体，设计为三工位结构，实现了隔离开关和接地开关的机械联锁，使得隔离开关和接地开关只能处于"合闸—隔离—接地"三个工况位置，这样同一组隔离开关和接地开关不可能存在同时合闸的情况，在结构上防止电气"五防"中的带电合接地开关、接地开关合上时送电的恶性误操作。图 5-12 所示为母线侧隔离开关 DS 和检修接地开关 ES 三个工况位置。

3. 隔离开关和接地开关的操动机构结构及操作原理

隔离开关和接地开关的操动机构采用电动机和减速齿轮实现触头的直线移动，也可进行

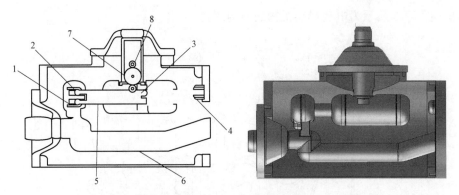

图 5-10　母线侧隔离开关 DS 和检修接地开关 ES 结构图
1—DS 静触头；2—DS 动触头；3—ES 动触头；4—ES 静触头；5—DS/ES 直动导体；
6—导体；7—齿条及齿轮机构；8—联动操作杆

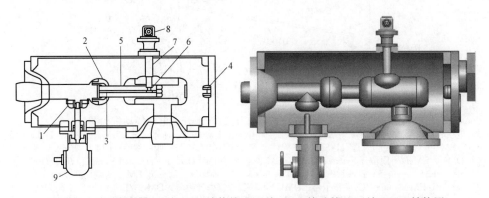

图 5-11　线路侧隔离开关 DS、检修接地开关 ES 和快速接地开关 H-ES 结构图
1—H-ES 静触头；2—DS 静触头；3—DS 动触头；4—ES 静触头；5—DS/ES 直动导体；
6—齿条及齿轮机构；7—绝缘杆；8—齿轮箱；9— H-ES 连杆机构

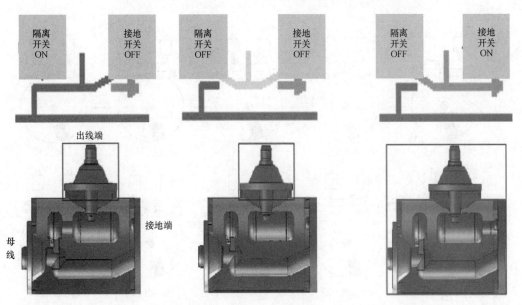

图 5-12　母线侧隔离开关 DS 和检修接地开关 ES 三个工况位置

103

人力操作。图 5-13 所示为电动操动机构的结构图。

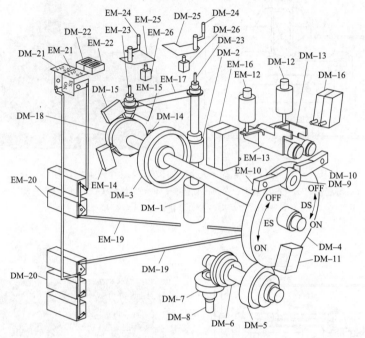

图 5-13 （DLM/EBM 型）隔离开关/接地开关电动操动机构图

DM-1—电机；DM-2—蜗杆；DM-3—蜗轮；DM-4、5—齿轮；DM-6、7—伞形齿轮；DM-8—主轴；DM-9—滑轮；
DM-10/EM-10—保持掣子；DM-11/EM-11—限位掣子；DM-12/EM-12—脱扣线圈；DM-13/EM-13—棘轮轴；
DM-14/EM-14—限位开关（a）；DM-15/EM-15—限位开关（b）；DM-16/EM-16—限位开关（c）；
EM-17—链条；DM-18—凸轮；DM-19/EM-19—连接杆；DM-20/EM-20—辅助开关；
DM-21/EM-21—ON/OFF 指示器；DM-22/EM-22—操作计数器；DM-23/EM-23—手动操作轴；
DM-24/EM-24—手动操作手柄；DM-25/EM-25—开闭器片；DM-26/EM-26—互锁磁铁

操动机构的操作原理：电动机的高速转动通过齿轮减速，带动主轴驱动动触头移动，如图 5-14 所示。

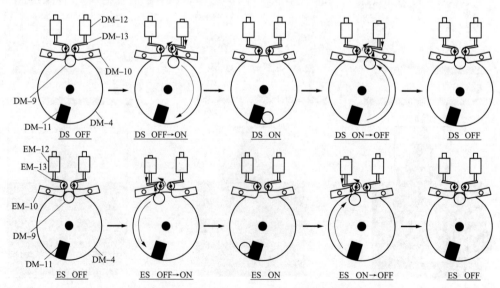

图 5-14 （DLM/EBM 型）隔离开关/接地开关电动操动机构的操作原理

电机 DM-1 通过蜗杆 DM-2 和蜗轮 DM-3 减速以后，带动齿轮 DM-4。由于蜗轮蜗杆运动传递的单向性，避免了主轴 DM-8 因蜗杆 DM-2 和蜗轮 DM-3 的受力（如：触头自重、触头震动、电动力等）而误动作。齿轮 DM-4 接受来自齿轮 DM-5 的动力，带动伞形齿轮 DM-6 和 DM-7 以及主轴 DM-8。在隔离开关和接地开关处在"off"状态时，在滚轮 DM-9 两侧设置有可以分开的（仅当满足指定的闭锁逻辑关系时）的保持掣子 DM-10。保持掣子 DM-10/EM-10 的运动通过凸轮轴 DM-13/EM-13 闭锁。释放线圈的铁芯运动拨动凸轮轴 DM-13/EM-13 转动，而凸轮轴 DM-13/EM-13 和保持掣子 DM-10/EM-10 之间的机械约束被解除。保持掣子 DM-10/EM-10 处于无约束状态，因此，滚轮 DM-9 即可随齿轮 DM-4 的转动而转动。齿轮 DM-4 的转动通过凸轮而转为断续运动，以便操动辅助开关 DM-20/EM-20，ON/OFF 指示器 DM-21/EM21 和操作计数器 DM-22/EM-22。合闸/分闸运动即将终了时，通过限位开关（DS ON：DM-15；DS OFF：DM-14；ES ON：EM-15；ES OFF：EM-14）断开电机控制回路。滚轮 DM-9 与限位挡板 DM-11（处在 ON 状态）或保持掣子 DM-10/EM-10（处在 OFF 状态）接触，从而操作结束。

4. 快速接地开关的操动机构的结构及操作原理

快速接地开关采用电动储能弹簧操动机构，也可手动操作，通过弹簧储能/释放能量来实现触头的快速分/合闸。图 5-15 所示为电动储能弹簧操动机构的结构图。

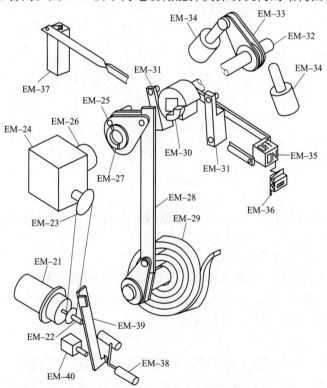

图 5-15　（EAP 型）接地开关用电动储能弹簧操动机构

EM-21—电机；EM-22—手动操作轴；EM-23—链轮；EM-24—齿轮箱；EM-25—杠杆；EM-26—凸轮（A）；EM-27—凸轮（B）；EM-28—连杆；EM-29—螺旋弹簧；EM-30—凸轮（C）；EM-31—制动机构；EM-32—主轴；EM-33—倾倒器杠杆；EM-34—倾倒器；EM-35—ON/OFF 指示器；EM-36—操作计数器；EM-37—辅助开关；EM-38—手动操作手柄；EM-39—挡板；EM-40—互锁磁铁

该操动机构的操作原理：电机旋转使弹簧压缩至连杆的死点位置，而驱动触头杆的主轴因连杆过死点，弹簧释放能量而高速旋转，见图 5-16 所示。

电机 EM-21 的高速旋转被齿轮箱 EM-24 减速，并通过一级传动离合器 EM-26 和 EM-27 使弹簧 EM-9 储能。弹簧被压缩到死点，先储能然后释放能量。而主轴 EM-32 通过二级传动离合器 EM-27 和 EM-30 释放能量而快速旋转。旋转的主轴带动辅助开关 EM-37、操作计数器 EM-36 和 ON/OFF 指示器 EM-35 同时动作。

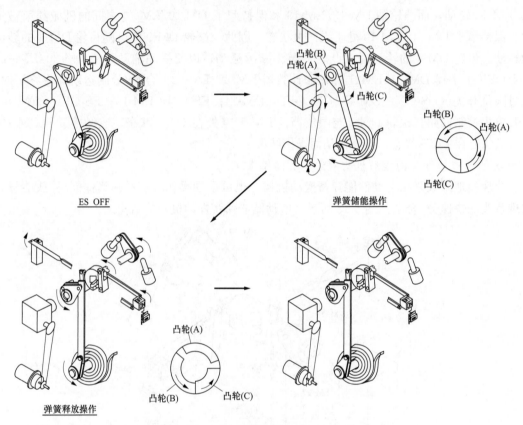

图 5-16 （EAP 型）接地开关电动储能弹簧操动机构的操作原理

5. 隔离开关和接地开关的操动机构手动操作方法

隔离开关电动操动机构、检修接地开关电动操动机构和快速接地开关电动储能弹簧操动机构的手动操作方法基本一样。如隔离开关电动操动机构可按图 5-17 所示的方法进行手动操作，注意手动操作时不能进行电动操作。

（三）互感器

互感器是利用变压器的电磁感应原理，将大电量信号变换为小电量信号以方便测量的一种设备，可分为电流互感器（TA）和电压互感器（TV）。互感器的主要用途有：①将高压或大电流按比例变换成标准低电压（100V、$100/\sqrt{3}$ V）或标准小电流（5A、1A），以便实现测量仪表、继电保护装置及自动装置的标准化、小型化。②使低电压的二次系统与高电压的一次系统实施电气隔离，且互感器二次侧接地，保证了人身和设备的安全。③取得零序电流、电压分量供反应接地故障的继电保护装置使用。

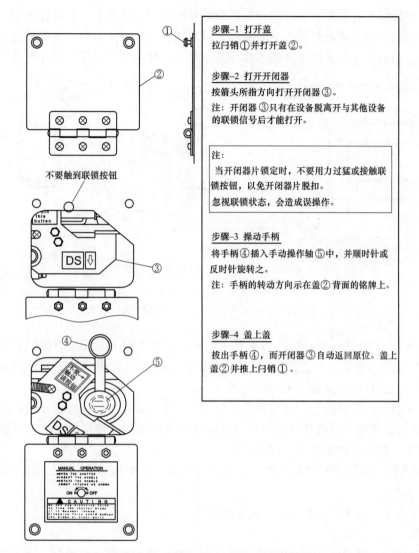

图 5-17　（DLM 型）隔离开关电动操动机构的手动操作方法

1. 电流互感器（TA）

套管式电流互感器（TA）属于电流互感器的一种，它的二次绕组分布在一个环形铁芯上，安装断路器（GCB）上。TA 可为操作仪器、仪表和保护继电器提供一种便捷的二次电流供应电源。TA 有一个长的磁路，一次绕组仅一匝，通过断路器（GCB）接地罩或接地外壳与一次绕组完全隔离，而 TA 本身的绝缘通过环形二次绕组来实现。

电流互感器测量接线如图 5-18 所示。它的一次侧绕组是由一匝或几匝截面积较粗的导线构成，串联于待测电流的支路中；二次侧绕组匝数较多，与阻抗很小的测量仪表、继电器及各种自动装置的电流线圈连接。因此电流互感器的实际运行状态可以近似看作变压器的短路运行。

（1）电流互感器的结构。如图 5-19 所示，TA 的铁芯使用低损耗、高磁导率和经定向粒化处理的冷轧硅钢片等材料制成。铁芯表面覆盖有绝缘保护层。保护层外绕上作为铁芯绝缘

107

的聚酯带，然后将带有聚酯表层的磁线按正确的匝数紧绕在铁芯上。如果绕制的二次绕组多于两层，则需层间绕上聚酯带作为层间绝缘，然后把引线与分接头和绕组末端连接，触点处加装绝缘套。最后在 TA 上绕上聚酯带作为外层绝缘，并在 TA 上标明极性符号"P1"。

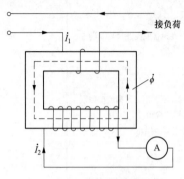

图 5-18　电流互感器接线图

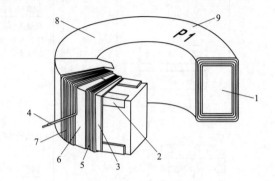

图 5-19　TA 结构示意图

1—铁芯；2—绝缘保护层；3—铁芯绝缘；4—二次绕组引线；
5—二次绕组（内层）；6—层间绝缘；7—二次绕组（外层）；
8—外层绝缘；9—极性标志 P

（2）电流互感器的极性与连接。TA 端子的标识按照 IEC-185 推荐的标识系统进行，即一次端子用 P1、P2 等表示，二次端子用 S1、S2 等表示。具有相同数字下标的端子，在同一瞬间具有相同的极性，如端子 P1 和 S1 或 P2 和 S2。

将 TA 引线与外部接线盒的对应端子连接起来。连接和检修时应注意下述几点：

1）使各引线绝缘，以防其与任何其他引线接触或与接地零件接触。在不干扰仪器正常工作的情况下，应使二次回路的一边接地。

2）TA 运行时不得断开二次回路，否则会导致铁芯持久饱和并且在二次回路上会产生危险的高电压。

3）二次端子必须接有负载或通过短路线闭合。

2. 电压互感器（TV）

电压互感器按用途可分为测量用电压互感器和继电保护用电压互感器；按工作原理又可分为电磁式电压互感器和电容式电压互感器。

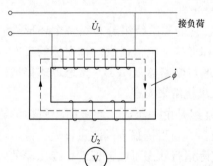

图 5-20　电磁式电压互感器的接线图

电磁式电压互感器的工作接线如图 5-20 所示。它的一次侧绕组由多匝导线构成，与待测电路并联连接；二次侧绕组匝数较少，并串接阻抗很大的测量仪表。电压互感器的实际运行状态可以近似看作变压器的空载运行。

（1）电压互感器（TV）的结构。

如图 5-21 所示，电压互感器的二次绕组②绕在由硅钢片压制成的铁芯①的水平骨架上，一次绕组③绕在二次绕组②的外围。一次绕组③是一个多层圆筒形绕线结构，层间通过塑料绝缘薄膜互相绝缘，一次绕组的高压末端④与安装在盆式绝缘子上的一次接线端子⑥相连。接地线⑦通过套管从壳体

⑧处引出。铁芯①和线圈②、③装在基座上的中心位置并用线夹⑫箍紧。为了降低一次绕组③和壳体⑧之间产生的电场，采用了高压屏⑨和接地屏⑩。

二次接线⑬通过壳体⑧上气封的多头套管引出并进到二次接线盒⑭中。只要一次绕组的中心轴保持水平，VT 的方向可任意进行安装（垂直、水平或倒置）。

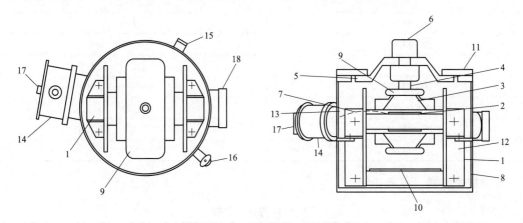

图 5-21 气体绝缘电压互感器结构图

1—铁芯；2—二次绕组；3—一次绕组；4—一次绕组高压末端；5—盆式绝缘子；6—一次接线端；

7—接地线；8—壳体；9—高压屏；10—接地屏；11—盖板；12—线夹；13—二次接线；

14—二次接线端子盒；15—接地端子；16—SF$_6$气体充气阀；17—安全标志、标签；18—爆破片

（2）电压互感器运行中的注意事项。

1）一次绕组的中性点在设备运行时应该接地。

2）在储存和运输过程中，SF$_6$气体压力为 0.02～0.05 MPa。连接好管路以后，应按铭牌所指示的额定值要求充入 SF$_6$气体。

3）管路连好之前，不要打开充气阀；连接好之后气阀处于常开状态。

4）除了二次接线盒的盖板、低压端子和接地端子上的螺钉和螺母外，不要松动别的螺钉和螺母。因为高压气体将会从壳体中泄漏出来。

5）TV 二次绕组引出线禁止短路，否则会烧坏二次绕组。

第三节 SF$_6$ 气 体 特 性

一、概述

六氟化硫气体（SF$_6$）是一种用于高压电力设备的优良气体绝缘材料，它广泛应用于电力工业所使用的高压断路器和其他开关设备上，同时也被用于气体绝缘的配电站、气体绝缘输电线路上等。SF$_6$气体具有较高的电气绝缘强度、独特的灭弧能力、良好的热传导性能，以及优良的热稳定性，使得它能够成为电力工业的优良电气绝缘材料，满足电力系统的需要。

二、成分指标

六氟化硫气体是用最先进的自动化系统和最可靠的新工艺技术制造而成，以液态和气态的平衡混合物形式装运在钢瓶中。其成分指标应严格符合表 5-8 的要求，同时也符合 IEC 颁

布的 No. 376 标准的规定。

表 5-8 SF$_6$ 气体的成分指标

项 目	指标要求
形态	无色、透明
气味	无味
纯度	99.8% 按重量计（最小值）
湿度	8ppm 按重量计（最大值）
四氟化碳含量	0.05% 按重量计（最小值）
水解氟化物，如 HF	0.3ppm 按重量计（最大值）
空气含量，如 N$_2$	0.05% 按重量计（最大值）
毒性	无毒

三、技术参数（见表 5-9）

表 5-9 SF$_6$ 气体的技术参数

名 称		参 数
分子式		SF$_6$
熔点（2.2 大气压下）		-50.8℃
升华点（1 大气压下）		-63.8℃
气体密度（21℃，1 大气压下）		6.121g/L
临界状态	温度	45.64℃
	压力	37.18（大气压）
	体积	201g/(mL·mol)
	密度	0.725g/mL
熔解热		1201cal/(g·mol)
气化潜热		2198cal/(g·mol)
升华热		5640cal/(g·mol)
比热（气态）20℃		3.24×10^{-5} cal/(cm·s℃)
相对介电常数 25℃ 1 大气压		1.002 049
电气绝缘强度（氮气＝1）60～1.2MHz		$\approx 2.3～2.5$

四、安全防范措施

SF$_6$ 气体本身不具有毒性。但是，应当注意的是当 SF$_6$ 气体在高温的作用下，或者在电弧的作用下时，它能被慢慢分解。SF$_6$ 气体的分解物包括低硫氟化物，它发生水解作用后，产生 SO$_2$ 和 HF。尽管在电弧和高温作用下的分解物中从未发现过剧毒的 S$_2$F$_{10}$，但是当遇到经过电弧作用的 SF$_6$ 气体时，还是应当小心，以免吸入中毒，因为其中可能含有有毒的分解物。

SF$_6$ 气体的密度是空气密度的 5 倍多，且无色无味，因此即使 220kV GIS 配电室中充满 SF$_6$ 气体也很难鉴别。所以，装有 SF$_6$ 设备的配电室，必须装设强力通风装置，抽风口应设置在室内底部；并在 SF$_6$ 配电室低位区应安装能报警的氧量仪或六氟化硫气体泄漏报警仪，在工作人员入口处也要装设显示器，当 SF_6 的浓度超过 $1000\mu g/L$、氧量低于 19.5% 时，仪器应报警，这些仪器应定期试验，保证完好。

为了防止 SF_6 气体泄漏，造成工作人员缺氧窒息，进入 GIS 配电室时应采取以下措施：

（1）在进入 SF_6 配电室内，必须先通风 15min，并用检漏仪测量 SF_6 气体含量。

（2）不准在 SF_6 配电装置的防爆膜附近停留。

（3）进入 SF_6 配电装置低位区或电缆沟进行工作时，应先检测空气中含氧量不低于 19.5% 和 SF_6 气体含量不超过 $1000\mu g/L$，同时安排人员在配电室外观察工作人员在配电室内的工作情况。

GIS 发生 SF_6 气体严重外逸时，应对措施：

（1）所有人员立即撤离现场，并迅速投入全部通风机。

（2）事故发生后 15min 内，无关人员不准进入室内（抢救人员例外）。

（3）事故发生 15min 以后至 4h 之内，任何人员进入室内必须穿防护衣，戴手套及防毒面具；4h 以后进入室内可不用上述措施，但清扫设备时仍须执行上述措施。

（4）若有人被外逸气体侵袭，应立即清洗后送医院治疗。

第四节　220kV 系统的典型操作

一、GIS 设备送电前检查内容

（1）检修工作完成，相关工作票已结束并收回，临时安全措施已解除，现场清洁无杂物。

（2）断路器、隔离开关和接地开关位置指示器在"分"位置，位置指示灯正常，该间隔相关设备正常，符合投运条件。

（3）断路器回路一、二次接线完整，端子无松动，绝缘无破损，各二次接头连接紧固。

（4）断路器液压操动机构油泵电源送上，油压、油位正常，无漏油现象，油泵控制方式选择开关在"自动"位置。

（5）各 SF_6 气室压力正常，无泄漏，各阀门位置正确。

（6）就地汇控柜的"近控/远控"转换开关打在"远控"位置。

（7）继电保护装置、自动装置已正常投入，具备送电条件。

（8）记录断路器、液压操动机构油泵的动作次数。

二、GIS 设备运行操作规定

（1）检修后的 SF_6 断路器、隔离开关、接地开关，必须进行分合闸操作试验，试验合格后方可送电。

（2）当 SF_6 断路器气室压力低于 0.55MPa 时，禁止对断路器进行分合闸操作。

（3）严禁在断路器运行及热备用状态时对断路器液压操动机构进行补油操作。

（4）未经允许，禁止擅自解除微机五防装置进行分合闸操作。

（5）220kV 断路器、隔离开关、接地开关正常时只能在远方进行分合闸操作，当 NCS 系统操作员站失灵时，经值长批准可在 NCS 系统测控装置上进行分合闸操作，未经允许禁止在就地汇控柜上电动操作和在操动机构上手动操作。

（6）如果出现隔离开关、检修接地开关、快速接地开关电动操作失灵，紧急情况下，经值长批准，且确认该间隔已停电后，才允许在操动机构上进行手动操作。操作时应戴绝缘手套，与设备外壳保持一定距离。

（7）隔离开关、检修接地开关、快速接地开关在分合闸操作前，应检查联锁条件是否满足，如果隔离开关、检修接地开关、快速接地开关合不上或拉不开，不得强行操作。

（8）当 GIS 正常操作分合断路器、隔离开关或接地开关时，禁止人身接触设备外壳，直到操作结束为止。

（9）GIS 接地开关合闸前，必须满足以下条件：

1）与接地设备相关的断路器应断开。

2）与接地设备相关的隔离开关应拉开。

3）在二次回路上确认应接地设备确无电压。

4）发电厂线路侧接地前应与调度核实该线路确已停电，并验电确认无电压后才能合上线路快速接地开关和装设接地线。

（10）断路器转热备用前，应确认相关设备的继电保护已按规定投入；断路器合闸后，应确认各相均已合上，各相电流基本平衡。

（11）断路器、隔离开关、接地开关分合闸操作后，应检查各相位置指示器与实际状态一致。

（12）线路停电操作必须按照断开开关→拉开线路侧隔离开关→拉开母线侧刀闸的顺序依次操作，送电顺序相反。若开关已断开，线路侧隔离开关因故不能拉开，应及时汇报值班调度员，证实线路对侧已停电，并在开关靠线路侧验明或确认无电压后，方可拉开母线侧刀闸。

（13）当电厂对线路进行充电操作时，每次操作前必须与对侧变电站核对变电站侧的线路接地开关确已拉开，所有临时接地线已拆除。

（14）新建、改建或检修后相位有可能变动的线路在送电前必须进行核相。

（15）严禁用隔离开关拉合带负荷的线路及变压器，严禁用隔离开关拉合 220kV 及以上空载线路。

（16）一般情况下，双母线并列运行，运行开关倒母线时，应退出母联开关控制电源，开关的母线侧隔离开关按"先合后拉"的原则进行；热备用开关倒母线时，应先将开关操作到冷备用状态，再操作到另外一组母线热备用。

（17）在 GIS 设备倒母线操作过程中，应核对隔离开关操作前后的监控系统母联开关三相电流变化、母差保护屏小差电流变化（若保护装置具备显示条件）等情况，结合隔离开关位置状态指示、隔离开关传动机构位置等因素综合判断隔离开关是否拉、合到位。

（18）双母线停用一组母线时，应防止运行母线电压互感器低压侧向空母线反充电，引起电压互感器二次电源保险熔断，造成继电保护误动作。两组母线分列运行时，应防止电压互感器二次侧并列。

（19）向母线充电时，必须投入有足够灵敏度、可快速切除故障的继电保护；用变压器开关向母线充电时，变压器中性点必须直接接地。

（20）母线充电或停电时，应采取防止开关断口电容与母线电磁式电压互感器产生谐振的措施。

（21）下列情况，对母线充电的操作，一般应带电压互感器直接进行充电操作：

1）用母联开关进行母线充电操作，应投入母线充电保护，母联断路器、隔离开关的操作遵循先合电源侧隔离开关的原则。

2）用主变压器开关对母线进行充电。

3）用线路开关或旁路开关（本侧或对侧）对母线充电。

4）两组母线的并列、解列操作必须用开关来完成。

（22）停母线操作时，应先断开电压互感器二次侧空气开关（或取下二次熔断器），再拉开一次侧隔离开关。

（23）母线开关停电，应按照先断开母联开关，然后拉开停电母线侧隔离开关，最后拉开运行母线侧隔离开关顺序进行操作。

（24）进行母线操作时应注意对母差保护、仪表及计量装置的影响。

（25）停用、投入或切换电压互感器，应考虑对继电保护、安全自动装置和表计的影响。

（26）操作 SF_6 断路器时，若发现断路器漏气，有关人员应立即远离故障现场，并迅速撤至室外。靠近漏气的 SF_6 断路器时，应戴正压式呼吸器或防毒面具、穿防护工作服。

三、220kV系统典型操作

（一）220kV线路送电操作

（1）确认线路检修工作已全部结束，作业人员已全部撤离，所有临时措施已拆除，现场清洁无杂物。

（2）检查线路的保护装置、自动装置已正常投入，具备送电条件。

（3）检查线路隔离开关及隔离开关两侧隔离隔离开关在分闸位置，开关两侧接地开关及线路接地开关在合闸位置。

（4）与调度确认线路对侧接地开关已拉开，临时接地线已拆除。

（5）检查并送上就地汇控柜内各个控制电源、动力电源及仪表信号电源空气开关。

（6）合上线路电压互感器一次隔离开关及二次空气开关。

（7）拉开隔离开关两侧接地开关及线路接地开关，并检查各相位置指示器正确。

（8）依次合上母线侧隔离开关、线路侧隔离开关，并检查各相位置指示器正确。

（9）合上线路隔离开关，检查线路隔离开关三相已合闸，三相电流正常。

（10）检查各保护屏、控制屏无异常报警信号。

（二）220kV线路停电操作

（1）检查线路保护装置运行正常，无异常报警。

（2）检查线路隔离开关在及隔离开关两侧隔离开关在合闸位置，开关两侧隔离开关及线路接地开关在分闸位置。

（3）断开线路隔离开关，检查线路隔离开关三相已分闸，三相电流为零。

（4）依次拉开线路侧隔离开关、母线侧隔离开关，并检查各相位置指示器正确。

（5）与调度确认线路对侧已停电，并在线路出线避雷器处验电确认无电压。

（6）合上隔离开关两侧接地开关及线路接地开关，并检查各相位置指示器正确。

（7）断开线路电压互感器二次空气开关及拉开一次隔离开关。

（8）断开就地汇控柜内各个控制电源、动力电源及仪表信号电源空气开关。

（9）根据检修工作需要，在线路出线避雷器处装设一组临时接地线。

（10）操作完毕，检查无异常报警。

（三）热倒母线操作

热倒母线操作：指母联断路器在运行状态下，采用等电位操作原则，先合一组母线侧隔离开关，再拉另一组母线侧隔离开关，保证在不停电的情况下实现倒母线。以"将变高开关由1号母线倒至2号母线运行"为例介绍：

（1）检查变高开关间隔及母联开关间隔运行正常，各断路器、隔离开关状态正常（母联开关合闸）。

（2）在母线保护屏上投入1号母线和2号母线互联压板。

（3）断开母联开关控制电源空气开关。

（4）合上变高开关2号母线侧隔离开关，检查各相位置指示器正确、母联开关三相电流正常，NCS上发出"电压切换继电器同时动作"信号。

（5）拉开变高开关1号母线侧隔离开关，检查各相位置指示器正确、母联开关三相电流正常，NCS上"电压切换继电器同时动作"信号消失，母线保护装置模拟盘上母线隔离开关状态正常。

（6）合上母联开关控制电源空气开关。

（7）在母线保护屏上退出1号母线和2号母线互联压板。

（8）检查母线保护屏、主变压器保护屏、就地汇控柜等无异常信号。

（四）冷倒母线操作

冷倒母线操作：待操作回路的断路器在热备用状态下，先拉开出线侧隔离开关和一组母线侧隔离开关，再合上另一组母线侧隔离开关和出线侧隔离开关。以"将变高开关由1号母线倒至2号母线热备用"为例介绍：

（1）检查变高开关间隔热备用正常，各断路器、隔离开关状态正常。

（2）拉开变高开关的主变压器侧隔离开关，检查各相位置指示器正确。

（3）拉开变高开关的1号母线侧隔离开关，检查各相位置指示器正确。

（4）合上变高开关的2号母线侧隔离开关，检查各相位置指示器正确。

（5）合上变高开关的主变压器侧隔离开关，检查各相位置指示器正确。

（6）检查母线保护装置模拟盘上母线隔离开关状态正常，母线保护屏、主变压器保护屏、就地汇控柜等无异常信号。

（五）220kV母线由运行转检修

（1）确认该母线上所有开关已倒至运行母线。

（2）检查NCS上无"母线PV并列""电压切换继电器同时动作"信号。

（3）断开母联开关，检查母联开关三相已分闸，三相电流为零。

（4）拉开母联开关两侧隔离开关，并检查各相位置指示器正确。

（5）断开母线电压互感器二次空气开关及拉开一次隔离开关，检查各相位置指示器正确。

（6）验电确认母线无电压后，合上母线接地开关，检查各相位置指示器正确。

（7）断开就地汇控柜内各个控制电源、动力电源及仪表信号电源空气开关。

（8）操作完毕，检查无异常报警。

（六）220kV母线由检修转运行

（1）确认母线检修工作已全部结束，作业人员已全部撤离，所有临时措施已拆除，现场清洁无杂物。

（2）检查母线的保护装置、自动装置已正常投入，具备送电条件。

（3）检查母线处于检修状态，各断路器、隔离开关在分闸位置，母线接地开关在合闸位置。

（4）检查并送上就地汇控柜内各个控制电源、动力电源及仪表信号电源空气开关。

（5）拉开该母线接地开关，检查各相位置指示器正确。

（6）检查 NCS 上无"母线 TV 并列""电压切换继电器同时动作"信号（或测量 TV 二次空气开关下端口无电压）。

（7）合上母线电压互感器一次隔离开关及二次空气开关，检查各相位置指示器正确。

（8）合上母联开关两侧隔离开关，并检查各相位置指示器正确。

（9）投入母联开关充电（过流）保护压板。

（10）合上母联开关，检查母联开关三相已合闸，三相电流正常，母线电压正常。

（11）退出母联开关充电（过流）保护压板。

（12）将 220kV 母线方式倒为正常并列运行方式。

（七）母联开关由运行转冷备用，220kV 母线方式由并列运行转分列运行

（1）确认 220kV 母线具备转分列条件。

（2）按继保定值单调整主变压器中性点接地方式，确认分列母线上均满足中性点直接接地系统要求。

（3）断开母联开关，检查母联开关三相已分闸，三相电流为零。

（4）拉开母联开关两侧隔离开关，并检查各相位置指示器正确。

（八）母联开关由冷备用转运行，220kV 母线方式由分列运行转并列运行

（1）合上母联开关两侧隔离开关，并检查各相位置指示器正确。

（2）同期合上母联开关，检查母联开关三相已合闸，三相电流正常。

（3）按继保定值单调整主变压器中性点接地方式，确认满足中性点直接接地系统要求。

第五节　220kV GIS 的运行与维护

一、220kV 系统的日常巡视检查

（一）220kV 系统运行巡视的一般规定

（1）每日至少 1 次对 GIS 设备进行全面巡视检查，并按规定记录相关数据。

（2）发现异常现象或开关故障跳闸后，运行人员应重点检查有关设备及部位。

（3）进入 GIS 配电室应先开启通风系统，待通风 15min 后才能进入室内。

（4）巡视中遇有 GIS 设备操作，应先退出 GIS 配电室，待操作完后再继续巡视。

（二）220kV GIS 设备外部检查内容

（1）检查断路器、隔离开关、接地开关的分、合闸位置指示应与实际运行工况相符，位置指示器指示应正确，标示牌完好，无脱落。

（2）检查汇控柜控制面板上的各元件位置指示、控制开关位置、转换开关位置应正确，记录断路器操作计数器，故障指示器无异常报警。

（3）检查汇控柜内各部件无异常响声或过热现象，柜内加热器投退正常，内部无受潮、生锈、污秽等现象，各柜门密封良好。

（4）检查各气室 SF_6 气体压力表指示正常，各气体管路无变形损坏，各阀门开闭位置正确，无漏气现象。

（5）检查各断路器液压操动机构的油压、油位计油位、油泵计数器等正常，无漏油现象。

（6）检查隔离开关、接地开关的操动机构的连杆和拐臂无松脱变形。

（7）GIS 设备的压力释放装置防护罩无异常，释放出口无障碍物。

（8）检查 GIS 设备外壳无变形、无局部过热、无异音异味等现象。

（9）检查 GIS 外壳、法兰、支架、螺栓、接地导体的外部连接等部位无锈蚀、损伤。

（10）检查避雷器接地牢固，无局部过热，泄漏电流指示正常，并记录避雷器动作计数器指示值。

（11）检查架空线瓷套无裂纹、破损、污秽、闪络放电等现象。

（12）检查电缆外皮无破损，无异常发热现象；电缆支架支架牢固，无松动、锈蚀现象，接地应良好。

（13）GIS 配电室通风系统、照明系统正常，电缆层排水系统正常。

二、220kV GIS 设备异常处理

（一）断路器拒合时，应进行下列检查

（1）断路器的控制选择方式是否正确。

（2）断路器的控制回路电源是否跳闸。

（3）断路器合闸联锁条件是否满足。

（4）断路器气室的 SF_6 气体压力是否正常。

（5）检查断路器液压操动机构的油压是否正常。

（6）断路器同期合闸条件是否满足。

（7）断路器合闸回路是否完好。

（8）继电保护装置动作是否复归。

（9）NCS 系统测控装置是否故障。

（二）断路器拒分时，应进行下列检查

（1）断路器的控制选择方式是否正确。

（2）断路器的控制回路电源是否跳闸。

（3）断路器气室的 SF_6 气压是否正常。

（4）检查断路器液压操动机构的油压是否正常。

（5）断路器跳闸回路是否完好。

（6）NCS 系统测控装置是否故障。

（三）发生下列情况之一，应立即停电处理并查明原因

（1）SF_6 气室内部发出异常声响、振动。

（2）SF_6 配电装置的防爆膜破裂。

（3）设备故障对人身安全构成威胁。

（4）发生火灾，且危及设备安全。

（四）GIS 断路器液压操动机构油泵启动频繁、液压油泄漏、氮气泄漏

1. 现象

断路器在正常无操作的情况下，油泵每天启动次数超过 30 次。

2. 处理

（1）若发现油位不正常降低，油泵启动频繁，且操动机构有液压油泄漏声或油箱外表有油渗出，则判断为高压油箱液压油泄漏。

（2）若发现油位不正常降低，油泵启动频繁，且操动机构无液压油泄漏声或油箱外表无油渗出，则判断为储能氮气泄漏。

（3）当确认操动机构高压油泄漏或氮气泄漏严重时，通知检修人员处理，并汇报调度，必要时申请停运该断路器。

（五）GIS 断路器液压操动机构油泵长时间运行

1. 现象

（1）相应间隔的汇控柜和 NCS 系统操作员站有"断路器油泵异常"信号。

（2）油泵连续运行时间超过 15min 后仍然在运行。

2. 处理

（1）若油压已达 24MPa 及以上，将油泵的控制方式选择旋钮打至"停止"位置停运油泵，通知检修人员处理。

（2）若油压仍低于 24MPa，观察油泵运行时的油压上升趋势，若未见油压上升或上升缓慢，则应将油泵的控制方式选择旋钮打至"停止"位置停运油泵。如果油泵停运后油压基本不下降，则汇报调度，联系检修人员处理；如果油泵停运后油压下降较快，应重新投入油泵运行，向调度申请停运该断路器，并联系检修人员对油泵进行处理。

（六）GIS 断路器操动机构油压严重不足

1. 现象

（1）汇控柜和 NCS 系统操作员站有"断路器低油压报警"和"断路器低油压闭锁分/合闸"信号。

（2）断路器操动机构的油压指示低于相应值。

（3）对于线路间隔，应有"断路器油压低禁止重合闸"信号。

2. 处理

（1）禁止对断路器进行合闸操作。

（2）检查断路器液压操动机构的油泵是否运行正常，否则检查油泵的控制方式选择旋钮是否在"自动"位置、油泵电机控制电源和动力电源是否正常，最后复归热继电器。若油泵仍无法启动，应尽快通知检修人员处理。

（3）若油泵的启动次数频繁，说明液压系统泄漏或油泵出力不足，应通知检修人员处理。

（4）若故障短时间无法消除，对于线路间隔，应向调度申请退出线路重合闸保护。

（5）采取上述措施后断路器油压仍无法恢复正常，若油压未降到分合闸闭锁，应向调度申请将该断路器分闸；若断路器已闭锁分闸，应向调度申请隔离，隔离原则：

1）该间隔所接的线路或变压器负荷先转移后停运。

2）禁止使用隔离开关切断空载变压器、空载线路。

3）双母线并列运行时，应将故障断路器所在母线上其余断路器逐一倒至另一母线后，然后断开母联开关，将故障断路器隔离。

4）若故障发生在母联开关，应向调度申请将母联开关设置为死开关，并按现场规程要求调整母差保护。若母联隔离开关具备拉开空载母线条件时，选择母联开关两侧的一条母线，将其所带的所有元件逐一倒至另一条母线后，再拉开母联开关两侧隔离开关将其隔离；若母联隔离开关不具备拉开空载母线条件时，应将母联开关两侧母线停电后，再无压拉开故障开关两侧刀闸将其隔离。

（七）GIS 气室 SF_6 气体严重泄漏

1. 现象

（1）相应间隔的汇控柜和 NCS 系统操作员站有"低气压报警"和"低气压闭锁"信号。

（2）220kV 断路器气室 SF_6 气体压力小于 0.55MPa 或其他 220kV 气室 SF_6 气体压力小于 0.35MPa。

2. 处理

（1）上述现象可判断为发生大量漏气情况，此时将危及设备安全，不允许继续运行，应立即向调度申请隔离。

（2）若发生在 220kV 断路器气室，断路器的分、合闸回路均被闭锁，应按"GIS 断路器操动机构油压严重不足"中的第 5 点隔离后再进行处理。

（3）若发生在线路或变压器间隔的出线隔离开关气室，应断开该间隔的断路器，将线路或变压器停电后再进行处理。

（4）若发生在母线气室，应将漏气间隔及对应的母线停电后再进行处理。

（八）220kV 断路器保护动作跳闸后，一般处理原则

（1）迅速限制事故或异常的发展，消除事故或异常根源，解除对人身、设备安全的威胁，防止系统稳定破坏或瓦解。

（2）优先保证厂用电源，避免厂用电中断或全厂失电。

（3）尽快对已停电的用户特别是保安电源恢复供电。

（4）检查并记录 NCS 系统操作员站、继电保护装置、故障录波器的报警信息，根据报警信息初步判别故障区域和故障类型，汇报值班调度员。

（5）对故障设备进行全面检查，判明故障点及其故障程度。

（6）通知检修人员对故障设备进行进一步检查和处理。

（7）在未查明事故原因前，任何跳闸设备禁止强送合闸。

（8）设备故障消除后，应进行相关电气试验，合格后方可进行试送电。

（9）当母线失压时，运行值班人员应立即汇报值班调度员，可不待调度指令立即断开失压母线上全部开关，同时设法恢复受影响的厂用电。

（10）若是电网系统原因造成开关跳闸或者母线失压，应立即汇报值班调度员，并按调度指令进行处理。

（九）220kV 线路跳闸处理

（1）立即安排运行值班人员检查运行机组是否受影响、相关参数是否正常，运行线路输送负荷有无超过限值，否则应立即退出 AGC 降低机组总负荷，保证每条非故障出线电流容量在允许范围之内。

（2）根据线路电流、电压、功率及相关报警初步判断故障区域和故障类型，及时向值班调度员汇报线路跳闸情况，并通知检修人员查找原因。

（3）立即派人到现场检查跳闸线路开关、出线设备是否有异常，检查线路保护屏保护动作情况和故障录波器相关记录，判明故障点及故障程度后，及时汇报值班调度员。

（4）若是电网设备故障引起线路跳闸，则在故障消除后，根据中调指令，恢复跳闸线路运行。

（5）若是电厂设备故障引起线路跳闸，则向值班调度员申请将跳闸线路及开关转至检修状态，由检修人员处理，故障消除后汇报值班调度员，根据中调指令，恢复跳闸线路运行。

（十）220kV 母线电压互感器故障处理

（1）电压互感器一次故障或存在缺陷，但未引起保护动作时，不允许采用隔离开关直接拉开电压互感器的方式隔离，采取倒空电压互感器所在母线，将母线停运的方式进行隔离。

（2）电压互感器二次故障时，在故障点排除或隔离以前，不得将双母运行的电压互感器二次侧并列，而应在确认相关设备间隔保护回路无故障情况下，采用冷倒母线方式将故障电压互感器所在母线上的间隔倒至正常母线。

第六节　运行经验分享

一、线路重合闸频繁动作

1. 事件经过

雷雨大风天气，导致某电厂 220kV 双回路线路的甲线重合闸频繁动作，线路开关频繁分合动作，经检查故障点均为距电厂 17km 处。鉴于该 220kV 双回路乙线运行正常，经电网调度同意，退出该线路甲线的重合闸保护，2min 后该线路跳闸。

2. 原因分析

经与电科院和供电局技术人员一起调查，故障是由于线路的设计原因，线路的悬垂度过大，在大风天气与下方树枝频繁触碰所致。

3. 结论

（1）断路器在短时间内多次切断故障电流，易造成断路器损坏。如果发生重合闸频繁动作，故障点在同一位置，且线路停电不会造成对供电用户的影响，应向中调申请退出该线路的重合闸保护。

（2）在更改了该线路故障区域的悬垂度后，在雷雨大风天气没有再次发生重合闸保护频繁动作的现象。

二、线路避雷器泄漏电流值异常超标

1. 事件经过

某电厂在检查线路避雷器在线监测装置时发现，该线路 B 相避雷器在线监测装置告警灯亮，测得泄漏电流数值为 2mA，其他两相泄漏电流数值均为正常数值 0.5mA。稍后进行红外测温，发现 B 相避雷器下端有两级伞裙温度达到 47℃，A、C 两相避雷器伞裙温度在 38℃左右。经与调度沟通，申请该线路停电检查。

2. 原因分析

停电后测量 B 相避雷器下节绝缘电阻仅为 2MΩ，远低于标准值 2500MΩ。进一步分析，

发现避雷器的瓷套密封不良，导致内部氧化锌片受潮，属于避雷器质量问题。

3. 结论

（1）在线监测装置可以通过测量设备的泄漏电流、局部放电、变压器色谱分析等，实时监视设备的运行状态。对于重要的高压设备，建议加装在线监测装置。

（2）应定期使用红外成像仪对高压带电设备进行测温，这样能够尽早发现设备的故障隐患，避免事故发生。

三、220kV 线路断路器低气压报警

1. 事件经过

NCS 系统操作员站发出某线路"断路器低气压报警"，检查就地汇控柜有"低气压报警"光字牌报警，断路器气室的 SF_6 密度继电器压力显示 0.575MPa。通知检修人员对该断路器气室进行查漏，分别通过 SF_6 泄漏检测仪和肥皂水检漏法对 SF_6 密度继电器、气体管路、阀门、法兰进行检查，未发现有 SF_6 气体泄漏情况。同时检查"断路器低气压报警"的二次回路，也未发现异常。该 220kV 线路运行电流为 246A，断路器的额定电流为 3150A，运行电流不足额定电流的 10%，不会造成断路器导电回路异常发热，通过使用红外成像仪对断路器进行测温，温度在 19.2℃ 至 20.5℃ 之间，与相邻间隔开关温度比较，没有发现局部过热、温度异常现象。1h 后发现 SF_6 密度继电器压力显示 0.595MPa，NCS 系统操作员站"断路器低气压报警"复归。经两天观察都是在中午 12：30 左右发出断路器 SF_6 气压低报警信号，13：30 左右报警信号复归，检修人员分析判断为线路断路器气室的 SF_6 密度继电器内部故障所致，更换校验合格的 SF_6 密度继电器，设备恢复正常。

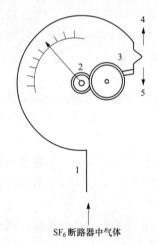

图 5-22　SF_6 气体密度继电器表的结构图
1—弹性金属曲管；2—齿轮机构和指针；
3—双层金属带；4—压力增大时的运动方向；
5—压力减小时的运动方向

SF₆断路器中气体

2. 原因分析

如图 5-22 所示，当断路器内部 SF_6 气体的温度与外部环境温度达到平衡时，其指示的密度或压力值将不随外部环境温度的变化而变化。当环境温度升高时，断路器内部 SF_6 气体的温度也随着升高，压力也随之增大，弹性金属管 1 的端部向 4 的方向移动，有带动指针向压力值增大的方向移动的趋势，但是，由于双层金属带 3 随环境温度升高而伸长，其下端向 5 的方向移动，那么，两者的变化量完全抵消，其结果是指针的指示值不变，即自动折算到 20℃ 时的密度或压力值保持不变，反之，当环境温度降低时，指针的指示值也保持原来的密度或压力值不变。

经过现场观察、分析，发现 SF_6 气体密度继电器表的双层金属带 3 老化、变质，导致温度补偿超标，压力指示异常，造成线路断路器气室的 SF_6 低

气压误报警。在气压一定时，12：30 阳光照射使 SF_6 密度继电器温度升高至 29.8℃，双层金属带 3 伸长，其下端将向 5 的方向移动，带动齿轮机构和指针 2 向压力指示值减小的方向移动，指针 2 的读数减少，压力显示 0.575MPa，发出"断路器低气压报警"信号。12：40，阳光不照射在 SF_6 密度继电器，温度开始下降，齿轮机构和指针 2 将向压力指示值

增大的方向移动，指针 2 的读数增大，在 13：30 温度下降至 21.3℃，压力显示大于 0.575MPa，"断路器低气压报警"信号复归。

3. 结论

（1）由于 SF$_6$ 密度继电器压力表的指示值不仅与压力有关，而且还与温度有关，应从压力、温度、二次回路、压力表等方面查找 SF$_6$ 气压低报警的原因。

（2）应定期开展 220kV GIS 设备间隔气室 SF$_6$ 气体泄漏检测、SF$_6$ 气体密度继电器检查工作，加强对重要设备元器件老化、劣化隐患排查，统计、分析设备缺陷故障情况，及早更换存在安全隐患的元器件。

四、线路开关液压操作机构油泵动作次数异常升高

1. 事件经过

某电厂巡检发现一条线路的 220kV 开关 C 相液压操作机构油泵动作次数 3309 次，而上次巡检抄表数据为 1093 次，发现该开关 C 相液压操作机构油泵动作次数异常升高。油泵正常动作次数为每日不大于 30 次。就地观察油泵启停打压周期，发现油泵打压完成 3min 后开关液压操作机构压力下降到油泵启动值 24MPa，油泵重新开始打压，打压频率异常频繁。检查液压操作机构油箱、电机、压力开关、换向阀等位置均无渗油挂油等现象，靠近液压机构本体能听到轻微"嘶嘶"的声音。立即汇报中调申请将该线路转为检修状态处理该开关的液压操作机构。

2. 原因分析

由于开关的液压操作机构外侧无漏油，判断为 C 相液压操作机构内部零部件阀门泄漏导致泄压。由图 5-7 液压操作机构的系统结构图可以分析导致油压频繁降低的因素有：

（1）液压操作活塞无法密封导致泄压；

（2）泄压阀或排油阀无法密封导致泄压；

（3）控制阀无法密封导致泄压；

（4）油压开关打压信号故障导致频繁打压。

由于液压操作机构泄压阀或排油阀不经常动作故障几率较小，控制阀则每次开关动作都会进行横向运动与阀口撞击，日积月累下产生密封性下降，最终导致压力泄漏，因此本次检修主要更换控制阀，与此同时更换年限已久潜在安全隐患的油压开关。

该开关液压操作机构本体经检修后，合上油泵电源开关，油泵打压完成，观察油压稳定油泵无频繁打压现象。

3. 结论

（1）该线路开关运行时间已多年，开关液压操作机构部件存在不同程度的老化现象，应做好备品采购，检修期间检查更换同类型开关液压操作机构老化的部件，防止类似设备缺陷发生。

（2）日常巡检时加强对开关油泵动作次数检查，要求定期记录开关操作机构的油泵动作次数，分析油泵打压次数的变化趋势，关注开关液压操作机构外观、液压表数值等情况，及时发现开关存在的问题。

（3）发现开关液压操作机构油泵动作异常，应做好开关拒动事故预想，立即汇报调度，尽快将故障开关转为检修状态处理，防止开关拒跳造成事故扩大。

五、台风暴雨天气，220kV升压站应对措施

（1）台风暴雨前，进行防台防汛隐患排查，检查 GIS 室各门窗关闭情况，GIS 室电缆层排污泵试运正常，必要时加装临时泵。

（2）合理安排人员，做好全厂失电、线路跳闸、重合闸动作和水淹配电室等事故预想，熟悉继电保护装置、故障录波器查找故障等重要设备的操作方法。

（3）停止户外作业，非有特殊原因，不要进入出线围栏内巡检和操作。

（4）重要区域安排专人值班，加强运行参数监视和现场巡检，掌握设备运行状况，发现异常应及时汇报并处理。

（5）时刻与调度通信保持畅通，根据应急情况及时向调度申请变更运行方式。若台风造成跳线路、跳机等事故，汇报值班调度员，等台风减弱后迅速组织恢复。

（6）台风或暴雨过后，检查所有设备安全运行，排查安全隐患。

第六章

继电保护装置

第一节 继电保护装置概述

一、继电保护装置定义及任务

（1）定义：当电力系统中的电力元件（如发电机、变压器、配电设备、输电线路等）或电力系统本身发生了故障以及危及其安全运行的事件时，需要向运行值班人员及时发出告警信号，或者直接向所控制的断路器、开关发出跳闸命令，以终止这些事件发展的成套设备，一般通称为继电保护装置。

（2）基本任务：当电力系统发生故障或异常工况时，在可能实现的最短时间和最小区域内，自动将故障设备从系统中切除，或发出信号由值班人员消除异常工况根源，以减轻或避免设备的损坏和对相邻地区供电的影响。

二、继电保护装置的基本要求

继电保护装置应满足可靠性、选择性、灵敏性和速动性的要求。这四"性"之间紧密联系，既矛盾又统一。

（1）可靠性：指继电保护装置在保护范围内该动作时应可靠动作，在正常运行状态时，不该动作时应可靠不动作。任何电力设备（线路、母线、变压器等）都不允许在无继电保护的状态下运行。可靠性是对继电保护装置性能的最根本的要求，主要取决于保护装置本身的设计、制造质量和运行维护水平。可靠性是继电保护的最基本要求，因为误动和拒动都会给电力系统造成严重的危害。但提高不误动和不拒动的可靠性措施往往是矛盾的，即采取了防误动的措施，就有增加拒动的可能性；采取了防拒动的措施，就有增加误动的可能性。

（2）选择性：指首先由故障设备或线路本身的保护切除故障，使停止供电的范围尽量缩小，保障系统中其他无故障部分仍继续安全运行。当故障设备或线路本身的保护或断路器拒动时，才允许由相邻设备保护、线路保护或断路器失灵保护来切除故障。选择性保证了能够可靠切除故障设备，又不会任意扩大事故范围！

（3）灵敏性：指电气设备或线路在保护范围内发生短路故障或不正常运行状态时，继电保护装置的反应能力。通常采用灵敏系数（规程中有具体规定）来衡量，通过继电保护的整定值来实现。整定值的校验一般一年进行一次。满足灵敏性要求的保护装置应该是：在设定的保护范围内故障时，不论短路点的位置、短路类型，以及是否有过渡电阻，保护都能敏锐、正确地反应。

（4）速动性：指保护装置应尽快切除短路故障，其目的是提高系统稳定性，减轻故障设备和线路的损坏程度，缩小故障波及范围，提高自动重合闸和备用设备自动投入的效果。故障切除的时间大致等于保护装置和断路器动作时间之和。

三、继电保护装置分类

（1）按被保护对象分类：有输电线保护和主设备保护（如发电机、变压器、母线、电抗器、电容器等保护）。

（2）按保护功能分类：有短路故障保护和异常运行保护。前者又可分为主保护、后备保护和辅助保护；后者又可分为过负荷保护、失磁保护、失步保护、低频保护、非全相运行保护等。

1）主保护：技术规程对主保护定义为"满足系统稳定和设备安全要求，能以最快速度有选择性地切除保护设备和线路故障的保护"。

2）后备保护：主保护或断路器拒动时，用以切除故障的保护。后备保护可分为远后备和近后备两种方式。①近后备是当主保护拒动时，由该电力设备或线路的另一套保护实现后备的保护；当断路器拒动时，由断路器失灵保护来实现的后备保护。②远后备是当主保护或断路器拒动时，由相邻电力设备或线路的保护实现的后备。

3）辅助保护：辅助保护是为补充主保护和后备保护的性能或当主保护和后备保护退出运行而增设的简单保护。

（3）按保护装置进行比较和运算处理的信号量分类：有模拟式保护和数字式保护。一切机电型、整流型、晶体管型和集成电路型（运算放大器）保护装置，它们直接反映输入信号的连续模拟量，均属模拟式保护；采用微处理机（单片机）和微型计算机的保护装置，它们反应的是将模拟量经采样和模/数转换后的离散数字量，这是数字式保护。

（4）按保护动作原理分类：过电流保护、低电压保护、过电压保护、功率方向保护、距离保护、差动保护、纵联保护、气体保护等。

四、继电保护装置的组成

一般情况而言，整套继电保护装置由测量元件、逻辑判断环节和执行输出三部分组成，如图 6-1 所示。

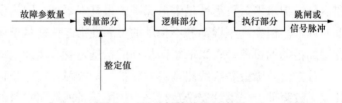

图 6-1 继电保护装置示意图

（1）测量元件：测量比较部分是测量被保护的电气元件的物理参数（如电压、电流、功率、频率等），并与给定的数值（整定值）进行比较，根据比较的结果，给出"是""非"性质的一组逻辑信号，从而判断保护装置是否应该启动。

（2）逻辑判断部分：逻辑部分使保护装置按一定的逻辑关系（保护判据）判定故障的类型和范围，最后确定是应该使断路器跳闸、发出信号或是否动作及是否延时等，并将对应的指令传给执行输出部分。

（3）执行输出部分：执行输出部分根据逻辑传过来的指令，最后完成保护装置所承担的任务。如在故障时动作于跳闸，不正常运行时发出信号，而在正常运行时不动作等。

五、继电保护装置介绍

（一）发电机-变压器组保护装置

（1）惠州 LNG 电厂一期（以下简称惠电一期）三台机发电机－变压器组保护装置为许继集团生产的 WFB—800A 型成套发电机-变压器组保护装置。每套发电机-变压器组保护装置由 A、B、C 三块屏组成，其中 A 屏、B 屏的配置完全相同，分别由 WFB-801A 发电机、励磁变压器保护装置、WFB-802A 变压器保护装置组成，C 屏由 WFB-804A 发电机-变压器组非电气量保护装置、操作箱及打印机组成。

1）WFB-801A 保护装置集成了发电机和励磁变压器的全部电气量保护，WFB-802A 保护装置集成了变压器（主变压器和厂用高压变压器）的全部电气量保护，WFB-804A 非电气量保护装置集成了发电机-变压器组的全部非电气量保护。

2）发电机-变压器组保护采用两套独立的快速主保护装置和后备保护装置，每套保护分别安装在独立的保护屏上，分别采用独立的直流电源、独立的电流互感器二次绕组，使用独立的控制电缆，其跳闸出口回路也分别接断路器独立的跳闸线圈，非电量类保护完全独立配置，实现了完全意义上的双重化。

（2）惠州 LNG 电厂二期（以下简称惠电二期）燃气轮机发电机-变压器组保护采用北京四方继保自动化股份有限公司和国电南京自动化有限公司的产品，保护实行双重化配置，共由 5 面屏柜组成：

1）燃气轮机发电机保护 A 柜为北京四方 CSC-306F 数字式发电机保护装置；

2）燃气轮机发电机保护 B 柜为国电南自 DGT801U-C 数字式发电机-变压器组保护装置；

3）燃气轮机变压器保护 A 柜为北京四方 CSC-316MG 数字式变压器保护装置；

4）燃气轮机变压器保护 B 柜为国电南自 DGT801U-B 数字式发电机-变压器组保护装置；

5）燃气轮机发电机-变压器组非电量保护柜为北京四方 CSC-336C1 数字式非电量保护装置、JFZ-12TA 操作箱。

（3）惠电二期汽轮发电机-变压器组保护采用北京四方继保自动化股份有限公司和国电南京自动化有限公司的产品，保护实行双重化配置，共由 3 面屏柜组成：

1）汽轮发电机-变压器组保护 A 柜为北京四方 CSC-300G 数字式发电机-变压器组保护装置；

2）汽轮发电机-变压器组保护 B 柜为国电南自 DGT801U-B 数字式发电机-变压器组保护装置；

3）汽轮发电机-变压器组非电量保护柜为国电南自 DGT801U-E 数字式发电机-变压器组保护装置。

（二）高压备用变压器保护装置

高压备用变压器保护采用北京四方继保自动化股份有限公司生产的 CSC-316B 型电气量保护装置和 CSC-336C 型非电气量保护装置。保护装置由两块屏组成，其中保护 A 屏包括：

一套 CSC-316B 型电气量保护装置、一套 CSC-336C 型非电气量保护装置和 JFZ-30Q 型电压切换装置；保护 B 屏包括：一套 CSC-316B 型电气量保护装置和 JFZ-12F 分相操作箱。

（三）220kV 线路保护装置

惠电一期 220kV 每回线路在电厂侧的线路保护采用的是南瑞继保电气有限公司生产的 RCS-931BM 超高压线路成套保护装置和 RCS-902B 超高压线路成套保护装置，组屏于 PRC31-02 线路保护屏和 PRC02-24 线路保护屏上。每套保护装置具有各自独立的快速主保护、后备保护和自动重合闸功能。RCS-931BM 超高压线路成套保护装置采用专用光纤通道，RCS-902B 超高压线路成套保护装置采用复用光纤通道与对侧线路保护装置通信。

惠电二期 220kV 升压站采用双母接线，每回线路在电厂侧的线路保护采用的是南瑞继保电气有限公司生产的 PCS-931A2 超高压线路成套保护装置以及北京四方 CSC-103A2 数字式高压线路保护装置。PCS-931A2 保护包括以分相电流差动和零序电流差动为主体的快速主保护，由工频变化量距离元件构成的快速 I 段保护，由三段式相间和接地距离、两段定时限零序方向过流及可作为充电保护的两段定时限相过流构成的全套后备保护，并配置有断路器三相不一致保护。保护可分相出口，配有自动重合闸功能，对单或双母线接线的开关实现单相重合、三相重合和综合重合闸。

CSC-103A2 其主保护为纵联电流差动保护，后备保护为三段式距离保护、四段式零序电流保护、综合重合闸等，主要适用于 220kV 及以上电压等级的高压输电线路。

（四）220kV 母线及母联开关保护装置

惠电一期母线保护装置采用的是深圳长园深瑞继保自动化有限公司生产的 BP-2C-NWF 型微机母线保护装置。保护的配置与一期双母线接线方式相适应，可以实现母线差动保护、母联失灵（或死区）保护、断路器失灵保护、母联过流保护、母联开关非全相保护以及 TA、TV 断线判别等功能。BP-2C 母线保护由保护元件、闭锁元件和管理元件三大系统组成。各系统独立工作、相互配合，完成对故障的判断和切除以及人机交互、通信管理。母线保护装置由 A、B、C 三块屏组成，其中 A 屏、B 屏的配置完全相同，为两套各自独立的 BP-2C 微机母线保护屏，C 屏为 PRS-723 微机母联开关保护屏。

惠电二期母线保护装置分为保护 A 柜和 B 柜，分别采用的是深圳南瑞科技股份有限公司生产的 BP-2C 型和 PCS-915NB 型微机母线保护装置。微机母线保护装置可以实现母线差动保护、母联失灵保护、断路器失灵保护、母联死区保护、母联过流保护、母联非全相保护、TA 断线判别功能及 TV 断线判别等功能。

（五）厂用电保护装置

1.6kV 厂用电综合保护测控装置

（1）WDZ-410 线路综合保护测控装置用于 6kV 母线保护和测控。内设过电流保护、接地保护，动作于跳厂用高压变压器低压侧开关。

（2）WDZ-5232 电动机保护测控装置，用于给水泵、循环水泵和凝结水泵的综合保护和测控，内设电流速断保护、两段负序过流保护、接地保护和欠压保护，动作于跳电动机电源开关。

（3）WDZ-5242 变压器保护测控装置，主要用于厂用低压变压器的综合保护和测控。内设电流速断保护、高、低压侧接地保护和过热保护，动作于厂低变高压侧开关。

2. 380V 厂用电综合保护测控装置

LPC-3531 低压电动机综合保护测控装置用于 380V 真空泵、交流润滑油泵的综合保护和测控。内设过热保护、接地保护、电流速断保护动作于跳电动机电源开关，过电压保护、过负荷保护动作发信号。

第二节 发电机-变压器组保护及高压备用变压器保护

一、发电机、变压器故障类型分析及保护简介

（一）发电机故障类型

（1）发电机定子绕组发生的故障类型：

1）短路故障：两相、三相短路故障；

2）接地故障：单相接地，两相接地短路故障；

3）匝间短路故障：同相同分支匝间、同相异分支匝间短路故障。

（2）发电机转子绕组发生的故障类型：

转子一点接地故障、转子两点接地故障、部分转子绕组匝间故障、转子励磁回路低励（励磁电流低于静稳极限所对应的励磁电流）、失去励磁。

（3）发电机的异常运行：

过负荷、过电压、过激磁、逆功率、误上电、失磁、失步、频率异常等。

（二）发电机保护简介

（1）纵联差动保护：为定子绕组及其引出线的相间短路保护；

（2）横联差动保护：为定子绕组一相匝间短路保护。只有当一相定子绕组有两个及以上并联而构成两个或三个中性点引出端时，才装设该种保护；

（3）单相接地保护：为发电机定子接地保护；

（4）励磁回路接地保护：为励磁回路的接地故障保护，分一点接地保护和两点接地保护；

（5）低励、失磁保护：为防止大型发电机低励或失去励磁后，从系统中吸收大量无功功率而对系统产生不利影响，100MW 及以上的发电机都装设这种保护；

（6）过负荷保护：发电机长时间超过额定负荷运行时作用于信号的保护；

（7）定子绕组过电流保护：当发电机纵差保护范围外发生短路，而短路元件的保护或断路器拒绝动作时，为可靠切除故障，则应装设反应外部短路的过电流保护。这种保护兼作纵差保护的后备保护；

（8）定子绕组过电压保护：水轮发电机和大型汽轮发电机都装设过电压保护，以切除突然甩去全部负荷后引起定子绕组过电压；

（9）负序电流保护：电力系统发生不对称短路或三相负荷不对称时，发电机绕组中就有负序电流。该负序电流产生反向旋转的磁场，相对于转子为两倍同步转速，因此在转子中出现 100Hz 的备频电流，它会使转子端部、护环内表面等电流密度很大的部位过热，造成转子的局部灼伤，因此应装设负序电流保护。其动作时限完全由发电机转子承受负序发热的能力决定，不考虑与系统保护的配合；

（10）逆功率保护：当汽轮机主汽门误关闭，或机炉保护动作关闭主汽门而发电机出口断路器未跳闸时，发电机失去原动力变成电动机运行，从电力系统吸收有功功率。这种工况对发电机并无影响，但由于鼓风损失，汽轮机尾部叶片有可能过热造成汽轮机事故，故大型机组装设逆功率保护，用于保护汽轮机。

（三）变压器的故障类型

1. 变压器内部故障

绕组的相间短路、接地短路、匝间短路以及铁芯的烧损等，对变压器来讲，这些故障都是十分危险的，因为油箱内故障时产生的电弧，将引起绝缘材料及变压器油的强烈气化，从而可能引起爆炸。

2. 变压器外部故障

变压器绝缘套管闪络或破碎而发生的单相接地短路，引线间发生的相间故障等。

3. 变压器的不正常运行状态

外部短路或过负荷引起的过电流、油箱漏油造成的油面降低、变压器中性点电压升高、外加电压过高或频率降低引起的过励磁等。

（四）变压器保护简介

（1）气体保护：变压器内部各种短路故障和油面降低的保护；

（2）差动保护或电流速断保护：变压器绕组和引出线多相短路、大接地电流系统侧绕组和引出线的单相接地短路及绕组匝间短路的保护；

（3）零序电流保护：大接地电流系统中变压器外部接地短路保护；

（4）过负荷保护：变压器对称过负荷保护；

（5）过励磁保护：变压器电压升高或频率降低时，工作磁通密度过高引起绝缘过热老化的保护。

二、发电机-变压器组保护配置及跳闸矩阵

（一）发电机-变压器组保护配置

1. 燃气轮机发电机-变压器组保护配置（见表6-1）

表6-1　　　　　　　　　　燃气轮机发电机-变压器组保护配置

序号	保护装置型号 保护名称	燃气轮机发电机-变压器组 CSC316	燃气轮机发电机-变压器组 DGT801
		出口	
1	发电机差动保护	全停Ⅱ	全停Ⅱ
2	发电机匝间保护	全停Ⅱ	全停Ⅱ
3	发电机复合电压过流	全停Ⅱ	全停Ⅱ
4	发电机定子接地（基波）	基波零序电压高值：全停Ⅱ 三次谐波电压：报警	基波零序电压高值：全停Ⅱ 三次谐波电压：报警
5	发电机定子过负荷	定时限段：报警 反时限：解列灭磁	定时限段：报警 反时限：解列灭磁

序号	保护名称 \ 保护装置型号	燃气轮机发电机-变压器组 CSC316	燃气轮机发电机-变压器组 DGT801
		出口	
6	发电机负序过负荷	定时限段：报警 反时限：解列灭磁	定时限段：报警 反时限：解列灭磁
7	发电机失磁保护	报警、全停Ⅱ	Ⅰ段：阻抗判据，延时 1.5s，信号。 Ⅱ段：阻抗判据，延时 5.0s，全停Ⅱ Ⅲ段：阻抗判据＋系统低电压，延时 0.5s，全停Ⅱ Ⅳ段：阻抗判据＋机端低电压，延时 0.5s，全停Ⅱ
8	发电机失步保护	全停Ⅱ	全停Ⅱ
9	发电机过压保护	解列灭磁	解列灭磁
10	发电机过励磁保护	低值定时限报警段：报警 反时限：解列灭磁	低值定时限报警段：报警 反时限：解列灭磁
11	发电机逆功率	全停Ⅱ	全停Ⅱ
12	发电机程跳逆功率	退出	退出
13	发电机频率保护	报警（定值需与安稳配合，出口暂按报警整定，需中调确认）	报警（定值需与安稳配合，出口暂按报警整定，需中调确认）
14	发电机启停机保护	跳 SFC 开关、全停Ⅲ（不启失灵）	跳 SFC 开关、全停Ⅲ（不启失灵）
15	发电机误上电保护	全停Ⅱ	全停Ⅱ
16	发电机低频过流保护	无	跳 SFC 开关、全停Ⅲ（不启失灵）
17	机端断路器失灵	无	全停Ⅰ
18	主变压器高断路器失灵保护	无	启动母线断路器失灵、解除复压闭锁
19	转子接地	保护退出，在非电量实现：全停Ⅲ（不启失灵）	保护退出，在非电量实现：全停Ⅲ（不启失灵）
20	励磁变压器速断保护	全停Ⅱ	全停Ⅱ
21	励磁变压器过流	全停Ⅱ	全停Ⅱ
22	励磁变压器过负荷	定时限：报警 反时限：解列灭磁	反时限：解列灭磁
23	燃气轮机系统故障联跳	跳发电机 GCB 出口开关、跳灭磁开关、信号	跳发电机 GCB 出口开关、跳灭磁开关、保护总出口
24	励磁系统故障	跳 SFC 开关＋全停Ⅲ（不启失灵）	跳 SFC 开关＋全停Ⅲ（不启失灵）
25	变频启动装置故障	跳 SFC 开关、跳灭磁开关、停燃气轮机1、停燃气轮机2、停燃气轮机3、信号	跳 SFC 开关、跳灭磁开关、停燃气轮机1、停燃气轮机2、停燃气轮机3、保护总出口
26	转子一点接地跳闸	无	全停Ⅲ（不启失灵）

序号	保护装置型号 保护名称	燃气轮机发电机-变压器组 CSC316	燃气轮机发电机-变压器组 DGT801
		出口	
27	变压器差动	全停Ⅰ	全停Ⅰ
28	主变压器零序	无	按中调定值
29	主变压器复压过流	无	全停Ⅰ
30	主变压器高压侧过负荷	无	报警
31	主变压器通风	无	启动通风
32	主变压器过电压	无	退出
33	主变压器非全相 T1	无	全停Ⅰ
34	主变压器非全相 T2	无	解除复压闭锁
35	主变压器非全相 T3	无	启动失灵
36	高过流一段 t1 出口	全停Ⅰ	无
37	高过流一段 t2 出口	退出	无
38	高过流二段 t1 出口	退出	无
39	高过流二段 t2 出口	退出	无
40	过励磁反时限	全停Ⅰ	全停Ⅰ
41	高零序一段 t1 出口	(按中调定值整定)	无
42	高零序一段 t2 出口	(按中调定值整定)	无
43	高零序一段 t3 出口	(按中调定值整定)	无
44	高零序二段 t1 出口	(按中调定值整定)	无
45	高零序二段 t2 出口	(按中调定值整定)	无
46	高零序二段 t3 出口	(按中调定值整定)	无
47	厂用高压变压器差动保护	全停Ⅰ	全停Ⅰ
48	厂用高压变压器高压侧过流 T1	全停Ⅰ	全停Ⅰ
49	高非全相保护 t0 出口	跳主变压器高压侧开关；跳发电机出口开关、跳灭磁开关、停燃气轮机1、停燃气轮机2、停燃气轮机3、跳6kV分支开关A、跳6kV分支开关B、启动A分支快切、启动B分支快切	无
50	高非全相保护 t1 出口	解除复压闭锁，启动失灵	无
51	机端失灵保护出口	全停Ⅰ	无
52	1A 限时速断出口	跳1A分支开关，闭锁A快切	无
53	1A 过流出口	退出	跳A分支，闭锁A分支厂用切换
54	1B 限时速断出口	跳1B分支开关，闭锁B快切	无
55	1B 过流 t1 出口	退出	跳B分支，闭锁B分支厂用切换

序号	保护装置型号 保护名称	燃气轮机发电机-变压器组 CSC316	燃气轮机发电机-变压器组 DGT801
		出口	
56	厂用高压变压器低压侧零序过流 t1 出口	跳 1A 分支开关，启动 A 快切，跳 1B 分支开关，启动 B 快切	跳 A、B 分支，启动 A、B 分支厂用切换
57	厂用高压变压器低压侧零序过流 t2 出口	全停Ⅰ	全停Ⅰ
58	厂用高压变压器高压侧过负荷	无	报警
59	厂用高压变压器通风启动	无	起通风
60	安稳系统联跳	无	跳发电机出口 GCB 开关、跳灭磁开关、停燃气轮机 1、停燃气轮机 2、停燃气轮机 3、保护总出口

注　1. 燃气轮机发电机-变压器组 CSC316 发电机各保护的"跳闸控制字"定义如下：

①全停Ⅰ：跳主变压器高压侧开关；跳发电机出口 GCB 开关、跳灭磁开关、停燃气轮机 1、停燃气轮机 3、跳 6kV 分支开关 A、跳 6kV 分支开关 B、启动 A 分支快切、启动 B 分支快切、启动失灵信号。

②全停Ⅱ：跳发电机 GCB 出口开关、跳灭磁开关、停燃气轮机 1、停燃气轮机 2、停燃气轮机 3、启动机端失灵信号。

③全停Ⅲ：跳发电机 GCB 出口开关、跳灭磁开关、停燃气轮机 1、停燃气轮机 2、停燃气轮机 3 信号。

④跳 SFC：跳 SFC 开关。

2. 燃气轮机发电机-变压器组 CSC316 变压器各保护的"跳闸控制字"定义如下：

①全停Ⅰ：跳主变压器高压侧开关；跳发电机出口开关、跳灭磁开关、停燃气轮机 1、停燃气轮机 2、停燃气轮机 3、跳 6kV 分支开关 A、跳 6kV 分支开关 B、启动 A 分支快切、启动 B 分支快切、解除复压闭锁、启动高压侧失灵信号。

②全停Ⅱ：跳发电机出口开关、跳灭磁开关、停燃气轮机 1、停燃气轮机 2、停燃气轮机 3、启动机端失灵信号，跳 1A 分支开关，闭锁 A 快切，跳 1B 分支开关，闭锁 B 快切。

3. 燃气轮机发电机-变压器组 DGT801 发电机-变压器组各保护的"跳闸控制字"定义如下：

①全停Ⅰ：跳主变压器高压侧开关；跳发电机出口 GCB 开关、跳灭磁开关、停燃气轮机 1、停燃气轮机 2、停燃气轮机 3、跳 6kV 分支开关 A、跳 6kV 分支开关 B、启动 6kV A 分支快切、启动 6kV B 分支快切、保护动作接点、保护总出口。

②全停Ⅱ：跳发电机 GCB 出口开关、跳灭磁开关、停燃气轮机 1、停燃气轮机 2、停燃气轮机 3、启动 GCB 失灵、保护总出口。

③全停Ⅲ：跳发电机 GCB 出口开关、跳灭磁开关、停燃气轮机 1、停燃气轮机 2、停燃气轮机 3、保护总出口。

④解列灭磁：跳发电机 GCB 出口开关、跳灭磁开关、启动 GCB 失灵、保护总出口。

⑤跳 SFC：跳 SFC 开关。

⑥跳母联：跳 220kV 母联开关。

⑦启动母线失灵：启动母线失灵、解除复压闭锁。

2. 汽轮机发电机-变压器组保护配置（见表 6-2）

表 6-2　　　　　　　　　汽轮机发电机-变压器组保护配置

序号	保护装置型号 保护名称	汽轮机发电机-变压器组 CSC-300G	汽轮机发电机-变压器组 DGT801
		出口	
1	发电机差动保护	全停Ⅰ	全停Ⅰ
2	发电机匝间保护	全停Ⅰ	全停Ⅰ
3	发电机复合电压过流	全停Ⅰ	全停Ⅰ
4	发电机定子接地（基波）	基波零序电压高值：全停Ⅰ 三次谐波电压：报警	基波零序电压高值：全停Ⅰ 三次谐波电压：报警

续表

序号	保护装置型号 保护名称	汽轮机发电机-变压器组 CSC-300G	汽轮机发电机-变压器组 DGT801
		出口	
5	发电机定子过负荷	定时限报警段：报警 定时限跳闸段：退出 反时限：全停Ⅰ	定时限报警段：报警 反时限：全停Ⅰ
6	发电机负序过负荷	定时限报警段：报警 定时限跳闸段：退出 反时限：全停Ⅰ	定时限报警段：报警 反时限：全停Ⅰ
7	发电机失磁保护	保护一段：报警 保护二段：全停Ⅰ 保护三段：全停Ⅰ 保护四段：全停Ⅰ	保护一段：报警 保护二段：全停Ⅰ 保护三段：全停Ⅰ
8	发电机失步保护	全停Ⅰ	全停Ⅰ
9	发电机过压保护	二段：全停Ⅰ	全停Ⅰ
10	发电机过励磁保护	定时限报警段：报警 反时限（考虑和主变压器过励磁只投一套）：全停Ⅰ	定时限报警段：报警 反时限（考虑和主变压器过励磁只投一套）：全停Ⅰ
11	发电机逆功率	全停Ⅰ	全停Ⅰ
12	发电机程跳逆功率	全停Ⅰ	全停Ⅰ
13	发电机频率保护	报警	报警
14	发电机启停机保护	全停Ⅱ	全停Ⅱ（不启失灵）
15	发电机误上电保护	全停Ⅰ	全停Ⅰ
16	励磁变压器速断保护	全停Ⅰ	全停Ⅰ
17	励磁变压器过流	全停Ⅰ	全停Ⅰ
18	励磁变压器过负荷	定时限：报警 反时限：全停Ⅰ	定时限：报警 反时限：全停Ⅰ
19	励磁系统故障	全停Ⅱ	全停Ⅱ（不启失灵）
20	转子接地跳闸	全停Ⅱ	全停Ⅱ（不启失灵）
21	变压器差动	全停Ⅰ	全停Ⅰ
22	主变压器零序	无	按中调定值
23	主变压器复压过流	无	全停Ⅰ
24	主变压器高压侧过负荷	无	报警
25	主变压器通风	无	启动通风
26	主变压器非全相 T1	无	全停Ⅰ
27	主变压器非全相 T2	无	解除复压闭锁
28	主变压器非全相 T3	无	启动失灵
29	高过流一段 t1 出口	全停Ⅰ	无
30	高过流一段 t2 出口	无	无
31	高过流二段 t1 出口	无	无

序号	保护装置型号 保护名称	汽轮机发电机-变压器组 CSC-300G	汽轮机发电机-变压器组 DGT801
		出口	
32	高过流二段 t2 出口	无	无
33	过励磁反时限	退出	无
34	高零序一段 t1 出口	（按中调定值整定）	无
35	高零序一段 t2 出口	（按中调定值整定）	无
36	高零序一段 t3 出口	（按中调定值整定）	无
37	高零序二段 t1 出口	（按中调定值整定）	无
38	高零序二段 t2 出口	（按中调定值整定）	无
39	高零序二段 t3 出口	（按中调定值整定）	无
40	断路器闪络保护	无	灭磁、启动失灵
41	主变压器高压侧失灵保护	无	启动母线失灵、解除复压闭锁
42	高非全相保护 t0 出口	跳主变压器高压侧 DL 断路器； 跳灭磁开关；关主汽门	无
43	高非全相保护 t1 出口	解除复压闭锁，启动失灵	无
44	系统保护联跳出口	全停 I	无

注 汽轮机发电机-变压器组 CSC-300G 各保护的"跳闸控制字"定义如下：

①全停 I：跳主变压器高压侧 DL 断路器；跳灭磁开关；关主汽门；解除复压闭锁，启动失灵，发信号。

②全停 II：跳主变压器高压侧 DL 断路器；跳灭磁开关；关主汽门，发信号。

③程序跳闸：关主汽门，待逆功率动作后再全停。

④母线解列：跳母联开关。

3. 燃气轮机、汽轮机发电机-变压器组非电量保护（见表 6-3）

表 6-3 　　　　　　　　　　燃气轮机、汽轮机发电机-变压器组非电量保护配置

序号	保护装置型号 保护名称	燃气轮机发电机-变压器组非电量保护	汽轮机发电机-变压器组非电量保护
		出口	
1	主变压器本体重瓦斯	跳各侧开关	跳闸
2	主变压器本体压力释放	发报警信号	发报警信号
3	主变压器组温度高跳闸	动作值 125℃，发报警信号	发报警信号
4	主变压器油面温度高跳闸	动作值 105℃，发报警信号	发报警信号
5	主变压器冷却器全停	跳各侧开关	跳闸
6	主变压器本体轻瓦斯	发报警信号	发报警信号
7	主变压器绕组温度高报警	动作值 105℃，发报警信号	发报警信号
8	主变压器油面温度高报警	动作值 85℃，发报警信号	发报警信号
9	主变压器油位异常	发报警信号	发报警信号
10	厂用变压器本体重瓦斯	跳各侧开关	无
11	厂用变压器本体压力释放	发报警信号	无

序号	保护装置型号 / 保护名称	燃气轮机发电机-变压器组非电量保护	汽轮机发电机-变压器组非电量保护
		出口	
12	厂用变压器突发压力	发报警信号	无
13	厂用变压器绕组温度高跳闸	动作值 125℃，发报警信号	无
14	厂用变压器油面温度高跳闸	动作值 105℃，发报警信号	无
15	厂用变压器本体轻瓦斯	发报警信号	无
16	厂用变压器绕组温度高报警	动作值 105℃，发报警信号	无
17	厂用变压器油面温度高报警	动作值 85℃，发报警信号	无
18	厂用变压器油位异常	发报警信号	无
19	速动油压动作	无	发报警信号
20	励磁变压器温度高动作	无	发报警信号
21	热工保护	无	跳闸

（二）SFC 运行期间需要投退的发电机-变压器组保护（见表 6-4）

表 6-4　　　　　　　　　SFC 运行期间需要投退的发电机-变压器组保护

保护名称	SFC 投入运行时	SFC 退出运行但发电机没有并网期间	发电机并网后
100％定子接地保护	×	√	√
逆功率保护	×	√	√
失磁保护	×	√	√
失步保护	×	√	√
频率保护	×	√	√
启停机保护	√	√	×
低频过流保护	√	×	×
GCB 失灵启动	×	×	√

（三）高压备用变压器保护配置（见表 6-5）

表 6-5　　　　　　　　　高压备用变压器保护配置

序号	保护名称	保护功能简介	动作行为
1	差动保护	主变压器内部相间短路、引出线单相接地短路及匝间短路故障主保护	跳高低压侧开关；启动失灵
2	高压侧复合电压闭锁过流	变压器相间故障的后备保护	跳高低压侧开关；启动失灵
3	高压侧零序过电流保护	变压器和相邻元件接地短路故障的保护	第一时限跳母联，第二时限跳高低压侧开关；启动失灵
4	低压侧分支过流保护	变压器低压侧出线及各分支母线接地短路故障的后备保护	跳低压侧分支开关
5	低压侧分支限时速断保护	变压器低压侧出线及各分支母线接地短路故障的保护	跳低压侧分支开关

序号	保护名称	保护功能简介	动作行为
6	低压侧零序过流保护	变压器低压侧接地时的保护	报警
7	高压侧过负荷保护	变压器过负荷时报警	报警
8	断路器非全相运行	防止变压器非全相合闸或跳闸时，由于三相负荷不平衡造成变压器铁芯发热损坏的保护装置	跳高、低压侧开关；不启动失灵
9	启动失灵保护	高压侧断路器失灵时启动失灵回路	启动母线失灵保护
10	轻瓦斯保护	变压器内部有轻微短故障时的保护	报警
11	本体重瓦斯保护	变压器本体内部相间、层间、匝间短路故障主保护	跳高、低压侧开关；不启动失灵
12	调压重瓦斯	调压开关内部短路故障保护	跳高、低压侧开关；不启动失灵
13	压力释放	变压器本体内部短路故障的保护	报警
14	油温过高	变压内部故障和过负荷的保护	95℃高报警；105℃高高报警
15	绕组温度过高	主变压器内部故障和过负荷的保护	105℃高报警；115℃高高报警
16	本体油位高/低	变压器本体油位异常的保护	报警
17	调压开关油位高/低	变压器调压开关油位异常的保护	报警

由于变压器保护在保护类型、保护原理上仍有很多相似之处，下一章节的保护原理介绍将主变压器保护、厂用高压变压器保护、励磁变压器保护和高压备用变压器保护归纳在一起，同发电机保护原理分开，请读者注意区分。

三、保护原理及判据

（一）发电机保护

1. 发电机比率制动式差动保护

比率制动式差动保护是发电机定子绕组及其引出线相间短路故障的主保护。该保护在发电机中性点侧和出口侧装设同一型号和变比的电流互感器，保护范围即为这两组互感器之间的定子绕组及其引出线。根据比较两组电流互感器的相位和幅值，通过三相差动元件运算，采用工频变化量比率制动原理，当发电机内部故障时，差动元件动作。当保护区内发生故障时，保护能够躲过暂态不平衡电流，不会误动。另外，为了防止在 TA 断线时保护误动作，保护装置设置有 TA 断线闭锁，TA 断线闭锁保护可以通过控制字进行投退。

工频变化量比率差动保护完全反映差动电流及制动电流的变化量，不受正常运行时负荷电流的影响，可以灵敏地检测发电机内部的轻微故障。同时工频变化量比率差动的制动系数取得较高，其耐受 TA 饱和的能力较强。

发电机差动保护动作方程为

$$I_{op} \geq I_{op.0} \qquad (I_{res} \leq I_{res.0} 时)$$
$$I_{op} \geq I_{op.0} + S(I_{res} - I_{res.0}) \qquad (I_{res} > I_{res.0} 时)$$

式中：I_{op} 为差动电流；$I_{op.0}$ 为差动最小动作电流整定值；I_{res} 为制动电流；$I_{res.0}$ 为最小制动电流整定值；S 为比率制动特性的斜率。

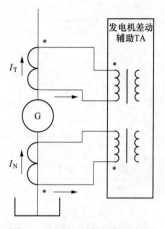

图 6-2　电流极性接线示意图

保护逻辑框图见图 6-3。

各侧电流的方向都以指向发电机为正方向，见图 6-2。

差动电流：$I_{op} = |\dot{I}_T + \dot{I}_N|$

制动电流：$I_{res} = \left| \dfrac{\dot{I}_T - \dot{I}_N}{2} \right|$

I_T，I_N 分别为机端、中性点电流互感器（TA）二次侧的电流，TA 的极性见图 6-2。

TA 断线判别如下：

当任一相差动电流大于 0.15 倍的额定电流时启动 TA 断线判别程序，满足下列条件即认为 TA 断线：

本侧三相电流中至少一相电流为零；

本侧三相电流中至少一相电流不变；

最大相电流小于 1.2 倍的额定电流。

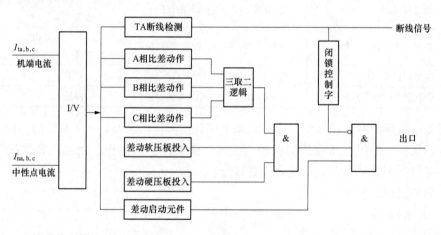

图 6-3　发电机差动保护逻辑框图

2. 发电机定子匝间保护

发电机定子匝间保护不仅作为发电机内部匝间短路的主保护，还可作为发电机内部相间短路及定子绕组开焊的保护。

保护范围为发电机定子绕组。发电机定子绕组发生内部短路，三相机端对中性点的电压不再平衡，因为机端电压互感器中性点与发电机中性点直接相连且不接地，所以互感器开口三角绕组输出纵向 $3U_0$，保护判据为

$$|3U_0| > U_{set}$$

式中：U_{set} 为保护的整定值。

当发电机正常运行时，机端不平衡基波零序电压很小，但可能有较大的三次谐波电压，为降低保护定值和提高灵敏度，保护装置中增设三次谐波阻波功能。

为保证匝间保护的动作灵敏度，纵向零序电压的动作值一般整定较小，为防止外部短路

时纵向零序不平衡电压增大造成保护误动，须增设故障分量负序方向元件为选择元件，用于判别是发电机内部短路还是外部短路。

发电机并网后运行时，纵向零序电压元件及故障分量负序方向元件组成"与"门实现匝间保护；在并网前，因 $\Delta I_2=0$，则故障分量负序方向元件失效，仅由纵向零序电压元件经短延时 t_1 实现匝间保护。并网后不允许纵向零序电压元件单独出口，为此以过电流 $I > I_{set}$ 闭锁该判据，固定 $I_{set}=0.06I_n$。

保护逻辑框图见图 6-4。

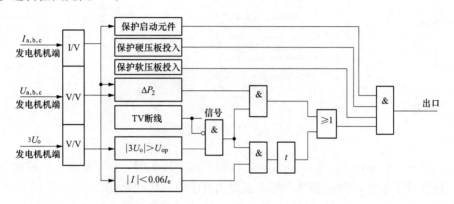

定子匝间(故障分量负序方向+纵向零序电压)(61)

图 6-4　定子匝间保护逻辑框图

3. 发电机 100%定子接地保护

发电机定子接地保护是发电机定子回路单相接地故障的保护，当发电机定子绕组任一点发生单相接地故障时，该保护按要求的时限动作于跳闸或信号。该保护由反映基波的零序过电压保护以及反映三次谐波的过电压保护组成。

《防止电力生产重大事故的二十五项反措》中规定，200MW 及以上容量的发电机定子接地保护应投入跳闸。但必须将零序基波段保护与零序三次谐波段保护的出口分开，零序基波段保护投跳闸，零序三次谐波段保护投信号。

基波零序电压保护范围：发电机从机端算起的 85%～95%定子绕组；

三次谐波电压保护范围：发电机中性点附近的定子绕组。

基波零序电压动作判据为

$$|3U_0| > U_{op}$$

三次谐波电压动作判据为

方案 1：
$$|\dot{U}_{3s}| \geqslant K'|\dot{U}_{3n}|$$

方案 2：
$$|\dot{U}_{3s} + K_{op} \cdot \dot{U}_{3n}| \geqslant K''|\dot{U}_{3n}|$$

其中：$3U_0$ 取机端零序电压，保护设置 TV 断线闭锁；U_{op} 为基波零序电压整定值；U_{3S} 和 U_{3n} 分别为发电机机端 TV 开口三角绕组和中性点 TV 输出中的三次谐波分量；K'、K'' 分别为方案 1、方案 2 的制动系数。

保护逻辑见图 6-5。

4. 发电机转子一点、两点接地保护

发电机励磁回路一点接地故障是常见的故障形式之一，励磁回路一点接地故障，对发电

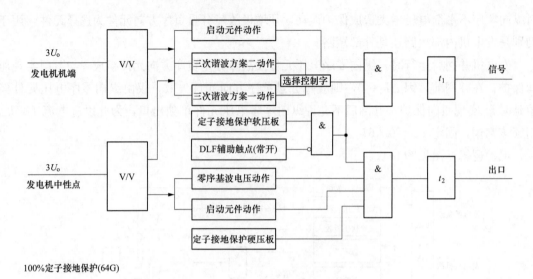

图 6-5　定子接地保护逻辑框图

机并未造成危害，但相继发生第二点接地，即转子两点接地时，由于故障点流过相当大的故障电流而烧伤转子本体，并使磁励绕组电流增加可能因过热而烧伤。

发电机转子一点、两点接地保护范围：发电机转子回路和励磁回路。

（1）发电机转子一点接地保护。

保护原理：采用乒乓式开关切换原理，通过求解两个不同的接地回路方程，实时计算转子接地电阻阻值 R_g 和接地位置 α。在发电机运行时轮流测量转子绕组正极、负极的对地电流，并根据测得的结果计算出转子绕组或励磁回路的对地电阻，从而判断出接地故障的位置及接地电阻的量值，见图 6-6。

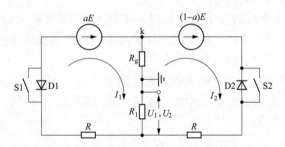

图 6-6　转子一点接地保护切换采样原理接线图

S1、S2—由微机控制的电子开关；R_g—接地电阻；a—接地点位置；E—转子电压，两个测量电阻 R

如果出现发电机转子一点接地故障，对发电机并未造成危害，但若再相继发生第二点接地故障，则将严重威胁发电机的安全。

（2）发电机转子两点接地保护。

发电机转子两点接地保护原理：在一点接地故障后，保护装置继续测量接地电阻和接地位置，此后若再发生转子另一点接地故障，则已测得的 α 值变化，当其变化值 $\Delta\alpha$ 超过整定值时，保护装置就确认为已发生转子两点接地故障，发电机经转子两点接地延时跳闸。

发电机转子两点接地保护判据为

$$|\Delta\alpha| > \alpha_{set}$$

式中：α_{set}为转子两点接地位置变化整定值。

保护逻辑框图见图 6-7。

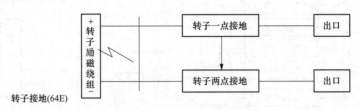

图 6-7　转子接地保护逻辑框图

目前转子接地保护大多采用注入式和乒乓式，由于保护原理的要求，这两种保护均不能双套化，否则会相互影响造成保护误动作。因此在发电机-变压器组保护中，转子一点、两点接地保护只能投一套。另外，为不影响保护装置的测量，励磁柜中的励磁回路接地保护装置也是退出的。

5. 发电机低压记忆过流保护

低压记忆过流保护是发电机发生外部相间短路及内部故障时的后备保护，电流带记忆功能。发电机外部故障时，流过发电机的稳态短路电流不大，有时甚至接近发电机的额定负荷电流，所以发电机的过电流保护一般采用低电压启动过电流继电器，接于发电机中性点侧的电流互感器上，低电压继电器接在机端电压互感器的相间电压上，在发电机并网前发生故障时，保护装置也能动作。在发电机发生过负荷时，过电流继电器可能动作，但因这时低电压继电器不动作，保护被闭锁。

保护范围：发电机定子绕组及引出线。

保护原理：当满足以下两个条件，启动发电机低压记忆过流保护。

（1）低电压元件动作：

$$U < U_{op}$$

式中：U_{op}为低电压整定值，U为三个线电压中最小的一个。

（2）过流元件动作：接于电流互感器二次三相回路中，保护可有多段定值，每段电流和时限均可单独整定。当任一相电流满足下列条件时，保护动作。

$$I > I_{op}$$

式中：I_{op}为动作电流整定值。

保护逻辑框图见图 6-8。

6. 发电机定子对称过负荷保护

大型发电机组的定、转子绕组的热容量和铜损的比值都较小，因而承受过负荷的能力比较差，容易导致过负荷的损害。而装于定子绕组内的热偶元件则由于与铜导线隔着绝缘和本身具有一定的热时间常数，又不能迅速反应负荷变化，因此往往发生过负荷损害已经形成，而表计却未反应的情况，为此需要专门配置过负荷保护予以防护。

发电机定子对称过负荷保护是发电机定子绕组的过负荷或外部故障引起的定子绕组过电流，由定时限过负荷和反时限过电流两部分组成。

定时限过负荷按发电机长期允许的负荷电流能可靠返回的条件整定。反时限过流按定子

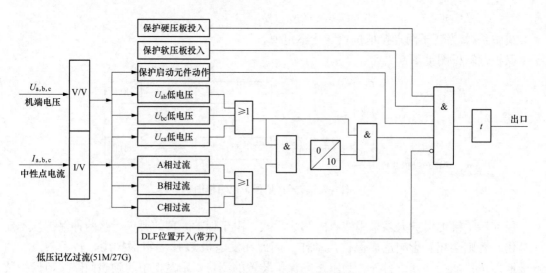

低压记忆过流(51M/27G)

图 6-8　低压记忆过流保护逻辑框图

绕组允许的过流能力整定。发电机定子绕组承受的短时过电流倍数与允许持续时间的关系为

$$t = \frac{K}{I_*^2 - (1 + \alpha)}$$

式中：K 为定子绕组过负荷常数；I_* 为定子额定电流为基准的标幺值；α 为与定子绕组温升特性和温度裕度有关，一般为 0.01～0.02。

保护逻辑框图见图 6-9。

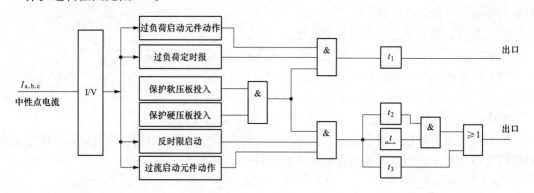

定子对称过负荷保护(49G)

图 6-9　定子对称过负荷逻辑框图

7. 发电机定子负序过负荷保护

发电机定子负序（不对称）过负荷保护作为发电机不对称故障和不对称运行时，负序电流引起发电机转子表面过热的保护，也可兼作系统不对称故障的后备保护。

该保护由负序过负荷（定时限）和负序过流（反时限）两部分组成。负序过负荷（定时限）按发电机长期允许的负序电流下能可靠返回的条件整定。负序过流（反时限）由发电机转子表层允许的负序过流能力确定。

发电机短时承受负序过电流倍数与允许持续时间的关系式为

$$t = \frac{A}{I_{2*}^2 - I_{2\infty}^2}$$

式中：I_{2*} 为发电机负序电流标幺值；$I_{2\infty}$ 为发电机长期允许负序电流标幺值；A 为转子表层承受负序电流能力的时间常数。

保护逻辑框图见图 6-10。

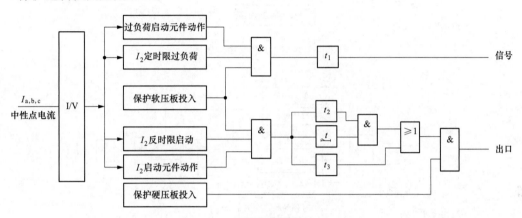

图 6-10　定子负序过负荷保护逻辑框图

8. 发电机逆功率保护

发电机在正常运行过程中，可能会出现燃气截止阀和汽轮机主汽门突然关闭的情况，此后随着燃气轮机和汽轮机动能的消失，发电机将迅速转变为电动机运行，即由向系统输出有功功率转变为从系统吸取有功功率，此即为逆功率。逆功率运行，对发电机并无危害，但对汽轮机则由于尾部叶片与残留蒸汽急速摩擦而可能产生过热现象。逆功率分为两个部分：一个是作为保护装置程序跳闸的起动元件；另一个是作为逆功率保护元件。

发电机有功根据电压、电流正序量计算，与无功大小无关，当功率小于逆功率定值时，保护动作。发电机在过负荷、过励磁、失磁等各种异常运行保护动作后，需要程序跳闸时，保护先关闭燃气截止门和主汽门，由程序逆功率保护延时动作于跳闸。逆功率保护电压取自发电机机端 TV，电流取自发电机机端 TA，保护按三相接线。发电机有功功率计算公式为

$$P = U_a \cdot I_a \cdot \cos\varphi_a + U_b \cdot I_b \cdot \cos\varphi_b + U_c \cdot I_c \cdot \cos\varphi_c$$

式中：φ 为电压超前电流的角度。

保护动作判据为

$$|P| > P_{set}$$

式中：P_{set} 为逆功率保护动作整定值。

保护设有 2 段延时，短延时 t_1（15s）用于发信号，延时 t_2（80s）用于跳闸。

逆功率保护逻辑框图见图 6-11。

程跳逆功率保护逻辑框图见图 6-12。

9. 发电机定子过电压保护

发电机定子过电压保护是防止发电机在起动或并网过程中发生电压升高而损坏绝缘。发电机过电压保护所用电压量的计算不受频率变化影响。过电压保护反应机端三相相间电压，

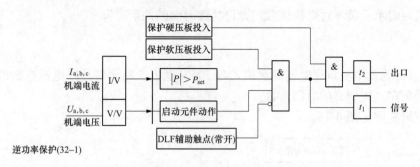

图 6-11 逆功率保护逻辑图

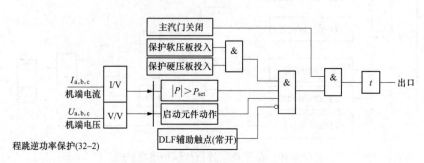

图 6-12 程跳逆功率保护逻辑图

动作于跳闸出口。过电压保护可作为过压启动、闭锁及延时元件。保护取三相线电压，当任一线电压大于整定值，保护即动作于跳闸。

保护逻辑框图见图 6-13。

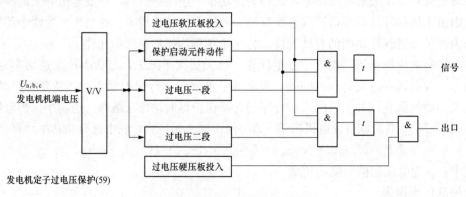

图 6-13 定子过电压保护逻辑图

10. 发电机定子过励磁保护

过励磁保护防止发电机和变压器过励磁，即当电压升高或频率降低时工作磁通密度过高引起绝缘过热老化的保护装置。发电机的工作磁密很接近饱和磁密。过励磁的危害之一是铁芯饱和，谐波磁密增强，使附加损耗加大，引起局部过热；另一个危害是铁芯漏磁通增强，使定位筋和铁芯中的电流急剧增加，引起局部过热。当过励磁保护用于发电机时，电压取自发电机机端，当过励磁保护用于主变压器时，电压取自主变压器高压侧。过励磁保护的动作值应按发电机与主变压器的过励磁特性低值的磁密整定，通过计算电压标幺值跟频率标幺值的比值确定铁芯磁通密度情况，对发电机和主变压器都能起到保护作用。

保护逻辑框图见图 6-14。

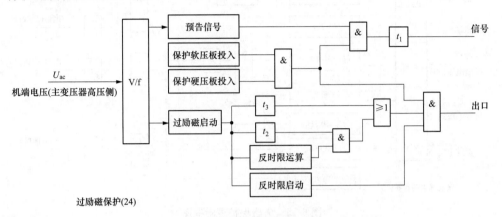

过励磁保护(24)

图 6-14　定子过励磁保护逻辑图

11. 发电机失磁保护

发电机励磁系统故障使励磁降低或全部失磁，从而导致发电机与系统间失步，对机组本身及电力系统的安全造成重大危害，因此发电机组必须要装设失磁保护。发电机失磁时失磁保护一般不瞬时动作，这是因为失磁故障的危害毕竟不像内部短路表现那样迅速，而且突然跳闸不仅对于发电机会造成巨大冲击，而且对系统还会加重扰动，因此比较合理的方法是增加辅助鉴别判据，如监视母线电压，只要其不低于允许安全运行电压（一般为 85%～90% 额定电压），即表明失磁尚未导致严重危及系统稳定运行，此时可考虑采取自动迅速降低出力，在进一步缩小机组失磁危害的基础上，维持机组稳定异步运行，以便于运行人员消除失磁故障，减少不必要的事故停机。如果母线电压严重下降已低于允许限度，系统稳定运行受到威胁时，应立即切除机组。

发电机失磁保护主要判据包括静稳极限励磁电压 $U_{fd}(P)$ 主判据、静稳边界阻抗主判据。

发电机失磁保护的辅助判据包括定励磁低电压、稳态异步边界阻抗、主变压器高压侧三相同时低电压判据、机端过电压判据。

保护逻辑框图见图 6-15。

12. 发电机失步保护

当发电机在与系统发生失步情况时，将出现发电机的机械量和电气量与系统之间的振荡，这种持续的振荡对发电机组和电力系统产生很大影响：发电机机端电压严重下降时，厂用辅机工作稳定性遭到破坏，甚至导致全厂停机；发电机失步运行时，当发电机电势与系统等效电势的相位相差 180° 的瞬间，振荡电流的幅值接近机端三相短路时流经发电机的电流，且振荡电流在较长的时间内反复出现，会使定子绕组遭受热损伤或定子端部遭受机械损伤；振荡过程中产生对轴系的周期性扭力，可能造成大周机械损伤；振荡过程中在转子绕组中产生附加感应电流，引起转子绕组发热，有可能导致电力系统解列甚至系统崩溃事故。因此，在发电机运行过程中，必须投入失步保护。当系统发生非稳定性振荡并危及机组或系统安全时，该保护动作于跳闸。

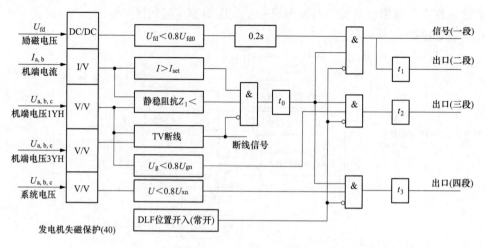

图 6-15 失磁保护逻辑框图

发电机失步保护采用三阻抗元件，采用发电机正序电流、正序电压计算，可靠区分稳定振荡与失步，通过阻抗的轨迹变化来检测滑级次数并确定振荡中心的位置。

保护逻辑框图见图 6-16。

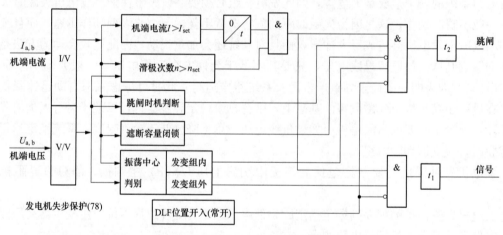

图 6-16 失步保护逻辑框图

13. 发电机频率保护

汽轮机的叶片，都有自振频率。当发电机运行时，若频率接近或等于汽轮机叶片的自振频率时，就会产生共振，使汽轮机的叶片受到疲劳损伤，这种不可逆的疲劳损伤累计到一定限度会使叶片断裂，造成严重故障。因此，大型汽轮机有必要装设频率保护。

发电机频率保护分低频部分和高频部分。低频部分和高频部分各分为两段，当发电机并网运行时，低频一段（48Hz）短延时发信，长延时全停发电机组，低频二段（47.5Hz）延时全停发电机组；高频一段（50.8Hz）短延时发信，高频二段（51.3Hz）延时全停发电机。

保护逻辑框图见图 6-17。

14. 发电机突加电压保护

发电机在盘车过程中发生出口开关误合闸，系统三相工频电压突然加在机端，使同步发

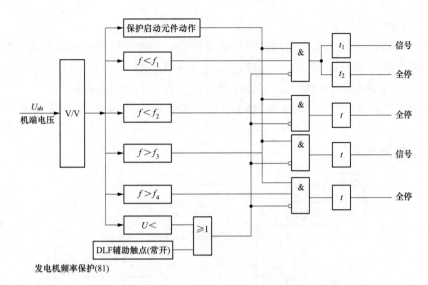

图 6-17 频率保护逻辑框图

电机处于异步启动工况,由系统向发电机定子绕组倒送的电流(正序电流),在气隙中产生的旋转磁场在转子本体中感应工频或接近工频的电流,从而引起转子过热而损伤,还可能由于润滑油油压不足使旋转轴承磨损。

发电机突加电压保护由一个阻抗元件和一个过电流元件组成,保护经发电机出口开关位置接点闭锁,且当误合电流过大、跳闸易造成开关损坏时,闭锁跳闸发电机出口开关。

当发电机停机或在盘车状态下,灭磁开关未合闸时,发电机出口开关误合闸,过流元件快速动作于跳闸,同时,由于发电机处于同步电机的异步起动过程,阻抗元件延时动作于跳闸,构成双重化保护;当机组并网前出口开关断开,而灭磁开关闭合时,过流元件退出工作,此时,若正常并网,阻抗元件不动作,突加电压保护不会动作,若发生误合闸,阻抗元件则动作于跳闸。

保护逻辑框图见图 6-18。

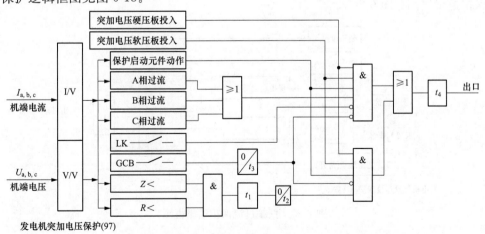

图 6-18 突加电压保护逻辑框图

LK—灭磁开关的位置接点;GCB—发电机出口开关位置接点

15. 发电机启停机保护

发电机启停机保护是发电机启动过程尚未并网前，用以反应相间故障和定子接地故障的保护。启停机保护采用基波零序电压原理，取自发电机机端 TV。该保护由零序过电压元件构成，采用了不受频率影响的算法，保证了启停机过程对发电机的保护。

在发电机并网前，出口开关位置接点闭合，保护投入，发电机并网后保护自动退出运行。

保护逻辑框图见图 6-19。

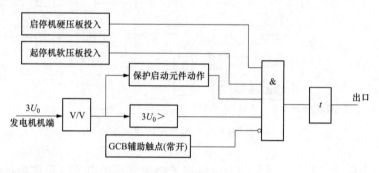

图 6-19 启停机保护逻辑框图

16. 发电机低频过流保护

当 SFC 启动发电机时的保护，SFC 投入运行期间虽然发电机的机端电压只有 3.4kV，仅为发电机额定电压的 17% 左右，但由于其运行频率较低，对应的交流电抗也较小，若此时发电机发生相间短路，故障电流可能会严重烧毁发电机。因此，SFC 投入运行期间有必要装设低频过流保护。该保护经 SFC 输出隔离开关辅助接地控制，在 SFC 投入运行时，保护投入，SFC 退出运行时，保护退出。

保护采集发电机端 A 相电压及中性点侧三相电流，当电流值大于设定值时，保护出口跳 SFC 隔离变高压侧开关及启动励磁变压器高压侧开关。

保护逻辑框图见图 6-20。

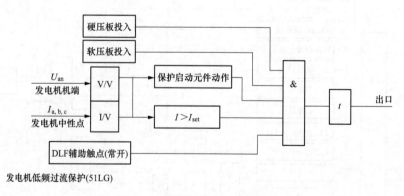

图 6-20 低频过流保护逻辑框图

17. 发电机电压回路断线

电压回路断线判别：通过比较两组电压互感器二次侧的电压，当某一 TV 失去电压时继电器动作，瞬时发出电压回路断线信号。

本判据可用于闭锁相关保护。

保护逻辑框图见图 6-21。

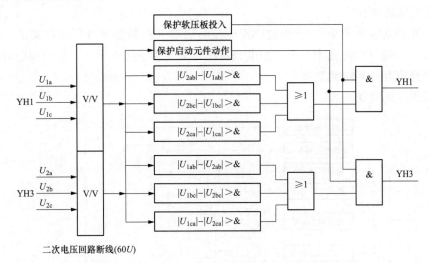

图 6-21　电压回路断线逻辑框图

（二）变压器保护

1. 变压器差动保护（主变压器、厂用高压变压器、高压备用变压器）

比率制动式差动保护是变压器（主变压器、厂用高压变压器、高压备用变压器）的主保护，能反映变压器内部相间短路故障、高压侧单相接地短路及匝间层间短路故障；保护能正确区分励磁涌流、过励磁故障。

保护采取自适应提高定值的方式，防止外部故障时由于 TA 饱和引起差动误动，当差流中的三次谐波与基波的比值大于某一定值时，自动提高比率制动差动的动作值、改变比率制动系数和最小制动电流，进一步提高保护的可靠性。

由于高压备用变压器采用不同生产厂商的保护装置，差动保护的基本原理相同，在此不做赘述。

差动动作方程如下：

$$I_{op} > I_{op.0} \qquad (I_{res} \leqslant I_{res.0})$$
$$I_{op} \geqslant I_{op.0} + S(I_{res} - I_{res.0}) \qquad (I_{res} > I_{res.0})$$
$$I_{res} > 1.1 I_n$$
$$I_{op} \geqslant 1.2 I_n + 0.7(I_{res} - 1.1 I_n) \qquad (I_{res} > 1.1 I_n)$$

式中：I_{op} 为差动电流；$I_{op.0}$ 为差动最小动作电流整定值；I_{res} 为制动电流；$I_{res.0}$ 为最小制动电流整定值；S 为比率制动特性斜率；I_n 为基准侧电流互感器的额定二次电流，各侧电流的方向都以指向变压器为正方向。

对于两侧差动：

差动电流：
$$I_{op} = |\dot{I}_1 + \dot{I}_2|$$

制动电流：
$$I_{res} = |\dot{I}_1 - \dot{I}_2|/2$$

式中：$3 \leqslant n \leqslant 6$，$\dot{I}_1$，$\dot{I}_2$，…，$\dot{I}_n$ 分别为变压器各侧电流互感器二次侧的电流。

147

励磁涌流判别：装置提供两种励磁涌流识别判据，用户可根据需要由控制字进行选用，该控制字设为"1"时，励磁涌流判据为波形畸变判据；该控制字设为"0"时，励磁涌流判据为二次谐波判据，目前使用二次谐波判据。

TA断线判据如下：

当任一相差动电流大于0.15倍的额定电流时启动TA断线判别程序，满足下列条件认为TA断线：本侧三相电流中至少一相电流不变；最大相电流小于1.2倍的额定电流；本侧三相电流中至少有一相电流为零。

保护逻辑框图见图6-22。

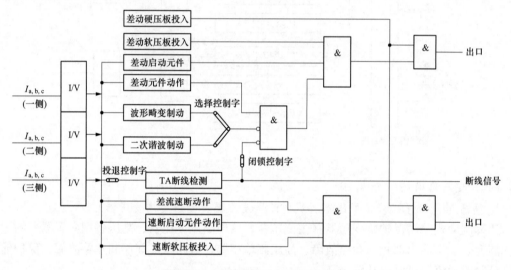

图 6-22 变压器差动保护逻辑框图

2. 主变压器阻抗保护

作为变压器引线、母线及相邻线路相间故障的后备保护。可实现偏移阻抗、全阻抗或方向阻抗特性。保护可以配置成多段多时限，每段的每个时限都独立为一个保护。

阻抗保护采用线电压及相电流之差的0°接线方式，即$\dot{U}_{ab}$和$\dot{I}_{ab}$、$\dot{U}_{bc}$和$\dot{I}_{bc}$、$\dot{U}_{ca}$和$\dot{I}_{ca}$分别组成3个阻抗元件以"或"门输出。当A、B、C三相电流中任一相电流大于启动电流整定值时，开放阻抗保护。为防止TV断线时误动作，增设TV断线闭锁判据。低阻抗保护不设振荡闭锁判据，因为其动作阻抗圆很小，为了选择性它本身已有0.5s或1s延时，足以躲开振荡。

阻抗判据动作方程为

$$\left| \dot{U}_J - \frac{1}{2}\dot{I}_J(1-\alpha)Z_{op} \right| \leqslant \left| \frac{1}{2}\dot{I}_J(1+\alpha)Z_{op} \right|$$

式中：U_J为线电压；I_J为与线电压相对应的相电流之差；Z_{op}为整定阻抗；α为偏移因子，即灵敏角下反向偏移阻抗与整定阻抗之比。

保护逻辑框图见图6-23。

3. 主变压器过激磁保护

参照发电机定子过激磁保护。

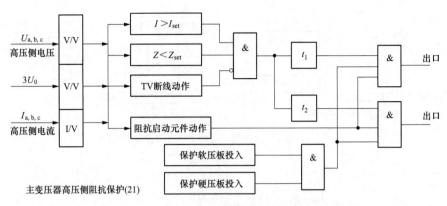

图 6-23　主变压器阻抗保护逻辑框图

4. 变压器高压侧零序过流保护（主变压器、厂用高压变压器、高压备用变压器）

零序过流保护作为变压器或相邻元件接地故障的后备保护，在此以主变压器高压侧零序过流保护为例：保护分两段，每段两时限。第一段第一时限跳母联开关，第一段第二时限全停发电机组；第二段第一时限跳母联开关，第二段第二时限全停发电机组。

保护逻辑框图见图 6-24。

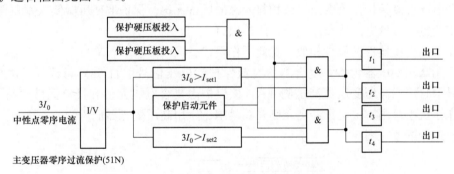

图 6-24　主变压器高压侧零序过流保护逻辑框图

5. 主变压器高压侧间隙电流零序过压保护

由于 220kV 系统接地方式为仅一台主变压器中性点直接接地，其他两台主变压器中性点接地开关断开，该保护适用于中性点不接地的主变压器。该保护作为变压器中性点不接地运行时的单相接地的后备保护，它接于变压器高压母线 TV 的开口三角，反映 $3U_0$。

该保护由主变压器中性点间隙过电流元件与零序过电压元件组成"或"门输出经短延时跳闸，作为变压器中性点不接地运行时单相接地故障的后备保护，其保护效能同于零序过电压保护，当零序过电压间隙被击穿时，间隙零序过流元件动作，经短延时跳闸。

保护逻辑框图见图 6-25。

6. 主变压器低压侧接地保护

主变压器低压侧接地保护采用零序电压 $3U_0$ 作为判据，零序电压取自主变压器低压侧 TV，保护动作于发信。

保护逻辑框图见图 6-26。

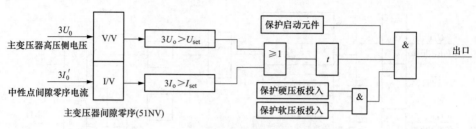

图 6-25　主变压器间隙零序过流保护逻辑框图

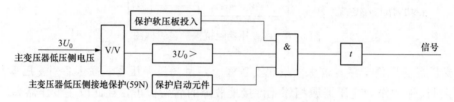

图 6-26　主变压器低压侧接地保护逻辑框图

7. 变压器复合电压过流保护（厂用高压变压器、高压备用变压器）

复合电压过流保护作为变压器或相邻元件的后备保护。保护取变压器低压侧和高压侧电流，经复合电压（低电压或负序电压）闭锁出口。

高压备用变压器保护原理相似，在此不作赘述。

以厂用高压变压器为例，复合电压过流保护的电压信号取自 6kV 母线 TV 电压回路，电流信号取自厂用高压变压器高压侧 TA，该保护由复合电压元件和过流元件"与"构成。保护动作于机组跳闸、主变压器高压侧开关跳闸、厂用高压变压器低压侧开关跳闸。

保护逻辑框图见图 6-27。

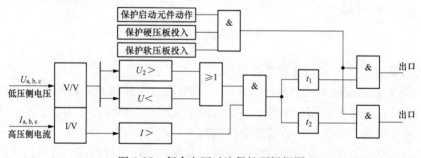

图 6-27　复合电压过流保护逻辑框图

8. 变压器低压侧限时速断保护（厂用高压变压器、高压备用变压器）

厂用高压变压器、高压备用变压器低压侧限时速断保护作为变压器低压侧引出线和6kV厂用母线相间短路故障的保护。该保护的电流信号取自变压器低压侧 TA，由过流元件加延时构成。当任一相电流大于速断整定值时动作于出口继电器，跳开变压器低压侧开关，并闭锁厂用快切装置。

保护逻辑框图见图 6-28。

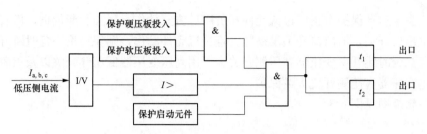

图 6-28　低压限时速断保护逻辑框图

9. 励磁变压器保护

励磁变压器保护设置有速断保护、过流保护、过负荷保护。当励磁变压器任一相电流大于速断整定值时速断保护动作；过流保护作为励磁变压器的后备保护，同样动作于跳闸；过负荷保护反应励磁变压器绕组的平均发热情况，保护动作于发信。

保护逻辑框图见图 6-29。

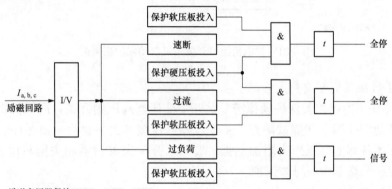

励磁变压器保护(50ET，51ET，49ET)

图 6-29　励磁变压器保护逻辑框图

10. 变压器非电气量保护

变压器非电气量保护包括重瓦斯、轻瓦斯、压力释放、冷却器全停、油温保护、绕组温度保护、油位保护等。发电机-变压器组保护装置和高压备用变压器保护装置均实现了电气量保护与非电量保护的彻底分离，由专门的非电气量保护装置来完成非电量保护。以发电机-变压器组的非电气量保护为例。

不需要延时跳闸的非电量通过压板直接去跳闸，需要延时跳闸的非电量通过CPU延时后，由 CPU 发出跳闸信号。非电量保护动作后，装置自动打印动作信息且可通过通信将信息传至监控系统。

保护逻辑框图见图 6-30。

（三）发电机-变压器组其他保护

1. 发电机出口开关失灵启动

当发电机-变压器组相关保护动作后

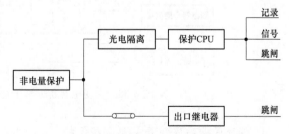

图 6-30　发电机-变压器组非电量保护逻辑框图

需要跳开发电机出口开关，而此时开关拒动，则需要扩大保护动作范围来切除故障点。发电机出口开关失灵启动保护由正序过流元件和负序过流元件作为附加判断依据，即有保护动作跳开发电机出口开关，但出口开关没跳开，且过流元件动作，则保护第一延时跳开发电机出口开关，第二延时跳开主变压器高压侧开关、厂用高压变压器低压侧开关以及灭磁开关，并同时启动主变压器高压侧开关失灵保护。

保护逻辑框图见图 6-31。

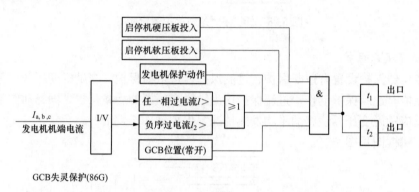

图 6-31　发电机出口开关失灵启动保护逻辑图

2. 主变压器高压侧开关失灵启动

当发电机-变压器组相关保护动作需要跳开主变压器高压侧开关，而开关拒动，也同样需要扩大保护动作范围来切除故障点。主变压器高压侧开关失灵启动由零序、负序过流元件，以及变压器各侧的电压作为附加判据。220kV 开关失灵启动相关资料请参照"220kV母线及线路保护"章节中的母差保护。

保护逻辑框图见图 6-32。

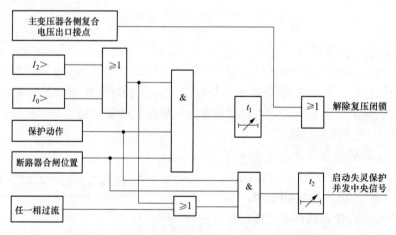

图 6-32　主变压器高压侧开关失灵启动保护逻辑图

3. 主变压器高压侧开关非全相保护

当开关发生非全相合闸或跳闸时，由于造成三相负荷不平衡，负序电流在发电机转子表面感应出涡流，使发电机转子发热严重甚至损坏，非全相保护是保护发电机转子不致发热损坏的保护装置。

保护逻辑框图见图 6-33。

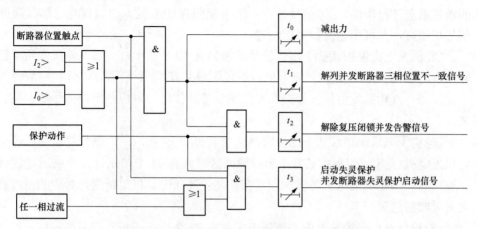

图 6-33 发电机出口开关失灵启动保护逻辑图

4. 热工保护

由燃气轮机、汽轮机、余热锅炉主机发出的热工跳闸信号至发电机-变压器组保护屏，使发电机跳闸的保护。

5. SFC 系统故障保护

请参照 SFC 章节。

四、保护装置运行与维护

（一）发电机-变压器组保护装置运行与维护

1. 保护装置面板运行

（1）燃气轮机发电机保护 A 柜（北京四方 CSC-306F）、燃气轮机变压器保护柜 A 柜（四方 CSC-316MG）、汽轮机发电机-变压器组保护 A 柜（四方 CSC-300G）。

1）面板上的 8 个指示灯分别为：保护运行、差动动作、匝间动作、后备动作、预告信号、TV 异常、TA 异常、装置异常。其中保护运行灯为绿色，其他 7 个灯均为红色。

2）当差动保护动作时，"差动动作"灯亮；当匝间保护动作时，"匝间动作"灯亮；当短路后备、接地故障保护、异常运行等后备保护动作于出口时，"后备保护"动作灯亮；当差流越限告警、接地故障保护、异常运行等保护动作于发信时，"预告信号"灯亮。

3）当 TV 异常时，"TV 异常"灯亮；TA 异常时，"TA 异常"灯亮；装置异常时，"装置异常"灯亮。这些灯光信号为自保持触点，这些灯亮后，需由运行人员复归。

（2）燃气轮机发电机保护 B 柜（南自 DGT801U-C）、燃气轮机变压器保护柜 B 柜（南自 DGT801U-B）、汽轮机发电机-变压器组保护 B 柜（南自 DGT801U-B）。

1）保护装置上状态指示区域共有 6 个指示灯，分别为运行闪光、呼唤打印、电源、出口跳闸、出口信号、装置故障。2 个操作按钮分别为液晶电源、信号复归。

2）6 个指示灯的含义分别为：①运行闪光：为保护装置的状态自检指示灯，正常运行时应以 1～2Hz 的频率闪亮。②呼唤打印：打印功能。③电源：保护装置的电源指示灯，正常运行时常亮。④出口跳闸：保护装置动作于跳闸后点亮，装置复归后熄灭。⑤出口信号：保护装置动作后点亮，装置复归后熄灭。⑥装置故障：保护装置故障时点亮。

3）2 个操作按钮的作用分别为：①液晶电源：保护装置液晶屏的唤醒开关，按下后液晶屏点亮，再次按下液晶屏熄灭（注：该液晶屏为非触控液晶屏，相关操作需通过保护装置右下角的触控板上进行操作）。②信号复归：用于复归保护装置上出口信号、出口跳闸区域的动作信号指示灯，并可用于复归保护装置。

4）燃气轮机发电机保护装置上出口信号区域共有 32 个指示灯，燃气轮机变压器保护装置和汽轮机发电机-变压器组保护装置上出口信号区域共有 48 个指示灯，分别对应燃气轮机发电机、变压器、汽轮机发电机各保护，当保护装置动作时，对应的出口信号灯点亮，装置复归后熄灭。

5）燃气轮机发电机保护装置上出口跳闸区域共有 16 个指示灯，燃气轮机变压器保护装置和汽轮机发电机-变压器组保护装置上出口跳闸区域共有 24 个指示灯，分别对应燃气轮机发电机、变压器、汽轮机发电机各保护，当保护装置动作时，机组跳闸，对应的出口跳闸灯点亮，装置复归后熄灭。

6）燃气轮机发电机保护装置上功能压板区共有 22 个功能压板及相关指示灯，燃气轮机变压器保护装置和汽轮机发电机-变压器组保护装置上功能压板区共有 52 个功能压板及相关指示灯，具体配置及投退状态详见本章第五节压板投退清单。

（3）燃气轮机发电机-变压器组非电量保护柜（四方 CSC-336C1B）。

1）面板上的 8 个指示灯分别为保护运行、跳闸、发信、备用、备用、备用、备用、告警。其中保护运行灯为绿色，其他 7 个灯均为红色。

2）当跳闸类非电量保护动作时，"跳闸"灯亮；当发信类非电量保护动作时，"发信"灯亮；当开入异常和装置异常时，"告警"灯亮。以上面板上的灯光信号均为自保持触点，这些灯亮后，运行人员可由面板上的复归按钮或远方复归命令复归此信号。

（4）汽轮机发电机-变压器组非电量保护柜（南自 DGT801U-E）。

1）保护装置上状态指示区域共有 5 个指示灯，分别为运行、电源、跳闸、信号、故障。1 个操作按钮分别为：信号复归。

2）6 个指示灯的含义分别为：①运行：为保护装置的状态自检指示灯，正常运行时应以 1～2Hz 的频率闪亮。②电源：保护装置的电源指示灯，正常运行时常亮。③跳闸：保护装置动作于跳闸后点亮，装置复归后熄灭。④信号：保护装置动作后点亮，装置复归后熄灭。⑤故障：保护装置故障时点亮。

3）信号复归操作按钮的作用为：用于复归保护装置上出口信号、出口跳闸区域的动作信号指示灯，并可用于复归保护装置。

4）保护装置上出口信号区域共有 32 个指示灯，分别对应燃气轮机发电机各保护，当保护装置动作时，对应的出口信号灯点亮，装置复归后熄灭。

5）保护装置上出口跳闸区域共有 16 个指示灯，分别对应燃气轮机发电机各保护，当保护装置动作，机组跳闸时，对应的出口跳闸灯点亮，装置复归后熄灭。

6）功能压板区共有 52 个功能压板及相关指示灯，具体配置及投退状态详见本章第五节压板投退清单。

2. 保护装置运行规定

（1）液晶显示屏作为人机接口及保护全部信息处理终端。正常运行时，显示主菜单，保护动作后显示保护动作或报警信息。

（2）保护装置运行时保护装置直流开关、交流开关应合上。

（3）发电机-变压器组保护每次动作，无论是否跳闸，均有信号指示，同时打印机自动打印一份动作报告，装置面板上相应的出口指示灯点亮，直至信号被复归。

（4）发电机-变压器组保护动作后的处理：收集和保存动作打印报告；保护动作后打印机自动记录打印动作报告，记录动作类型、动作时间及动作参数；记录下保护动作行为，然后手动复归信号，可远方复归或按装置面板上的"复归"按键复归；集中所有报告、记录分析动作原因；通知继保人员进行检查分析。

（5）发电机-变压器组保护运行中，若装置自检发现故障，发出装置故障信号，或出现运行指示灯指示不正常、显示器显示不正常等现象，应做以下处理：退出其所属保护出口压板，断开故障装置的直流电源；保留全部打印数据，记录有关现象；立即联系继保人员检查处理；若打印机异常，而微机保护无异常时，不必停用保护装置，只需联系继保人员对打印机进行适当处理。

（6）运行中来"TV断线"信号，"TA断线"信号，若不能复归信号，应立即联系继电保护人员检查处理。

（二）高压备用变压器保护装置运行与维护

1. 保护装置面板运行

（1）高压备用变压器保护A、B屏CSC-361BH电气量保护装置上设置有7个信号灯及一个保护复归按钮：

1）"保护运行"灯，装置正常运行时点亮。

2）"差动动作"灯，正常运行熄灭，差动保护动作点亮。

3）"后备动作"灯，正常运行熄灭，当短路后备、接地后备、断路器非全相、失灵保护等启动时点亮。

4）"预告信号"灯，正常运行熄灭，当保护动作于发信时点亮。

5）"TV异常"灯，正常运行熄灭，当TV回路异常时点亮；此灯亮，不能复归，立即联系继电保护人员检查处理。

6）"TA异常"灯，正常运行熄灭，当TA回路异常时点亮；此灯亮，不能复归，立即联系继电保护人员检查处理。

7）"装置异常"灯，正常运行熄灭，装置发生故障时点亮。

8）"1FA"复归按钮，用于复归本装置信号。装置上其余按钮，运行人员未经允许不得操作。

（2）高压备用变压器保护B屏CSC-336G1型非电气量保护装置上设置有4个信号灯及一个保护复归按钮：

1）"运行"灯，装置正常运行时点亮。

2）"跳闸"灯，保护动作出口跳闸点亮。

3）"发信"灯，保护动作出口发信号点亮。

4）"告警"灯，正常运行熄灭，保护装置本身故障点亮。

5）"35FA"复归按钮，用于复归本装置信号。装置上其余按钮，运行人员未经允许不得操作。

2. 高压备用变压器保护A屏YQX-31J型电压切换箱

（1）"Ⅰ母电压"灯，指示保护装置交流电压取自Ⅰ母TV；

（2）"Ⅱ母电压"灯，指示保护装置交流电压取自Ⅱ母TV。

3.高压备用变压器保护B屏JFZ-12TB操作箱

（1）"压力电源"灯，装置正常运行时点亮，表明装置直流电源切换回路正常。

（2）"Ⅰ母运行"灯/"Ⅱ母运行"灯，高压备用变压器接在Ⅰ母或Ⅱ母上运行，对应的灯点亮。

（3）"A相分位"灯、"B相分位"灯、"C相分位"灯，高压侧开关处于分闸状态时三个灯均应点亮。

（4）"A相合位1""B相合位1""C相合位1"灯，手合高压侧开关后（假设在一组电源供电情况下）应点亮。

（5）"一组A跳""一组B跳""一组C跳""一组永跳""状态不对应"灯，保护动作跳闸后（假设在一组电源供电情况下）应点亮。

（6）"复归按钮"，用于就地手动复归信号。装置上其余按钮，运行人员未经允许不得操作。

4.保护装置运行规定

（1）保护装置运行过程中，严禁随意按动面板上的键盘。

（2）保护装置投入运行，所有直流电源、交流电源开关应合上。

（3）装置可以检查到所有硬件的状态，包括开出回路的继电器线圈。运行人员可以通过告警灯和告警光字牌，检查装置是否处于故障状态，并可以通过液晶显示和打印报告了解故障位置和性质。

（4）保护动作后处理：完整准确地记录报警信号、装置液晶显示屏的内容；检查打印机的保护动作时间记录；收集、整理动作报告，集中所有报告，分析保护动作原因；通知继保人员进厂处理；查明保护动作原因，必要时对装置做模拟试验。

五、压板投退清单

1.发电机-变压器组保护装置压板投退清单（见表6-6～表6-13）

表6-6 　　　　　　　　　　　　　燃气轮机发电机保护A柜

压板性质	压板编号	压板名称	正常状态	备注
出口压板	1CLP2	跳燃气轮机发电机GCB出口1	√	跳#4/#5/#6燃气轮机发电机GCB出口1
	1CLP4	跳燃气轮机主变压器开关出口1	√	跳#4/#5/#6主变压器高压侧开关出口1
	1CLP5	跳燃气轮机SFC出口1	√	跳#4/#5/#6燃气轮机SFC出口1
	1CLP7	跳灭磁开关出口1	√	跳#4/#5/#6发电机灭磁开关出口1
	1CLP9	跳燃气轮机出口1	√	跳#4/#5/#6燃气轮机出口1
	1CLP10	跳燃气轮机出口2	√	跳#4/#5/#6燃气轮机出口2
	1CLP11	跳燃气轮机出口3	√	跳#4/#5/#6燃气轮机出口3
	1CLP14	6kV A段工作开关跳	√	跳#4/#5/#6机6kV A段工作开关
	1CLP15	启动6kV A段快切	√	
	1CLP16	6kV B段工作开关跳	√	跳#4/#5/#6机6kV B段工作开关
	1CLP17	启动6kV B段快切	√	
	1CLP20	保护动作总信号	√	

压板性质	压板编号	压板名称	正常状态	备注
功能压板	1KLP1	投入差动保护	√	
	1KLP2	投入匝间保护	√	
	1KLP3	投入短路后备保护	√	
	1KLP4	投入定子过负荷保护	√	
	1KLP5	投入负序过负荷保护	√	
	1KLP6	投入基波定子接地保护	√	
	1KLP7	投入三次谐波定子接地保护	√	
	1KLP11	投入励磁后备保护	√	
	1KLP12	投入转子过负荷保护	√	
	1KLP13	投入失磁保护	√	
	1KLP14	投入过电压保护	√	
	1KLP15	投入过励磁保护	√	
	1KLP16	投入逆功率保护	√	
	1KLP17	投入低频过流保护	√	
	1KLP18	投入启停机保护	√	
	1KLP19	投入频率异常保护	√	
	1KLP20	投入误上电保护	√	
	1KLP21	投入失步保护	√	
	1KLP22	投入 GCB 失灵保护	√	
	1KLP23	投入检修状态	×	保护装置检修时投入
	1KLP24	投入励磁系统故障联跳	√	
	1KLP25	投入热工保护	√	
	1KLP26	投入 SFC 故障联跳	√	若机组为供热机组时，此压板务必在机组启动完成后退出，下次启机前再投入
	1KLP29	投入转子接地保护	√	

表 6-7　　　　　　　　　　　燃气轮机发电机保护 B 柜

压板性质	压板编号	压板名称	正常状态	备注
出口压板	1XB	跳燃气轮机发电机 GCB 出口 2	√	跳＃4/＃5/＃6 燃气轮机发电机 GCB 出口 2
	2XB	跳灭磁开关出口 2	√	跳＃4/＃5/＃6 发电机灭磁开关出口 2
	3XB	跳燃气轮机出口 1	√	跳＃4/＃5/＃6 燃气轮机出口 1
	4XB	启动 GCB 开关失灵出口	√	
	7XB	保护动作总信号		
	9XB	跳燃气轮机主变压器开关出口 2	√	跳＃4/＃5/＃6 主变压器高压侧开关出口 2
	10XB	跳燃气轮机 SFC 出口 2	√	跳＃4/＃5/＃6 燃气轮机 SFC 出口 2
	11XB	跳燃气轮机出口 2	√	跳＃4/＃5/＃6 燃气轮机出口 2
	12XB	跳燃气轮机出口 3	√	跳＃4/＃5/＃6 燃气轮机出口 3

压板性质	压板编号	压板名称	正常状态	备注
功能压板	1	发电机差动	√	
	2	定子匝间（次灵敏段）	√	
	3	定子接地 $3U_0$	√	
	4	复压记忆过流	√	
	5	对称过负荷（反时限）	√	
	6	负序过负荷（反时限）	√	
	7	过电压保护	√	
	8	发电机过励磁（反时限）	√	
	9	逆功率保护 t2	√	
	10	励磁变压器过流	√	
	11	励磁变压器过负荷（反时限）	√	
	12	发电机失磁 t2	√	
	13	发电机失磁 t3	√	
	14	发电机失磁 t4	√	
	15	失步跳闸	√	
	16	低频过流	√	
	17	程跳逆功率	√	
	18	误上电	√	
	19	变频启动装置故障	√	若机组为供热机组时，此压板务必在机组启动完成后退出，下次启机前再投入
	20	励磁系统故障	√	
	21	系统保护动作联跳	√	
	22	转子接地	√	

表 6-8 　　　　　　　　　　　　　　　燃气轮机变压器保护 A 柜

压板性质	压板编号	压板名称	正常状态	备注
出口压板	1CLP1	主变压器保护跳燃气轮机主变压器开关出口 1	√	主变压器保护跳♯4/♯5/♯6 主变压器高压侧开关出口 1
	1CLP3	主变压器保护跳母联开关出口 1	√	♯4 机为跳母联 2012 开关，♯5、♯6 机为跳母联 2056 开关
	1CLP5	主变压器保护燃气轮机发电机 GCB 出口 1	√	主变压器保护跳♯4/♯5/♯6 燃气轮机发电机 GCB 出口 1
	1CLP7	主变压器保护跳燃气轮机出口 1	√	主变压器保护跳♯4/♯5/♯6 燃气轮机出口 1
	1CLP8	主变压器保护跳燃气轮机出口 2	√	主变压器保护跳♯4/♯5/♯6 燃气轮机出口 2
	1CLP9	主变压器保护跳灭磁开关出口 1	√	主变压器保护跳♯4/♯5/♯6 发电机灭磁开关出口 1
	1CLP11	主变压器保护跳 6kV 工作 A 段进线开关	√	主变压器保护跳♯4/♯5/♯6 机组 6kV 工作 A 段 614/615/616 进线开关

压板性质	压板编号	压板名称	正常状态	备注
出口压板	1CLP12	主变压器保护启动 6kV 工作 A 段快切	√	主变压器保护启动♯4/♯5/♯6 机组 6kV 工作 A 段快切装置
	1CLP13	主变压器保护跳 6kV 工作 B 段进线开关	√	主变压器保护跳♯4/♯5/♯6 机组 6kV 工作 B 段 617/618/619 进线开关
	1CLP14	主变压器保护启动 6kV 工作 B 段快切	√	主变压器保护启动♯4/♯5/♯6 机组 6kV 工作 B 段快切装置
	1CLP17	主变压器保护跳燃气轮机出口 3	√	主变压器保护跳♯4/♯5/♯6 燃气轮机出口 3
	1SLP1	主变压器保护解除复压闭锁	√	
	1SLP2	主变压器保护启动主变压器开关失灵 1	√	主变压器保护启动♯4/♯5/♯6 主变压器高压侧 2204/2205/2206 开关失灵 1
	1SLP3	断路器闪络保护解除复压闭锁	√	
	1SLP4	断路器闪络保护启动主变压器开关失灵	√	断路器闪络保护启动♯4/♯5/♯6 主变压器高压侧 2204/2205/2206 开关失灵
	ZLP22	启动主变压器通风	√	启动♯4/♯5/♯6 主变压器通风
	2CLP1	厂用高压变压器保护跳主变压器开关出口 1	√	厂用高压变压器保护跳♯4/♯5/♯6 主变压器高压侧 2204/2205/2206 开关出口 1
	2CLP3	厂用高压变压器保护跳发电机 GCB 出口 1	√	厂用高压变压器保护跳♯4/♯5/♯6 燃气轮机发电机 GCB 出口 1
	2CLP5	厂用高压变压器保护跳燃气轮机出口 1	√	厂用高压变压器保护跳♯4/♯5/♯6 燃气轮机出口 1
	2CLP6	厂用高压变压器保护跳燃气轮机出口 2	√	厂用高压变压器保护跳♯4/♯5/♯6 燃气轮机出口 2
	2CLP7	厂用高压变压器保护跳灭磁开关一线圈	√	
	2CLP9	厂用高压变压器保护跳 6kV 工作 A 段进线开关	√	
	2CLP10	厂用高压变压器保护启动 6kV 工作 A 段快切	√	
	2CLP11	厂用高压变压器保护闭锁 6kV 工作 A 段快切	√	
	2CLP12	厂用高压变压器保护跳 6kV 工作 B 段进线开关	√	
	2CLP13	厂用高压变压器保护启动 6kV 工作 B 段快切	√	
	2CLP14	厂用高压变压器保护闭锁 6kV 工作 B 段快切	√	
	2CLP17	厂用高压变压器保护跳燃气轮机出口 3	√	厂用高压变压器保护跳♯4/♯5/♯6 燃气轮机出口 3
	2SLP1	厂用高压变压器保护解除复压闭锁	√	
	2SLP2	厂用高压变压器保护启动主变压器开关失灵	√	
功能压板	1KLP11	投入主变压器开关非全相保护	√	
	1KLP1	投入主变压器差动保护	√	
	1KLP2	投入主变压器高后备保护	√	
	1KLP3	投入主变压器高零序保护	√	
	1KLP4	投入主变压器高间隙保护	√	
	1KLP5	投入主变压器过励磁保护	√	

压板性质	压板编号	压板名称	正常状态	备注
功能压板	1KLP6	投入主变压器高开关端口闪络保护	√	
	1KLP8	投入主变压器保护检修状态	×	
	2KLP1	投入厂用高压变压器差动保护	√	
	2KLP2	投入厂用高压变压器高压侧速断保护	√	
	2KLP3	投入厂用高压变压器高压侧过流保护	√	
	2KLP4	投入厂用高压变压器 A 分支后备保护	√	
	2KLP5	投入厂用高压变压器 A 分支零序保护	√	
	2KLP6	投入厂用高压变压器 B 分支后备保护	√	
	2KLP7	投入厂用高压变压器 B 分支零序保护	√	
	2KLP8	投入厂用高压变压器保护检修状态	×	

表 6-9　　　　　　　　　　　　　燃气轮机变压器保护 B 柜

压板性质	压板编号	压板名称	正常状态	备注
出口压板	1XB	主变压器保护跳灭磁开关出口 2	√	
	2XB	跳燃气轮机出口 1	√	
	3XB	主变压器保护跳发电机 GCB 出口 2		
	4XB	主变压器保护跳主变压器开关出口 2	√	
	5XB	主变压器保护跳母联开关出口 2	√	♯4 机为跳母联 2012 开关，♯5、♯6 机为跳母联 2056 开关
	6XB	跳 6kV 工作 A 段进线开关	√	
	7XB	跳 6kV 工作 B 段进线开关	√	
	8XB	启动 6kV 工作 A 段快切	√	
	9XB	启动 6kV 工作 B 段快切	√	
	10XB	闭锁 6kV 工作 A 段快切	√	
	11XB	闭锁 6kV 工作 B 段快切	√	
	12XB	启动主变压器高压侧开关失灵	√	
	13XB	解除复压闭锁出口	√	
	14XB	跳燃气轮机出口 2	√	
	15XB	跳燃气轮机出口 3	√	
	16XB	启动主变压器通风	√	
	19XB	跳分段 2015 开关出口 2	×	回路尚未接线
	20XB	跳分段 2026 开关出口 2	×	回路尚未接线
	21XB	保护动作总信号	√	
	22XB	非全相解除复压闭锁	√	
	23XB	非全相启动主变压器开关失灵	√	
	24XB	保护动作启动非全相	√	

压板性质	压板编号	压板名称	正常状态	备注
功能压板	1	主变压器差动	√	
	2	备用	√	
	3	主变压器复压过流	√	
	4	主变压器零序过流Ⅰt1	√	
	5	主变压器零序过流Ⅰt2	√	
	6	主变压器零序过流Ⅱt1	√	
	7	主变压器零序过流Ⅱt2	√	
	8	主变压器间隙零序过流过压	√	
	9	主变压器间隙零序电压	√	
	10	主变压器高压侧过电压	×	
	11	主变压器低压侧过电压	×	
	13	厂用高压变压器差动	√	
	16	厂用高压变压器复压过流 t1	√	
	17	厂用变压器低压侧零序过流 t1	√	
	18	厂用变压器低压侧零序过流 t2	√	
	20	厂用变压器 A 分支过流	√	
	21	厂用变压器 A 分支限时速断	√	
	22	厂用变压器 B 分支过流	√	
	23	厂用变压器 B 分支限时速断	√	
	25	断路器失灵保护	√	
	27	断路器非全相 t1	√	
	28	断路器非全相 t2	√	
	29	断路器非全相 t3	√	
	31	启动高压侧断路器失灵保护	√	
	30	主变压器通风	√	
	32	主变压器过励磁反时限	√	
	33	安稳系统联跳	×	安稳装置投运后再投入

表 6-10　　**燃气轮机发电机-变压器组非电气量保护柜**

压板性质	压板编号	压板名称	正常状态	备注
出口压板	5CLP1	跳燃气轮机主变压器开关出口 1	√	跳♯4/♯5/♯6 主变压器开关出口 1
	5CLP2	跳燃气轮机主变压器开关出口 2	√	跳♯4/♯5/♯6 主变压器开关出口 2
	5CLP3	跳 GCB 开关出口 1	√	跳♯4/♯5/♯6 发电机 GCB 出口 1
	5CLP4	跳 GCB 开关出口 2	√	跳♯4/♯5/♯6 发电机 GCB 出口 2
	5CLP5	跳灭磁开关出口 1	√	
	5CLP6	跳灭磁开关出口 2	√	

压板性质	压板编号	压板名称	正常状态	备注
出口压板	5CLP8	跳 6kV 工作 A 段进线开关	√	
	5CLP9	启动 6kV 工作 A 段快切	√	
	5CLP10	跳 6kV 工作 B 段进线开关	√	
	5CLP11	启动 6kV 工作 B 段快切	√	
	5CLP12	跳燃气轮机出口 1	√	
	5CLP13	跳燃气轮机出口 2	√	
	5CLP14	跳燃气轮机出口 3	√	
	4SLP1	启动主变压器开关失灵 1	√	
	4SLP2	启动主变压器开关失灵 2	√	
功能压板	5KLP1	投入主变压器重瓦斯跳闸	√	
	5KLP2	投入主变压器压力释放保护	×	
	5KLP3	投入主变压器油温超高保护	×	
	5KLP4	投入主变压器绕组温度超高保护	×	
	5KLP7	投入厂用高压变压器重瓦斯跳闸	√	
	5KLP8	投入厂用高压变压器压力释放保护	×	
	5KLP9	投入厂用高压变压器油温超高保护	×	
	5KLP10	投入厂用高压变压器绕温超高保护	×	
	5KLP13	投入励磁变压器超温跳闸	×	
	5KLP16	安稳切机 1	√	
	5KLP17	安稳切机 2	√	
	5KLP21	投入主变压器冷却器故障跳闸	√	
	5KLP23	投入母差失灵联跳 1	√	
	5KLP24	投入母差失灵联跳 2	√	
	5KLP25	投入保护装置检修状态	×	保护装置检修时投入

表 6-11   **汽轮机发电机-变压器组保护 A 柜**

压板性质	压板编号	压板名称	正常状态	备注
出口压板	1CLP1	跳汽轮机主变压器开关出口 1	√	跳 ♯7/♯8/♯9 主变压器开关出口 1
	1CLP3	跳母联开关出口 1	√	♯4 机为跳母联 2012 开关，♯5、♯6 机为跳母联 2056 开关
	1CLP5	关主汽门 1	√	
	1CLP6	关主汽门 2	√	
	1CLP7	跳灭磁开关出口 1	√	
	1CLP9	关主汽门 3	√	
	1SLP1	解除复压闭锁（保护动作）	√	
	1SLP2	启动汽轮机主变压器开关失灵	√	

压板性质	压板编号	压板名称	正常状态	备注
出口压板	1SLP3	断口闪络保护解除复压出口	√	
	1SLP4	断口闪络保护启动汽轮机主变压器开关失灵	√	
	1ZLP1	启动主变压器通风	√	
功能压板	1KLP1	投入发电机差动保护	√	
	1KLP2	投入发电机匝间保护	√	
	1KLP3	投入发电机短路后备保护	√	
	1KLP4	投入发电机定子过负荷保护	√	
	1KLP5	投入发电机负序过负荷保护	√	
	1KLP6	投入基波定子接地保护	√	
	1KLP7	投入三次谐波定子接地保护	√	
	1KLP11	投入励磁变压器后备保护	√	
	1KLP12	投入发电机转子过负荷保护	√	
	1KLP13	投入发电机失磁保护	√	
	1KLP14	投入发电机过电压保护	√	
	1KLP15	投入发电机过励磁保护	√	
	1KLP16	投入发电机逆功率保护	√	
	1KLP17	投入程跳逆功率保护	√	
	1KLP18	投入发电机启停机保护	√	
	1KLP19	投入发电机频率异常保护	√	
	1KLP20	投入发电机误上电保护	√	
	1KLP21	投入发电机失步保护	√	
	1KLP23	投入主变压器差动保护	√	
	1KLP24	投入主变压器后备1段保护	√	
	1KLP25	投入主变压器后备2段保护	√	
	1KLP26	投入主变压器零序1段保护	√	
	1KLP27	投入主变压器零序2段保护	√	
	1KLP28	投入主变压器间隙保护	√	
	1KLP29	投入主变压器过励磁保护	√	
	1KLP30	投入非全相保护	√	
	1KLP31	投入断口闪络保护	√	
	1KLP32	投入检修状态保护	×	保护装置检修时投入
	1KLP33	投入发电机转子接地跳闸保护	√	
	1KLP34	投入励磁系统故障联跳保护	√	
	1KLP35	投入发电机转子接地报警	√	

表 6-12　　　　　　　　　　汽轮机发电机-变压器组保护 B 柜

压板性质	压板编号	压板名称	正常状态	备注
出口压板	1XB	跳灭磁开关二出口 2	√	
	3XB	跳汽轮机主变压器开关出口 2	√	
	4XB	保护动作启动非全相	√	
	7XB	关主汽门 1	√	
	8XB	关主汽门 2	√	
	11XB	启动汽轮机主变压器开关失灵	√	
	13XB	跳分段 2015 开关出口 2	×	
	14XB	跳分段 2026 开关出口 2	×	
	15XB	跳母联开关出口 2	√	♯4 机为跳母联 2012 开关，♯5、♯6 机为跳母联 2056 开关
	16XB	启动主变压器通风	√	
	19XB	关主汽门 3	√	
	22XB	解除复压闭锁	√	
	24XB	保护动作总信号	√	
功能压板	1	发电机差动	√	
	2	定子接地 $3U_0$	√	
	3	发电机复压记忆过流	√	
	5	对称过负荷反时限	√	
	6	不对称过负荷反时限	√	
	7	发电机过电压	√	
	8	发电机过励磁反时限	√	
	9	发电机匝间	√	
	11	失磁 t2	√	
	12	失磁 t3	√	
	13	失磁 t4	√	
	14	失步跳闸	√	
	15	程跳逆功率	√	
	16	逆功率 t2	√	
	17	转子一点接地低定值	×	
	18	高频	√	
	19	低频	√	
	20	励磁变压器速段	√	
	21	励磁变压器过流	√	
	22	励磁变压器过负荷反时限	√	
	24	主变压器差动	√	
	25	主变压器复压过流	√	

续表

压板性质	压板编号	压板名称	正常状态	备注
功能压板	26	主变压器零序过流Ⅰt1	√	
	27	主变压器零序过流Ⅰt2	√	
	28	主变压器零序过流Ⅱt1	√	
	29	主变压器零序过流Ⅱt2	√	
	30	间隙零序过流过压	√	
	31	间隙零序过压	√	
	34	断路器闪络	√	
	35	误上电	√	
	36	启停机	√	
	37	转子接地跳闸	√	
	38	励磁系统故障联跳	√	
	39	断路器非全相t1	√	
	40	断路器非全相t2	√	
	41	断路器非全相t3	√	
	42	启动失灵（内部用）	√	

表 6-13　　汽轮机发电机-变压器组非电量保护柜

压板性质	压板编号	压板名称	正常状态	备注
出口压板	1XB	跳灭磁开关出口1	√	
	2XB	跳灭磁开关出口2	√	
	3XB	跳汽轮机主变压器开关出口1	√	
	4XB	跳汽轮机主变压器开关出口2	√	
	7XB	关主汽门1	√	
	8XB	关主汽门2	√	
	10XB	关主汽门3	√	
	11XB	保护动作总信号	√	
功能压板	17XB	投主变压器重瓦斯跳闸	√	
	18XB	投热工保护跳闸	√	
	19XB	投安稳失步B跳闸	×	
	20XB	投主变压器开关失灵联跳1	√	
	21XB	投主变压器开关失灵联跳2	√	
	22XB	投安稳失步A跳闸	×	
	23XB	投主变压器冷却器全停跳闸	√	
	24XB	投入主变压器绕组温度高保护	√	
	25XB	投入主变压器油温高保护	√	
	28XB	投入主变压器压力释放保护	√	

说明："√"表示正常运行投入，"×"表示正常运行时退出。

2. 高压备用变压器保护装置压板投退清单（见表 6-14、表 6-15）

表 6-14   **高压备用变压器保护装置保护 A 屏**

编号	压板名称	正常状态	压板功能及投退简要说明
1KLP1	差动保护压板	√	投入本屏差动保护
1KLP3	高压侧过流保护压板	√	投入本屏高压侧过流保护
1KLP4	高压侧零序Ⅰ段压板	√	投入本屏高压侧零序保护
1KLP5	高压侧零序Ⅱ段压板	×	
1KLP7	非全相保护压板	√	投入本屏非全相保护
1KLP8	启动失灵保护压板	√	此压板加用，本屏失灵保护投入运行
1KLP15	低压侧零流保护压板	√	投入本屏低压侧零序保护
1KLP17	闭锁远方操作压板	√	此压板用于闭锁后台对装置的远方控制功能（如远方修改保护定值），正常运行时投入
1KLP18	检修状态压板	×	此压板用于保护装置检修和调试时，断开装置与后台监控系统的通信，以减少调试信号对后台的干扰。此压板正常运行时退出
1CLP1	跳高压备用变压器高压侧开关1压板	√	保护出口启动高压侧开关第一组跳闸回路
1CLP2	跳高压备用变压器高压侧开关2压板	√	保护出口启动高压侧开关第二组跳闸回路
1CLP3	跳220kV母联开关1压板	√	保护出口启动母联开关第一组跳闸回路
1CLP4	跳220kV母联开关2压板	√	保护出口启动母联开关第二组跳闸回路
1CLP5	保护动作接点失灵用压板	√	本屏保护动作启动失灵回路压板
1CLP15	解除失灵复压闭锁1压板	√	失灵解闭锁出口压板，投退此压板的同时，应同时投退 BP-2 母线失灵保护屏上对应的开关失灵启动压板。高压备用变压器处于热备用状态时投入；或是高压备用变压器送电，准备合高压侧开关前投入；高压备用变压器退出备用必须退出
1CLP16	启动失灵1压板	√	失灵保护启动出口压板，投退此压板的同时，应同时投退 BP-2 母线失灵保护屏上对应的开关失灵启动压板。高压备用变压器处于热备用状态时投入；或是高压备用变压器送电，准备合高压侧开关前投入；高压备用变压器退出备用必须退出
1CLP18	启动失灵2压板	×	此压板为备用压板
35KLP1	重瓦斯压板	√	投入本体重瓦斯保护
35KLP2	调压重瓦斯压板	√	投入调压重瓦斯保护
35KLP3	压力释放压板	×	此压板不投入（当此压板投入时，压力释放保护出口启动高压侧开关第一组跳闸回路）
35KLP4	压力释放压板2	×	此压板不投入（当此压板投入时，压力释放保护出口启动高压侧开关第二组跳闸回路）
35KLP5	油温过高压板	×	此压板不投入
35KLP6	绕组温度过高压板	×	此压板不投入
35CLP1	跳高压备用变压器高压侧开关1压板	√	保护出口启动高压侧开关第一组跳闸回路
35CLP2	跳高压备用变压器高压侧开关2压板	√	保护出口启动高压侧开关第二组跳闸回路
35CLP5	跳A分支断路器压板	√	保护出口跳A分支
35CLP6	跳B分支断路器压板	√	保护出口跳B分支
35CLP7	跳C分支断路器压板	√	保护出口跳C分支

表 6-15　　　　　　　　　　　　　高压备用变压器保护装置保护 B 屏

编号	压板名称	正常状态	压板功能及投退简要说明
1KLP1	差动保护压板	√	投入本屏差动保护
1KLP3	高压侧过流保护压板	√	投入本屏高压侧过流保护
1KLP4	高压侧零序Ⅰ段压板	√	投入本屏高压侧零序保护
1KLP5	高压侧零序Ⅱ段压板	×	
1KLP7	非全相保护压板	√	投入本屏非全相保护
1KLP8	启动失灵保护压板	√	此压板加用，本屏失灵保护投入运行
1KLP9	A 分支后备保护压板	√	投入本屏 A 分支后备保护
1KLP10	B 分支后备保护压板	√	投入本屏 B 分支后备保护
1KLP11	C 分支后备保护压板	√	投入本屏 C 分支后备保护
1KLP15	低压侧零流保护压板	√	投入本屏低压侧零序保护
1KLP17	闭锁远方操作压板	√	此压板用于闭锁后台对装置的远方控制功能（如远方修改保护定值），正常运行时投入
1KLP18	检修状态压板	×	此压板用于保护装置检修和调试时，断开装置与后台监控系统的通信，以减少调试信号对后台的干扰。此压板正常运行时退出
1CLP1	跳高压侧断路器 1 压板	√	保护出口启动高压侧开关第一组跳闸回路
1CLP2	跳高压侧断路器 2 压板	√	保护出口启动高压侧开关第二组跳闸回路
1CLP3	跳高压母联 1 压板	√	保护出口启动母联开关第一组跳闸回路
1CLP4	跳高压母联 2 压板	√	保护出口启动母联开关第二组跳闸回路
1CLP5	保护动作接点失灵用压板	√	本屏保护动作启动失灵回路压板
1CLP8	A 分支跳闸压板	√	保护出口跳 A 分支
1CLP9	B 分支跳闸压板	√	保护出口跳 B 分支
1CLP10	C 分支跳闸压板	√	保护出口跳 C 分支
1CLP15	解除失灵复压闭锁 1 压板	√	失灵解闭锁出口压板，投退此压板的同时，应同时投退 BP-2 母线失灵保护屏上对应的开关失灵起动压。高压备用变压器处于热备用状态时投入；或是高压备用变压器送电，准备合高压侧开关前投入；高压备用变压器退出备用必须退出
1CLP16	启动失灵 1 压板	√	失灵保护起动出口压板，投退此压板的同时，应同时投退 BP-2 母线失灵保护屏上对应的开关失灵起压板。高压备用变压器处于热备用状态时投入；或是高压备用变压器送电，准备合高压侧开关前投入；高压备用变压器退出备用必须退出

注　1. "√"表示正常运行投入，"×"表示正常运行时退出。
　　2. 保护 A 屏中：以阿拉伯数字"1"开头的压板属于 CSC-361BH 型电气量保护装置的功能压板和出口压板，以阿拉伯数字"35"开头的压板属于 CSC-336G1 型非电气量保护装置的功能压板和出口压板；阿拉伯数字后第一个开头字母为"C"的，表示是出口压板，第一个开头字母为"K"的，表示是功能压板。
　　3. 当保护 A 屏中 CSC-361BH 型电气量保护装置或是 CSC-336G1 型非电气量保护装置本身发生装置故障，需要退出运行，而其他装置继续运行时，必须将故障装置所属功能压板和出口压板全部退出，并断开其直流电源开关。

3. 压板投入前的规定

（1）在投入功能压板之前，应确认相应保护的出口压板在退出位置。

（2）在投入功能压板之后，应检查相应保护未动作，若保护装置有动作报警，应检查确认原因，消除故障并复归信号。

（3）在投入出口压板之前，应检查相应的功能压板已投入，保护装置无动作报警、无异常信号。

（4）在投入出口压板之前，还需要测量压板两端电压。正常情况下，分别测量压板两端对地电压为：正极对地电压约为 0V，负极对地电压等于直流系统负母电压（我厂出口压板负极端子直接接在直流系统负母上）；若测量时直流系统母线有接地，应通知检修人员处理消除接地点，然后按照上述方法重新测量。

第三节　220kV 线路保护

一、220kV 线路保护配置原则及情况

220kV 线路保护遵循相互独立的原则按双重化配置，也就是说 220kV 线路保护无论是主保护还是后备保护均配置两套独立、完整的保护。惠电二期 220kV 每回线路在电厂侧的线路保护采用的是南瑞继保电气有限公司生产的 PCS-931A2 超高压线路成套保护装置以及北京四方 CSC-103A2 数字式高压线路保护装置。PCS-931A2 保护包括以分相电流差动和零序电流差动为主体的快速主保护，由工频变化量距离元件构成的快速 I 段保护，由三段式相间和接地距离、两段定时限零序方向过流及可作为充电保护的两段定时限相过流构成的全套后备保护，并配置有断路器三相不一致保护。保护可分相出口，配有自动重合闸功能，对单或双母线接线的开关实现单相重合、三相重合和综合重合闸。CSC-103A2 其主保护为纵联电流差动保护，后备保护为三段式距离保护、四段式零序电流保护、综合重合闸等，主要适用于 220kV 及以上电压等级的高压输电线路。220kV 线路保护装置具体配置见表 6-16。

表 6-16　　　　　　　　　　　　　220kV 线路保护配置

型号	配置				通信速率
PCS-931A2	分相电流差动	—	双光纤通道	单相重合闸	
CSC-103A2	零序电流差动	载波纵联距离	双光纤通道	三相重合闸	
	工频变化量距离	载波纵联零序	单载波通道	综合重合闸	2048kbit/s
	三段式接地距离				
	三段式相间距离				

二、220kV 线路保护原理简介

最常见的纵联保护可分为电力线载波纵联保护（简称高频保护）和光纤纵联保护（简称光纤保护）两种。高频保护包括专用载波（专用收发信机）和复用载波（与通信或远动合用收发信机）两种；光纤保护包括专用光纤、复用光纤和光纤纵联电流差动保护三种。

惠电 220kV 线路保护采用的是光纤保护，是利用光纤通道来传送输电线路两端比较信号的继电保护装置。其中光纤纵联电流差动保护是利用光纤通道来传送输电线路两端电流的幅值和相位，根据比较的结果区分是区内故障还是区外故障。可见纵联电流差动保护在每侧都直接比较两侧的电气量。类似于差动保护，因此称为纵联电流差动保护。下列为最常见的纵联保护通道：

（1）220kV 线路纵联保护通道大部分采用的是光纤通道，且优先采用复用 2M 光纤通道。要求两套纵联保护通道路相互独立，保护装置及接口装置具有地址识别功能。

（2）20km 及以下短线路应配置两套完全独立的全线速动保护，至少配置一套电流差动保护，通道优先采用专用光纤芯传输方式。

三、220kV 线路重合闸

在电力系统的线路故障中，架空线路故障大部分都是瞬时性故障。当线路被断路器迅速断开以后，电弧即行熄灭，故障点的绝缘强度重新恢复。此时，如果把断开的线路断路器再合上，就能够恢复正常的供电。因此，在线路被断开以后再进行一次合闸，就能在多数情况下重合成功，从而提高了供电的可靠性和连续性。

（1）启动方式。自动重合闸装置是高压线路的自动装置。其启动方式有两种，即保护启动和不对应起动。

当线路故障，保护动作跳闸的同时，启动重合闸装置，重合闸启动后，待开关跳闸后，经一个延时，发出合闸脉冲，这种启动方式为保护启动；在线路正常运行时，如发生开关偷跳，装置可以根据合闸手把与开关的位置不对应状态，启动重合闸，发出合闸脉冲，这种方式为不对应启动。

（2）重合方式。根据有关的规程和要求，重合闸装置必须具备以下几种重合方式可供选择：

1）单重方式：当线路发生单相故障时，继电保护动作跳闸，跳闸的同时起动重合闸。开关跳闸后，经单重时间，装置发出合闸脉冲进行单相重合闸，而未发生故障的两相在重合闸周期内仍然继续运行。若单相重合闸不成功，则三相重合一次，然后闭锁重合闸，不再重合。当线路发生相间故障，保护动作跳三相，虽然保护动作的同时，发出了启动重合闸的命令信号，但由于选定方式为"单重"，当开关三相跳闸时，重合闸装置闭锁重合闸，不发合闸脉冲，这就保证了单相跳闸能重合，三相跳闸不重合。

2）三重方式：选择三重方式时，无论线路发生单相或相间故障，继电保护装置均将线路三相断路器同时跳开，然后启动自动重合闸再同时重新合三相断路器。

3）综重方式：当线路发生单相故障时，切除故障相，实现一次单相重合闸；当线路发生各种相间故障时，则切除三相，实现一次三相重合闸。

4）停用方式：当选择重合闸为停用时，重合回路被放电，装置闭锁重合闸。无论线路发生单相或相间故障，均使开关跳三相不重合。

（3）重合时间。重合闸装置在开关跳闸之后，需要经一个延时，再发出合闸脉冲。这是考虑避开开关跳闸时间和故障点的熄弧时间，再加一个可靠系数，以保证重合时，故障已确实消失。重合闸装置中的重合时间分为三重时间和单重时间两种，应分别整定。一般单重时间较长，三重时间较短。

(4) 线路重合闸。在 PRC31-02 线路保护屏和 PRC02-24（或 PRC31BM-06）线路保护屏两屏均投入运行情况下，需投入线路重合闸时，两屏重合闸可同时投入运行，两屏重合闸压板投入，两屏上的重合闸方式开关应切换在相同的位置；若只起用单屏重合闸，则只投入该屏重合闸压板并将该屏重合闸方式开关切换至相应位置，另外一线路保护屏的重合闸压板退出，重合闸方式开关切换至"停用"位置。

1) 投入线路重合闸。

投入重合闸功能压板及出口压板，将重合闸方式选至"单重"或"三重"或"综重"位置，如果选择"单重"方式，则还须退出沟通三跳压板。

2) 退出线路重合闸。

投入沟通三跳压板，退出重合闸功能压板及出口压板，重合闸按钮打至"停用"位置。

四、220kV 线路保护压板投退清单

1. 昭巨甲线（6137）主一保护屏（见表 6-17）

表 6-17　　　　　　　　　　昭巨甲线（6137）主一保护屏

压板性质	压板编号	压板名称	正常状态	备注
保护压板	1LP1	A 相跳闸出口压板	√	
	1LP2	B 相跳闸出口压板	√	
	1LP3	C 相跳闸出口压板	√	
	1LP4	重合闸出口压板	√	
	1LP5	三相不一致跳闸出口压板	√	
	1LP7	闭锁主二保护重合闸压板	√	
	1LP10	A 相失灵启动压板	√	
	1LP11	B 相失灵启动压板	√	
	1LP12	C 相失灵启动压板	√	
	1LP19	光纤差动一投入	√	
	1LP20	光纤差动二投入	√	
	1LP21	投距离保护压板	√	
	1LP22	投零序保护压板	√	
	1LP23	过流保护投入	√	
	1LP25	远方操作投入	×	
	1LP26	投远跳压板	√	
	1LP27	保护装置检修状态投入	×	
	4LP1	第一组三相失灵出口	√	
	4LP2	第二组三相失灵出口	√	
重合方式开关：单重				

2. 昭巨甲线（6137）主二保护屏（见表6-18）

表6-18　　　　　　　　　　昭巨甲线（6137）主二保护屏

压板性质	压板编号	压板名称	正常状态	备注
保护压板	1LP1	A相跳闸出口压板	√	
	1LP2	B相跳闸出口压板	√	
	1LP3	C相跳闸出口压板	√	
	1LP4	重合闸出口压板	√	
	1LP5	三相不一致跳闸出口压板	√	
	1LP7	闭锁主一保护重合闸压板	√	
	1LP10	A相失灵启动压板	√	
	1LP11	B相失灵启动压板	√	
	1LP12	C相失灵启动压板	√	
	1LP19	纵联差动保护投入	√	
	1LP20	光纤差动一投入	√	
	1LP21	光纤差动二投入	√	
	1LP22	投距离保护压板	√	
	1LP23	投零序保护压板	√	
	1LP24	过流保护投入	×	
	1LP25	远方操作投入	×	
	1LP26	投远跳压板	√	
	1LP27	保护装置检修状态投入	×	
	重合方式开关：单重			

3. 昭巨乙线（6138）主一保护屏（见表6-19）

表6-19　　　　　　　　　　昭巨乙线（6138）主一保护屏

压板性质	压板编号	压板名称	正常状态	备注
保护压板	1LP1	A相跳闸出口压板	√	
	1LP2	B相跳闸出口压板	√	
	1LP3	C相跳闸出口压板	√	
	1LP4	重合闸出口压板	√	
	1LP5	三相不一致跳闸出口压板	√	
	1LP7	闭锁主二保护重合闸压板	√	
	1LP10	A相失灵启动压板	√	
	1LP11	B相失灵启动压板	√	
	1LP12	C相失灵启动压板	√	
	1LP19	光纤差动一投入	√	
	1LP20	光纤差动二投入	√	
	1LP21	投距离保护压板	√	

续表

压板性质	压板编号	压板名称	正常状态	备注
保护压板	1LP22	投零序保护压板	√	
	1LP23	过流保护投入	√	
	1LP25	远方操作投入	×	
	1LP26	投远跳压板	√	
	1LP27	保护装置检修状态投入	×	
	4LP1	第一组三相启失灵出口	√	
	4LP2	第二组三相启失灵出口	√	
		重合方式开关：单重		

4. 昭巨乙线（6138）主保二护屏（见表6-20）

表 6-20　　　　　　　　昭巨乙线（6138）主二保护屏

压板性质	压板编号	压板名称	正常状态	备注
保护压板	1LP1	A相跳闸出口压板	√	
	1LP2	B相跳闸出口压板	√	
	1LP3	C相跳闸出口压板	√	
	1LP4	重合闸出口压板	√	
	1LP5	三相不一致跳闸出口压板	√	
	1LP7	闭锁主一保护重合闸压板	√	
	1LP10	A相失灵启动压板	√	
	1LP11	B相失灵启动压板	√	
	1LP12	C相失灵启动压板	√	
	1LP19	纵联差动保护投入	√	
	1LP20	光纤差动一投入	√	
	1LP21	光纤差动二投入	√	
	1LP22	投距离保护压板	√	
	1LP23	投零序保护压板	√	
	1LP24	过流保护投入	×	
	1LP25	远方操作投入	×	
	1LP26	投远跳压板	√	
	1LP27	保护装置检修状态投入	×	
		重合方式开关：单重		

注　1. "√"表示正常运行投入，"×"表示正常运行时退出。

　　2. 各屏上的压板投入、退出，以及重合闸方式开关1QK的操作均应按调度命令执行。

第四节　220kV 母线保护

　　惠电二期母线保护装置分为保护 A 柜和 B 柜，分别采用的是深圳南瑞科技股份有限公司生产的 BP-2C 型和 PCS-915NB 型微机母线保护装置。微机母线保护装置可以实现母线差动保护、母联失灵保护、断路器失灵保护、母联死区保护、母联过流保护、母联非全相保护、TA 断线判别功能及 TV 断线判别等功能。其中差动保护、断路器失灵保护、母联过流保护可经硬压板、软压板及保护控制字分别选择投退。母线保护由保护元件、闭锁元件和管理元件三大系统组成。各系统独立工作，相互配合，完成对故障的判断和切除以及人机交互、通信管理。

一、母线保护的配置

（1）母线差动保护；

（2）母联死区保护；

（3）母联失灵保护；

（4）母联非全相保护；

（5）母联充电保护；

（6）母联过流保护；

（7）断路器失灵保护。

二、母线保护原理介绍

母线是电厂中的最重要的电气设备之一，起着汇集和分配电能的作用。母线上连接的设备多、电气接线复杂、电压等级高、与电网联系紧密，因此，母线故障的性质一般比较严重，对电力系统的安全危害较大。母线故障开始阶段多数表现为单相接地故障，而随着电弧的移动，故障往往发展为两相或三相接地短路。母线上连接元件的后备保护虽然可以切除母线故障，但时间较长，系统电压长时间降低，会破坏系统稳定性。综上所述，装设能够快速、准确、有选择切除故障的母线保护是十分必要的。

（一）母差保护原理

各种类型的母线保护就其对母线接线方式、电网运行方式、故障类型和故障点过渡电阻等方面的适应性来说，仍以按电流差动原理构成的母线保护为最佳，母线差动保护是电力系统发电厂及变电站高压母线的主保护。

1. 母线差动回路的构成

母线差动回路由母线大差动和几个各段母线的小差动所组成。①母线大差动：除母联断路器和分段断路器以外的母线所有其余支路构成的大差动回路。大差不受母线运行方式的影响，用于判别母线区内和区外故障。②各段母线小差动：与该段母线相连的各支路电流构成的差动回路，其中包括与该段母线相关联的母联断路器和分段断路器。小差元件与各支路隔离开关位置有关，软件自动识别，对小差电流实时组合。各段母线小差用于故障母线的选择。

电流互感器（TA）极性规定：支路 TA 极性为母线侧；母联断路器为 Ⅱ 母侧。如图 6-34 所示。

Ⅰ 母小差差动电流为

$$I_{d1} = |I_3 + I_4 - I_M|$$

Ⅱ 母小差差动电流为

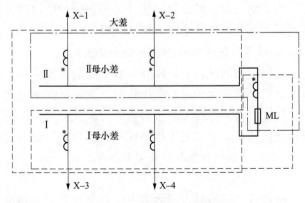

图 6-34 母差保护原理简图

$$I_{d2} = |I_1 + I_2 + I_M|$$

母线大差差动电流为

$$I_d = |I_1 + I_2 + I_3 + I_4|$$

式中：I_1 为 X-1 支路电流；I_2 为 X-2 支路电流；I_3 为 X-3 支路电流；I_4 为 X-4 支路电流；I_M 为流过母联的电流。

2. 母差保护的原理

规定了电流互感器（TA）的正级性端在母线侧，电流参考方向由线路流向母线为正方向后。正常运行时，在母线所有连接元件中，流入的电流和流出的电流相等，即

$$\sum I = |I_1 + I_2 + I_3 + I_4| = 0$$

（1）母差保护范围外故障时，如线路 3 上发生故障，如图 6-35 所示，此时线路 1、2、4 短路电流是流向母线，为正值，线路 3 电流是流出母线，为负值。把母线看成电路上的一个节点，由节点电流定理，各元件电流相量和为 0，所以差动电流为 0，差动保护不动作。

$$I_d = |I_1 + I_2 + I_3 + I_4| = 0$$

此时

$$|I_3| = |I_1 + I_2 + I_4|$$

（2）母差保护范围内故障时，如图 6-36 所示，各元件实际短路电流都是由线路流向母线，和参考方向一致，都是正值，此时差动电流很大，差流元件动作。

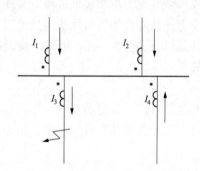

图 6-35　母差保护范围外故障图

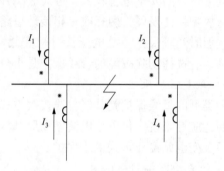

图 6-36　母差保护范围内故障图

此时

$$I_d = I_1 + I_2 + I_3 + I_4$$

为了防止由于差动保护或开关失灵保护的出口回路被误碰或出口继电器损坏等原因导致母线保护动作，增加了复合电压闭锁。

3. 母差保护逻辑框图（见图 6-37）

根据目前的母差保护原理，双母线的母差保护，在一次系统转换运行方式的过程中，应投入互联功能。因为在倒闸操作时，两条母线的隔离开关跨接在两母线之间，如果这时母线发生故障，母差保护无法正确判断。因此，这时应投入互联方式，即非选择方式，不进行故障母线的选择，一旦发生故障同时切除两段母线上的所有单元。

（二）母联死区保护、失灵保护

1. 母联死区保护

母线并列运行时，当故障发生在母联开关与母联电流互感器（TA）之间时，母联断路器侧母线段跳闸出口无法切除该故障，而电流互感器（TA）侧母线段的小差元件不会动作，

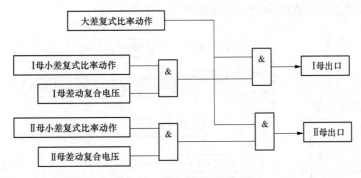

图 6-37　母差保护逻辑框图

这种情况称之为死区故障。

（1）如图 6-38 所示，母线并列运行时，当故障点在母联断路器 LK 与母联 TA 之间时，大差起动，Ⅰ母小差不动作，Ⅱ母小差动作跳母联断路器 LK、支路 3L、4L，但故障仍然存在。由于母差已动作于Ⅱ母、母联断路器 LK 已跳开、大差不返回、母联 TA 有电流，判死区故障，经延时闭锁母联 TA，母联电流不计入小差，跳Ⅰ母的 1L、2L。

（2）如图 6-39 所示，母线分列运行时，因为母联 TA 已闭锁，此时母联电流不计入小差，所以保护可直接跳故障母线，避免了故障切除范围的扩大。

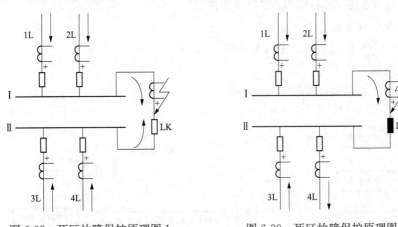

图 6-38　死区故障保护原理图 1　　图 6-39　死区故障保护原理图 2
（双母并列运行）　　　　　　　（双母分列运行）

上述两个保护有共同之处，即故障点在母线上，跳母联开关经延时后，大差元件不返回且母联电流互感器仍有电流，跳两段母线。

2. 母联失灵保护

当保护向母联发跳令后，经整定延时母联电流仍然大于母联失灵电流定值时，母联失灵保护经两母线电压闭锁后切除两母线上所有连接元件。只有母差保护和母联充电保护才启动母联失灵保护。

如图 6-40 所示，当Ⅰ母故障时，母线大差起动，Ⅰ母小差动作跳支路开关 1L、2L，但母联断路器 LK 应跳而未跳开，母联失灵过流，经延时闭锁母联 TA，Ⅱ母小差有电流，母差保护动作跳支路开关 3L、4L。

母联失灵保护、死区故障保护实现逻辑框图（见图 6-41）。

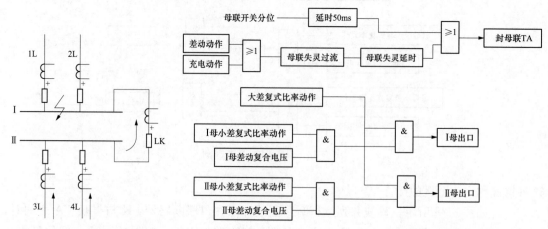

图 6-40 母差失灵保护原理图　　图 6-41 母联失灵保护、死区故障保护实现逻辑框图

（三）母联充电保护

双母接线主接线其中一条母线停电检修后，可通过母联开关对检修母线充电以恢复双母运行。此时投入母联充电保护，当检修母线有故障时，可跳开母联开关，切除故障。

母联充电保护的启动需同时满足三个条件：

（1）母联充电保护压板投入；

（2）其中一条母线已失压，且母联开关已断开；

（3）母联电流从无到有。

母联充电保护逻辑框图如图 6-42 所示。

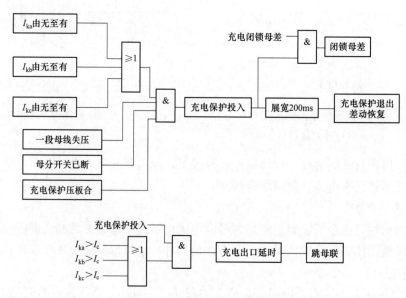

图 6-42 母联充电保护逻辑框图

I_{ka}—母联 A 相电流；I_{kc}—母联 C 相电流；I_{kb}—母联 B 相电流；I_c—充电保护电流定值

母联充电保护投入后，当母联任意一相电流大于充电电流定值，经整定延时跳开母联开关，不经复合电压闭锁。充电保护投入期间是否闭锁，差动保护可设置保护控制字相关项进行选择。

（四）母联过流保护

母联过流保护可以作为母线解列保护，也可以作为线路（变压器）的临时应急保护。

母联过流保护压板投入后，当母联任一相电流大于母联过流定值，或母联零序电流大于母联零序过流定值时，经可整延时跳开母联开关，不经复合电压闭锁。

母联过流保护逻辑框图如图 6-43 所示。

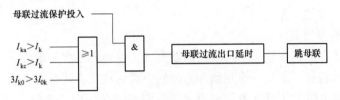

图 6-43　母联过流保护逻辑框图

I_{ka}—母联 A 相电流；I_{kc}—母联 C 相电流；$3I_{k0}$—母联零序电流；I_k—母联过流定值；$3I_{0k}$—母联零序过流定值

（五）电流回路断线闭锁

差电流大于 TA 断线定值，延时 9s 发 TA 断线告警信号，同时闭锁母差保护。电流回路正常后，0.9s 自动恢复正常运行。TA 断线逻辑图见图 6-44。

图 6-44　TA 断线逻辑框图

I_{da}—A 相大差电流；I_{db}—B 相大差电流；I_{dc}—C 相大差电流；I_{d-ct}—TA 断线定值

母联电流回路断线，并不会影响保护对区内、区外故障的判别，只是会失去对故障母线的选择性。因此，联络开关电流回路断线不需闭锁差动保护，只需转入母线互联（单母方式）即可。母联电流回路正常后，需手动复归恢复正常运行。由于联络开关的电流不计入大差，母联电流回路断线时上一判据并不会满足。而此时与该联络开关相连的两段母线小差电流都会越限，且大小相等、方向相反。

母联断路器 TA 断线逻辑框图见图 6-45。

图 6-45　母联断路器 TA 断线逻辑框

（六）电压回路断线告警

任何一段非空母线差动电压闭锁元件动作后延时 9s 发 TV 断线告警信号。除了该段母线的复合电压元件将一直动作外，对保护没有其他影响。

（七）断路器失灵保护

断路器失灵保护是指当故障线路或元件的继电保护装置动作发出跳闸脉冲后，断路器拒动时，能够以较短的时限切除同一变电站内其他相关断路器，以使停电限制在最小范围的一种近后备保护。

断路器失灵启动接入母线保护盘有两种方式。第一种接入方式：接入的量包括其他保护跳闸接点闭合和该断路器依然有电流两个信息，然后由母线保护装置经复合电压闭锁发跳闸命令。第二种接入方式：接入的量只是其他保护跳闸接点闭合的信息，判断该断路器是否有电流、是否有负序或零序电流、该连接元件接在哪条母线上，以及复合电压闭锁和计延时工作都由母线保护装置完成。

常用的为第一种接入方式。

1. 外部启动母联失灵保护

若有外部母联保护装置动作于母联断路器失灵，由该母联保护的失灵启动装置提供一个失灵起动接点给本装置。本装置检测到外部母联失灵启动接点闭合后，启动母联断路器失灵出口逻辑，当母联电流大于母联失灵定值（同母联失灵保护中的定值），经失灵复合电压闭锁，按可整定的"母联失灵延时"跳开Ⅰ母线或Ⅱ母线连接的所有断路器。

母联外部失灵启动逻辑框图见图 6-46。

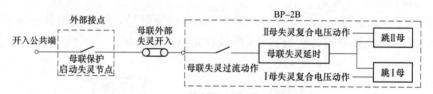

图 6-46 母联外部失灵启动逻辑框图

2. 断路器失灵保护

断路器失灵保护可以与母线保护公用跳闸出口，采用自带电流检测元件方式。

当母线所连的某断路器失灵时，由该线路或元件的失灵启动装置提供一个失灵启动接点给本装置。本装置检测到某一失灵启动接点闭合，且该元件电流三相任一相过流（可整定是否也经零序电流或负序电流过流），启动该断路器所连的母线段失灵出口逻辑，经失灵复合电压闭锁，按可整定的"失灵出口延时 1"跳开联络开关，"失灵出口延时 2"跳开该母线连接的所有断路器。

对于变压器或发电机-变压器组间隔，设置"解除失灵保护电压闭锁"的开入接点。如某支路失灵整定为不经电压闭锁，当该支路启动失灵保护开关接点和"解除失灵保护电压闭锁"的开入接点同时动作后，自动实现解除该支路所在母线的失灵保护电压闭锁。

若没有失灵启动装置，本装置本身可以实现检测断路器失灵的过流元件。将元件保护的保护跳闸接点引入装置。分相跳闸接点则分相检测电流，三相跳闸接点则检测三相电流。对于 220kV 系统，母差装置引入线路保护的三跳接点和单跳接点，变压器保护的三跳接点。

失灵过流逻辑框图见图 6-47。

3. 失灵电压闭锁元件

失灵的电压闭锁元件，与差动的电压闭锁类似，也是以低电压（线电压）、负序电压和

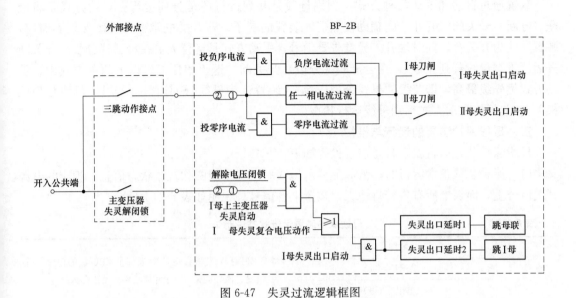

图 6-47　失灵过流逻辑框图

3 倍零序电压构成的复合电压元件。只是使用的定值与差动保护不同，需要满足线路末端故障时的灵敏度。同样失灵出口动作，需要相应母线段的失灵复合电压元件动作。

（八）母线分列运行的说明

对于分段母线（双母线或单母分段），当联络开关断开，母线分列运行时，需要考虑以下两种情况。

如图 6-48 所示，母线分列运行时，Ⅱ母故障，Ⅰ母上的负荷电流仍然可能流出母线。特别是在Ⅰ、Ⅱ线分别接大、小电源或者母线上有近距离双回线时，电流流出母线的现象特别严重。此时，大差灵敏度下降。因此，装置的大差比率元件采用 2 个定值，母线并列运行时，用比率系数高值；母线分列运行时，用比率系数低值。装置根据母线运行状态自动切换定值。

如图 6-49 所示，母线分列运行时，死区故障，故障点位于母联的开关和 TA 之间。装置直接封母联 TA，此时差动保护只出口跳Ⅱ母。

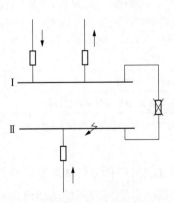

图 6-48　母线分列运行Ⅱ母故障

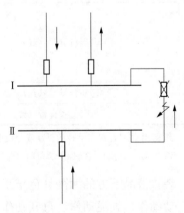

图 6-49　母线分列运行死区故障

装置通过自动和手动两种方式，判别母线是并列运行还是分列运行。自动方式是将母联（分断）开关的常开和常闭辅助接点引入装置的端子，若开关的常开和常闭接点不对应，装置默认为开关合，同时发开入异常告警信号；手动方式是运行人员在母联（分段）开关断开后，投"母线分列压板"，在合母联（分段）开关前，退出该压板。以上两种方式中，手动方式优先级最高，即若投"母线分列压板"，装置认为母线分列运行；若退"母线分列压板"，装置根据自动方式判别母线运行状态。

三、母线保护装置的运行与维护

母线保护装置运行状态日常巡视检查如下：

（1）保护装置正常运行时，液晶屏显示母线一次主接线图和装置状态信息，相应的电源开关应合上，面板上所有告警灯熄灭，装置上各信号灯说明如表 6-21 所示。

表 6-21　　　　　　　　　　母线保护装置运行状态说明 1

信号灯	○管理（绿）	分别指示装置管理 CPU 及保护 CPU 板的程序运行情况，该灯点亮，表示相应板件程序正常运行
	○保护（绿）	
	○闭锁（绿）	
	○Ⅰ母差动动作（红）	差动保护动作情况指示
	○Ⅱ母差动动作（红）	
	○Ⅲ母差动动作（红）	
	○Ⅰ母失灵动作（红）	断路器失灵保护动作情况指示
	○Ⅱ母失灵动作（红）	
	○Ⅲ母失灵动作（红）	
	○母联动作（红）	跳母联动作情况指示
	○失灵跟跳动作（红）	失灵跟跳动作情况指示
	○TA 断线（红）	装置 TA 断线故障告警指示
	○TA 告警（红）	装置 TA 告警故障告警指示
	○TV 断线（红）	装置 TV 断线故障告警指示
	○母线互联（红）	装置互联状态指示
	○隔离开关告警（红）	开入接点变化及隔离开关位置异常
	○运行异常（红）	失灵接点误启动主变压器失灵解闭锁误开入/误投"母联检修"；压板/母联 TA 断线/断路器接点不对应等运行异常情况指示
	○装置异常（红）	装置硬件故障
	○母联位置异常（红）	母联断路器接点异常告警指示

说明：母联动作信号灯仅在单独的母联或分段保护动作时才点亮，但母联（分段）失灵动作时不会点亮。点亮情况有：母联（分段）过流保护、母联（分段）非全相保护等。

（2）装置液晶下方的两列红色指示灯，分别为装置的出口信号灯和告警信号灯。出口信号包括差动动作、失灵动作、母联动作。每一信号灯点亮分别对应保护功能出口动作，同时装置相应的中央信号接点（自保持）、远动接点和启动录波接点一起闭合。告警信号的名称、含义如表 6-22 所示。

表 6-22   **母线保护装置运行状态说明 2**

告警信号	可能原因	导致后果	处理方法
TA 断线	TA 的变比设置错误 TA 的极性接反 接入母差装置的 TA 断线 其他持续使差电流大于 TA 断线门槛定值的情况	闭锁差动保护	1) 查看各支路电流幅值、相位关系； 2) 确认变比设置正确； 3) 确认电流回路接线正确； 4) 如仍无法排除，则建议退出装置，尽快安排检修
TA 告警	同"TA 断线"	仅告警	同"TA 断线"
TV 断线	电压相序接错 电压互感器断线或检修 保护元件电压回路异常	保护元件中该段母线失去电压闭锁	1) 查看各段母线电压幅值、相位； 2) 确认电压回路接线正确； 3) 确认电压空气开关处于合位； 4) 尽快安排检修
母线互联	母线处于经隔离开关互联状态	保护进入非选择状态，大差比率动作则切除互联母线	确认是否符合当时的运行方式，是则不用干预，否则使用强制功能恢复保护与系统的对应关系
	母线互联硬压板投入		确认是否需要强制母线互联，否则解除压板
	母联 TA 断线	保护进入非选择状态，大差比率动作则切除互联母线	1) 查看母联支路电流幅值、相位关系； 2) 确认变比设置正确； 3) 确认电流回路接线正确； 4) 母联有穿越性电流时，检查断路器位置接点是否接反； 5) 如仍无法排除，则建议退出装置，尽快安排检修
运行异常	失灵误开入	闭锁该失灵开入	1) 复归信号； 2) 检查相应的失灵启动回路
	主变压器失灵解闭锁误开入	对应主变压器间隔的失灵闭锁电压开放	1) 复归信号； 2) 检查相应的主变压器失灵解闭锁开入回路
	三相不一致误开入	闭锁三相不一致开入	1) 复归信号； 2) 检查相应的开入回路
	误投"母联检修"压板	可能导致母差保护判断母线运行方式错误，小差电流的计算及大差制动系数的切换不正确	1) 复归信号； 2) 检查"母联检修"压板投入是否正确
	母联常开常闭接点状态与实际不对应		1) 复归信号； 2) 检查母联常开常闭接点是否正确
	母联 TA 断线	同"母线互联"的母联 TA 断线	同"母线互联"的母联 TA 断线
	TV 断线	同"TV 断线"	同"TV 断线"
	主变压器低压侧断路器跳闸联跳误开入	闭锁该主变压器低压侧断路器跳闸联跳开入	1) 复归信号； 2) 检查相应的该主变压器低压侧断路器跳闸联跳开入回路

续表

告警信号	可能原因	导致后果	处理方法
隔离开关告警	开入接点变化	告警	确认变位的接点状态显示是否符合当时的运行方式,是则复归信号,否则检查开入回路
	隔离开关位置修正	修正隔离开关	1) 复归信号; 2) 检查变化的隔离开关辅接点输入回路
装置异常	装置硬件故障	退出保护功能	1) 退出保护装置; 2) 查看装置自检菜单,确定故障原因; 3) 交检修人员处理,并联系厂家
母联位置异常	母联常开常闭接点状态异常	可能导致母差保护判断母线运行方式错误,小差流的计算及大差制动系数的切换不正确	1) 复归信号; 2) 检查母联常开常闭接点是否正确

四、二期 220kV 母线保护压板投退清单

（1）BP-2C 微机母线差动保护 A 柜（见表 6-23）。

表 6-23   **BP-2C 微机母线差动保护 A 柜**

压板性质	压板编号	压板名称	正常状态	备注
出口压板	1LP1	母联跳闸	√	
	1LP2	跳#5 主变压器 2205 断路器	√	
	1LP3	跳#8 主变压器 2208 断路器	√	
	1LP6	跳昭巨甲线 6137 断路器	√	
	1LP7	跳昭巨乙线 6138 断路器	√	
	1LP14	跳#6 主变压器 2206 断路器	√	
	1LP15	跳#9 主变压器 2209 断路器	√	
	1LP19	跳分段 2015 断路器	√	
	1LP20	跳分段 2026 断路器	√	
	1LP25	#5 主变压器 2205 断路器失灵联跳	√	
	1LP26	#8 主变压器 2208 断路器失灵联跳	√	
	1LP29	#6 主变压器 2206 断路器失灵联跳	√	
	1LP30	#9 主变压器 2209 断路器失灵联跳	√	
功能压板	1LP37	投入差动保护	√	
	1LP38	投入失灵保护	√	
	1LP39	投入 V 母 Ⅵ 母互联	×	
	1LP43	投入母联 2056 断路器检修	×	
	1LP44	投入分段 2015 断路器检修	×	
	1LP45	投入分段 2026 断路器检修	×	
	1LP46	投入保护检修状态	×	

（2）PCS-915NB 微机母线失灵保护 B 柜（见表6-24）。

表 6-24　　　　　　　　　　　　PCS-915NB 微机母线失灵保护 B 柜

压板性质	压板编号	压板名称	正常状态	备注
出口压板	1LP1	跳母联 2056 断路器	√	
	1LP2	跳#5 主变压器 2205 断路器	√	
	1LP3	跳#8 主变压器 2208 断路器	√	
	1LP6	跳昭巨甲线 6137 断路器	√	
	1LP7	跳昭巨乙线 6138 断路器	√	
	1LP12	跳#6 主变压器 2206 断路器	√	
	1LP13	跳#9 主变压器 2209 断路器	√	
	1LP14	跳分段 2015 断路器	√	
	1LP15	跳分段 2026 断路器	√	
	1LP19	#5 主变压器 2205 断路器失灵联跳	√	
	1LP20	#8 主变压器 2208 断路器失灵联跳	√	
	1LP21	#6 主变压器 2206 断路器失灵联跳	√	
	1LP22	#9 主变压器 2209 断路器失灵联跳	√	
功能压板	1LP28	投入差动保护	√	
	1LP29	投入失灵保护	√	
	1LP30	投入Ⅴ母Ⅵ母互联	×	
	1LP34	投入母联 2056 断路器检修	×	
	1LP35	投入分段 2015 断路器检修	×	
	1LP36	投入分段 2026 断路器检修	×	
	1LP45	投入保护装置检修状态	×	

（3）母联 2056 断路器保护屏（见表6-25）。

表 6-25　　　　　　　　　　　　母联 2056 断路器保护屏

压板性质	压板编号	压板名称	正常状态	备注
保护压板	8LP1	过流保护跳母联 2056 断路器Ⅰ跳	×	
	8LP2	过流保护跳母联 2056 断路器Ⅱ跳	×	
	8LP3	三相不一致跳母联 2056 断路器Ⅰ跳	√	
	8LP4	三相不一致跳母联 2056 断路器Ⅱ跳	√	
	8LP10	过流保护投入压板	×	
	8LP18	投入保护装置检修状态	×	
	4LP1	启动母联 2056 断路器失灵Ⅰ	√	
	4LP2	启动母联 2056 断路器失灵Ⅱ	√	

（4）分段 2015 断路器保护屏（见表 6-26）。

表 6-26　　　　　　　　　　　分段 2015 断路器保护屏

压板性质	压板编号	压板名称	正常状态	备注
保护压板	8LP1	过流保护跳分段 2015 断路器 I 跳	×	
	8LP2	过流保护跳分段 2015 断路器 II 跳	×	
	8LP3	三相不一致跳分段 2015 断路器 I 跳	√	
	8LP4	三相不一致跳分段 2015 断路器 II 跳	√	
	8LP10	过流保护投入压板	×	
	8LP18	投入保护装置检修状态	×	
	4LP1	一期母线保护 A 屏启动分段 2015 断路器失灵 I	√	
	4LP2	一期母线保护 B 屏启动分段 2015 断路器失灵 II	√	
	4LP3	二期母线保护 A 屏启动分段 2015 断路器失灵 III	√	
	4LP4	二期母线保护 B 屏启动分段 2015 断路器失灵 IV	√	

（5）分段 2026 断路器保护屏（见表 6-27）。

表 6-27　　　　　　　　　　　分段 2026 断路器保护屏

压板性质	压板编号	压板名称	正常状态	备注
保护压板	8LP1	过流保护跳分段 2026 断路器 I 跳	×	
	8LP2	过流保护跳分段 2026 断路器 II 跳	×	
	8LP3	三相不一致跳分段 2026 断路器 I 跳	√	
	8LP4	三相不一致跳分段 2026 断路器 II 跳	√	
	8LP10	过流保护投入压板	×	
	8LP18	投入保护装置检修状态	×	
	4LP1	一期母线保护 A 屏启动分段 2026 断路器失灵 I	√	
	4LP2	一期母线保护 B 屏启动分段 2026 断路器失灵 II	√	
	4LP3	二期母线保护 A 屏启动分段 2026 断路器失灵 III	√	
	4LP4	二期母线保护 B 屏启动分段 2026 断路器失灵 IV	√	

说明："√"表示正常运行投入，"×"表示正常运行时退出。正常运行指 V 母、VI 母双母运行，母联断路器 2056 合上。

第五节　厂用电保护

一、6kV 母线保护

惠电二期 6kV 母线的保护为 WDZ-5211 线路综合保护测控装置，主要用于馈线、分支或母线分段回路的综合保护和测控，内设三段过流保护、二段零序过流保护、过负荷保护、后加速保护，动作于跳厂用高压变压器低压侧开关。装置可配置独立的操作回路和防跳回路。

1. 保护配置

（1）三段过流保护（二段可经低电压闭锁）。

（2）二段零序过流保护。

（3）过负荷保护。

（4）后加速保护。

（5）TA 断线告警。

（6）TV 断线告警。

2. 主要保护功能和原理

（1）过流一段保护。

1）保护动作逻辑框图（见图 6-50）。

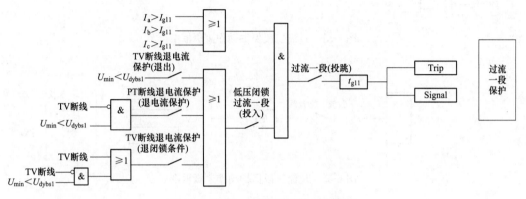

图 6-50　过流一段保护动作逻辑框图

2）保护动作判据。

$$\begin{cases} I_{\max} > I_{\mathrm{gl1}} \\ t > t_{\mathrm{gl1}} \\ U_{\min} < U_{\mathrm{dybs1}} \end{cases}$$

式中：$I_{\max}$ 为 A、B、C 相电流（I_{a}、I_{b}、I_{c}）最大值，A；I_{a} 为 A 相电流值，A；I_{b} 为 B 相电流值，A；I_{c} 为 C 相电流值，A；$U_{\min}$ 为 AB、BC、CA 线电压（U_{ab}、U_{bc}、U_{ca}）最小值，V；U_{ab} 为 AB 线电压，V；U_{bc} 为 BC 线电压，V；U_{ca} 为 CA 线电压，V；I_{gl1} 为过流一段保护动作电流整定值，A；t_{gl1} 为过流一段保护动作时间整定值，s；U_{dybs1} 为低电压闭锁过流一段电压整定值，V。

（2）过流二段保护。

1）保护动作逻辑框图（见图 6-51）。

2）保护动作判据。

$$\begin{cases} I_{\max} > I_{\mathrm{gl2}} \\ t > t_{\mathrm{gl2}} \\ U_{\min} < U_{\mathrm{dybs2}} \end{cases}$$

式中：I_{gl2} 为过流二段保护动作电流整定值，A；t_{gl2} 为过流二段保护动作时间整定值，s；U_{dybs2} 为低电压闭锁过流二段电压整定值，V。

（3）过流三段保护。

1）保护动作逻辑框图（见图 6-52）。

2）保护动作判据。

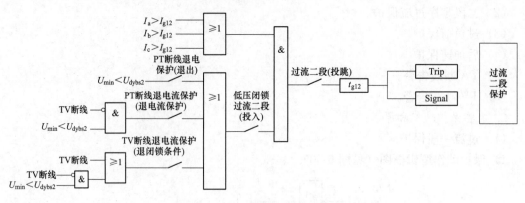

图 6-51　过流二段保护动作逻辑框图

图 6-52　过流三段保护动作逻辑框图

$$\begin{cases} I_{\max} > I_{gl3} \\ t > t_{gl3} \end{cases}$$

式中：I_{gl3} 为过流三段保护动作电流整定值，A；t_{gl3} 为过流三段保护动作时间整定值，s。

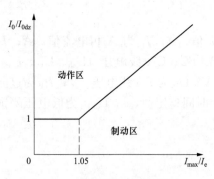

图 6-53　带相电流制动的零序过流保护动作曲线

（4）零序过流一段保护。

装置设有 TA 断线瞬时闭锁，以防止 TA 断线引起的自产零序过流保护误动作。为防止三相电流互感器特性不一致产生的不平衡电流引起自产零序过流保护误动作，采用了最大相电流 $I_{\max}$ 作制动量。保护动作曲线如图 6-53 所示。

1）保护动作逻辑框图。

①零序电流外接时，零序过流二段逻辑（见图 6-54）。

②零序电流自产时，带相电流制动逻辑（见图 6-55）。

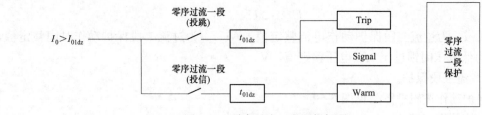

图 6-54　零序过流一段逻辑框图

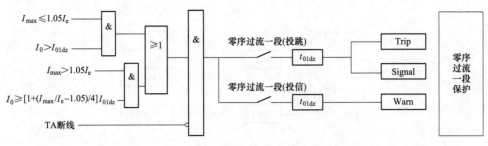

图 6-55　零序过流一段带相电流制动逻辑框图

③零序电流自产时，不带相电流制动逻辑（见图 6-56）。

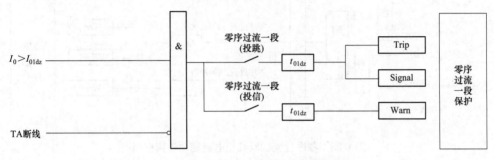

图 6-56　零序过流一段不带相电流制动逻辑框图

2）保护动作判据。

①零序电流外接，零序过流。

$$\begin{cases} I_0 > I_{01dz} \\ t_0 > t_{01dz} \end{cases}$$

②零序电流自产，带相电流制动。

$$\begin{cases} I_0 > I_{01dz} & I_{max} \leqslant 1.05I_e \\ I_0 > [1 + (I_{max}/I_e - 1.05)/4]I_{01dz} & I_{max} > 1.05I_e \\ t_0 > t_{01dz} \end{cases}$$

③零序电流自产，不带相电流制动。

$$\begin{cases} I_0 > I_{01dz} \\ t_0 > t_{01dz} \end{cases}$$

式中：I_{01dz} 为零序过流一段保护动作电流整定值，A；t_{01dz} 为零序过流一段保护动作时间整定值，s；I_e 为线路额定电流，A。

（5）零序过流二段保护。

1）保护动作逻辑框图。

①零序电流外接时，零序过流二段逻辑（见图 6-57）。

②零序电流自产时，带相电流制动逻辑（见图 6-58）。

③零序电流自产时，不带相电流制动逻辑见图 6-59。

2）保护动作判据。

①零序电流外接，零序过流。

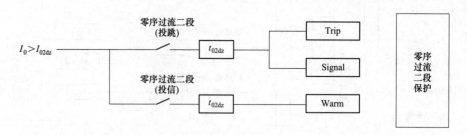

图 6-57 零序过流二段逻辑框图

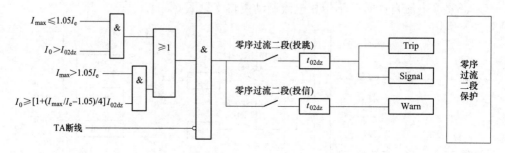

图 6-58 零序过流二段带相电流制动逻辑框图

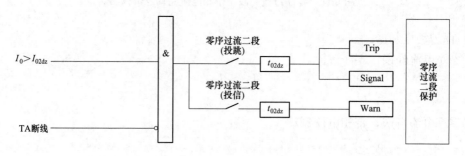

图 6-59 零序过流二段不带相电流制动逻辑框图

$$\begin{cases} I_0 > I_{02dz} \\ t_0 > t_{02dz} \end{cases}$$

②零序电流自产，带相电流制动。

$$\begin{cases} I_0 > I_{02dz} & I_{max} \leqslant 1.05 I_e \\ I_0 > [1 + (I_{max}/I_e - 1.05)/4] I_{02dz} & I_{max} > 1.05 I_e \\ t_0 > t_{02dz} \end{cases}$$

③零序电流自产，不带相电流制动：

$$\begin{cases} I_0 > I_{02dz} \\ t_0 > t_{02dz} \end{cases}$$

式中：I_{02dz} 为零序过流二段保护动作电流整定值，A；t_{02dz} 为零序过流二段保护动作时间整定值，s；I_e 为线路额定电流，A。

（6）过负荷保护。

过负荷保护提供定时限、正常反时限、非常反时限、超常反时限供选择。

1）保护动作逻辑框图（见图 6-60）。

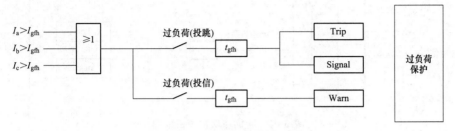

图 6-60　过负荷保护逻辑框图

2）保护动作判据。

①定时限保护动作判据。

$$\begin{cases} I_{\max} > I_{gfh} \\ t > t_{gfh} \end{cases}$$

②正常反时限保护动作判据。

$$\begin{cases} I_{\max} > I_{gfh} \\ t > \dfrac{0.14}{\left(\dfrac{I_{\max}}{I_{gfh}}\right)^{0.02} - 1} \times t_{gfh} \end{cases}$$

③非常反时限保护动作判据。

$$\begin{cases} I_{\max} > I_{gfh} \\ t > \dfrac{13.5}{\dfrac{I_{\max}}{I_{gfh}} - 1} \times t_{gfh} \end{cases}$$

④超常反时限保护动作判据。

$$\begin{cases} I_{\max} > I_{gfh} \\ t > \dfrac{80}{\left(\dfrac{I_{\max}}{I_{gfh}}\right)^{2} - 1} \times t_{gfh} \end{cases}$$

式中：I_{gfh} 为过负荷保护动作电流整定值，A；t_{gfh} 为过负荷保护动作时间整定值，s。

（7）后加速保护。

为防止合闸于故障线路，装置提供了后加速保护。后加速信号支持电平信号和脉冲信号输入或检测开关位置由分到合变位，后加速保护投入 5s。

①保护动作逻辑框图（见图 6-61）。

②保护动作判据。

$$\begin{cases} I_{\max} > I_{hjs} \\ t > t_{hjs} \\ 后加速保护开放或开关由分到合 \end{cases}$$

式中：I_{hjs} 为后加速保护动作电流整定值，A；t_{hjs} 为后加速保护动作时间整定值，s。

（8）瞬时 TA 断线闭锁功能。

189

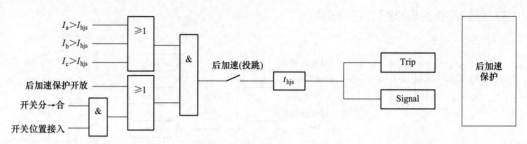

图 6-61　后加速保护逻辑框图

1）TA 断线判别是基于以下假设的：

①TA 断线不是所有相同时发生的；

②TA 断线与故障不是同时发生的。

2）满足下述任一条件不进行 TA 断线判别：

①启动前最大相电流小于 $0.2I_e$，则不进行 TA 断线判别；

②起动后最大相电流大于 $1.2I_e$；

③起动后电流比起动前增加。

3）只有在自产零序过流元件起动后，才进入瞬时 TA 断线判别程序。电流同时满足下列条件认为是 TA 断线：

①只有一相或两相电流为零；

②其他两相或一相电流与起动前电流相等。

4）满足下列条件，才解除 TA 断线闭锁：

①电流不满足单相断线或两相断线；

②对应保护元件返回。

（9）TV 断线告警。

1）保护动作逻辑框图（见图 6-62）。

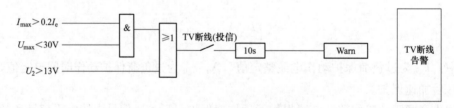

图 6-62　TV 断线告警逻辑框图

2）保护动作判据。

$$\begin{cases} I_{max} > 0.2I_e \\ U_{max} < 30V \\ U_2 > 13V \end{cases}$$

二、厂用电动机保护

1. WDZ-5232 电动机保护测控装置

WDZ-5232 电动机保护测控装置主要用于 10kV 及以下大中型三相异步电动机的保护和

测控，对于 2000kW 及以上大型电动机需和 WDZ-5231 电动机差动保护装置配合使用。装置可配置独立的操作回路和防跳回路，可适用于各种出口的电动机回路。惠电二期 6kV 电动机主要包括高压给水泵、中压给水泵、凝结水泵、TCA 泵、闭冷水泵、循环水泵。

2. 保护配置

(1) 电流速断保护（反向闭锁）。

(2) 二段负序过流保护（负序反向闭锁）。

(3) 二段零序过流保护。

(4) 过热保护（过热禁止再起动）。

(5) 堵转保护。

(6) 长启动保护。

(7) 正序过流保护。

(8) 过负荷保护。

(9) 低电压保护。

(10) FC 回路大电流闭锁。

(11) 熔断器保护。

(12) 三路开关量保护。

(13) TA 断线告警。

(14) TV 断线告警。

3. 主要保护功能及原理

(1) 电流速断保护。

1) 保护动作逻辑框图（见图 6-63）。

2) 保护动作判据。

$$\begin{cases} I_{max} > I_{sdg} & \text{电动机处于起动态} \\ I_{max} > I_{sdd} & \text{电动机处于运行态} \\ \text{正向功率方向} & \text{反向功率闭锁速断投入} \\ t > t_{sd} \end{cases}$$

式中：I_{sdg} 为电流速断保护动作电流高值，A；I_{sdd} 为电流速断保护动作电流低值，A；t_{sd} 为电流速断保护动作时间整定值，s。

(2) 负序过流一段保护。

1) 保护动作逻辑框图（见图 6-64）。

2) 保护动作判据。

$$\begin{cases} I_2 > I_{21dz} \\ t > t_{21dz} \\ I_2 < 1.2I_1 & \text{负序反向投入} \end{cases}$$

式中：I_{21dz} 为负序过流一段保护动作电流整定值，A；t_{21dz} 为负序过流一段保护动作时间整定值，s。

(3) 负序过流二段保护。

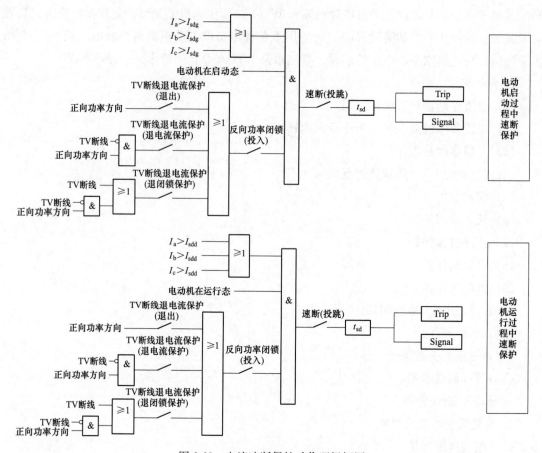

图 6-63　电流速断保护动作逻辑框图

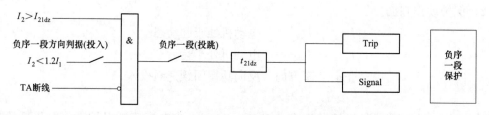

图 6-64　负序过流一段保护动作逻辑框图

1）保护动作逻辑框图（见图 6-65）。

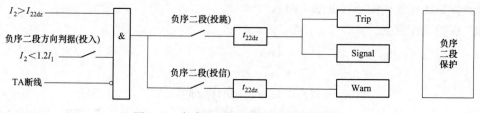

图 6-65　负序过流二段保护动作逻辑框图

2）保护动作判据。

$$\begin{cases} I_2 > I_{22\mathrm{dz}} \\ t > t_{22\mathrm{dz}} \\ I_2 < 1.2I_1 \quad 负序反向投入 \end{cases}$$

式中：$I_{22\mathrm{dz}}$为负序过流二段保护动作电流整定值，A；$t_{22\mathrm{dz}}$为负序过流二段保护动作时间整定值，s。

（4）零序过流一段保护。

零序电流通过专用零序电流互感器得到，利用二段零序过流保护来达到接地保护的目的。采用零序电流互感器获取电动机的零序电流，构成电动机的单相接地保护。为防止三相电流互感器特性不一致产生的不平衡电流引起自产零序过流保护误动作，采用了最大相电流 $I_{\max}$ 作制动量，保护动作曲线如图 6-66 所示。

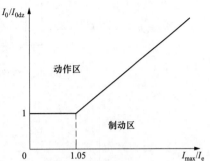

图 6-66 带相电流制动的零序过流保护动作曲线

1）保护动作逻辑框图。

①零序电流外接时，零序过流逻辑（见图 6-67）。

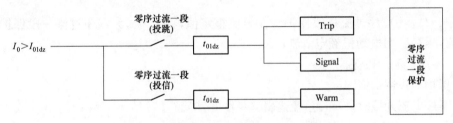

图 6-67 零序过流一段保护动作逻辑框图

②零序电流自产时，带相电流制动逻辑（见图 6-68）。

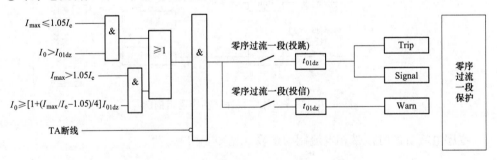

图 6-68 零序过流一段带相电流动作逻辑框图

③零序电流自产时，不带相电流制动逻辑（见图 6-69）。

2）保护动作判据。

①零序电流外接，零序过流。

$$\begin{cases} I_0 > I_{01\mathrm{dz}} \\ t_0 > t_{01\mathrm{dz}} \end{cases}$$

②零序电流自产，带相电流制动。

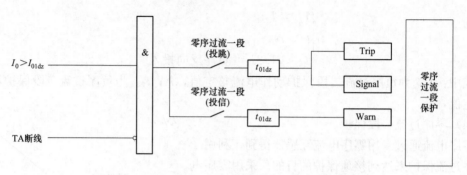

图 6-69　零序过流一段不带相电流动作逻辑框图

$$\begin{cases} I_0 > I_{01dz} & I_{max} \leqslant 1.05 I_e \\ I_0 > [1 + (I_{max}/I_e - 1.05)/4] I_{01dz} & I_{max} > 1.05 I_e \\ t_0 > t_{01dz} \end{cases}$$

③零序电流自产，不带相电流制动。

$$\begin{cases} I_0 > I_{01dz} \\ t_0 > t_{01dz} \end{cases}$$

式中：I_{01dz} 为零序过流一段保护动作电流整定值，A；t_{01dz} 为零序过流一段保护动作时间整定值，s；I_e 为电动机额定电流，A。

（5）零序过流二段保护。

1）保护动作逻辑框图。

2）零序电流外接时，零序过流逻辑（见图 6-70）。

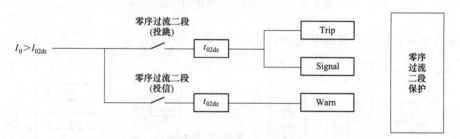

图 6-70　零序过流二段保护动作逻辑框图

3）零序电流自产时，带相电流制动逻辑（见图 6-71）。

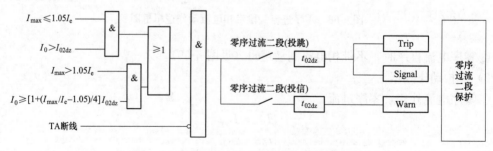

图 6-71　零序过流二段带相电流动作逻辑框图

4）零序电流自产时，不带相电流制动逻辑（见图 6-72）。

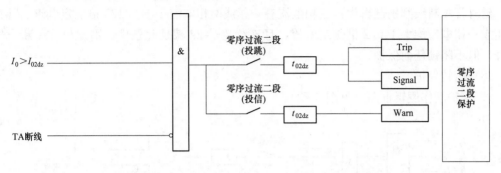

图 6-72 零序过流二段不带相电流动作逻辑框图

5）保护动作判据。

①零序电流外接，零序过流。

$$\begin{cases} I_0 > I_{02dz} \\ t_0 > t_{02dz} \end{cases}$$

②零序电流自产，带相电流制动。

$$\begin{cases} I_0 > I_{02dz} & I_{max} \leqslant 1.05I_e \\ I_0 > [1 + (I_{max}/I_e - 1.05)/4]I_{02dz} & I_{max} > 1.05I_e \\ t_0 > t_{02dz} \end{cases}$$

③零序电流自产，不带相电流制动。

$$\begin{cases} I_0 > I_{02dz} \\ t_0 > t_{02dz} \end{cases}$$

式中：I_{02dz} 为零序过流二段保护动作电流整定值，A；t_{02dz} 为零序过流二段保护动作时间整定值，s；I_e 为电动机额定电流，A。

（6）瞬时 TA 断线闭锁功能。

1）TA 断线判别是基于以下假设的：

①TA 断线不是所有相同时发生的；

②TA 断线与故障不是同时发生的。

2）满足下述任一条件不进行 TA 断线判别：

①起动前最大相电流小于 $0.2I_e$，则不进行 TA 断线判别；

②起动后最大相电流大于 $1.2I_e$；

③起动后电流比起动前增加。

3）只有在负序元件、自产零序过流元件起动后，才进入瞬时 TA 断线判别程序。
电流同时满足下列条件认为是 TA 断线：

①只有一相或二相电流为零；

②其他二相或一相电流与起动前电流相等。

4）满足下列条件，才解除 TA 断线闭锁：

①电流不满足单相断线或两相断线；

②对应保护元件返回。

195

（7）延时 TA 断线告警功能。

延时 TA 断线判别逻辑为：三相电流有一相或两相电流小于 0.125 倍额定电流，且其他两相或一相电流均大于 0.2 倍额定电流，且连续超过 2s 满足此条件，则发出 TA 断线告警信号，但不闭锁任何保护。

（8）堵转保护。

1）保护动作逻辑框图（见图 6-73）。

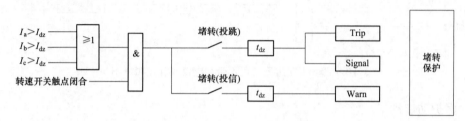

图 6-73 堵转保护动作逻辑框图

2）保护动作判据。

$$\begin{cases} I_{\max} > I_{dz} \\ t > t_{dz} \\ \text{转速开关闭合} \end{cases}$$

式中：I_{dz} 为堵转保护动作电流整定值，A；t_{dz} 为堵转保护动作时间整定值，s。

（9）长启动保护。

电动机启动过程中，如果时间过长，会严重影响电动机的安全运行。装置提供长启动保护，对电动机的启动过程进行保护。

电动机的正常额定启动过程中出现的最大启动电流为额定启动电流 I_{qde}，在此情况下电动机允许的堵转时间为 t_{yd}。电动机启动过程中，启动电流越大，则相应的允许启动时间应越短，否则应越长。使用以下公式计算电动机启动过程中的允许启动时间。

$$t_{qdj} = \left(\frac{I_{qde}}{I_{qdm}}\right)^2 \times t_{yd}$$

式中：t_{qdj} 为计算的允许启动时间，s；I_{qdm} 为本次电动机启动过程中的最大启动电流，A。

如果在计算的允许启动时间 t_{qdj} 内，电动机启动结束，进入运行态，即 $I_{\max} \leqslant 1.125 I_e$，则长启动保护结束；如果在计算的允许启动时间 t_{qdj} 内，电动机仍然处于启动态，即 $I_{\max} > 1.125 I_e$，则长启动保护动作。

保护动作逻辑框图（见图 6-74）。

图 6-74 长启动保护动作逻辑框图

（10）正序过流保护。

1）保护动作逻辑框图（见图 6-75）。

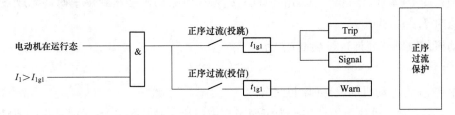

图 6-75　正序过流保护动作逻辑框图

2）保护动作判据。

$$\begin{cases} I_1 > I_{1gl} \\ t > t_{1gl} \\ \text{电机处于运行态} \end{cases}$$

式中：I_{1gl} 为正序过流保护动作电流整定值，A；t_{1gl} 为正序过流保护动作时间整定值，s。

（11）过负荷保护。

1）保护动作逻辑框图（见图 6-76）。

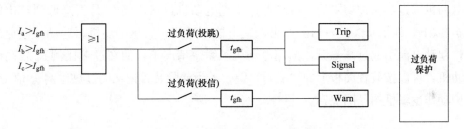

图 6-76　过负荷保护动作逻辑框图

式中：I_{gfh} 为过负荷保护电流动作值，A；t_{gfh} 为过负荷保护动作时间，s。

2）保护动作判据：

$$\begin{cases} I_{max} > I_{gfh} \\ t > t_{gfh} \end{cases}$$

式中：I_{gfh} 为过负荷保护动作电流整定值，A；t_{gfh} 为过负荷保护动作时间整定值，s。

（12）过热保护。

装置可以在各种运行工况下，建立电动机的发热模型，对电动机提供准确的过热保护，考虑到正、负序电流的热效应不同，在发热模型中采用热等效电流 I_{eq}，其表达式为

$$I_{eq} = \sqrt{K_1 \times I_1^2 + K_2 \times I_2^2}$$

式中，K 随起动过程变化，当电动机处于起动态，$K_1 = 0.5$，否则，$K_1 = 1$；K_2 用于表示负序电流在发热模型中的热效应，由于负序电流在转子中的热效应比正序电流高很多，比例上等于在两倍系统频率下转子交流阻抗对直流阻抗之比，一般为 3～10。根据理论和经验，本装置取 $K_2 = 6$。

电动机的累计过热量 θ_Σ 为

$$\theta_{\Sigma} = \int_0^t \left[I_{eq}^2 - (1.05 \times I_e)^2 \right] dt = \sum \left[I_{eq}^2 - (1.05 \times I_e)^2 \right] \Delta t$$

式中：Δt 为累计过热量计算间隔时间；$\theta_{\Sigma} = 0$ 为电动机已达到热平衡，无过热量累计过程，此时 $I_{eq} = 1.05 I_e$。

电动机的跳闸（允许）过热量 θ_T 为

$$\theta_T = I_e^2 \times T_{fr}$$

式中：T_{fr} 为电动机的发热时间常数，s。

当 $\theta_{\Sigma} > \theta_T$ 时，过热保护动作。为了便于理解，用过热比例 θ_r 表示电动机的累计过热量的程度：

$$\theta_r = \theta_{\Sigma} / \theta_T$$

可见，当 $\theta_r > 1$ 时，过热保护动作。为提示运行人员，当 θ_r 超过过热告警整定值 θ_a 时，装置先告警。

因此电动机从冷态（即初始过热量 $\theta_{\Sigma} = 0$）的情况下到过热保护动作，其动作时间为：

$$t = \frac{T_{fr}}{K_1 \times (I_1/I_e)^2 + K_2 \times (I_2/I_e)^2 - 1.05^2}$$

当电动机停运，电动机累计的过热量将逐步衰减，本装置按指数规律衰减过热量，T_{sr} 为过热量衰减的半衰期，即 θ_r 由 1.0 衰减到 0.5 的时间。

当电动机因过热保护切除后，过热保护检查电动机过热比例 θ_r 是否降低到整定的过热闭锁值 θ_b 以下。如果 $\theta_r > \theta_b$，则保护出口继电器不返回，禁止电动机再起动，避免由于再次起动，起动电流引起过高温升，损坏电动机。紧急情况下，如在过热比例 θ_r 较高时，需启动电动机，可以按装置面板上的"复归"键，人为清除装置记忆的过热比例 θ_r 值为零。

保护动作逻辑框图见图 6-77。

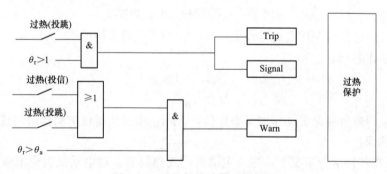

图 6-77 过热保护动作逻辑框图

（13）低电压保护。

为了保证重要电动机的自起动，对于不重要的电动机，在电压降低后，低电压保护动作。低电压保护经 TV 断线闭锁。此种低电压保护方式可称为"分散式低电压保护"。

1）保护动作逻辑框图（见图 6-78）。

2）保护动作判据。

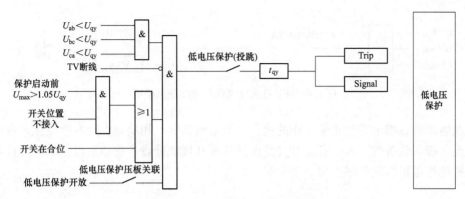

图 6-78　低电压保护动作逻辑框图

$$\begin{cases} U_{max} < U_{qy} \\ t > t_{qy} \\ 保护起动前 U_{max} > 1.05U_{qy} \text{ 或开关在合位} \end{cases}$$

式中：U_{max} 为 AB、BC、CA 线电压（U_{ab}、U_{bc}、U_{ca}）最大值，V；U_{qy} 为低电压保护动作电压整定值，A；t_{qy} 为低电压保护动作时间整定值，s。

（14）TV 断线。

①保护动作逻辑框图（见图 6-79）。

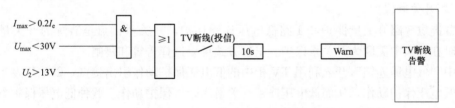

图 6-79　TV 断线保护动作逻辑框图

②保护动作判据。

$$\begin{cases} I_{max} > 0.2I_e \\ U_{max} > 30V \\ U_2 > 13V \end{cases}$$

（15）FC 过流闭锁。

在 FC（熔断器-接触器）回路中，如果任意一相故障电流大于接触器额定开断电流，如果通过接触器跳闸，则可能烧毁接触器，此时应通过熔断器熔断来切除大电流，闭锁跳闸出口。

保护动作逻辑框图见图 6-80。

（16）熔断器保护。

在 FC 回路中，如果电流大于接触器额定开关电流，即 FC 过流闭锁电流值，则熔丝开始熔断，当电流无流，则认为熔丝完全熔断。将接触器跳开，以供后续更换熔丝。

为了防止单相熔丝熔断，其余相仍然有大电流，判断三相熔丝完全熔断才跳开接触器。如果是单相故障，引起单相熔丝熔断，需要人工跳开接触器。

199

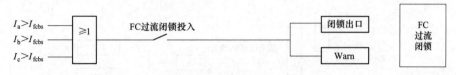

图 6-80　FC 过流闭锁保护动作逻辑框图

　　一般熔断器有指示熔丝正常工作的接点，当熔丝熔断，相应接点会发生变化，也可以利用此接点，接入装置的开入，利用开关量保护来跳开接触器或告警指示以人工跳开接触器。

　　保护动作逻辑框图见图 6-81。

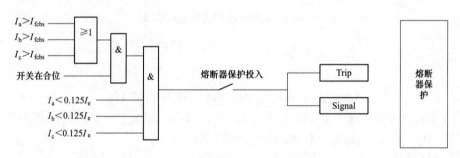

图 6-81　熔断器保护动作逻辑框图

　　（17）开关量保护。

　　装置提供 3 路开关量保护和 1 路低电压连锁保护，开关量接点至装置的开关量输入端子，同时在开入中关联为开关量保护。出口方式可以选择告警和跳闸。

　　其中"低电压连锁"开入利用 TV 柜中的低电压保护动作引出接点，低电压发生时，装置判断低电压保护动作，从而低电压连锁开关量闭合，保护动作。此种低电压保护方式集中管理，分散跳闸，可称为"集中式低电压保护"。

　　保护动作逻辑框图见图 6-82。

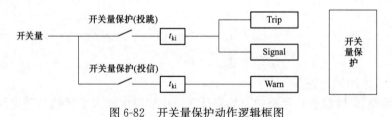

图 6-82　开关量保护动作逻辑框图

第六节　运行经验分享

一、转子两点接地保护动作

1. 事件经过

　　某两班制电厂 1 号机 3000r/min 准备并网（发电机出口开关仍在分闸状态），合上灭磁开关后，DCS 发"1 号机转子两点接地"保护动作报警，灭磁开关跳闸。

2. 原因分析

拔出碳刷测量发电机转子的绝缘为 2GΩ，排除了发电机转子接地的可能；测量励磁回路的绝缘为 200kΩ，绝缘很低。同时发现励磁间空调出风口直对励磁柜，且交直流母排不断有水珠滴下，母排表面有结露现象。因此判断转子绝缘低是由于直流母排受潮结露引起的。测量发电机转子绝缘合格后启动机组正常。

3. 结论

保证发电机励磁间的室温不能太低，且空调口不能对着励磁柜，防止直流母排以及励磁系统其他元器件低温结露。

二、1 号厂用高压变压器压力释放保护动作导致 1 号主变压器、1 号厂用高压变压器跳闸

1. 事件经过

某电厂 1 号机组停机备用，1 号厂用高压变压器压力释放保护动作，1 号主变压器高压侧开关跳闸，1 号机组 6kV 母线进线开关跳闸，6kV 母线快切装置动作自动合上备用电源进线开关，1 号机组 110V 直流系统有接地报警。

2. 原因分析

现场检查 1 号厂用高压变压器外观完好，压力释放器未喷油且其顶部红色端钮未弹起，证明压力释放器并未动作。由于当时天降大雨，且在保护动作时 110V 直流系统有接地情况，进一步检查发现 1 号厂用高压变压器压力释放保护装置进水严重，测量绝缘不合格。说明该事件是由于 1 号厂用高压变压器压力释放保护装置进水导致保护回路两点接地，保护装置误动作。

3. 结论

(1) 在主变压器、厂用高压变压器、高压备用变压器压力释放保护装置上应装设防雨罩。

(2) 根据 DL/T 572—2021《中华人民共和国电力行业标准-电力变压器运行规程》"5.4 变压器的压力释放器接点宜作用于信号"的要求，并咨询变压器厂家和广东省电科院，结合电厂的实际运行情况，决定将主变压器、厂用高压变压器、高压备用变压器压力释放保护由跳闸和发信改为只发信。

三、发电机-变压器保护的部分非电气量保护装置出口由跳闸和发信改为只发信

为了确保电气设备的可靠运行，降低由于非电量保护误动作造成机组非计划停运的风险，同时经过咨询广东电科院技术监督继电保护专业的意见，决定将以下主变压器、厂用高压变压器、高压备用变压器的非电量保护由跳闸和发信改为只发信：

(1) 主变压器压力释放；

(2) 主变压器油温超高；

(3) 主变压器绕组温度超高；

(4) 厂用高压变压器压力释放；

(5) 厂用高压变压器油温超高；

（6）厂用高压变压器绕组温度超高；

（7）励磁变压器超温；

（8）高压备用变压器油温过高；

（9）高压备用变压器绕组温度过高；

（10）高压备用变压器压力释放。

注：对于强油循环冷却的变压器，冷却器全停保护必须保留，若没有设置冷却器全停保护，应将油温高或绕组温度高保护设置为跳闸和发信。

四、1 号主变压器受电过程中保护动作跳开其高压侧开关

1. 事件经过

某电厂 220kV 1 号主变压器及变高开关由检修状态转为由 I 母供电状态的操作中，在合上 220kV 1 号主变压器高压侧开关时，厂用高压变压器比率差动保护动作、厂用高压变压器复合电压保护动作，220kV 1 号主变压器高压侧开关 2201 跳闸。

2. 原因分析

检查 1 号主变压器及厂用高压变压器本体无异常，发电机-变压器组保护装置上有"厂用高压变压器比率差动 A、B、C 相动作""厂用高压变压器复合电压保护动作"信号，其他无异常。通过保护动作时的故障录波图判断保护动作原因是 1 号主变压器充电过程中的励磁涌流引起。1 号主变压器重新送电后运行正常。

3. 结论

本次主变压器充电过程没有躲开励磁涌流，导致保护动作跳开主变压器高压侧开关。综合发电机-变压器组保护装置厂家和广东省电科院技术监督的意见，决定升级保护装置软件版本，并减小主变压器和厂用高压变压器保护装置的"二次谐波制动系数"整定值。将 1 号、2 号、3 号发电机-变压器组保护装置主变压器保护 WFB-802"二次谐波制动系数"从 0.15 改为 0.10，将 1 号、2 号、3 号发电机-变压器组保护装置厂用高压变压器保护 WFB-803"二次谐波制动系数"从 0.15 改为 0.10。

五、增加主变压器高压侧开关失灵保护联跳厂用高压变压器低压侧开关及发电机出口开关的保护

2012 年 1 月南网总调下发《关于明确 220kV 及以上系统变压器开关失灵联跳各侧回路有关反措要求的通知》，以防范 220kV 及以上系统变压器的失灵联跳回路不完善造成电网风险。以惠川 LNG 电厂系统为例，当 220kV 主变压器高压侧开关失灵保护动作后，除跳开主变压器高压侧开关所接 220kV 母线上的所有开关以及 220kV 母联开关之外，还应联跳发电机出口开关，并应同时联跳厂用高压变压器低压侧开关（即机组 6kV 母线正常电源进线开关）。但由于惠川 LNG 电厂 220kV 母线失灵保护屏上未设计联跳发电机出口开关和厂用高压变压器低压侧开关的保护，当主变压器高压侧开关失灵保护动作后，发电机出口开关和厂用高压变压器低压侧开关都不会联跳，这种情况下会导致故障点未完全切除（发电机机端还有电压），进一步损坏设备，另外还会使 6kV 厂用快切装置的切换时间延长，机组 6kV 母线会短时停电。

根据以上分析，增加主变压器高压侧开关失灵保护联跳发电机出口开关和厂用高压变压器低压侧开关的保护是非常有必要的，惠川 LNG 电厂已着手在进行这方面的技术改造。

六、重合闸装置的单重时间和三重时间必须分开整定

当线路发生单相故障跳单相后，由于另外两相与故障相之间存在着互感，同时高压线路对地又存在着电容电流，互感电流和电容电流经故障线路、故障点和电源点形成回路，这个回路中的电流称为"潜供电流"，由于"潜供电流"的存在，延长了故障点的熄弧时间。而线路发生相间故障跳三相后，由于三相都已断开，感应电流、电容电流均不存在，故障点的熄弧时间就很短，重合时间不需要很长，只要保证开关三相跳开，稍加一点裕度即可。为此，超高压线路的综合重合闸装置的单重时间应考虑"潜供电流"的影响。所以，单重的整定时间应长一些。潜供电流的大小与线路长短、电压等级及线路是否有并联电抗器有关，单重时间的整定应视具体情况而定。

七、沟通三跳压板的功能

在投入"沟通三跳"压板后，其功能有两种：一是任何类型的线路故障，保护装置在接收到任何跳闸信号时，不再选相跳闸，开关三相同时跳闸；二是当重合闸方式选择"单重"时，闭锁本保护装置的重合闸功能，任何保护动作，开关三相同时跳闸，不再重合。

当重合闸方式选择"单重"时，此压板必须退出；当线路退出重合闸时，此压板投入。当线路的两套重合闸只要有一套投入，则该压板就要退出。

八、关于 220kV 继电保护的一些规定

（1）220kV 线路纵联保护在投运状态下，除检测专用收发信机的通道外，未经调度允许，禁止在线路纵联保护通道上进行任何工作。

（2）线路纵联保护、远跳保护两侧装置必须同时投入和退出。

（3）同一套纵联保护的所有通道均退出后，线路两侧纵联保护应退出运行。

（4）220kV 线路纵联保护全部退出运行，原则上停运线路。特殊情况下，因系统原因线路无法停运，若线路两侧全线有灵敏度的后备保护的动作时间可以缩短至满足方式专业确定的稳定要求之内，经调度机构批准后可以实施，该线路可继续运行。

（5）对于 220kV 双母线接线方式，当母差、失灵保护全部退出时，除非必要且经中调核算，一般不对该母线进行倒闸操作；若经中调计算母差、失灵保护停运对系统稳定没有影响，6h 以内可以不用更改厂站对侧后备保护定值。

（6）母差保护电压闭锁异常开放，在等候处理期间，母差、失灵保护可不退出运行。

（7）220kV 开关间隔失灵启动保护退出时间超过 6h 的，相应开关应停运。如开关无法停运，则必须采取临时保护措施。

（8）投、退某保护装置（功能）时，除按要求投、退某保护装置（功能）外，还应投入、退出其启动其他保护、联跳其他设备的功能。

（9）在线路两套纵联保护正常运行条件下，一侧的其中一套更改保护定值若在 10min 内能够完成的，对侧相应的纵联保护可不退出。修改定值的一侧除退出跳闸出口压板外，还应退出该纵联保护功能压板。

（10）当 TV 断线或线路保护无 TV 电压时，对于采用方向元件或阻抗元件的保护必须退出运行。当 TV 回路异常时，采用电流型原理的纵联保护（如光纤差动、导引线差动）可以不退出运行。

（11）220kV 双母线（及双母线单分段、双分段等）结线方式的一次设备在倒闸过程中必须有相应的母差保护投入运行，且投非选择方式。

（12）双母线接线的母线保护，应设有电压闭锁元件。

（13）220kV 及以上变压器、发电机-变压器组的断路器失灵时应起动母线断路器失灵保护。

第七章

电气自动装置

第一节 GVC 系统

一、GVC 系统概述

厂网综合控制系统（GVC）是电厂侧与电网调度进行通信并实现控制指令的专有系统。GVC 系统包括远动通信管理模块、自动发电控制 AGC 模块及自动电压控制 AVC 模块，实现远动通信功能和 AGC、AVC 功能。

二、AGC 系统

（一）AGC 系统概述

AGC 由自动装置和计算机程序对频率和有功功率进行二次调整，是电力系统能量管理系统（EMS）中最重要的控制功能。如图 7-1 所示，整个电力系统是由多个子系统通过联络线连接起来的互联系统，每个子系统及其控制中心构成一个控制区域，每个控制区域的用户负荷由本区域的电源和从其他控制区域交换的电力来满足。AGC 的目的是控制系统频率和区域净交换功率。机组控制是由基本控制回路调节机组控制误差到零。AGC 在可调机组之间分配区域控制误差，将这一可调分量加到机组跟踪计划的发电基点功率值之上，得到发电功率设置值，发往电厂控制器；AGC 的信号送到电厂控制器后，再分到各台机组。区域调

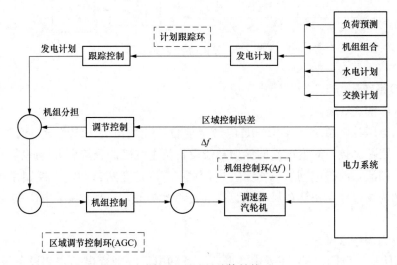

图 7-1 AGC 总体结构

节的目的是使区域控制误差调到零，这是 AGC 的核心。

（二）电厂侧 AGC 的构成

如图 7-2 所示，中调根据电力系统的需要，通过远方设定机组的负荷，调节各台机组有功出力。AGC 系统功能通过 DCS、RTU 及中调 EMS 系统的通信实现。DCS 与 RTU 之间以及 RTU 与中调 EMS 系统之间均为双向通信，DCS 与中调 EMS 系统不直接通信。

（三）电厂侧 AGC 的工作原理

AGC 系统为闭环控制系统，由负荷分配器及机组控制器组成，如图 7-3 所示。负荷分配器根据系统频率和其他有关信号，按一定的调节准则确定各机组的有功出力设定值；机组控制器根据负荷分配器设定的有功出力，使机组在额定频率下的实发功率与设定有功出力相一致。控制器结构是串级结构，其中内回路快（粗调），外回路慢（细调）。

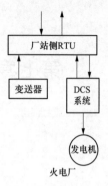

图 7-2 AGC 电厂侧结构图

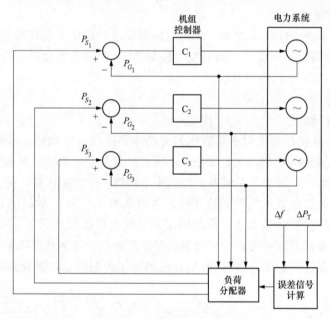

图 7-3 AGC 系统控制器

三、AVC 系统

（一）AVC 系统概述

电网自动电压控制系统（AVC）是电网调度自动化的重要组成部分，通过对发电机的无功进行实时跟踪调控，对变电站的无功补偿设备及主变压器分接头进行调整，有效控制区域电网的无功潮流，改善电网供电水平。电厂侧 AVC 是电网自动电压控制系统的子系统，可以配合电网调度自动化系统，自动控制各机组的无功出力，实时调节电厂主变压器高压侧母线电压。

（二）AVC 工作原理

如图 7-4 所示，电网 AVC 主要由调度侧设备和电厂（或变电站）侧设备组成，分别称为 AVC 主站系统和 AVC 子站系统。电厂 AVC 子站系统实现的功能是与调度 AVC 主站系

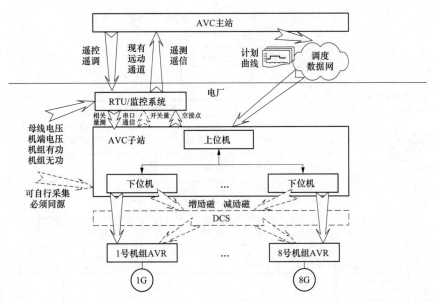

图 7-4　AVC 总体结构

统通信，接受 AVC 主站系统实时下发的电厂变压器高压侧母线（节点）电压控制目标值，按照一定的控制策略，计算出各台机组的无功出力目标值，直接或通过 DCS，向发电机的励磁系统发送增减励磁信号以调节发电机无功出力，使电厂变压器高压侧母线（节点）电压或者各机组无功出力向目标值接近，形成电厂 AVC 子站系统与 AVC 主站系统的闭环控制。

电厂 AVC 子站系统由三个部分组成：上位机、下位机和后台管理机。上位机是 AVC 子站系统的核心部件，子站系统绝大部分功能在此部件上实现，包括以通信方式实现与现场外部回路的接口、接收调度端 AVC 主站下发的全厂母线电压指令或单机无功指令、AVC 运行状态向调度端上传、所有实时信息（遥测、遥信）的汇总、主备中控机间实时信息交互、系统建模与参数整定、控制策略实现、控制模式切换、运算分析、控制指令下发、历史数据保存/查询等；下位机是 AVC 子站系统的执行机构，主要作用是以硬接线方式实现与现场外部回路的接口，包括模拟量输入/输出、开关量输入/输出，其执行终端以通信方式将输入信号上传到中控单元进行汇总，同时接收中控单元以通信方式下发的控制指令，根据指令输出 AVC 状态信号和调节信号。

当在 DCS 中操作 AVC 投入后，AVC 将确认 AVR 是否在自动状态，并在机组并网后，自动投入，但此时并不调节，当机组负荷大于设定负荷后开始进行正常调节。当机组解列后，AVC 将自动退出，并在下次并网后自动投入。AVC 和 DCS 对机组 AVR 的调节具有互锁功能，当机组 AVC 投入时，DCS 将无法手动增、减励磁；当 AVC 退出时，DCS 可以手动增、减励磁。

四、GVC 系统配置

（一）GVC 系统流程

如图 7-5 所示，电厂 GVC 系统将 AGC 和 AVC 集合为一个系统，AGC 系统的远动装置（RTU）同时作为 AVC 系统的上位机。GVC 主机 D200 RTU 接收到调度主站下发的 AGC 或 AVC 调控目标及指令后，会判断接收到的指令是 AGC 还是 AVC 指令。

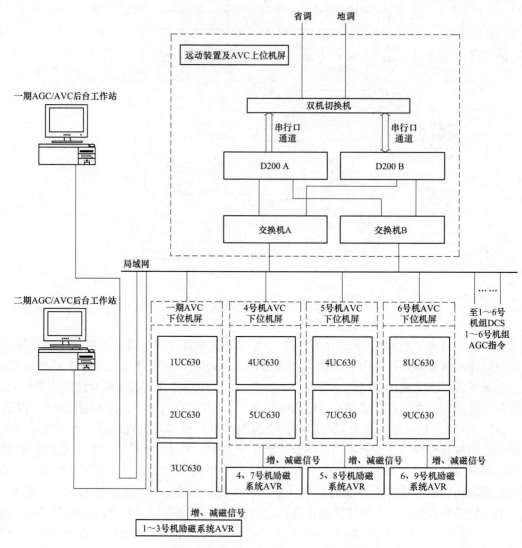

图 7-5 惠州 LNG 电厂 GVC 系统拓扑图

若 GVC 主机接收到的是调度 AGC 主站系统下达的电厂单机有功目标控制值（或有功指令），GVC 的遥控输出板发出有功信号（4～20mA）给 DCS，实现机组的有功（或系统频率）自动控制。

若 GVC 主机接收到的是调度 AVC 主站系统下达的电厂 220kV 母线目标控制电压值（或无功指令），系统将根据目标控制电压值通过计算得出本厂承担的总无功出力（或直接接收省调 AVC 主站系统下达的总无功功率目标值），主机在充分考虑各种约束条件后，计算出每台机组每台机的无功功率，发送给每台机的 AVC 下位机 UC630 模块，UC630 发出增减磁信号给对应机组励磁调节控制系统 AVR，实现机组的无功自动控制，使电厂母线电压达到目标控制值。

（二）D200 RTU

GVC 系统配置了 2 台 D200 RTU，组成冗余结构，互为备用。每台 D200 RTU 包括了以下设备：D20ME 主板（CPU）、D20EME 网卡、D20 第三网口、D200 供电电源模块。其中 D20EME 网卡配置 4 个以太网接口，用以实现 GVC 主机与后台工作站、UC630 的双网通信及与调度中心双向通信。

两台 D200 RTU 之间设置了双机切换装置，当确定运行主机故障后，该装置能实现无扰切换，将所有通信接到备用主机上，这时备用主机就变成运行主机。

（三）UC630

UC630 全同步测控装置具有对间隔层设备数据的采集、控制、测量、通信、故障记录等功能，是一种集测控和管理等各种功能模块为一体的装置。其采集每台机组的有功、无功、电压、电流和升压站母线电压、机组 6kV 母线电压等参数，然后发送给 D200 主机，D200 主机再发送给调度中心。同时其还作为 AVC 系统的下位机，接送 D200 主机下发的每台机组的无功指令，通过计算，发出增减磁信号给励磁调节控制系统 AVR，实现机组的无功自动控制。

（四）GVC 系统后台工作站

GVC 系统后台工作站，可以实时监视升压站 220kV 电压、每台机无功输出是否和指令一致，以监视系统是否运行正常。同时还可以设置 220kV 母线电压、机组无功输出的上、下限值，以保证机组安全运行。

第二节 一 次 调 频

一、一次调频概述

一次调频指由发电机组的调节系统根据电网系统频率自动调节输出功率，以减小电网频率波动幅度的方法。一次调频是一种有差调节，不能维持电网频率不变，只能缓和电网频率的改变程度。

二、联合循环机组一次调频

联合循环分轴机组的汽轮机没有一次调频功能，只有燃气轮机具有一次调频功能。惠州 LNG 电厂燃气轮机一次调频负荷调节范围为 ±29.9MW，调频范围为 ±0.23Hz(±14r/min)，死区为 ±0.033Hz(±2r/min)。

M701F 型燃气-蒸汽联合循环发电机组的燃气轮机负荷调节具有 4 种基本方式：ALR OFF 下的 GOVERNOR 与 LOAD LIMIT 模式，ALR ON 下的 GOVERNOR 与 LOAD LIMIT 模式，一次调频主要存在于 ALR Control 和 Speed Control 逻辑中。

（一）GOVERNOR 方式

在机组并网前，额定转速下进行自动同期调节或进行空负荷时的转速调节。机组并网后，若机组在 GOVERNOR 方式下运行，通过改变转速设定值"SPSET"来改变机组的负荷，转速设置 3000r/min 时为 0MW。

在 ALR ON 模式下，GOVERNOR 的转速设定值为 ALR 的负荷设定值 ALR SET，此时机组是否具有一次调频功能取决于 ALR ON 模式是否有调频功能；在 ALR OFF 模式下 GOVERNOR 转速设定值由运行人员手动设定，此时机组具有一次调频功能。

（二）LOAD LIMIT 方式

"LOAD LIMIT 方式"是与"GOVERNOR 方式"互斥的模式，若不是"GOVERNOR

方式"就是"LOAD LIMIT 方式",反过来,不是"LOAD LIMIT 方式"就是"GOVERNOR 方式"。"LOAD LIMIT 方式"为功率闭环无差调节,机组功率设定值为 LDSET(LOAD SET)。在 ALR ON 模式下,LOAD LIMIT 的目标功率设定值为 ALR 的负荷设定值 ALR SET,此时机组是否具有一次调频功能取决于 ALR ON 模式是否有调频功能;在 ALR OFF 模式下 LOAD LIMIT 的功率设定值由运行人员手动设定,此时机组没有一次调节功能。

（三）GOVERNOR 方式下的一次调频功能

M701F 燃气轮机转速控制（GOVERNOR）采用纯比例控制回路进行转速自动调节,调节函数的修改可通过修改逻辑中满负荷燃料信号、空载燃料信号和不等率的设定值实现。转速控制方式的控制逻辑简图如图 7-6 所示。由图 7-6 可得转速控制方式的设定值 GVCSO 的计算式（7-1）和参考值 SPREF 的计算式（7-2）。

$$GVCSO = (SPSET + 100 - SPEED/30) \times GV\ GAIN + NO\ LOAD\ CSO \quad (7\text{-}1)$$
$$SPREF = (SPSET + 100) \times 30 \quad (7\text{-}2)$$

NO LOAD CSO：M701F 燃气轮机的空载燃料信号,设定值为 35.1%。

GV GAIN：调速器增益,在假设满负荷燃料信号为 83%、空载燃料信号为 35.1%,不等率为 4% 基础上得来,即 GV GAIN=(83%−35.1%)/4=11.975%。

机组并网后采用转速控制来改变机组负荷,机组转速跟随电网频率,这时机组是在进行一次调频。根据式（7-1）,当电网频率升高时,GVCSO 变小,机组负荷降低;当电网频率降低时,GVCSO 变大,机组负荷升高。

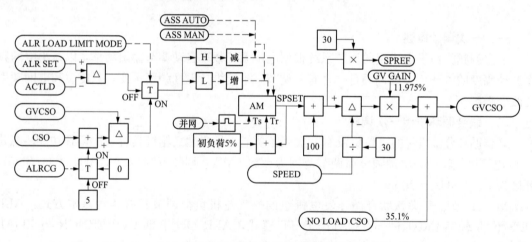

图 7-6　M701F 燃气轮机转速控制逻辑简图

（四）ALR ON 模式下的一次调频功能

ALR ON 自动负荷运行（AUTO LOAD RUN）,是在"GOVERNOR 方式"和"LOAD LIMIT 方式"基础上更高一层的控制方式,在 ALR ON 的条件下,ALR 的输出作为机组功率设定值"ALR SET"送到"GOVERNOR"方式和"LOAD LIMIT"方式回路。在没有进入温控模式下,若机组实际负荷比 ALR 功率设定值"ALR SET"低,则自动增加"GOVERNOR 方式"的 SPSET 值或"LOAD LIMIT 方式"的 LDCSO 值。若机组实际负荷比 ALR 目标功率 ALR SET 高,则自动降低"GOVERNOR"方式的 SPSET 值或"LOAD LIMIT"方式的 LDCSO 值。

在 ALR ON 模式下，若下一级在"GOVERNOR"方式下，虽然"GOVERNOR"有调频功能，但若 ALR ON 没有一次调频功能，则"GOVERNOR"的调频量会被 ALR ON 的功率闭环调节抵消或减弱。要实现 ALR ON 模式下机组一次调节功能，必须将频差信号叠加到 ALR 功率设定值"ALR SET"上。在 TCS 的逻辑设计有一个频差-负荷 FX 函数曲线，通过设置 FX 函数曲线即可使 ALR ON 具有一次调节功能，如图 7-7 所示。

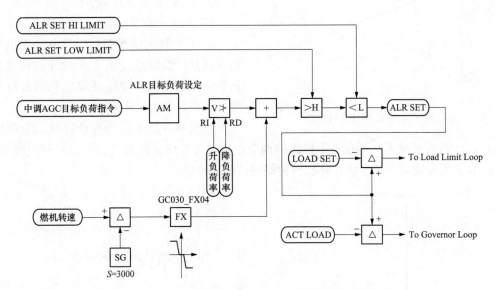

图 7-7　ALR ON 模式下一次调频逻辑曲线设置示意图

三、调频过程分析

如图 7-8 所示，某联合电力系统，由三个区域及三条联络线组成。各区域内部有较强联系，各区域间有较弱的联系。在图 7-8 的区域 B 中接入了一个新的负荷时，系统进行一次调频。

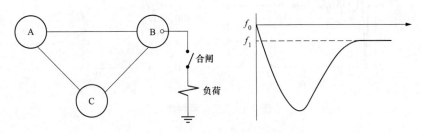

图 7-8　扰动后一次调频变化

（一）一次调节过程

一次调节过程：正常情况下，各区域应负责调整自己区域内的功率平衡。起初由联合电力系统全部汽轮机的转动惯性提供能量，整个联合电力系统的频率下降（由 f_0 降至 f_1）后，系统中所有机组调节器（如 DEH）动作加大发电功率提高频率到某一水平，这时整个电力系统发电与负荷达到新的平衡（汽轮机静特性平移），此时频率为 f_2，如图 7-9 所示。

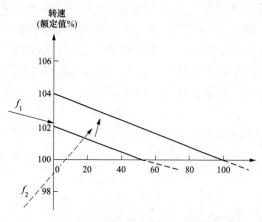

图 7-9　汽轮机静特性平移曲线

（二）二次调节（AGC）

一次调节留下了频率偏差 Δf 和净交换功率偏差 ΔP_T，AGC 因此而动作，提高区域 B 的发电功率，恢复频率到达正常值（f_0）和交换功率的计划值（I），这就是二次调节（AGC），如图 7-10 所示。

（三）三次调节

AGC 将随时间调整机组发电功率执行计划（包括机组启停），或在非预计的负荷变化积累到一定程度时按经济调度原则重新分配发电功率，即为三次调节。

一次调节是系统的自然特性，希望快速平稳；二次调节（AGC）不仅考虑机组的调节性能，还要考虑到安全（备用）和经济特性；三次调节主要考虑安全和经济，并校验网络潮流的安全性。

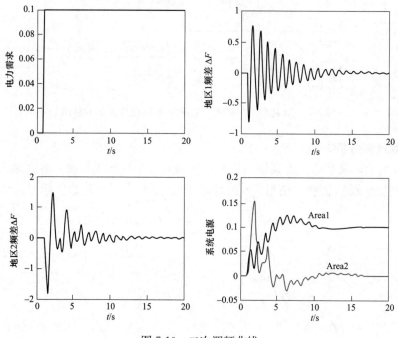

图 7-10　二次调频曲线

四、一次调频的投退规定

一次调频的投退规定：

（1）在机组启动完成，一次调频自动投入。

（2）在机组发停机令的同时，一次调频自动退出。

（3）在 DCS 上手动投退一次调频。

（4）在机组正常运行时，在未征得中调允许，一般禁止退出一次调频。

（5）在机组异常或事故处理时，可先退出一次调频，再向中调汇报。

第三节　安　稳　装　置

一、安稳装置概述

随着电网负荷的迅猛增长，新建电厂的单机容量及总出力不断增大，当电厂出线发生过载、跳闸等事故时，将严重影响出线及机组的安全稳定运行。为了减少"窝电"损失，提高不同方式下电厂机组的输送能力，需在电厂侧安装安全稳定控制装置（安稳装置），检测本厂出线及升压站的运行状况，实现高、低频切机及出线过载、出线全跳切除所有运行机组的逻辑功能。同时预留与上级控制站进行通信的功能，收到上级控制站的切机命令后，切除相应机组。

二、安稳系统配置

一般在电厂需装设两套同样配置的稳控装置，原则上均采用双重化配置，独立运行。每套安稳系统由主柜、1号从柜、2号从柜和3号从柜组成，其中主柜监测6回出线的电气量，每台从柜测量两台机组的电气量，机组跳闸出口设置在从柜。现场只有两台机组时，每套安稳柜也可取消2号、3号从柜的配置。主从柜间可通过网线进行通信连接，当主柜装设在网控室从柜装设在电子间，主、从柜间距离较长时（超过100m），需在主从柜之间增加交换机，通过尾缆或光纤通道进行柜间通信，如图7-11所示。

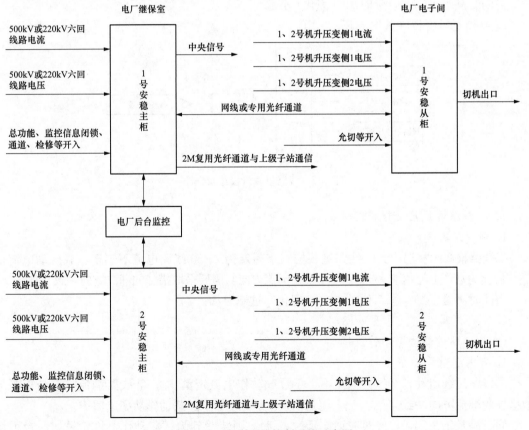

图 7-11　电厂安稳控制系统示意图

惠州LNG电厂安装了两套完全独立的FWK-C分布式微机稳定控制装置，均采用双重化配置，独立运行。安稳装置主机A柜、主机B柜位于二期220kV升压站电子设备间，监测二期升压站220kV昭巨甲线、昭巨乙线2条出线线路的电压和电流。5号从机A柜、5号从机B柜位于5号机电子设备间，6号从机A柜、6号从机B柜位于6号机电子设备间，监测对应发电机机端电压和主变压器高压侧电压和电流，燃气轮机和汽轮机的跳闸出口设置在从机柜。

三、安稳切机原理

（一）线路过载切机原理

安稳主机柜实时监测电厂每条出线的电流和功率，当任一条出线的电流高于动作值，且功率也高于动作值时，系统按照设置的切机顺序，延时切掉第一台机组。如果切完一台机组后，线路仍然过载，则重新延时切掉第二台机组。每条线路重复过载最多只动作3次，动作3次后若仍过载，装置不再动作。

装置具有功率方向判别功能，仅在线路功率方向为正（流出母线）时，才允许过载动作切机。

（二）线路过载告警逻辑

1. 判别逻辑

①线路电流大于或等于过载告警电流定值 I_{gj}；②线路功率绝对值大于或等于过载告警功率定值 P_{gj}（无方向）；③线路检修压板未投入。

当同时满足①②③，延时1s（固化）告警。

2. 判别逻辑框图（见图7-12）

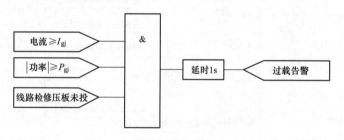

图7-12　线路过载告警逻辑框图

（三）线路过载启动判断逻辑

1. 判别逻辑

①线路检修压板退出；②线路过载控制字整定为1；③线路电流不小于过载启动电流值 I_{qd}（固化为动作电流值减去50A）；④线路潮流方向与需要采取措施的潮流方向一致（$P>0$）。

当同时满足①②③④，延时0.1s（固化）过载启动。

2. 判别逻辑框图（见图7-13）

（四）线路过载告警动作逻辑

1. 判别逻辑

①线路过载启动；②线路电流不小于过载动作电流定值 I_{dz}；③线路潮流方向与需要采取措施的潮流方向一致（$P>0$）；④线路功率大于或等于过载动作功率定值 P_{dz}。

同时满足①②③④，经过载动作延时 t_{dz} 后，则装置判为过载动作，每轮只切一台可切机组。

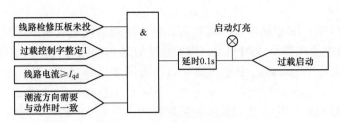

图 7-13　线路过载启动逻辑框图

2. 判别逻辑框图（见图 7-14）

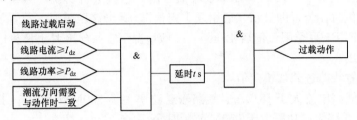

图 7-14　线路过载动作逻辑框图

（五）出线全跳切机原理

电厂的所有出线全部跳闸后，切除电厂所有运行的机组（允切压板退出的机组除外）。具体的动作判据包括以下 3 个条件：

（1）出线全跳功能控制字整定为 1。

（2）所有运行出线均跳闸。

（3）满足以下任一防误条件：①任一运行机组频率至少在 1 个频率之内高于防误门槛频率；②全部运行机组满足电流突变量（固化定值：1 个频率内 $6\%I_n$）启动。

（六）高、低频切机原理

各台机组的高、低频率切机判据分别采用自己的高压测和低压侧电压进行判别，其中一侧接入相数根据定值确定。当机组两侧电压均正常时，频率动作判据采用"二取二"模式；但当任一侧电压异常时，对应的机组不能参与高低频策略。

各台机组的启动、动作逻辑均独立判别。高频切机的启动频率为"机组高频动作定值－0.2Hz"，低频切机的启动频率为"机组低频动作定值＋0.2Hz"。

当频率条件满足后，装置按各台机组的整定频率动作切机，如表 7-1 所示。

表 7-1　　　　　　　　　　　　高、低频切机逻辑框表

动作轮次	判别条件	
	频率	时延
低频启动	$f \leqslant F_{lq}$ 启动	$t \geqslant T$ 启动
低频第 1 轮	$f \leqslant F_{ls1}$	$t \geqslant T_{fls1}$
高频启动	$f \geqslant F_{hq}$ 启动	$t \geqslant T$ 启动
高频第 1 轮	$f \geqslant F_{hs1}$	$t \geqslant T_{hs1}$
闭锁频率功能	$\mathrm{Df}3 \geqslant -\mathrm{d}f/\mathrm{d}t$	

（七）切机策略

（1）惠州 LNG 电厂安稳装置动作切机后，将按照切机优先级顺序延时 6s 跳开燃气轮机主变压器或汽轮机主变压器高压侧开关。当安稳装置动作切除燃气轮机主变压器后，需重点检查选跳机组的 6kV 厂用母线已安全切换到高压备用变压器供电，以防止机组厂用电失电事故发生。

（2）惠州 LNG 电厂安稳装置切机的先后顺序为：①9 号汽轮机→②8 号汽轮机→③6 号燃气轮机→④5 号燃气轮机。

（3）惠州 LNG 电厂安稳装置线路过载切机功能包含两套定值，分为夏季定值和冬季定值，通过安稳装置主机柜"1FLP5-夏季限流值启用"压板进行切换，当投入"1FLP5-夏季限流值启用"压板时，装置即显示"启用夏季定值"，退出该压板时，装置显示切换为"启用冬季定值"。1FLP5-夏季限流值启用压板，一般情况下在每年 3 月 1 日～11 月 1 日期间投入，其余时间退出。

（4）安稳装置线路过载切机定值：

夏季定值：线路电流大于 1810A 且线路输送功率大于 650MW 延时 1s 报警，当线路电流大于 1860A 且线路输送功率大于 650MW 延时 6s 动作。

冬季定值：线路电流大于 2280A 且线路输送功率大于 820MW 延时 1s 报警，当线路电流大于 2330A 且线路输送功率大于 820MW 延时 6s 动作。

（5）因电网要求，目前惠州 LNG 电厂安稳装置的高、低频解列机组的功能已退出，改为投入机组发电机-变压器组保护柜的频率保护。

四、安稳装置压板投退表（见表 7-2～表 7-4）

表 7-2   安稳主柜（A/B）压板

压板编号	压板名称	正常状态	压板简要说明
1FLP1	总功能压板	√	投入时开放跳闸、过载、高低频判断功能；退出时闭锁装置的启动、逻辑判断功能、机组可切量置零上送，但异常告警等逻辑仍能判断。正常运行时该压板投入
1FLP2	试验压板	×	投入时可以进行机组出口传动试验；退出时则不出口。正常运行时该压板退出
1FLP3	监控信息闭锁压板	×	退出时上送装置基本信息至后台监控系统；投入时则不上送相关信息。正常运行时该压板退出
1FLP4	试运行压板	×	装置试运行时投入，不判从机出口压板是否投入；退出时，当从机退出出口压板时装置发报警。正常运行时该压板退出
1FLP5	夏季限流值启用压板	夏季√ 冬季×	投入时，装置启用夏季限流定值；退出时，装置自动切换成冬季限流定值。一般情况下在每年 3 月 1 日～11 月 1 日期间投入，其余时间退出。该压板需根据调度指令投退，禁止擅自操作
1FLP7	通道 A 压板	×	投入时开放与控制站的正常通信，发正常通道报文信息和各机组状态；退出时不发报文不接收对侧站报文信息（对侧站通道发来的信息不做处理），并闭锁通道判断功能；不与控制站通道连接时退出该压板
1FLP8	通道 B 压板	×	双配置时通道 B 压板作为备用，投入时开放与控制站的正常通信，发正常通道报文信息和各机组状态；退出时不发报文不接收对侧站报文信息（对侧站通道发来的信息不做处理），并闭锁通道判断功能；不与控制站通道连接时退出该压板

压板编号	压板名称	正常状态	压板简要说明
2FLP1	昭惠甲线检修压板	×	（1）投入该压板时，对应线路装置判为检修状态，该线路的电气量不参与装置的任何逻辑判断，同时闭锁装置对该线路的电气量异常及投停判断功能。 （2）线路检修压板的投入应遵循"后投先撤"的原则。当线路处于热备用、冷备用或检修三种状态之一时，对应的线路"检修压板"应投入。即当线路由运行状态转为热备用状态后，应投入对应的线路检修压板；检修工作完毕，线路由热备用状态转为运行状态前，应先退出对应的线路检修压板。 注：2FLP3～2FLP6为预留线路压板，昭阳B厂只有两回出线，这四个压板可视作备用压板，正常运行时退出
2FLP2	昭惠乙线检修压板	×	
2FLP3	3号线路检修压板	×	
2FLP4	4号线路检修压板	×	
2FLP5	5号线路检修压板	×	
2FLP6	6号线路检修压板	×	

表 7-3　　　　　　　　　　5 号机组从柜（A/B）压板

压板编号	压板名称	正常状态	压板投退简要说明
5FLP1	5号燃气轮机检修压板	×	（1）投入该压板，对应机组判为检修状态，该机组的电气量不参与装置的任何逻辑判断，同时闭锁装置对该机组的电气量异常及投停判断功能。 （2）在机组处于停运状态时，对应的"检修压板"应投入。 （3）检修压板的投入应遵循"后投先撤"的原则，当机组停机后投入对应的机组检修压板，机组启动前先退出相应的机组检修压板
5FLP2	8号汽轮机检修压板	×	
7TLP1	5号燃气轮机联跳出口连接片	√	5号燃气轮机跳闸出口压板1，接入发电机-变压器组保护装置，正常运行时投入
7TLP2	5号燃气轮机直跳出口压板	√	5号燃气轮机跳闸出口压板2，接入断路器操作箱，正常运行时投入
7TLP3	5号燃气轮机跳闸出口三压板	×	备用压板
7TLP4	5号燃气轮机跳闸出口四压板	×	
7TLP5	5号燃气轮机跳闸出口五压板	×	
7TLP6	5号燃气轮机跳闸出口六压板	×	
7TLP7	5号燃气轮机跳闸出口七压板	×	
7TLP8	5号燃气轮机跳闸出口八压板	×	
8TLP1	8号汽轮机联跳出口压板	√	8号汽轮机跳闸出口压板1，接入发电机-变压器组保护装置，正常运行时投入
8TLP2	8号汽轮机直跳出口压板	√	8号汽轮机跳闸出口压板2，接入断路器操作箱，正常运行时投入
8TLP3	8号汽轮机跳闸出口三压板	×	备用压板
8TLP4	8号汽轮机跳闸出口四压板	×	
8TLP5	8号汽轮机跳闸出口五压板	×	
8TLP6	8号汽轮机跳闸出口六压板	×	
8TLP7	8号汽轮机跳闸出口七压板	×	
8TLP8	8号汽轮机跳闸出口八压板	×	

表 7-4 　　　　　　　　　　　　　6 号机组从柜（A/B）压板

压板编号	压板名称	正常状态	压板简要说明
9FLP1	6 号燃气轮机检修压板	×	（1）投入该压板，对应机组判为检修状态，该机组的电气量不参与装置的任何逻辑判断，同时闭锁装置对该机组的电气量异常及投停判断功能。
9FLP2	9 号汽轮机检修压板	×	（2）在机组处于停运状态时，对应的"检修压板"应投入。（3）检修压板的投入应遵循"后投先撤"的原则，当机组停机后投入对应的机组检修压板，机组启动前先退出相应的机组检修压板
11TLP1	6 号燃气轮机联跳出口压板	√	6 号燃气轮机跳闸出口压板 1，接入发电机-变压器组保护装置，正常运行时投入
11TLP2	6 号燃气轮机直跳出口压板	√	6 号燃气轮机跳闸出口压板 2，接入断路器操作箱，正常运行时投入
11TLP3	6 号燃气轮机跳闸出口三压板	×	备用压板
11TLP4	6 号燃气轮机跳闸出口四压板	×	
11TLP5	6 号燃气轮机跳闸出口五压板	×	
11TLP6	6 号燃气轮机跳闸出口六压板	×	
11TLP7	6 号燃气轮机跳闸出口七压板	×	
11TLP8	6 号燃气轮机跳闸出口八压板	×	
12TLP1	9 号汽轮机联跳闸出口压板	√	9 号汽轮机跳闸出口压板 1，接入发电机-变压器组保护装置，正常运行时投入
12TLP2	9 号汽轮机直跳出口压板	√	9 号汽轮机跳闸出口压板 2，接入断路器操作箱，正常运行时投入
12TLP3	9 号汽轮机跳闸出口三压板	×	备用压板
12TLP4	9 号汽轮机跳闸出口四压板	×	
12TLP5	9 号汽轮机跳闸出口五压板	×	
12TLP6	9 号汽轮机跳闸出口六压板	×	
12TLP7	9 号汽轮机跳闸出口七压板	×	
12TLP8	9 号汽轮机跳闸出口八压板	×	

第四节　发电机-变压器组同期装置

一、发电机-变压器组同期装置概述

将发电机投入系统称为并列操作，又称为并网。而发电机-变压器组同期装置就是在发电厂机组并网时使用的指示、监视、控制装置，它可以检测并网点两侧的电网频率、电压幅值、电压相位是否达到条件，以辅助手动并网或实现自动并网，避免非同期并列，产生巨大的冲击电流，引起发电机损害和电力系统振荡。

二、发电机-变压器组同期装置原理

根据原理的不同，发电机并列分为自同期并列和准同期并列，目前大型发电机组大多数采用准同期并列。只有在事故处理和紧急情况下，才使用自同期并列。

（一）准同期并列

准同期并列就是将待并发电机升至额定转速，转子通励磁电流，定子电压升至额定电压，当满足以下四个准同期条件时，操作同期点断路器合闸，使发电机并网。

（1）电压相等（电压差小于5%）；

（2）电压相位一致；

（3）频率相等（频率差小于0.1Hz）；

（4）相序相同（一般不考虑，这个在安装和检修期间就应该核对清楚）。

该并网方法优点是发电机没有冲击电流，对系统影响较小。但如果因某些原因造成了非同期并列，则冲击电流很大。

（二）自同期并列

自同期并列操作，就是将发电机升速至额定转速后，在未加励磁的情况下合闸，将发电机并入系统，随即供给励磁电流，由系统将发电机拉入同步。

该并网方法优点是并列迅速，操作简单，能够快速向系统注入有功功率。缺点是从并网过程中冲击电流较大，需要从系统吸收大量无功功率，造成系统电压下降。

三、联合循环分轴机组的并列

联合循环分轴机组的燃气轮机发电机有两个并网点，分别是发电机出口断路器GCB和主变压器高压侧开关，正常由GCB并网。汽轮机发电机没有GCB，只能通过主变压器高压侧开关并网。

惠州LNG电厂的燃气轮机和汽轮机发电机都是采用的准同期并网方式，同期装置采用的是深圳国立智能电力科技有限公司生产的SID-2FY智能复用型同期装置。该装置具有自动识别并列点并网性质的功能，即自动识别当前是差频并网还是同频并网（合环）。在差频并网时，精确的控制数学模型确保装置能毫无遗漏地捕捉到第一次出现的并网时机，并精确地在相角差为零度时完成无冲击并网。

因为燃气轮机发电机有两个并网点，所以配置了SID-2X-B型选线器。SID-2X-B同期自动选线器（以下简称选线器），是为发电厂或变电站多个并列点的断路器共用一台自动同期装置进行同期接线切换而设计的，选线器可接受手动选线电子锁发送的选线控制命令实现并列点的选择和信号切换，也可接受DCS一对一的点动开出量控制完成并列点的切换。

四、燃气轮机发电机的准同期并列操作

燃气轮机发电机准同期并列可分为手动和顺控并列两种。

（一）手动准同期（以4号发电机为例）

（1）确认发电机转速达3000r/min。

（2）合上灭磁开关，4号发电机自动升压至额定值。

（3）合上4号发电机出口隔离开关8040。

（4）在DCS操作界面上的"电气发变组"画面，点击"80F同期"，弹出"燃气轮机同期装置"操作面板后执行下面操作：

1）点击"选804"并确认，检查"同期屏选线器选点1""同期屏就绪"灯亮；

2）点击"804同期请求"并确认，检查"请求同期""同期启动请求"灯亮；

3）点击"同期启动"并确认，待同期条件满足后，检查4号发电机出口开关804自动合闸，带初始负荷 15MW；

4）点击"复位选线器"并确认，检查同期装置报警复归。

（二）顺控准同期（以 4 号发电机为例）

（1）确认发电机转速达 3000r/min。

（2）合上灭磁开关，发电机自动升压至额定值。

（3）在 DCS 操作界面上的"电气发变组"画面，点击"4 号 F 启动顺控"，弹出"燃气轮机同期顺控"操作面板，确认顺控启动条件满足，点击"启动"＋"确认"，开始执行燃气轮机发电机自动并网程序：

1）合上燃气轮机发电机出口隔离开关 8040；

2）同期装置面板发"选 804"；

3）804 同期请求；

4）同期启动；

5）待同期条件满足后，检查 4 号发电机出口开关 804 自动合闸，带初始负荷 15MW。

（4）复位选线器。

五、汽轮机发电机的准同期并列操作

汽轮机发电机准同期并列可分为手动和顺控并列两种。

（一）手动准同期（以 7 号发电机为例）

（1）确认发电机转速达 3000r/min。

（2）合上 7 号主变压器中性点接地开关 227000。

（3）发电机灭磁开关 47MK。

（4）在 DCS 操作界面上的"电气发变组"画面；点击"励磁"，弹出"汽轮机励磁"操作面板后点"起励"并确认，检查汽轮机发电机定子电压升至 15.3kV。

（5）在 DCS 操作界面上的"电气发变组"画面，点击"7 号 F 同期"，弹出"汽轮机主变压器高压侧断路器自动准同期装置"操作面板后执行下面操作：

1）点击"DTK 投入"并确认，检查"自动准同期就绪"灯亮。

2）点击"同期复位"并确认，检查"自动准同期装置闭锁"复归，无异常报警。

3）点击"同期请求"并确认，检查 DEH 的"并网前控制"画面中"自动同期"已投入，同期装置操作面板上"同期允许（由 DEH 来）"灯亮。

4）点击"同期启动"并确认，检查汽轮机主变压器高开关 2207 自动合闸，带初始负荷 8MW。

5）点击"DTK 退出"并确认，检查同期装置退出运行。

（6）拉开 7 号主变压器中性点接地开关 227000。

（二）顺控准同期（以 7 号发电机为例）

（1）确认发电机转速达 3000r/min。

（2）在 DCS 操作界面上的"电气发变组"画面，点击"7 号 F 启动顺控"，弹出"汽轮机同期顺控"操作面板，确认顺控启动条件满足，点击"启动"＋"确认"，开始执行汽轮机发电机自动并网程序：

1）合上 7 号主变压器中性点接地开关 227000；

2）合上灭磁开关 47MK；

3）发汽轮机励磁"起动"命令，汽轮机发电机定子电压升至约 15.3kV；

4）汽轮机同期装置面板"DTK 投入"，"自动准同期就绪"灯亮；

5）汽轮机同期装置面板"同期复位"，检查无异常报警；

6）汽轮机同期装置面板"同期请求"，DEH 并网前控制界面"自动同期"投入，检查"同期允许（由 DEH 来）"灯亮；

7）汽轮机同期装置面板"2207 准同期启动"，检查汽轮机发电机主变压器高开关 2207 自动合闸，并网后带初始负荷约 8MW；

8）汽轮机同期装置面板"DTK"退出，拉开 7 号主变压器中性点接地开关 227000。

第五节　故障录波装置

一、故障录波装置概述

电力故障录波装置在电力系统发生故障（如线路短路、接地、过电压、负荷不平衡等）时，自动、准确地记录电力系统故障前、后过程的各种电气量（主要数字量，如开关状态变化，模拟量，主要是电压、电流数值）的变化情况，通过这些电气量的分析、比较，对分析处理事故、判断保护是否正确动作、提高电力系统安全运行水平的作用。

二、故障录波装置工作原理

故障录波装置正常情况下只作数据采集，不会录波。只有当电网或发电机组发生故障异常，电压、电流、零序电压等参数异常，超过启动值，或者继电保护动作跳闸时，它才进行录波。除高频信号外，所有信号均可作为启动量，任一路输入信号满足启动条件时，均可启动录波。故障录波装置通常采用如下的启动判据：

（1）突变量启动判据：突变量启动的实质是故障分量启动，可选 ΔU_A、ΔU_B、ΔU_C、ΔU_0、ΔI_0、ΔI_A、ΔI_B、ΔI_C 中的部分作为启动量，并和整定突变量值进行比较。

（2）零序电流启动判据：在 110kV 以上的大电流接地系统中，大多数为接地故障，采用主变压器中性点零序电流 $3I_0$ 启动录波。

（3）正序、负序、零序电压启动判据。

（4）母线频率变化启动判据。故障时频率下降且变化率较快。

（5）外部启动判据：一种是继电保护的跳闸动作信号启动，另一种是调度来的启动命令，这两种启动均为开关量启动。

三、故障录波装置配置

惠州 LNG 电厂采用的是武汉中元的 ZH-5 嵌入式电力故障录波分析装置，该装置采用嵌入式图形系统，可以满足 96 路模拟量和 256 路开关量的接入，内置 1000Hz 的连续记录功能，也可以选配独立的连续记录插件，可实现高达 5000Hz 的连续记录功能。其中 220kV 升压站配置了一台故障录波装置，用于监视 220kV 母线和各个间隔的电压、电流、零序电压等参数。每台发电机配置了一台故障录波装置，用于监视发电机的机端电压、零序电压、电流等参数。

四、故障录波装置面板说明

（一）主界面简介

ZH-5 录波装置主界面如图 7-15 所示，主要可分为"菜单栏""快捷工具栏""运行状态区""实时监测和查询区""最近暂态录波列表"等主要部分。

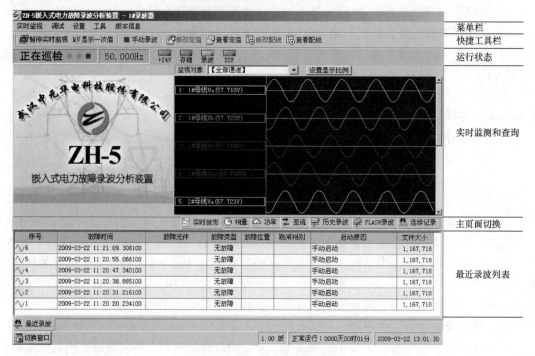

图 7-15　ZH-5 录波装置主界面

（二）运行状态区

左侧显示了巡检状态和进度，接着显示了系统当前频率，右边使用指示灯的方式显示了系统状态。常见指示灯如表 7-5 所示。

表 7-5　　　　　　　　　　　　　ZH-5 录波装置指示灯说明

［+24V］	绿色表示＋24V 电源正常；红色表示＋24V 电源故障
［存储］	绿色表示数据存储设备正常；红色表示数据存储设备故障
［USB］	绿色表示插入了 USB 磁盘（支持 USB 1.1 和 2.0），USB 磁盘可写；灰色标示插入了 USB 磁盘（支持 USB 1.1 和 2.0），USB 磁盘只读
［录波］	灰色表示装置没有启动录波，且未启动连续记录；灰色但左下角为橙色表示装置没有启动录波，已经启动连续记录；橙色表示装置正在录波
［稳态］	灰色表示无法与稳态连续记录插件通信；绿色表示稳态连续记录插件正常；红色表示稳态连续记录插件故障（注意：此指示灯仅当本装置配有独立的稳态连续记录插件时，才会出现）
［DSP］	绿色表示 DSP 插件正常，且没有录波；橙色表示 DSP 插件正常，且正在录波；红色表示 DSP 插件异常，请与厂家联系

（三）实时波形查询

点击主页面切换区的"实时波形"区域可以查看各种实时波形，可通过点击"监视对象"选择监视的通道或一次设备。

放大或缩小图形：如果信号太小或太大，需要垂直放大或缩小显示，可点击"设置显示比例"，设置各种信号的峰值在垂直方向上放大或缩小图形。如果某类信号禁止设置，则表明当前没有监视此类通道。

暂停实时波形监视：单击快捷工具栏的"暂停实时波形监视"按钮使之处于按下状态，则本页面停止刷新，保持不变；再次单击此按钮，按钮弹起，则取消暂停，波形图重新开始刷新。

（四）相量查询

点击主页面切换区的"相量"区域可以查看各种相量，可通过点击"监视对象"选择监视的不同线路或母线相量。

放大或缩小图形：如果波形超出画面或太小看不清，可通过"设置显示比例"进行纵向缩小或放大波形图。

（五）功率查询

点击主页面切换区的"功率"区域可以查看各种功率，可通过选择不同的监视对象，监视线路、变压器分支有功、无功和视在功率。

如果监视对象接入了三相电流，则采用三表法计算并显示三相总功率；如果只接入了两相电流则采用两表法计算并显示两相总功率；如果只接入了单相电流，则显示单相功率。

（六）差流查询

点击主页面切换区的"差流"区域可以查看各种差流。监视页面实时显示变压器的纵向差流、自耦变的分侧差流和零序差流。如果变压器的分支配置不完整，无法计算的差流不会出现在监视页面中。

（七）历史录波查询

点击主页面切换区的"历史录波"区域可以查看各种历史录波。用户可输入不同的时间段、故障类型和跳闸相别，来检索录波数据。双击列表中的条目，可以调用波形查看和分析软件打开此数据。

（八）连续记录查询

点击主页面切换区的"连续记录"区域可以查看各种连续记录。

检索连续记录数据：用户可输入时间段和故障类型，来检索连续记录数据（也称为长录波、稳态录波）。双击列表中的条目，可以调用波形查看和分析软件打开此连续记录数据。

调取连续记录数据：用户也可以调取指定时间段的连续记录数据，点击"提取波形"，输入起始时间和数据长度，点击"确定"，稍等片刻，所要求的数据就会被显示出来。

第六节　同步相量测量装置

一、同步向量测量装置概述

同步相量测量装置（PMU）是利用全球定位系统（GPS）秒脉冲作为同步时钟构成的相量测量单元。可用于电力系统的动态监测、状态估计、暂态稳定的预测与估计，继电保护等领域，是保障电网安全运行的重要设备。

二、发电厂同步向量测量装置功能

发电厂的同步向量测量装置（PMU）利用高精度同步时钟信号和高速 DSP 数字信号处理技术，实时、精确地测量发电厂升压站的母线以及各条出线的电压相量、电流相量，每台发电机的内电势、功角、功率、频率、频率变化率、直流控制信号量、开关量状态等电气特征数据，然后通过数据网传输给调度中心分析中心站。

同时 PMU 装置还具备判别并获取事件标识的功能，当相关电气参数越限时，如频率越限、频率变化率越限、正/负序电压、电流幅值越限时，装置会自动判别，并记录标识事件，方便运行人员查询。

三、发电厂同步向量测量装置配置

惠州 LNG 电厂 PMU 装置采用的是南京南瑞公司生产的 SMU-2 型同步相量测量控制装置，主要由五大部分组成：时钟同步单元、SMU-2MB 同步相量测量单元、SMU-2G 发电机同步相量测量单元、SMU-2CS 同步相量数据集中器单元和 SMU-2P 同步相量测量辅助分析单元。

同步相量测量装置分为主机柜和从机柜，主机柜布置在二期 220kV 升压站电子设备间，7 个从机柜分别布置在每台机组电子设备间以及一期 220kV 升压站电子设备间。主机柜布置有两套 SMU-2MB 母线测量装置，用于测量 V、VI 母线以及两条出线的电压和电流等数据。一期升压站的从机柜布置有两套 SMU-2MB 母线测量装置，用于测量 I、II 母线，以及五条出线的电压和电流等数据。每台机组从机柜布置有一套 SMU-2G 发电机测量装置，用于测量机端电压、电流、键相脉冲、转速脉冲等数据。各个从机柜将采集的参数通过光纤传输到主机柜的 SMU-2CS 数据集中处理单元，经过处理后，通过数据网传输给调度中心分析中心站。

四、PUM 装置运行监视

SMU-2 型同步相量测量装置前面板的 10 个信号指示灯从上到下依次为"运行""告警""检修""录波""存储异常""对时异常""时钟失步""TV/TA 断线""脉冲 1""脉冲 2"。键盘包括：4 个方向键、"确定""取消""＋""－"键。4 个功能键为：F1-F4，其中只有 F4 有用，为信号复归，其他三个功能键不起作用。

（1）SMU-2 MB 同步相量测量装置和 SMU-2G 发电机同步相量测量装置指示灯如表 7-6 所示。

表 7-6   同步相量测量装置指示灯说明

指示灯	状态	说　明
运行	绿色	相量测量装置正常运行
告警	黄色	装置报警
检修	黄色	装置检修硬压板投入时该灯处于常亮状态
录波	黄色	装置进行录波时点亮状态
存储异常	红色	装置存储空间不足或是存储区异常时点亮
对时异常	红色	外部对时输入信号异常时点亮
时钟失步	黄色	外部对时输入信号中失步位置时点亮
TV/TA 断线	黄色	装置判断外部电流或是电压断线时点亮
脉冲 1	绿色	装置接受到键脉冲时点亮（该灯只用于 SMU-2G 装置）
脉冲 2	绿色	装置接受到键脉冲时点亮（该灯只用于 SMU-2G 装置）

（2）时钟同步单元指示灯如表 7-7 所示。

表 7-7   时钟同步单元指示灯说明

指示灯	状态	说　明
RUN	闪亮	装置正常运行
	灭/亮	装置运行异常
SYNC	常亮	时钟同步锁定
	熄灭	时钟锁定失败
10KHZ	闪亮	10kHz 脉冲发正常
	灭/亮	10kHz 脉冲发异常
UART	常亮	UART 时钟正常
	熄灭	UART 时钟不正常
1PPS	闪亮	1PPS 脉冲发正常
	灭/亮	1PPS 脉冲发异常

（3）SMU-2CS 数据集中器单元指示灯如表 7-8 所示。

表 7-8   数据集中器单元指示灯说明

指示灯	状态	说　明
运行	闪烁	装置正常运行
同步	快闪	表示装置处于同步状态
触发	亮	表示 PMU 装置正在启动
硬盘告警	亮	表示硬盘出错告警灯
+12V	亮	表示+12V 工作正常
+5V	亮	表示+5V 工作正常
+3.3V	亮	表示+3.3V 工作正常
STAT1	闪烁	表示硬盘 1 正在读写数据
STAT2	闪烁	表示硬盘 2 正在读写数据
主站 1～4	亮	与 4 个主站的通信指示灯
PMU1～8	亮	与 8 个 PMU 测量单元的通信指示灯

（4）SMU-2P 同步相量测量管理单元指示灯如表 7-9 所示。

表 7-9   管理单元指示灯说明

指示灯	状态	说　明
运行	亮	表示装置正在运行
硬盘	闪烁	表示正在进行硬盘读写操作

第七节　运行经验分享

一、机组间无功分配不均

1. 事件经过

2016 年 2 月 28 日，某厂 2 号机组联运，从 28 号 22：50 至 29 号 08：00，机组处于进相运行，进相深度最大－21MVAR，机端电压接近 19.2kV，DCS 报 "UEL OPERATED" 报警，运行人员手动退出 AVC，手动增磁，07：36 机端电压 19.5kV，"UEL OPERATED" 报警复归；07：39 机端电压 19.9kV，运行人员手动投回 AVC 自动，之后在 AVC 的调节下，机端电压再次调节至 19.3kV 左右。08：47 1 号、3 号机组启动完成，此时 1 号机组无功输出 111MVAR（机端电压 19.9kV）、2 号机组无功输出 10MVAR（机端电压 19.3kV）、3 号机组无功输出 118MVAR（机端电压 19.9kV），三台机组无功分配不均匀，10：03 电气人员建议把 2 号机组 AVC 退出，手动调节机端电压至 19.8kV，此时 1 号机组无功输出 108MVAR、2 号机组无功输出 80MVAR、3 号机组无功输出 108MVAR，之后三台机组无功输出基本保持平衡。

2. 原因分析

当有机组联运，又有机组两班制运行，很可能就会出现机组无功分配不均匀现象。这是因为联运的机组经过 AVC 的调节可能出现低无功或进相运行情况，机端电压也维持较低。而两班制运行的机组早上启机并网后，PQ 分配是根据调差系数等参数相对固定的，由于此时系统电压通常会在中调下发电压曲线范围内，AVC 不会动作进行调节，这就导致联运机组无功较低，两班制运行机组无功较高的现象。

3. 结论

当系统电压在中调下发曲线上、下限之间时，各运行机组 AVC 不动作，当系统电压高于上限时，运行机组 AVC 会减磁动作，减少发出机组无功。在系统电压高，AVC 减磁可能会造成运行机组进相或低励闭锁，此时应检查 AVC 调节是否正常，各母线电压、发电机定子绕组及铁芯温度等参数是否在正常范围内，如果电压过低，可经中调同意退出 AVC 手动增磁，维持各参数在正常范围内。

二、机组功率振荡

1. 事件经过

某厂 2 号主变压器送电，1 号机报 "GENRATOR POWER OUTPUT-2 SPRAD HIGT-2" "EMERGENCY OIL INTERMEDIATE PRESS LOW" "CONT OIL SUPL PRESS LOW"，1 号控制油泵 A 联锁启动，1 号机组功率在 315～285MW 之间大幅波动。1 号机组燃烧器旁路阀（0～16%）及 IGV（30%～63%）开度大幅波动，造成 1 号机控制油出口压力低。1 号机组退出 AGC 和一次调频，手动降低机组降负荷后，发电机振荡消失，机组恢复正常。

2. 原因分析

（1）励磁系统及 PSS 响应正常，不是本次功率振荡的原因。

（2）一次调频动作正常，不是本次功率振荡的原因。

（3）阀门跟随指令正常动作，不存在阀门卡涩等异常问题。

（4）本次功率振荡期间，IGV 的波动幅度 25%，通过理论计算，可导致机组功率波动峰峰值约 40MW，确认本次功率振荡原因为 IGV 周期性波动。

3. 结论

2 号主变压器充电产生励磁涌流后，运行的 1 号、3 号机组电气参数受到干扰，虽然此时机组实际机械功率没有变化，但是由于受到电气量的干扰，造成燃气轮机测量计算的功率发生了变化，引起 IGV 开度调整，IGV 开度调整进一步造成压气机功耗波动，最终出现了在机组燃料流量基本稳定的情况下的有功功率振荡。

为了避免类似情况再次发生，在燃气轮机负荷控制画面中了增加负荷保持按钮，当主变压器送电时，相邻机组投入负荷保持，维持机组负荷控制目标和机组实际负荷不变，当主变压器送电完毕后，相邻机组退出负荷保持。

三、一次调频动作不合格事件

1. 事件经过

某厂机组满负荷运行期间，电网局部故障引起系统频率升高。机组负荷在系统频率上升时反而有轻微上升，通过查 DCS 历史数据，在系统频率波动期间机组一次调频实际已动作，但是机组负荷却没有跟随降低。

2. 原因分析

当时机组进入排烟温度控制（EXCSO）模式，即处于满负荷运行状态（当时 AGC 指令 380MW，但机组实际最高负荷为 370MW）。根据 M701F 型燃气轮机控制原理，为保护燃气轮机热通道部件，避免机组在满负荷时热通道部件超温，机组最大负荷由燃气轮机的排烟温度控制（即 EXCSO 控制）。因此，当系统局部故障导致频率突增后，正处于排烟温度控制下的机组无法按照一次调频的动作要求迅速降负荷，这是由燃气轮机在满负荷时的运行特性决定的，人为无法干预。系统频率升高，机组转速上升，进入燃气轮机的空气流量增加，因为机组功率或有功功率与空气流量成正比关系，所以机组在一次调频动作初期负荷略有上升，这也是燃气轮机的运行特性。

3. 结论

系统频率波动期间，由于机组负荷始终处于满负荷状态，导致机组一次调频虽有正确的动作指令，但不能实际动作，这是由 M701F 型燃气轮机的特性决定的，无法人为干预。如果在系统频率波动期间，机组带部分负荷运行，那么机组的一次调频将正常动作。

第八章

厂用电系统及设备

第一节 厂用电接线

一、概述

发电厂在电力生产过程中，有大量以电动机拖动的机械设备，用以保证主要设备（如燃气轮机、锅炉、汽轮机、发电机等）和辅助设备的正常运行。这些电动机以及全厂的运行、操作、试验、检修、照明等用电设备的总耗电量，统称为厂用电或自用电。厂用电接线图见附图2（见文后插页）。

（一）厂用负荷分类

根据厂用负荷在发电厂运行中所起的作用及其供电中断对人身、设备及生产所造成的影响程度，可将其分为下列五类：

（1）Ⅰ类负荷：短时（手动切换恢复供电所需的时间）停电也可能影响人身或设备安全，使生产停顿或发电量大量下降的负荷。如给水泵、循环水泵、凝结水泵等，通常都设有两套设备互为备用，分别接到两个独立电源的母线上，当一个电源断电后，另一个电源就立即自动投入。

（2）Ⅱ类负荷：允许短时停电（几秒至几分钟），不致造成生产紊乱，但较长时间停电有可能损坏设备或影响正常运行的负荷。如给水再循环泵、真空泵等，一般它们均应由两段母线供电，并采用手动切换。

（3）Ⅲ类负荷：较长时间停电也不会直接影响生产，仅造成生产上不方便的负荷，如检修电源、照明电源等，通常它们由一个电源供电，但在大型发电厂也常采用两路电源供电。

（4）不停电负荷：在机组启动、运行及停机（包括事故停机）过程中，甚至停机后的一段时间内，要求连续提供具有恒频恒压特性电源的负荷，简称"OⅠ"类负荷。如机组的计算机控制系统、热工仪表及自动装置等，一般采用由不停电电源（UPS）供电。

（5）事故保安负荷：机组在停机过程中及停机后的一段时间内仍必须保证供电，否则可能引起主设备损坏、自动控制失灵或危及人身安全的负荷。根据对电源要求的不同，事故保安负荷又分为直流保安负荷和允许短时间停电的交流保安负荷两类。

1）直流保安负荷，简称"OⅡ"类负荷。如继电保护和自动装置、汽轮机直流润滑油泵、发电机直流氢密封油泵等，其电源由蓄电池组或整流装置供电。

2）允许短时间停电的交流保安负荷，简称"OⅢ"类负荷。如交流顶轴油泵、交流润滑油泵、盘车电动机等。平时由交流厂用电源供电，失去厂用工作电源和备用电源时，交流保安电源（如柴油发电机）应自动投入。

（二）厂用电接线基本要求

厂用电接线应按照运行、检修和施工的要求，考虑全厂发展规划，积极慎重地采用成熟的新技术和新设备，使设计达到经济合理、技术先进目的，保证机组安全、可靠、经济的运行。厂用电接线应满足下述要求：

（1）供电可靠，运行灵活。厂用负荷的供电除了正常情况下有可靠的工作电源外，还应保证异常或事故情况下有可靠的备用电源，并可实现自动切换。另外，由于厂用电系统负荷种类复杂、供电回路多、电压变化频繁，波动大，运行方式变化多样，要求无论在正常事故、检修以及机组启停情况下均能灵活地调整运行方式，可靠、不间断地实现厂用负荷的供电。

（2）各机组厂用电系统应是独立的，以保证一台机组故障停运或其辅机的电气故障，不应影响到另一台机组的正常运行，并要求受厂用电故障影响而停运的机组应能在短期内恢复运行。

（3）全厂性公用负荷应分散接入不同机组的厂用母线或公用负荷母线。在厂用电系统接线中，不应存在可能导致切断多于一个单元机组的故障点，更不应存在导致全厂停电的可能性，应尽量缩小故障影响范围。

（4）充分考虑发电厂正常、事故、检修、启停等运行方式下的供电要求，一般均应配备可靠的启动/备用电源，尽可能地使切换操作简便，启动/备用电源能在短时内投入。

（5）供电电源应尽量与电力系统保持紧密的联系。当机组无法取得正常的工作电源时，应尽量从电力系统取得备用电源，这样可以保证其与电气主接线形成一个整体，一旦机组故障时以便从系统倒送厂用电。

（6）充分考虑电厂分期建设和连续施工过程中厂用电系统的运行方式，特别要注意对公用负荷供电的影响，要便于过渡，尽量减少改变接线和更换设置。

二、厂用电接线方式

为了简化厂用电接线，使运行维护方便，厂用电电压等级不宜过多。在满足技术要求的前提下，优先采用较低的电压，以获得较高的经济效益。这是因为高压电动机制造容量大、绝缘等级高、磁路较长、尺寸较大、价格高、空载和负载损耗均较大，效率较低。但是，结合厂用电供电网络综合考虑，电压等级较高时可选择截面积较小的电缆或导线，不仅节省有色金属，还能降低供电网络的投资。经过技术经济综合比较后确定，惠州 LNG 电厂（以下简称惠电）厂用电系统采用 6kV 和 380V 两个电压等级。低压厂用变压器和容量大于 200kW 的电动机负荷由 6kV 供电，容量小于或者等于 200kW 的电动机、照明和检修等低压负荷由 380V 供电。

为了保证厂用电系统的供电可靠性和经济性，惠电采用"按机组分段"的接线原则，即将厂用电母线按照机组的台数分成若干独立段，既便于运行、检修，又能使事故影响范围限制在单台机组，不致过多干扰正常运行的机组。

厂用电系统设备装置一般都采用可靠性高的成套配电装置，这种成套配电装置发生故障的可能性很小，因此，厂用高、低压母线采用接线简单、清晰、设备少、操作方便的单母线接线形式。

（一）6kV 厂用电接线

6kV 高压厂用系统采用单母线接线，每台机组均设置有 A、B 两段 6kV 母线。6kV 母线正常运行时由高压厂用变压器低压侧供电，将双套设备均匀地分接在两段母线上，以提高供电可靠性，如低压厂用变压器、大容量电动机（凝结水泵和给水泵、循环水泵等）。

每台机组设置一台容量为 16MVA 的双绕组厂用高压变压器（简称厂高变）。厂高变高压侧由燃气轮机发电机与主变压器之间的封闭母线引接，即从燃气轮机发电机出口经厂高变将发电机出口电压降至厂用高压 6kV。厂用电系统按照燃气轮机发电机出口装设断路器原则设计，燃气轮机发电机运行时，自带本机组厂用电；燃气轮机发电机停机时，燃气轮机发电机出口断路器断开，厂用电仍可从 220kV 系统通过燃气轮机主变压器、厂用高压变压器送至各机组 6kV 母线。这种接线方式在机组正常启、停过程中不需切换厂用电，只需操作发电机出口开关，提高了厂用电可靠性。

6kV 母线备用电源来自一台 220kV 双绕组高压备用变压器低压侧，其高压侧电源引自 220kV 母线，正常运行时高压备用变压器处于空载状态。高压备用变压器的容量为 100%厂用高压变压器容量，一台有载调压高压备用变压器可以作为全厂机组的 6kV 母线备用电源，备用方式为明备用方式，能保证机组在事故状态下安全停机的要求，同时在机组厂用高压变压器检修时可作为其备用电源。在 6kV 母线工作电源和备用电源之间装设了一台 6kV 厂用电快速切换装置，能够实现 6kV 母线电源正常倒闸切换和事故自动切换。

6kV 高压厂用电系统中性点接地方式的选择，与接地电容电流的大小有关。当接地电容电流小于 10A 时，可采用不接地方式，也可采用高阻接地方式；当接地电容电流大于 10A 时，可采用经消弧线圈或消弧线圈并联高阻的接地方式。惠电 6kV 高压厂用电系统中性点采用经高电阻接地方式。在这种接地方式下，厂用电系统发生单相接地故障时，接地电流被限制到较小数值，而且三相之间的线电压基本保持对称，对负荷的供电没有影响，允许继续运行 2h，而不必立即跳闸，因此提高了厂用电可靠性。但是在单相接地后，其他两相对地电压升到线电压，是正常时的 $\sqrt{3}$ 倍，对绝缘水平要求较高，增加了绝缘费用。另外，若不及时处理可能会发展为绝缘破坏、两相短路，弧光放电，引起全系统过电压。为了防止故障的进一步扩大，设有专门的母线接地监察装置，在发生单相接地故障时发出信号，以便运行人员采取措施予以消除。

（二）380V 厂用电接线

380V 厂用电系统采用中性点直接接地的 380/220V 三相四线制配电系统，动力与照明、检修网络可以合用一个电源供电。在这种中性点直接接地方式下，发生单相接地故障时，中性点不发生位移，防止了相电压出现不对称和超过 250V，保护装置立即动作于跳闸，厂用电可靠性降低。但是，该方式下非故障相对地电压不变，电气设备绝缘水平可按相电压考虑。

380V 厂用电系统采用动力中心（PC）和电动机控制中心（MCC）两级供电方式。低压电动机控制中心（MCC）和容量为 75～200kW 的电动机由动力中心供电（PC），75kW 以下的电动机由低压电动机控制中心（MCC）供电。

380V 动力中心（PC）包括：机组工作 A、B 段，化水 A、B 段，机组公用 A、B 段等。各 PC 单元母线采用单母分段接线方式，即每一 380V PC 单元设有两段母线，每段母线通过一台低压厂用变压器供电，两台变压器的高压侧分别接至不同段的 6kV 母线上，两段低压母线之间设有一个联络断路器。低压母线的工作电源与备用电源采用暗备用方式，即两台低压厂用变压器分别带一段母线，互为备用。正常运行时每台厂低变只带本段母线运行，联络断路器断开；当一台厂低变故障或其他原因退出运行时，联络断路器手动投入，由另一台厂低变同时带两段母线的负荷运行。两段母线之间的联络断路器不装设自动投入装置，因为其负荷允许短时停电，而且不装设自动投入装置可以避免备用电源投合在故障母线上时扩大为两段母线全停事故。

电动机控制中心（MCC）包括燃气轮机 MCC、燃气轮机 EMCC、汽轮机 MCC、锅炉MCC、照明 MCC、通风 MCC、空压机房 MCC、调压站 MCC、循环水泵房 MCC、升压站MCC 等。各 MCC 段母线采用单母线接线，但有两路电源，采用明备用方式，即系统正常运行时，备用电源不工作。电源一般来自两路不同的动力中心（PC）或者临近的其他电动机控制中心（MCC），同时配置了手动电源切换开关或者自动电源切换装置，实现母线失电时的两路电源切换，切换方式为先分后合。

交流事故保安电源通常采用 380/220 电压，以便与厂用低压工作电源配合。每台机组设一段事故保安母线，或称保安动力中心（PC），采用单母线接线方式，与相应的动力中心（PC）母线连接，并设有一台柴油发电机组作为事故保安电源，提供机组在事故情况下安全停机所必需的交流电源。每台机组保安段母线共有三路电源，两路分别来自两段低压工作动力中心，一路来自柴油发动机，即电源 1 来自机组 380V 工作 A 段，电源 2 来自机组380V 工作 B 段，电源 3 来自柴油发电机组。保安段母线正常时由机组工作动力中心供电，当其正常电源失去后，经延时确认自动启动应急柴油发电机组，当柴油发电机组转速和电压达到额定值时，柴油发电机组出口开关自动闭合，保安段母线带电。

第二节　厂用电源切换装置

一、6kV 厂用电快速切换装置

以惠电为例，该厂 6kV 厂用电母线设有两路电源，即厂用电工作电源和备用电源，在正常运行时，厂用负荷由厂用工作电源供电，而备用电源处于断开状态。厂用电源的切换通过江苏金智科技股份有限公司生产的 MFC2000-6 型微机厂用电快速切换装置实现。该快速切换装置适用于有较多高压电动机负荷，对电源切换要求较高，在电源切换时不能造成电源跳闸或设备冲击损坏等场合。

（一）厂用电源的切换方式及原理

1. 厂用电源切换方式

厂用电源切换的方式，可按开关的动作顺序、启动原因、厂用电源切换速度或合闸条件等进行分类。

（1）按开关的动作顺序分类（动作顺序以工作电源切向备用电源为例）。

1）并联切换，又称"先合后分"切换，亦即合环操作。先合上备用电源，同时确认备用电源已合上，使备用电源与工作电源在厂用电高压母线上有短时并联，然后再跳开工作电源，从而保证厂用电负荷的正常运行。这种方式多用于正常切换。并联方式另分为并联自动和并联半自动两种，并联自动指由快切装置先合上备用开关，经短时并联后，再跳开工作电源；并联半自动指快切装置仅完成合备用，跳开工作由人工完成。

2）串联切换。先跳开工作电源，在确认工作开关跳开后，再合上备用电源。在厂用电源的切换过程中厂用母线发生失电，失电时间约为备用开关合闸时间。此种方式多用于事故切换。

3）同时切换。这种方式介于并联切换和串联切换之间。合备用电源命令是在跳开工作电源命令发出之后、工作电源开关断开之前发出。母线失电时间大于 0ms 而小于备用开关合闸时间，可设置延时来调整。这种方式既可用于正常切换，也可用于事故切换。

（2）按启动原因分类。

1）正常手动切换。由运行人员手动操作启动，快切装置按事先设定的手动切换方式（并联、同时、串联）进行分合闸操作。正常切换是双向的，可以由工作电源切向备用电源，也可以由备用电源切向工作电源。其中，并联切换方式适用于同频系统间且固有相位差不大的两个电源切换，正常串联切换适用于差频系统间或同频系统固有相位差很大的两个电源切换，正常同时切换适用于同频、差频系统间的电源切换。

2）事故自动切换。由保护装置触点启动。发电机-变压器组、厂用高压变压器和其他保护出口跳工作电源开关的同时，启动快切装置进行切换，快切装置按事先设定的自动切换方式（串联、同时）进行分合闸操作。事故切换是单向，只能由工作电源切向备用电源。

3）不正常情况自动切换。有两种不正常情况：一是母线失压，母线电压低于整定电压达整定延时后，装置自行启动，并按自动方式进行切换；二是工作电源开关误跳，由工作开关辅助触点启动装置，在切换条件满足时合上备用电源。不正常情况切换也是单向，只能由工作电源切向备用电源。

（3）按切换速度或合闸条件分类。

1）快速切换；

2）同期捕捉切换；

3）残压切换；

4）长延时切换。

2. 快速切换、同期捕捉切换、残压切换、长延时切换的原理

（1）快速切换。假设有如图 8-1 所示的厂用电系统，工作电源由发电机端经厂用高压工作变压器引入，备用电源由电厂高压母线或由系统经高备用变引入。正常运行时，厂用母线由工作电源供电，当工作电源侧发生故障时，必须跳开工作电源开关 1DL，合 2DL。跳开 1DL 后厂用母线失电，电动机将惰行。由于厂用负荷多为异步电动机，对单台单机而言，工作电源切断后电动机定子电流变为零，转子电流逐渐衰减，由于机械惯性，转子转速将从额定值逐渐减速，转子电流磁场将在定子绕组中反向感应电势，形成反馈电压。多台异步电机联结于同一母线时，由于各电机容量、负载等情况不同，在惰行过程中，部分异步电动机将呈异步发电机特征，而另一些呈异步电动机特征。母线电压即为众多电动机的合成反馈电压，俗称残压，残压的频率和幅值将逐渐衰减。通常，电动机总容量越大，残压频率和幅值衰减的速度越慢。

以极坐标形式绘出的某电厂 6kV 母线残压相量变化轨迹（残压衰减较慢的情况）如图 8-2 所示。

图 8-2 中 V_D 为母线残压，V_S 为备用电源电压，ΔU 为备用电源电压与母线残压间的电压差。合上备用电源后，电动机承受的电压 U_M 为

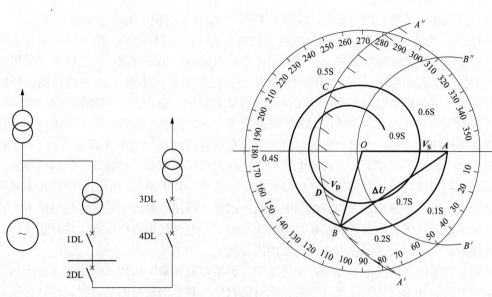

图 8-1　厂用电一次系统（一段）简图　　　图 8-2　母线残压特性示意图

$$U_M = X_M/(X_S + X_M)\Delta U \tag{8-1}$$

式中：X_M 为母线上电动机组和低压负荷折算到高压厂用电压后的等值电抗；X_S 为电源的等值电抗。

令 $K = X_M/(X_S + X_M)$，则

$$U_M = K\Delta U \tag{8-2}$$

为保证电动机安全自起动，U_M 应小于电动机的允许起动电压，设为 1.1 倍额定电压 U_N，则有

$$K\Delta U < 1.1U_N \tag{8-3}$$

$$\Delta U(\%) < 1.1/K \tag{8-4}$$

设 $K = 0.67$，则 $\Delta U(\%) < 1.64$。图 8-2 中，以 A 为圆心，以 1.64 为半径绘出弧线 $A'-A''$，则 $A'-A''$ 的右侧为备用电源允许合闸的安全区域，左侧则为不安全区域。若取 $K = 0.95$，则 $\Delta U(\%) < 1.15$，图 8-2 中 $B'-B''$ 的左侧均为不安全区域。

假定正常运行时工作电源与备用电源同相，其电压相量端点为 A，则母线失电后残压相量端点将沿残压曲线由 A 向 B 方向移动，如能在 $A—B$ 段内合上备用电源，则既能保证电动机安全，又不使电动机转速下降太多，这就是所谓的"快速切换"。

图 8-2 中，快速切换时间应小于 0.2s，实际应用时，B 点通常由相角来界定，如 60°，考虑到合闸回路固有时间，合闸命令发出时的角度应小于 60°，即应有一定的提前量，提前量的大小取决于频差和合闸时间，如在合闸固有时间内平均频差为 1Hz，合闸时间为 100ms，则提前量约为 36°。

快速切换的整定值有两个，即频差和相角差，在装置发出合闸命令前瞬间将实测值与整定值进行比较，判断是否满足合闸条件。由于快速切换总是在启动后瞬间进行，因此频差和相差整定可取较小值。

（2）同期捕捉切换。图8-2中，过B点后B-C段为不安全区域，不允许切换。在C点后至C-D段实现的切换以前通常称为"延时切换"或"短延时切换"。因不同的运行工况下频率或相位差的变化速度相差很大，因此用固定延时的办法很不可靠，现在已不再采用。利用微机型快切装置的功能，实时跟踪残压的频差和角差变化，实现C-D段的切换，特别是捕捉反馈电压与备用电源电压第一次相位重合点实现合闸，这就是"同期捕捉切换"。同期捕捉切换时间约为0.6s，对于残压衰减较快的情况，该时间要短得多。若能实现同期捕捉切换，特别是同相点合闸，对电动机的自启动也很有利，因此时厂母电压衰减到65%～70%，电动机转速不至于下降很大，且备用电源合上时冲击最小，不会对设备及系统造成危害。

同期捕捉切换时，电动机相当于异步发电机，其定子绕组磁场已由同步磁场转为异步磁场，而转子不存在外加原动力和外加励磁电流。因此，备用电源合上时，若相角差不大，即使存在一些频差和压差，定子磁场也将很快恢复同步，电动机也很快恢复正常异步运行。所以，此处同期指在相角差零点附近一定范围内合闸。

同期捕捉切换有两种基本方法：一种基于"恒定越前相角"原理，即根据正常厂用负荷下同期捕捉阶段相角变化的速度（取决于该时的频差）和合闸回路的总时间，计算并整定出合闸提前角，快切装置实时跟踪频差和相差，当相差达到整定值，且频差不超过整定范围时，即发合闸命令，当频差超范围时，放弃合闸，转入残压切换；另一种基于"恒定越前时间"原理，即完全根据实时的频差、相差，依据一定的变化规律模型，计算出离相角差过零点的时间，当该时间接近合闸回路总时间时，发出合闸命令。

同期捕捉切换整定值有两个。当采用恒定越前相角方式时，为频差和相角差（越前角）；当采用恒定越前时间方式时，为频差和越前时间（合闸回路总时间）。

（3）残压切换。当残压衰减到20%～40%额定电压后实现的切换通常称为"残压切换"。残压切换虽能保证电动机安全，但由于停电时间过长，电动机自启动成功与否、自启动时间等都将受到较大限制。如图8-2所示，残压衰减到40%的时间约为1s，衰减到20%的时间约为1.4s。而对另一机组的试验结果表明，衰减到20%的时间为2s。

（4）长延时切换。目前，一些大容量机组的发电机出口设有开关，正常切换通过发电机出口开关完成。当工作电源发生故障时，需切换至备用电源以便安全停机。如备用电源的容量不足以承担全部负载，甚至不足以承担通过残压切换过去的负载的自启动，只能考虑长延时切换。当长延时切换投入时，在切换启动后，经过本定值设定的延时时间后，装置发合命令。发合命令时不对压差、频差和相差进行判断。

并联切换方式只有一种实现方式，即快速切换。正常串联切换、正常同时切换、事故串联切换、事故同时切换及不正常情况切换均有四种实现方式：快速、同期捕捉、残压、长延时，快切不成功时可自动转入同期捕捉、残压、长延时。

（二）MFC2000-6快切装置的信号及含义（见表8-1）

表8-1 　　　　　　　　　　　MFC2000-6快切装置的信号及含义

序号	DCS信号	信号说明
1	切换完毕	该跳开的开关已跳开、该合上的开关已合上，装置将自行闭锁并发出此信号
2	切换异常	该跳开的开关未跳开或该合上的开关未合上或启动切换后设定时间（如5s）内仍无法满足切换条件，装置将自行闭锁并发出此信号

序号	DCS信号	信号说明
3	切换退出	当出现以下任意一种情况时，装置发此信号，同时装置不能进行切换操作；当下列三种情况均不满足，装置"切换退出"信号自动将解除，同时装置可以进行切换操作。 （1）装置开入量"切换退出"设定在退出； （2）装置定值"切换退出"设定为退出； （3）装置的切换功能"快速切换""越前相角""越前时间切换""残压切换""长延时切换"均被设定为退出
4	装置失电	装置工作电源断电
5	开关位置异常	以下情况下装置将自行闭锁并发此信号，开位异常包括：上电时开关全分、上电时开关全合、运行时合工作造成全合、运行时合备用造成全合、运行时分备用造成全分、工作假分、TV隔离开关分
6	后备失电闭锁	厂用母线由工作电源供电时，备用电源即为后备电源，而厂用母线由备用电源供电时工作电源即为后备电源。当后备电源电压低于整定值且后备失电闭锁投入时，发出此信号。 注：在备用TV检修时，可通过"定值设置"菜单，暂时将"后备失电闭锁"功能退出，此时装置仍能进行切换，但切换方式与正常方式有所不同：在后备不失电情况下，装置仍可进行正常切换，而在后备失电情况下，只能实现残压和长延时切换
7	PT断线	6kV母线TV发生断线时，装置将自行闭锁并发出此信号
8	装置异常	装置自检到CPLD、RAM、EEPROM等元器件故障，将自行闭锁并发出此信号；但CPU系统本身完全故障，自检将无法完成，也就无法实现闭锁
9	切换闭锁	当装置出现以下任意一种情况时，装置将自行闭锁切换，并发此信号。 （1）装置进行了一次动作后； （2）切换退出； （3）外部保护闭锁； （4）开关位置异常； （5）后备失电闭锁； （6）TV断线； （7）装置异常。 注：除后备失电闭锁、切换退出外，其他情况导致装置自行闭锁时，必须待异常情况消除，且经人工复归告警信号后，方能解除闭锁

注　1. 快切装置告警后，其装置面板上"闭锁"灯点亮，需手动复归；

　　 2. 快切装置动作后，其装置面板上"动作"灯点亮，需手动复归；

　　 3. 快切装置正常运行时，其装置面板上"运行""工作"灯应点亮。

二、380V保安电源备自投装置

当厂用电源故障出现较长时间的停电，交流事故保安电源系统可以供给发电机组停机所需的用电，以保证发电机组相关设备的安全可靠停运。火电厂的保安电源通常选用双回路正常电源供电的方式（即一主一备），并采用快速启动的柴油发电机组作为紧急备用电源。双回路正常电源能够双向切换，即：在正常情况下可以倒闸操作；在某一路停电时，还可以进行切换。一旦遇到机组厂用电失电或两路电源切换失败时，还可以启动柴油发电机，由柴油发电机给发电厂内重要的保安负荷供电。惠电采用深圳国立智能的 SID-408B 发电厂保安电源备自投装置实现机组保安电源系统的三路电源相互切换。

（一）备自投原则

（1）为避免由于工作母线电压短暂下降导致备自投装置误动作，装置母线失压启动延时必须大于最长的外部故障切除时间。

（2）为避免备自投装置合闸操作后将备用电源合于故障或工作电源向备用电源倒送电，必须确保工作电源被断开后再投入备用电源，备用断路器合闸操作前延时必须大于工作断路器完全切断电路的时间。

（3）备自投装置接收到外部闭锁信号时，不应动作。

（4）当备用电源电压不满足要求，备自投装置不应动作。

（5）正常运行时，人工切除工作电源不应引起备自投装置动作。

（二）备自投控制逻辑

1. 装置的备自投过程可分为：备自投充电、备自投动作、确认复归三个过程

（1）备自投充电过程：在进线、母线电压、各开关状态满足正常运行条件时，装置开始充电，装置面板上"充电"灯开始闪烁，充电 10s 后该灯常亮，表明充电完成备自投进入运行监视状态。

（2）备自投动作过程：在监视状态下，在备用电源有压、且无闭锁信号的条件时，发生以下情况备自投动作：

1）母线电压小于失压定值、进线电压小于有压定值，且持续时间超过失压启动时间；

2）工作电源开关变分位，且保持误跳启动时间。

满足以上任一条件，且工作进线无流（为避免母线 TV 断线时备自投误动，利用进线电流作为母线失压的闭锁判据），会跳开工作电源开关，满足母线无压检测条件，且在延时定值到时后，自动合上主备用电源开关。在二次失压启动功能投入时，当装置成功切换至主备电源后检测到母线电压仍未恢复正常时，装置会跳开主备电源开关，再次投次备电源（柴油发电机）。

（3）动作后复归：若控制字"动作后自复归"设为"投入"，则装置动作一次后不需要人工复归就可以进入充电条件判别逻辑。若为"退出"，动作一次后即使开关位置和交流量满足充电条件，装置也不会充电，只有在人工复归后才判断充电条件。

2. 自动切换控制逻辑

（1）如图 8-3 所示的保安电源系统，由进线 1 供电和由进线 2 供电的控制逻辑一样，以进线 1 供电为例介绍，即正常运行时，1DL 合位，2DL、3DL 分位，进线 1 通过 1DL 向保安段母线供电，进线 2、3 做备用（2 为主备用，3 为次备用，2 优先于 3 投）。装置上电后，母线电压、任一备用电源电压合格，装置开始充电，充电 10s 后，装置便进入对故障监控状态。

当充电完成，且进线 2、3 在"就绪态"时，若保安段母线失压或 1DL 偷跳，则跳1DL，在满足保安段母线无压检测及延时后，按以下原则切至备用电源：

1）若进线 2、3 都在就绪态，则动作过程：装置在确认工作进线 1 开关 1DL 跳开后，

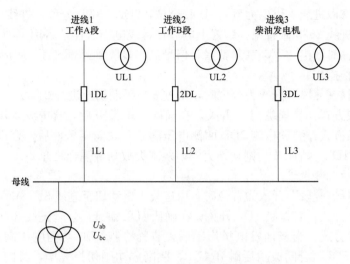

图 8-3　保安电源系统接线图

先切向备用进线 2，若进线 2 开关 2DL 拒合或合上后保安段母线仍失压，则补跳进线 2 开关 2DL，当进线 2 开关 2DL 跳开后，装置发启动柴油机命令（即出口"启动发电机"闭合），确认柴油机启动成功后切向进线 3。柴油机启动成功条件是：接收到柴油机启机成功的信号（通过开入量"发电机就绪"）且进线 3 电压大于"有压定值"。

2）若进线 3 在就绪态、但进线 2 不在就绪态，则动作过程：在确认工作进线 1DL 开关跳开，装置发启动柴油机命令，确认启动成功后切向进线 3。

（2）当保安段母线由柴油发电机供电时，3DL 合位，1DL、2DL 分位，进线 1、2 做备用（1 为主备用，2 为次备用，1 优先于 2 投），装置上电后开始充电，进入对故障监控状态。装置上电后，母线电压、任一备用电源电压合格，装置开始充电，充电 10s 后，装置便进入对故障监控状态。

当充电完成，且进线 1、进线 2 任一在"就绪态"时，若保安段母线失压或 3DL 偷跳，则跳 3DL，在满足保安段母线无压检测及延时条件后，按以下原则切至备用电源：

1）若进线 1、2 都在就绪态，则动作过程：装置在确认工作进线 3 开关 3DL 跳开后，先切向主备用进线 1，若进线 1 开关 1DL 拒合或合上后保安段母线仍失压，则先补跳进线 1 开关 1DL，进线 1 开关 1DL 跳开后再切向备用进线 2。

2）若进线 1 在就绪态、但进线 2 不在就绪态，则动作过程：装置在确认工作进线开关 3DL 跳开后，直接切向备用进线 1。

3）若进线 2 在就绪态、但进线 1 不在就绪态，则动作过程：装置在确认工作进线开关 3DL 跳开后，直接切向备用进线 2。

（三）手动切换功能

手动切换是手动操作启动，而后自动进行切换的。当检测到手动切换信号或者收到远方 DCS 切换命令时，启动工作进线和备用进线之间的切换操作。

手动切换可以选择"并联切换"或"串联切换"方式，切换方式通过"恢复方式"开入信号确定。

当"恢复方式"开入为分位时，切换方式为"并联切换"。当"恢复方式"开入为合位时，切换方式为"串联切换"。开入"选择恢复段"可用来确认装置切向的备用进线。

正常运行时（以进线 1 供电为例）：1DL 合位，2DL、3DL 分位，进线 1 通过 1DL 向保安段母线供电，进线 2、3 做备用。装置上电后，母线电压、任一备用电源电压合格，满足手动切换开放条件时开出"手动恢复就绪"信号，当接收到外部"手动切换"启动命令时，装置进线手动切换操作。

（1）当"选择恢复段"开入为分位时，由进线 1 手动切至进线 2：

1）串联切换方式：装置跳 1DL 开关，在确认 1DL 跳开后，合进线 2 开关 2DL。

2）并联切换方式：装置检测 2DL 两侧电压满足并联同期条件后，合进线 2 开关 2DL，合闸成功后跳开 1DL，跳闸成功则切换完毕，跳闸失败则解耦合跳开 2DL。

注：解耦合功能可投退。

（2）当"选择恢复段"开入为合位时，由进线 1 手动切至进线 3：

1）串联切换方式：装置跳 1DL 开关，在确认 1DL 跳开后，合进线 3 开关 3DL；

2）并联切换方式：当柴油发电机启动后，装置检测 3DL 两侧电压满足并联同期条件后，进线 3 开关 3DL，合闸成功后跳开 1DL，跳闸成功则切换完毕，跳闸失败则解耦合跳开 3DL。

注：解耦合功能可投退。

（四）闭锁备自投功能

（1）外部开入闭锁短信号实现备自投闭锁，信号消失后闭锁功能解除。

（2）为了防止备用电源在某些故障发生或保护动作时误投入，将保护出口接入装置，当保护动作出口时装置切换功能闭锁。

（3）当开关有电流而相应的跳位为"1"时，报开关位置异常，闭锁所有的自投功能。1DL、2DL、3DL 任一开关位置异常时，都会闭锁备自投。

（五）二段低压减载功能

装置设有一段、二段低压减载功能，在每次切换完成后，开放该功能 10s，若在 10s 内母线电压低于低压减载的低电压设定值且维持低压减载时间设定值后，出口跳开一些不重要负荷或次重要负荷以保证母线电压恢复正常，可以通过设置不同的低电压定值和时间定值来实现一段、二段低压减载功能。该功能设有投退软压板，可根据需要在切换定值中独立整定。

第三节 厂用电源开关柜

一、6kV 高压开关柜

以惠电为例，该厂的 6kV 高压开关柜采用的是江苏大全长江电器的 KYN28-12 金属铠装全封闭手车中置式开关柜，KYN28A-12 开关柜型号的含义为：K—金属铠装，Y—移动式，N—户内，28—设计序号，12—额定电压（kV）。

KYN28A-12 开关柜由固定的柜体和可移开的真空断路器手车组成，断路器采用的是 ABB 生产的 VD4 真空断路器。固定的开关柜体用钢板或绝缘板分隔成为母线室、手车室、电缆室和仪表室四个隔室。除仪表室外，其他隔室上方均设有泄压通道，当室内发生故障产生电弧时，室内气压升高，达到一定的压力后，顶部装设的泄压金属板被自动打开释放压力和高温气体，从而确保操作人员和开关设备的安全。开关柜的柜型有进线柜、馈线柜和 PT 柜等。图 8-4 所示为 KYN28-12 开关馈线柜的内部结构图。

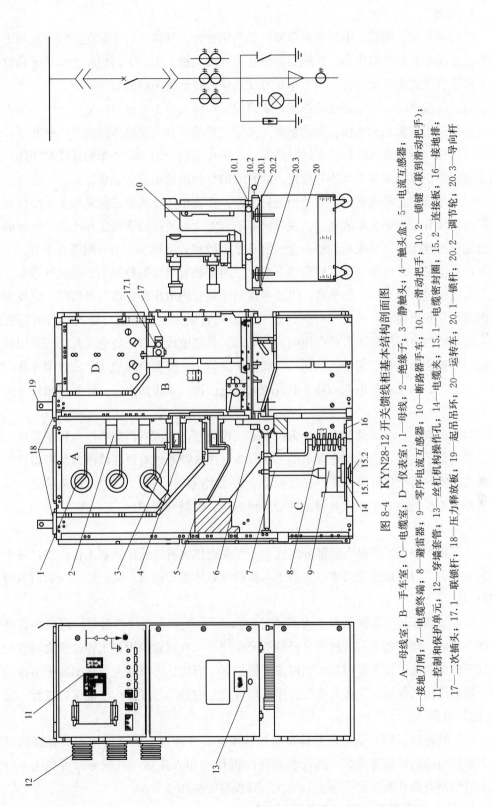

图 8-4　KYN28-12 开关馈线柜基本结构剖面图

A—母线室；B—手车室；C—电缆室；D—仪表室；1—母线；2—绝缘子；3—静触头；4—触头盒；5—电流互感器；
6—接地刀闸；7—电缆终端；8—避雷器；9—零序电流互感器；10—断路器手车；10.1—滑动把手；10.2—滑动把手（联到滑动把手）；
11—控制和保护单元；12—穿墙套管；13—丝杠机构操作孔；14—电缆夹；15.1—电缆密封圈；15.2—连接板；16—接地排；
17—二次插头；17.1—联锁杆；18—压力释放板；19—起吊吊环；20—运转车；20.1—锁杆；20.2—调节轮；20.3—导向杆

1. 柜体

（1）手车室。柜前正中部为手车室，其两侧装设了导轨，对手车在试验位置和工作位置间平稳运动起正确导向作用。静触头盒前装有隔离挡板，上、下挡板在手车从试验位置运动到工作位置过程中自动打开，当手车反方面运动时自动关闭形成有效隔离。由于上、下挡板不联动，在检修时可锁定带电侧挡板，从而保证检修人员不会触及带电体。手车与柜体相连的二次线采用二次插头连接。当手车离开工作位置后，其一次隔离插头虽已断开了，而二次线仍可接通，以便在试验位置调试断路器。在手车室门关闭时，手车同样能被操作，通过柜门上的观察窗可以观察手车所处位置、断路器的分合闸指示及储能状态。

（2）母线室。母线室位于开关柜的后上部，相连柜体母线室之间采用金属隔板和绝缘套管隔离，能有效地防止事故蔓延，主母线穿越套管，且通过套管固定和支撑。矩形的分支母线通过螺栓连接于主母线和静触头盒。所有主母线和分支母线均用热缩套管覆盖。

（3）电缆室。电缆室位于柜后部下方，室内安装有出线侧静触头、电流互感器、接地开关、出线电缆、避雷器、加热器，以及带电显示装置的电压传感器等元器件。电缆室门上设有照明灯和观察窗，可打开照明灯透过观察窗查看电缆室设备运行情况。当电缆室门打开后，有足够的空间供施工人员在柜内安装电缆。盖在电缆入口处的电缆孔底板采用开缝可拆卸的不导磁金属封板，便于现场施工。底板中穿越一、二次电缆的变径密封圈开孔与所装电缆相适应，以防小动物进入。对于湿度较大的电缆沟，采用防火泥、环氧树脂将开关柜进行密封。

（4）仪表室。柜体的前上部分为仪表室，仪表室门上或室内装有继电保护装置、测量仪表、带电显示装置，以及特殊要求的二次设备。二次控制线敷设在线槽内并有盖板，控制线穿越高压室时有金属线槽隔离。在底板装设的二次插件可与手车的二次插头接通，以便在仪表室面板上操作，对手车及其设备进行各种测量、控制和保护。

2. 手车

手车由断路器、底盘车两部分组成，手车在柜体内有试验位置和工作位置，每个位置都有定位装置，以保证联锁可靠性。当手车需移开柜体进行检查、维护时，可利用运转车将其移出。

（1）底盘车。手车底盘车结构图如图 8-5 所示，底盘车由丝杠螺母推进机构、联锁机构等部分组成。丝杠螺母推进机构可轻便地操作使手车在试验位置和工作位置之间移动，借助丝杠螺母自锁性可使手车可靠地锁定在工作位置，而防止因电动力作用引起手车窜动引发事故。联锁机构可保证手车及其他的操作必须按规定的操作程序操作才能得以进行，完全满足"五防"要求。

（2）断路器。VD4 真空断路器配有结构紧凑、性能稳定的平面蜗卷弹簧操动机构，具有手动和电动两种储能方式，操动机构同时操作三相灭弧室，机械寿命可高达 30 000 次，满容量短路电流开断次数可高达 100 次，有极高的操作可靠性。

1）VD4 型断路器主要技术参数（见表 8-2）。

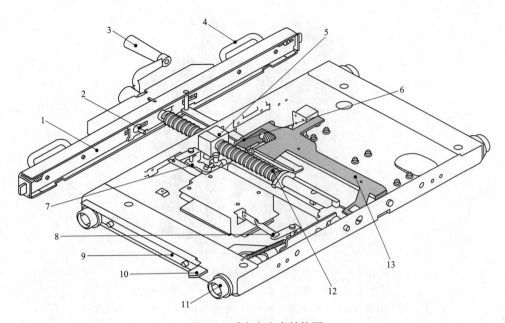

图 8-5　手车底盘车结构图

1—锁舌；2—把手锁销；3—摇把；4—滑动把手；5—螺母；6—手车位置识别尺；7—S8 辅助开关驱动；

8—S9 辅助开关驱动；9—接地开关操作孔挡片限位板；10—接地刀闸合闸限位板；

11—轮子；12—丝杠；13—断路器联锁板

表 8-2		VD4 型断路器主要技术参数	
项目	单位	数据	
额定电压/额定绝缘电压	kV	12	
1min 工频耐受电压	kV	42	
雷电冲击耐压（峰值）	kV	75	
额定频率	Hz	50	
额定电流	A	630，1250，1600，2000，2500，3150，4000	
额定短路开断电流	kA	25、31.5、40	
额定短时耐受电流（4s）	kA	25、31.5、40	
额定峰值耐受电流	kA	63、80、100	
操作顺序		分—0.3s—合分—15s—合分	
分闸时间	ms	33～60	
燃弧时间	ms	10～15	
开断时间	ms	43～75	
合闸时间	ms	50～80	

2）VD4 真空断路器本体结构。

如图 8-6 和图 8-7 所示，断路器本体呈圆柱状，垂直安装在做成托架状的断路器操动机构外壳的后部，断路器本体为组装式，导电部分设置在用绝缘材料制成的极柱套筒内，使得真空灭弧室免受外界影响和机械伤害。

图 8-6　VD4 断路器外观图
1—手动合闸按钮；2—手动分闸按钮；3—动作计数器；
4—分合闸位置指示器；5—储能手柄插孔；6—储能状态指示器；7—滑动把手

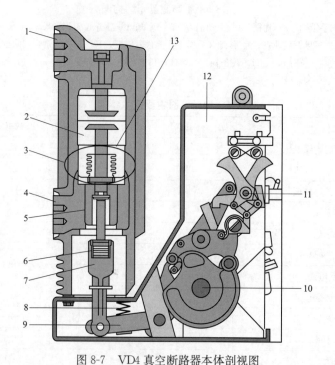

图 8-7　VD4 真空断路器本体剖视图
1—上部接线端子；2—真空灭弧室；3—绝缘极柱套筒；4—下部接线端子；5—滚动触头；
6—触头压力弹簧；7—绝缘拉杆；8—分闸弹簧；9—双臂连杆；
10—驱动轴；11—脱扣机构；12—操动机构盒；13—波纹管

　　断路器在合闸位置时的主回路电流路径是：从上部接线端子经固定在绝缘极柱套筒上的灭弧室支撑座，到位于真空灭弧室内部的静触头，而后经过动触头及滚动触头，至下部接线端子。真空灭弧室的开合是依靠绝缘拉杆与接触压力弹簧推动完成的。真空灭弧室的基本结构如图 8-8 所示。

3）断路器操动机构的结构。如图 8-9 所示，操动机构的储能弹簧是平面涡卷弹簧，一台操动机构操作三相极柱，拧紧平面蜗卷弹簧将储存足够的能量以供断路器动作所需。平面蜗卷弹簧操动机构包括带外罩的平面涡卷弹簧、储能系统、棘轮、操动机构和传力至各相极柱的连杆，此外，位于断路器外壳前方还装有诸如储能电动机、脱扣器、辅助开关、控制设备和仪表等辅助部件。平面蜗卷弹簧有手动储能和电动机储能两种储能方式，通过装有棘轮的传动链使平面蜗卷弹簧储能，用以供给驱动断路器所需要的能量，储能既可由储能电动机自动进行，也可用往复摇动储能手柄进行手动储能，是否达到合适的储能状态则由储能状态指示器作出显示。

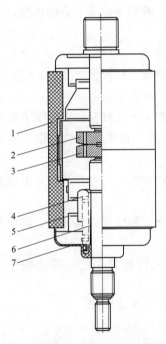

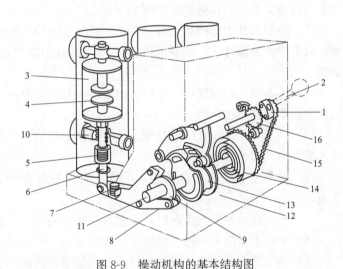

图 8-8 真空灭弧室局部剖视图

1—陶瓷外壳；2—静触头；3—动触头；

4—金属波纹管；5—屏蔽罩；

6—导向圆柱套；7—筒盖

图 8-9 操动机构的基本结构图

1—储能手柄插孔；2—储能手柄；3—真空灭弧室；4—动触头；

5—触头压力弹簧；6—绝缘拉杆；7—分闸弹簧；8—双臂移动连杆；

9—凸轮盘；10—滚动触头；11—主轴；12—脱扣机构；13—制动盘；

14—带外罩的平面蜗卷弹簧；15—传动链；16—棘轮

4）断路器动作原理。①合闸动作原理。当按下手动合闸按钮或启动合闸线圈，合闸过程便开始，于是脱扣机构释放由预先已储能的平面蜗卷弹簧并转动主轴，凸轮盘和主轴一起转动，绝缘连杆则由凸轮盘和移动连杆所带动，然后在每相断路器真空灭弧室内的动触头由绝缘连杆带动作向上运动，直至触头接触为止。同时压力弹簧被压紧，以保证主触头有适当的接触压力，在合闸过程中分闸弹簧也同时被压紧。②分闸动作原理。当按下手动分闸按钮或启动脱扣器（分闸脱扣器、低电压脱扣器、间接过流脱扣器）中的任一个时，分闸过程便开始。脱扣机构允许仍有足够储能的平面蜗卷弹簧去进一步转动轴，由凸轮盘和双臂移动连杆释放分闸弹簧，于是触头和绝缘连杆一起以一定的速度向下运动至分闸的位置。

5）真空灭弧室的灭弧原理。由于灭弧室的静态压力极低，$10^{-3}\sim10^{-5}\,\mathrm{Pa}$，所以只需很小的触头间隙就可达到很高的电介质强度。

分闸过程中的高温产生了金属蒸气离子和电子组成的电弧等离子体，使电流将持续一段很短的时间，由于触头上开有螺旋槽，电流曲折路径效应形成的磁场使电弧产生旋转运动，由于阳极区的电弧收缩，即使切断很大的电流时，也可避免触头表面的局部过热与不均匀的烧蚀。

电弧在电流第一次自然过零时就熄灭，残留的离子、电子和金属蒸气只需在几分之一毫秒的时间内就可复合或凝聚在触头表面屏蔽罩上，因此，灭弧室断口的电介质强度恢复极快。

对真空灭弧室而言，触头间隙小，由金属蒸气形成的电弧等离子体的导电率高，电弧电压低，并且由于燃弧时间短，伴生的电弧能量极小，综上各点都有利于触头寿命的增加，也有利于真空灭弧室性能的提高。

3. 防止误操作的联锁装置

开关柜内装有安全可靠的联锁装置，满足"五防"功能的要求，以保证操作人员的人身安全与设备安全。联锁装置的功能如下：

（1）断路器处于合闸状态时，手车不能从工作位置拉出，也不能从试验位置推至工作位置；只有当断路器处于分闸状态时，手车才可以退出或推进，防止带负荷误拉、误合隔离触头。

（2）手车在试验位置或工作位置时，断路器才能分闸、合闸操作；在手车退出或推进的过程中，断路器无法合闸。

（3）手车在工作位置时，接地开关能合闸；只有当手车处于试验位置或移开时，接地开关才能合闸，防止带电合接地开关。

（4）接地开关在合闸状态时，手车不能从试验位置推至工作位置，防止带接地开关送电。

（5）只有在接地开关合闸时，电缆室门才能被打开，防止误入带电间隔。

（6）柜门未全部关闭时，接地开关无法分闸，从而保证送电时柜门已关闭。

（7）手车只有在试验位置二次插头才能插入或拔出，手车在工作位置二次插头被锁定拔不出。

（8）手车从工作位置移至试验位置后，静触头隔离挡板自动关闭，一次静触头被完全隔离，防止误触带电体。检修时，可用挂锁将隔离挡板锁定。

（9）柜前、柜后装有带电显示装置，防止误入带电间隔。

（10）仪表室门上有明显提示标志的操作按钮或转换开关，以及与用户模拟图板上提示标志（如红绿翻牌）相配合，以防误合、误分断路器。

二、380V MNSG 低压抽出式开关柜

图 8-10 所示为 MNSG 低压抽出式开关柜结构示意图。MNSG 柜柜体基本结构是由 C 型材装配组成，C 型型材是以 $E=25\mathrm{mm}$ 为模数安装孔的钢板弯制而成。全部柜架及内层隔板都做镀锌纯化处理。开关柜内的每个柜体分隔成三个小室，即主母线室、功能单元室和电缆室，室与室之间用钢板或高强度阻燃塑料功能板相互隔开，上下层抽屉之间有带通风孔的金属板隔离，以有效防止开关元件因故障引起的飞弧或母线与其他线路短路造成的事故。抽出

式开关柜的功能单元为抽屉形式，抽出抽屉后即可进行元器件的更换和检修工作。抽出式开关柜有较高的可靠性、安全性和互换性，是比较先进的开关柜，目前生产的开关柜，多数是抽出式开关柜。

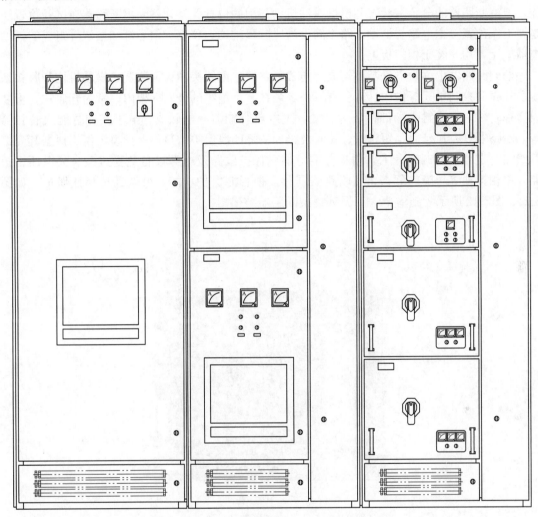

图 8-10　MNSG 低压抽出式开关柜结构示意图

　　MNSG 开关柜可配置两组主母线，安装在开关柜的后部母线室。两组母线可分别安装在柜后上部或下部，根据进线需要，上下两组母线可分别采用不同或相同截面的材料。两者既可单独供电，也可并联供电，也可用作后备电源。配电母线（垂直母线）组装在阻燃型塑料功能板中，既可防止电弧引起的放电，又能防止人体接触，通过特殊连接件与主母线连接。柜内设有独立的 PE 接地系统和 N 中性导体，两者贯穿整个装置，安装在柜前底部及右侧，各回路接地或接零都可就近连接。

　　MNSG 开关柜类型：①动力中心（PC）柜：采用 630～6300A 型框架式断路器，一般用于 PC 段进线开关柜、母联开关柜和大电流配电出线柜。②电动机控制中心（MCC）柜：由大小抽屉组装而成，各回路主开关采用塑壳断路器或带熔断器的负荷开关，一般用于电动机控制中心（MCC）或者 630A 以下的小电流的配电中心。③功率因数补偿柜：主要安装低压电力电容器和其相应的控制回路，用于系统的低压无功补偿。

1. 动力中心（PC）柜

动力中心（PC）柜内安装的抽屉式框架式断路器，均能在关门状态下实现柜外手动操作，观察断路器的分合闸状态和根据操动机构与门的位置关系，判断出断路器在试验位置还是在工作位置。主电路与辅助电路之间设计成分隔结构，仪表、信号灯和按钮等组成的辅助电器单元，均安装于柜门板上。

框架断路器也称为空气断路器或万能式断路器，由触头、灭弧装置、操动机构和脱扣系统、外壳和控制单元等构成，其所有零件都装在一个绝缘的金属框架内，常为开启式，可装设多种附件，更换触头和部件较为方便。过电流脱扣器有电磁式、电子式和智能式脱扣器等。断路器具有长延时、短延时、瞬时及接地故障四段保护，每种保护整定值均根据其壳架等级在一定范围内调整，主要用来分配电能和保护线路及电源设备免受过载、欠电压、短路、单相接地等故障的危害，该断路器具有多种智能保护功能，可做到选择性保护。如图8-11、图8-12所示为施耐德 MT 系列框架断路器结构图。

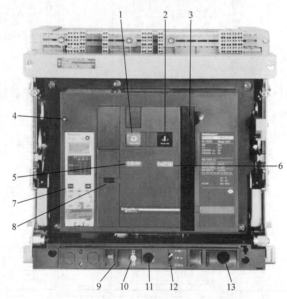

图 8-11　MT 型框架断路器外部结构

1—分闸按钮；2—合闸按钮；3—手动储能手柄；4—故障跳闸指示/复位按钮；
5—分合闸指示器；6—弹簧储能指示器；7—保护装置；8—操作计数器；
9—挂锁位置；10—位置释放按钮；11—手柄插孔；
12—位置指示器；13—手柄存放室

MT 型断路器操动机构内的弹簧必须储能以闭合主触头。弹簧可使用手柄手动储能或 MCH 电动机储能。

MT 型断路器合闸和分闸方式有三种，即就地机械分合闸、就地电气分合闸和 DCS 远程分合闸。平时主要以 DCS 远程控制分合闸为主。

MT 型断路器有三个位置指示，分别为工作位置、试验位置和隔离位置。

（1）工作位置：断路器摇入至开关柜内的"工作"位置，其主回路上下触头与柜内连线接通，其二次回路与柜内连线接通。

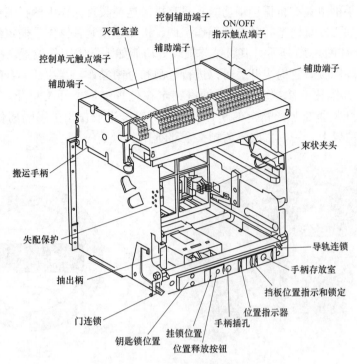

图 8-12　MT 型框架断路器内部结构

（2）试验位置：断路器摇出至开关柜内的"试验"位置，其主回路上下触头与柜内连线断开，其二次回路与柜内连线接通。在此位置可以进行相关电气试验或热控连锁试验。

（3）隔离位置：断路器摇出至开关柜内的"隔离"位置，其主回路上下触头与柜内连线断开，其二次回路与柜内连线断开。在此位置可以保证电气设备的安全检修隔离。

MT 型断路器还自带以下几种保护功能：

（1）长延时过流保护：可防止电缆（相线和中性点）过载。

（2）短延时过流保护：防止配电系统阻抗短路，跳闸延时可用于保证断路器的上下级级联配合。

2. 电动机控制中心（MCC）柜

柜内的抽屉功能单元安装有塑壳断路器、电流互感器、接触器、热继电器、中间继电器、马达保护器等元器件，可根据回路功能的不同选用不同的元器件组合成抽屉单元，如配电回路选用"塑壳断路器＋电流互感器"，电机回路选用"塑壳断路器＋接触器＋热继电器"或"塑壳断路器＋接触器＋马达保护器"等。

以 8E(200mm) 高度为基准，抽屉单元有 8E/4、8E/2、8E、16E、24E 五种标准规格，这五种抽屉单元可在一个柜体中作单一组装，也可作混合组装。8E/4 抽屉最大额定电流为 32A，8E/2 抽屉最大额定电流为 63A，8E 抽屉最大额定电流为 250A，16E 抽屉最大额定电流为 400A，24E 抽屉最大额定电流为 630A。

为防止误操作，抽屉单元装设有可靠的机械连锁装置，通过机械连锁装置的操作手柄控制，只有当主电路和辅助电路全部断开的情况下才可以移动抽屉，机械联锁装置使抽屉具有明显准确的工作、试验、抽出和隔离位置。主开关的操作由安装在抽屉面板上的分合闸操作手柄来实现，该手柄也具有机械连锁功能，只有机械连锁装置操作手柄在工作位置才能进行分合闸操作。为加强安全防范，分合闸操作手柄、机械连锁装置操作手柄定位后均可加上挂锁。8E抽屉单元如图8-13所示，其机械连锁装置功能如下：①工作位置：抽屉锁定在位置上，对主开关解除闭锁，这时主开关可以进行合闸和分闸操作，当主开关合闸后，本操作手柄被机械连锁装置锁住。②试验位置：抽屉锁定在位置上，主开关断开，控制回路接通。③抽出位置：主开关和控制回路全部断开，抽屉可以推进或拉出。④隔离位置：抽屉拉出30mm后锁定在位置上，一、二次隔离触头全部断开。

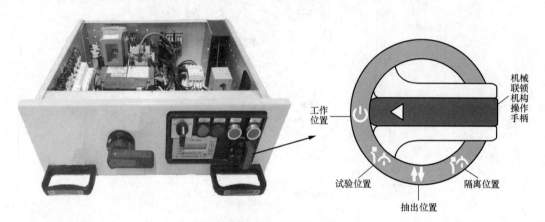

图 8-13　8E 抽屉单元

（1）塑壳断路器。塑壳式断路器也称为装置式断路器，其接地线端子外触头、灭弧室、脱扣器和操动机构等都装在一个塑料外壳内。辅助触点，欠电压脱扣器和分励脱扣器等多采用模块化，结构非常紧凑，一般不考虑维修，适用于作支路的保护开关。塑壳断路器通常含有热磁跳脱单元，而大型号的塑壳断路器会配备固态跳脱传感器。塑壳式断路器过电流脱扣

图 8-14　施耐德 NXS 160N
塑壳断路器

器有电磁式和电子式两种，一般电磁式塑壳断路器为非选择性断路器，仅有长延时及瞬时两种保护方式；电子式塑壳断路器有长延时、短延时、瞬时和接地故障四种保护功能。部分电子式塑壳断路器新推出的产品还带有区域选择性连锁功能。在实际应用中，根据使用意图和技术经济比较，可以选择带四种保护，也可以选长延时、瞬时或短延时三种保护组成三段式保护，还可只选长延时、瞬时两种保护两段式保护，短路瞬时分闸时间一般在 20～30ms 之内，还可选用只有瞬时速断保护的断路器。如图 8-14 所示为施耐德 NXS 160N 塑壳断路器。

（2）接触器。接触器由电磁机构和触头系统两部分组成。接触器电磁机构由线圈、动铁芯（衔铁）和静铁芯组成；接触器触头系统由主触头和辅助触头两部分组成，主触头用于通断主电路，辅助触头用于控制电路中。

（3）热继电器。热继电器是利用电流通过元件所产生的热效应原理而反时限动作的继电器。

（4）中间继电器。中间继电器的原理是将一个输入信号变成多个输出信号或将信号放

大（即增大继电器触头容量）的继电器。其实质是电压继电器，但它的触头较多（可多达 8 对）、触头容量可达 5～10A、动作灵敏。当其他电器的触头对数不够时，可借助中间继电器来扩展他们的触头对数，也有通过中间继电器实现触电通电容量的扩展。

第四节　厂用电动机

一、电动机分类

在发电厂的正常生产运行中，需要用到许多通过电动机拖动的辅助设备来保证机组的安全稳定运行，其中包括凝结水泵、给水泵、循环水泵、风机、油泵、应急直流油泵等。电动机是利用电与磁的相互转化和相互作用制成的，根据电动机工作电源的不同，可分为直流电动机和交流电动机。其中交流电动机还分为单相电动机和三相电动机；根据电动机按结构及工作原理的不同，可分为直流电动机、异步电动机和同步电动机；根据电动机按转子的结构不同，可分为笼型感应电动机（旧标准称为鼠笼型异步电动机）和绕线转子感应电动机。本节主要介绍三相异步电动机、三相同步电动机及直流电动机。

1. 异步电动机

三相异步电动机是应用最广的电动机，是应用得最普遍的电能转化为机械能的设备。几乎每个厂都要用到这种电动机。平时所说的电动机就是指三相异步电动机。三相异步电动机由于结构简单，运行效率高，在国民经济的各个领域得到广泛的应用，发挥着重要的作用。

（1）工作原理。

三相异步电动机转子之所以会旋转、实现能量转换，是因为转子气隙内有一个旋转磁场。如图 8-15 所示，当三相交流电通入定子绕组后，便形成了一个旋转磁场。旋转磁场的磁力线被转子导体切割，根据电磁感应原理，转子导体产生感应电动势。转子绕组是闭合的，则转子导体有电流流过。电磁力作用于转子导体上，对转轴形成电磁转矩，使转子按照旋转磁场的方向旋转起来，转速为 n。三相

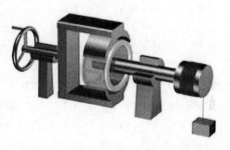

图 8-15　异步电机工作原理示意图

电动机的转子转速 n 始终不会加速到旋转磁场的转速 n_1。因为只有这样，转子绕组与旋转磁场之间才会有相对运动而切割磁力线，转子绕组导体中才能产生感应电动势和电流，从而产生电磁转矩，使转子按照旋转磁场的方向继续旋转。由此可见 ， $n_1 \neq n$ 且 $n < n_1$，是异步电动机工作的必要条件，"异步"的名称也由此而来。

（2）基本结构。

如图 8-16 所示，异步电动机由定子和转子两大部分组成。定子由机座、定子铁芯、电枢绕组等组成；转子由转子铁芯、转子绕组等组成。此外，还有端盖、轴承及风扇等部件。

2. 同步电机

同步电机既可以作为电动机也可以作为发电机使用，三相同步电动机主要用于功率较大、转速不要求调节的生产机械，例如拖动大型水泵、空气压缩机和鼓风机等。

（1）工作原理如图 8-17 所示。同步电动机的定子部分与三相异步电动机完全一样，是同步电动机的电枢。不同的是同步电动机转子上装有磁极，当励磁绕组通入电流 I_f 时，有

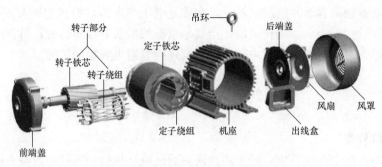

图 8-16 鼠笼式异步电机主要结构部件

了这个电流，使转子相当于一个电磁铁，有 N 极和 S 极。在正常运行时，这个电流是由外部加在转子上的直流电压产生的。以前这个直流电压是由直流电动机供给，现在大多是由晶闸管整流后供给。通常把晶闸管整流系统称为励磁装置。另一方面，当三相交流电源加在三相同步电动机定子绕组时，就产生旋转速度为 n 的旋转磁场。转子励磁绕组通电时建立固定磁场，假如转子以某种方法起动，并使转速接近 n_1，这时转子的磁场极性与定子旋转磁场极性之间异性对齐（定子 S 极与转子 N 极对齐）。根据磁极异性相吸原理，定子和转子磁场间就产生电磁转矩，促使转子跟旋转磁场一起同步转动（即 $n = n_1$），故称为同步电动机。同步电动机实际运行时，由于空载总存在阻力，因此转子的磁极轴线总要滞后旋转磁场轴线一个很小角度 θ，促使产生一个异性吸力（电磁场转矩）；负载时，θ 角增大，电磁场转矩随之增大。电动机仍保持同步状态。当然，负载若超过同步异性吸力（电磁转矩）时，转子就无法正常运转。

图 8-17 同步电机工作原理示意图

（2）基本结构（见图 8-18）。与异步电动机一样，同步电动机也是由定子和转子两大部分组成。同步电动机的定子与异步电动机的定子结构基本相同，由机座、定子铁芯、电枢绕组等组成。同步电动机的转子由磁极、转轴、阻尼绕组、滑环、电刷等组成。

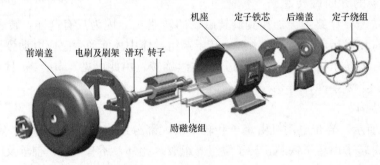

图 8-18 同步电机主要部件

3. 直流电动机

直流电动机是机械能和直流电能互相转换的旋转装置。当用作发电机时，它将机械能转换为电能；当用作电动机时，它将电能转换为机械能。由于直流电动机采用直流电源驱动，在电厂中作为紧急油泵的驱动电动机，如直流润滑油泵电动机、直流密封油泵电动机。

（1）工作原理。图 8-19 所示为直流电动机的简单模型，N 和 S 是一对固定的磁极，可以是电磁铁，也可以是永久磁铁。磁极之间有一个可以转动的铁质圆柱体，称为电枢铁芯。铁芯表面固定一个用绝缘导体构成的电枢线圈 abcd，线圈的两端分别接到相互绝缘的两个半圆形铜片（换向片）上，它们的组合在一起称为换向器，在每个半圆铜片上又分别放置一个固定不动而与之滑动接触的电刷 A 和 B，线圈 abcd 通过换向器和电刷接通外电路。

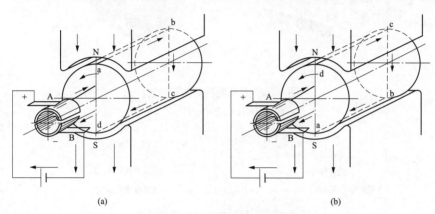

图 8-19　直流电动机的简单模型
（a）电枢逆时针旋转示意图；（b）电枢逆时针旋转 180°示意图

将外部直流电源加于电刷 A（正极）和 B（负极）上，则线圈 abcd 中流过电流，在导体 ab 中，电流由 a 指向 b，在导体 cd 中，电流由 c 指向 d。导体 ab 和 cd 分别处于 N、S 极磁场中，受到电磁力的作用。用左手定则可知导体 ab 和 cd 均受到电磁力的作用，且形成的转矩方向一致，这个转矩称为电磁转矩，为逆时针方向。这样，电枢就顺着逆时针方向旋转，如图 8-19（a）所示。当电枢旋转 180°，导体 cd 转到 N 极下，ab 转到 S 极下，如图 8-19（b）所示，由于电流仍从电刷 A 流入，使 cd 中的电流变为由 d 流向 c，而 ab 中的电流由 b 流向 a，从电刷 B 流出，用左手定则判别可知，电磁转矩的方向仍是逆时针方同。

由此可见，加于直流电动机的直流电源，借助于换向器和电刷的作用，使直流电动机电枢线圈中流过的电流，方向是交变的，从而使电枢产生的电磁转矩的方向恒定不变，确保直流电动机朝确定的方向连续旋转。这就是直流电动机的基本工作原理。实际的直流电动机，电枢圆周上均匀地嵌放许多线圈，相应地换向器由许多换向片组成，使电枢线圈所产生的总的电磁转矩足够大并且比较均匀，电动机的转速也就比较均匀。

（2）基本结构。直流电动机由定子和转子两大部分组成，其主要结构如图 8-20 所示。直流电机运行时静止不动的部分称为定子。定子的主要作用是产生磁场，由机座、主磁极、换向极、端盖、轴承和电刷装置等组成。运行时转动的部分称为转子，其主要作用是产生电磁转矩和感应电动势，是直流电机进行能量转换的枢纽，所以通常又称为电枢，由转轴、电枢铁芯、电枢绕组、换向器和风扇等组成。

二、型号及主要参数

以三相异步电动机为例，国产电机型号由汉语拼音字母和阿拉伯数字组成，大写汉语拼音字母表示电机的类型、结构特征和使用范围，数字表示设计序号和规格，例如：Y2 160 L 1-2，如图 8-21 所示。

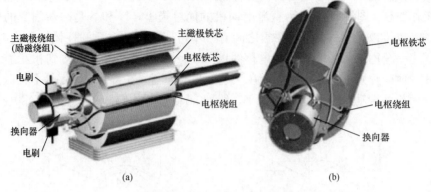

图 8-20　直流电机的主要结构

(a) 整体结构；(b) 电枢结构

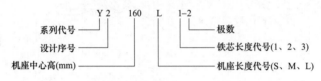

图 8-21　三相异步电动机型号说明

一般用途三相异步电动机应用最广的产品是 Y 系列和 YR 系列，其中 Y 系列为鼠笼式转子三相异步电动机，YR 系列为绕线式转子三相异步电动机。

(1) 额定功率。额定功率是指在满载运行时三相电动机轴上所输出的额定机械功率，用 P_N 表示，以千瓦（kW）或瓦（W）为单位。

(2) 额定电压。额定电压是指接到电动机绕组上的线电压，用 U_N 表示。三相电动机要求所接的电源电压值的变动一般不应超过额定电压的±5%。电压过高，电动机容易烧毁；电压过低，电动机难以启动，即使启动后电动机也可能带不动负载，容易烧坏。

(3) 额定电流。额定电流是指三相电动机在额定电源电压下，输出额定功率时，流入定子绕组的线电流，用 I_N 表示，以安（A）为单位。若超过额定电流过载运行，三相电动机就会过热乃至烧毁。

(4) 额定频率。额定频率是指电动机所接的交流电源每秒钟内周期变化的次数，用 f_N 表示。我国规定标准电源频率为 50Hz。

(5) 额定转速。额定转速表示三相电动机在额定工作情况下运行时每分钟的转速，用 n_N 表示，一般是略小于对应的同步转速 n_1。如 $n_1=1500r/min$，则 $n_N=1440r/min$。

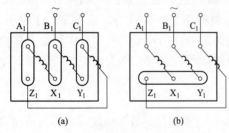

图 8-22　三相异步电动机的引出线

(a) △接；(b) Y 接

(6) 绝缘等级。绝缘等级是指三相电动机所采用的绝缘材料的耐热能力，它表明三相电动机允许的最高工作温度。

(7) 定子绕组接法。三相电动机定子绕组的连接方法有星形（Y）和三角形（△）两种，如图 8-22 所示。定子绕组的连接只能按规定方法连接，不能任意改变接法，否则会损坏三相电动机。

(8) 防护等级。防护等级表示三相电动机外壳的防护等级，其中 IP 是防护等级标志符号，其后面的两位数字分别表示电机防固体和防水能力。数字越大，防护能力越强，如 IP44 中第一位数字"4"表示电机能防止直径或厚度大于 1mm 的固体进入电机内壳。第二位数字"4"表示能承受任何方向的溅水。

三、厂用电动机运行维护

（一）电动机绝缘电阻测量规定

（1）新投入或检修后的电动机送电前必须测量绝缘电阻。

（2）测量电动机绝缘时，应将其停电，验明确无电压时方可进行，在测量前后均对其对地放电。

（3）带有变频器的电动机，在测绝缘前应该将变频器进行隔离。

（4）连续停运 7 天以上的电动机，送电前必须测量绝缘电阻。若电动机的工作环境较差或天气潮湿，连续停运 5 天以上的电动机，送电前必须测量绝缘电阻。

（5）处于备用状态的电动机，必须按照定期工作单的要求测量绝缘电阻。测量前应征得值长同意，测量绝缘电阻合格后必须将电动机恢复到测量前的状态。

（6）6kV 电动机用兆欧表 2500V 挡测量绕组的绝缘电阻，其值不得低于 6MΩ，如有厂家规定的，则按厂家规定执行。

（7）400V 以下电动机用兆欧表 500V 挡测量绕组的绝缘电阻，其值不得低于 0.5MΩ。

（8）容量为 500kW 及以上的电动机应测量吸收比 R60/R15，吸收比不小于 1.3。

（9）运行值班人员测量绝缘后，应将绝缘电阻及环境温度记录下来。在相同的环境及温度下，如所测电阻值低于上一次测量值的 1/5～1/3 倍时，应检查原因。绝缘电阻不合格的电动机不得送电，在特殊情况下必须由值长同意后方可送电。

（10）电动机事故跳闸后应检查测量电动机绝缘合格。

（11）发现电动机进水、受潮现象时，应测得绝缘电阻合格后，方可启动。

（二）电动机启动前检查

（1）电动机本体及其回路的全部工作票已结束，拆除全部安全措施。

（2）电动机所带机械已具备启动条件。

（3）测量电动机定子回路绝缘电阻是否合格。

（4）检查电动机接地线是否良好。

（5）检查电动机各部位螺钉是否紧固。

（6）根据电动机铭牌，检查电动机电源电压是否相符，绕组接线方式是否正确。

（7）用手盘动电动机转子，转动应灵活，无卡涩、摩擦现象。

（8）检查传动装置、冷却系统、润滑系统、联轴器及外罩、启动装置是否完好。

（9）检查控制元件的容量、保护及熔断器定值、灯光指示信号、仪表等是否符合要求。

（10）电动机本体及周围是否清洁，无影响启动和检查的杂物。

（三）电动机的运行监视与维护

（1）电动机的电流、电压是否超过允许值，变化情况是否正常。

（2）电动机各部分声音正常，无异音。

（3）电动机各部分温度正常，不超过允许值。

（4）电动机振动和轴向窜动不超过允许值。

（5）电动机轴承、轴瓦油位、油色应正常，油环转动带油良好，不得漏油、甩油。

（6）电动机外壳接地线牢固，遮拦及防护罩完好。

（7）电缆不过热，接头及保险不过热，电缆外皮接地应良好。

（8）电动机冷却风扇防护罩螺钉紧固，风扇叶轮不碰外罩。

（9）电动机窥视孔玻璃完整，无水珠；冷却器供水正常，风室内应干燥无积水。

（10）电动机无异常焦味及烟气。

（11）与电动机有关的各信号指示、仪表、电动机控制及保护装置应完整良好。

（12）对直流电动机应注意电刷是否冒火。

（13）对于直流电动机，应检查电刷与滑环接触良好，无冒火、跳动、卡涩及严重磨损等现象，滑环表面清洁、光滑，无过热磨损，弹簧紧力正常，电刷长度不小于 5mm。

（四）电动机启停规定

（1）电动机检修后，投运前必须检查转向正确。

（2）厂用电动机应远方合闸启动。启动时电动机旁应留有人员，操作人员应与就地人员联系好后，方可启动电动机。启动结束后必须根据具体情况，对电动机本身进行具体检查。

（3）电动机启动时，操作人员或就地监视人员应以电流、转速、振动、温度等辅助参数，以及倾听电动机运转有无异音来监视启动过程，启动结束后检查电动机各表计指示及运转声音是否正常，如有异常应将电动机停运，通知检修处理。如启动过程中发现明显异常，应立即按下电动机就地的事故按钮或手动断开电动机电源开关。

（4）开关合上后电动机不转动或启动电流不返回，转速达不到正常时，应立即停止电动机运行，并查明原因。

（5）电动机应逐台启动，一般不允许在同一母线上同时启动两台以上较大容量的电动机。

（6）电动机启动次数规定。一般对正常启动的电动机，为了防止频繁启动而烧毁电动机，对电动机启动做如下规定：

1）正常情况下，鼠笼式转子的电动机，允许在冷状态下（铁芯温度 50℃ 以下）启动 2 次，每次间隔时间不得少于 5min；允许在热状态下（铁芯温度 50℃ 以上）启动 1 次。只有在处理事故时，以及启动时间不超过 2～3s 的电动机可以多启动 1 次。

2）当进行找动平衡时，启动的间隔日间不应短于 30min。

（7）发生下列情况之一者，应立即停止电动机运行。

1）电动机所属回路发生人身事故。

2）电动机所带的机械损坏。

3）电动机或启动调整装置起火或冒烟，或一相断线运行。

4）强烈的振动危及电动机的完整性。

5）电动机内部有强烈的摩擦声，温度迅速升高，转速急剧下降。

6）电动机定子绕组或电缆头被水淹没。

7）轴承温度剧烈上升，并超过规定值而冒烟。

发生上述情况，停止电动机运行后，运行值班人员须立即报告值长，查找故障原因通知检修人员处理，在未消除故障前不准再投入运行。

第五节　保安电源系统

一、保安电源系统概述

事故保安电源的作用是：当 220kV 系统发生事故或其他原因致发电厂厂用电源长时间停电时，柴油发电机可以快速启动为机组保安段恢复供电，为机组提供安全停机所必需的交流电源。

每台机组设置一台空冷型柴油发电机组作为本单元的应急保安电源。柴油油箱的容量满足 4h 满负荷运行的需要油量。发电机容量为 1275kW，能满足各保安负荷的需要。保安电源的负荷包括交流润滑油泵、交流顶轴油泵、EH 油泵、盘车电动机、直流系统电源、UPS 系统电源、事故照明电源、热控电源、热力配电箱电源、燃气轮机 EMCC 电源等。

图 8-23 所示为保安电源的接线图。每台机组设置一台柴油发电机组，一段交流事故保安段母线。保安段母线共有三路电源，电源 1 来自机组 380V 工作 A 段，电源 2 来自机组 380V 工作 B 段，电源 3 来自柴油发电机组。正常运行时，380V 工作 A 段保安电源一馈线开关、380V 工作 B 段保安电源二馈线开关在合闸位置，保安电源一进线开关 1DL（或保安电源二进线开关 2DL）在合闸位置给保安段母线供电，保安电源二进线开关 2DL（或保安电源一进线开关 1DL）在分闸位置作为第一备用，保安电源三进线开关 3DL、柴油发电机输出开关 K0 在分闸位置作为第二备用。保安段三路电源进线开关 1DL、2DL、3DL 通过备自投装置实现相互切换。

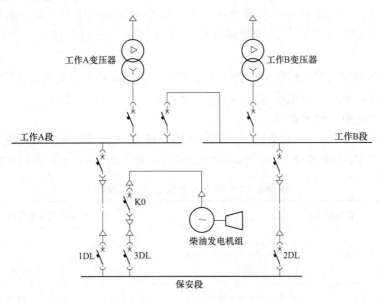

图 8-23　保安电源接线图

当备自投装置检测到工作电源开关 1DL（2DL）变分位或保安段母线失压，且工作进线无流后，（补）跳开工作电源开关 1DL（2DL），合上主备用电源开关 2DL（1DL）。若切换不成功或切换后保安段母线仍失压，则由备自投装置补跳主备用电源开关 2DL（1DL），然后发启动柴油发动机组命令，待柴油发电机启动后电压达到设定值时，由柴油发电机组控制屏发合柴油发电机输出开关 K0 命令，备自投装置发合 3DL 开关命令，保安段母线转由柴油发电机组供电。每次备自投装置切换动作后，需远方或就地"复归"后才能进行下一次工作。

柴油发电机组允许自启动 3 次，每两次启动之间的间隙时间为 10～15s，如第一次启动不成功，经延时后，开始第二次启动，如三次启动均不成功，柴油发电机组将不再启动，发启动失败信号；当柴油发电机组自启动成功后，约 10s 后机组自动加载开始带负荷。

当机组 380V 工作 A、B 段恢复正常供电后，将保安段切回正常工作电源供电时，在 DCS 的保安段"备自投控制面板"上启动备自投装置，将保安段母线由柴油发电机组供电切换至任一路正常电源供电时，确认保安电源三进线开关 3DL 跳闸成功后，发出停止柴油发电机组命令，使柴油发电机组自动停机。

柴油发电机组可远方或就地启停，启停方式分为手动或自动。手动启停柴油发电机组方法有以下几种：

（1）柴油发电机组控制屏的"系统运行模式"转换钥匙在"自动"位，通过远方 DCS 发令启动或停止命令。

（2）柴油发电机组控制屏的"系统运行模式"转换钥匙在"自动"位，通过按柴油发电机组智能监控系统控制面板的"START"启动按钮或"STOP"停止按钮，发启停命令。

（3）柴油发电机组控制屏的"系统运行模式"转换钥匙打至"手动"位，通过将"机组就地操作"旋钮打至"开机"位或"复位/停机"位，发启停命令。

（4）在集控室电气盘上按下柴油发电机紧急启动按钮，启动柴油发电机组。

（5）特殊情况下，将柴油发电机就地控制屏上"运行方式选择"旋钮打至"应急运行"位置，屏蔽除急停和超速以外的所有故障，通过按柴油发电机组智能监控系统控制面板的"START"启动按钮或者将"机组就地操作"旋钮打至"开机"位，应急启动柴油发电机组。

（6）按下柴油发电机组控制屏上的"紧急停机"按钮或者连续发两次正常停机令，可以紧急停运柴油发电机组，机组不经冷却时间直接停运。

二、柴油发电机组技术参数

康明斯 KC1275/KC1400E 柴油发电机组由康明斯 QSK38-G5 柴油发动机（具体参数见表 8-3）、斯坦福 PI734B 发电机（具体参数见表 8-4）和上海科泰 8800 系列控制屏组成。

表 8-3 　　　　　　　　　　　康明斯 QSK38G5 柴油发动机技术参数

柴油发动机		生产厂家：重庆康明斯	
型号	QSK38-G5	转速	1500r/min
最大功率	1224kW	启动方式	24V 直流电启动
结构特点	四冲程、V 型、水冷	燃油系统	康明斯 PT 系统
气缸数	12	进气方式	涡轮增压，中冷
缸径/行程	159/159mm	调速方式	电喷
压缩比	15∶1	排气量	37.3L

表 8-4	斯坦福 PI734B 发电机技术参数		
发电机		生产厂家：斯坦福 STAMFORD	
型号	PI734B	励磁方式	无刷永磁发电机励磁
额定容量/备用容量	1275/1400kVA	电压控制方式	AVR(MX321)
额定功率/备用功率	1020/1120kW	相数	三相四线
额定电压	400V/230V	接线	Y 型接法
额定电流	1840/2021A	绕组结构	2/3 节距
功率因数	0.8(滞后)	温升	125K
频率/额定转速	50Hz/1500r/min	绝缘等级	H
励磁电压	62V	防护等级	IP23
励磁电流	3.5A	电话干扰系数	THF<2%，TIF<50
电压整定范围	≥±5%	发电机效率	94.9%

三、柴油发电机组的组成

如图 8-24 所示，柴油发电机组由柴油机、三相交流无刷同步发电机、控制箱（屏）、散热水箱、电气控制箱、燃油箱、消声器及公共底座等组件组成，其中控制屏、燃油箱可单独安装，其他的主要部件均装置在型钢焊接而成的公共底座上。

图 8-24　柴油发电机组

柴油机的飞轮壳与发电机前端盖的轴向采用凸肩定位直接连接成一体，并采用 SAE 标准的刚性飞轮连接盘由飞轮直接驱动发电机旋转。这种连接方式由螺钉固定在一起，使两者连接成一刚体，保证了柴油机的曲轴与发电机转子的同心度在规定准允许范围内。为了减小机组的振动，在柴油机、发电机、水箱和电气控制箱等主要组件与公共底架的连接处，通常均装有减震器或橡胶减震垫。

四、柴油发电机组基本结构与工作原理

柴油机利用燃料燃烧时产生的高温高压的燃气，燃气膨胀做功推动活塞旋转，将化学能转化为机械能。柴油机和同步交流发电机通过飞轮及飞轮连接盘片刚性连接，由柴油机驱动发电机，励磁绕组通直流电后在发电机定子和转子之间的气隙里产生一个旋转磁场，即主磁场。当主磁场功割定子三相绕组的线圈时就会产生三相感应电势。通过绕组连接，电路中产生三相正弦交流电，将驱动的机械能转化为电能向负载供电。柴油机的调速装置使柴油机保持在一定的稳定转速，发电机的自动电压调压器即 AVR 使发电机的输出电压稳定，机组的

控制系统提供了机组的操作，参数测量和安全保护措施。

（一）柴油发动机

柴油机是内燃气轮机的一种类型，它是将液体燃料——柴油，以雾化的形式喷入气缸中去，并与气缸里的压缩空气充分混合，迅速燃烧膨胀，放出大量热量，并转化成活塞往复运动形式的机械能。曲柄连杆机构将活塞的往复运动转变成曲轴的旋转运动，通过传动装置带动工作机械（发电机）运转。柴油机是发电机组的动力部分，一般由机体组件与曲轴连杆机构、配气机构与进排气系统、润滑系统、冷却系统、燃油供给系统和启动系统等组成。

1. 总体结构

柴油机总体结构一般包括上述几大系统，但由于气缸数、气缸排列方式和冷却方式等不同，因此，各种机型在结构上略有差异。

（1）机体组件。机体组件包括机体（气缸体、曲轴箱）、油底壳、气缸套、气缸盖等。它是柴油机的固定机件，是所有往复运动和回转运动机件的导向件和支承件，承受不平衡的各种负荷，并在其相应部位安装各种辅助系统部件。

（2）曲柄连杆机构。曲柄连杆机构包括活塞组、连杆组、曲轴、飞轮等。其作用是传递内燃气轮机气缸中燃油燃烧膨胀所做的功，并转变为飞轮的旋转运动，从而输出机械能。

（3）配气机构。内燃气轮机配气机构包括进气门、排气门、摇臂、推杆、挺杆、凸轮轴等，是实现内燃气轮机进气过程和排气过程的控制机构。它的作用是按照所进行的工作过程，定时地开启和关闭进、排气门，使新鲜空气或可燃混合气进入气缸，并把燃烧后的废气从气缸内排出。

（4）进、排气系统。进、排气系统包括空气滤消器、进气管、排气管、排气消声器等。它的作用是保证新鲜、干净的空气顺利进入气缸，并将燃烧后的废气排出，同时降低排气噪声。

（5）润滑系统。润滑系统包括机油冷却器、机油泵、机油滤清器等。它起润滑、冷却、净化、密封、防锈等作用。常见的润滑方式有飞溅式、压力式、复合式。

（6）冷却系统。冷却系统包括散热水箱、水泵、风扇、进水管、出水管、节温器等。其作用是将影响发动机工作的热量带走，保证各部件的正常运行。

（7）燃油供给系统。燃油（料）供给系统包括油箱、输油泵、燃油滤清器、喷油泵、调速器、喷油器、高压油管等。其作用是按照柴油机工作过程的需要，将一定数量的柴油，在一定的时间内，以一定的压力喷入气缸，使柴油雾化良好，并与压缩空气混合燃烧而膨胀做功。

（8）启动系统。启动系统的作用是使内燃气轮机获得启动所需的必要条件，使曲轴获得必要的启动转速。内燃气轮机常见的启动方式有人力启动、电启动等。电启动系统包括启动马达、蓄电池、充电机、调节器等。

2. 四冲程柴油机的工作原理

在热力过程中，只有在"工质"膨胀过程才具有做功能力，而我们要求发动机能连续不断地产生机械功，就必须使工质反复进行膨胀。因此，必须设法使工质重新恢复到初始状态，然后再进行膨胀。因此，柴油机必须经过进气、压缩、膨胀、排气四个热力过程之后，才能恢复到起始状态，使柴油机连续不断地产生机械功，故上述四个热力过程称为一个工作循环。若柴油机活塞走完四个冲程完成一个工作循环，称该机为四冲程柴油机。如果活塞走完二个冲程完成一个工作循环的柴油机称为二冲程柴油机。目前，柴油发电机组配置的柴油机都是四冲程机。四冲程柴油机的工作过程如图 8-25 所示。

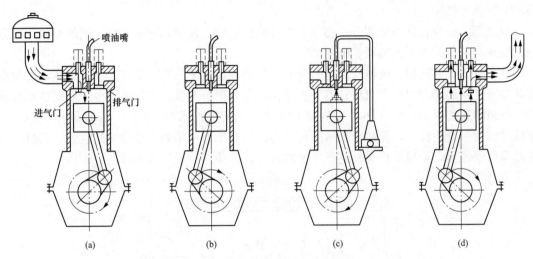

图 8-25　四冲程柴油机的工作过程
(a) 进气冲程；(b) 压缩冲程；(c) 膨胀冲程；(d) 排气冲程

（1）进气冲程。进气冲程的目的是吸入新鲜空气，为燃料燃烧作好准备。要实现进气，缸内与缸外要形成压差。因此，此冲程排气门关闭，进气门打开，活塞由上止点向下止点移动，活塞上方气缸内的容积逐渐扩大，压力降低，缸内气体压力低于大气压力 68～93kPa。在大气压力的作用下，新鲜空气经进气门被吸入气缸，活塞到达下止点时，进气门关闭，进气冲程结束。

（2）压缩冲程。压缩冲程的目的是提高气缸内空气的压力和温度，为燃料燃烧创造条件。由于进、排气门都已关闭，气缸内的空气被压缩，压力和温度亦随之升高，其升高的程度，取决于被压缩的程度，不同的柴油机略有不同。当活塞接近上止点时，缸内空气压力达 3000～5000kPa，温度达 500～700℃，远超过柴油的自燃温度。

（3）膨胀（做功）冲程。当活塞上行将终了时，喷油器开始将柴油喷入气缸，与空气混合成可燃混合气，并立即自燃，此时，气缸内的压力迅速上升到 6000～9000kPa，温度高达 1800～2200℃。在高温、高压气体的推力作用下，活塞向下止点运动并带动曲轴旋转而做功。随着气体膨胀活塞下行其压力逐渐降低，直到排气门被打开为止。

（4）排气冲程。排气冲程的目的是清除缸内的废气。做功冲程结束后，缸内的燃气已成为废气，其温度下降到 800～900℃，压力下降到 294～392kPa。此时，排气门打开，进气门仍关闭，活塞从下止点向上止点移动，在缸内残存压力和活塞推力的作用下，废气被排出缸外。当活塞又到上止点时，排气过程结束。排气过程结束后，排气门关闭，进气门又打开，重复进行下一个循环，周而复始不断对外做功。

3. 调速器

调速器的作用是在柴油机工作转速范围内，能随着柴油机外界负荷的变化而自动调节供油量，以保持柴油机转速基本稳定。对于柴油机而言，改变供油量只需转动喷油泵的柱塞即可。随着供油量加大，柴油机的功率和转矩都相应增加，反之则减少。

柴油发电机组的负载是经常变化的，这就要求柴油机输出的功率也要经常变化，而供电的频率要求稳定，这就需要柴油机工作时的转速保持稳定。所以在柴油发电机组的柴油机上必须安装调速机构。

调速器一般应包括两个部分：感应元件和执行机构。按照调速器工作原理的不同，可分为机械式调速器、电子调速器、电喷调速。

（1）机械式调速器。机械式调速系统靠以与柴油机对应的转速旋转的飞锤工作，飞锤在旋转时所产生的离心力可在机组转速发生变化时自动调节油泵进油量的大小，从而达到自动调节机组转速的目的。图 8-26 所示为离心式全速调速器的原理示意图。移动操作手柄的位置即可改变弹簧的拉力，使摆杆上所受的拉力作用与推力作用处于新的平衡位置，同时，改变油泵齿条位置，使柴油机调整到所需要的转速，并能自动稳定在此转速下工作。

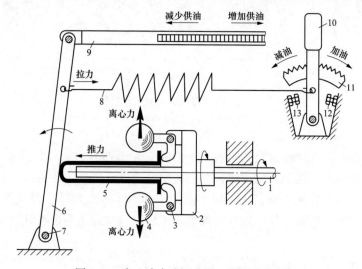

图 8-26　离心式全速调速器工作原理示意图

1—调速器轴；2—飞锤支架；3—飞锤销；4—飞锤；5—滑套；6—摆杆；7—摆杆销；8—调速弹簧；
9—喷油泵齿条；10—操纵手柄；11—扇形齿板；12—最高转速限止螺钉；13—最低转速限止螺钉

通常情况下，采用机械式调速系统的柴油发电机组的转速会随着负载量的增大而略有下降，转速的自动变化范围为 $\pm5\%$。当机组带额定负载时，机组的转速大致为 1500r/min 的额定转速。

（2）电子调速器。电子调速器是一个控制发动机转速的控制器。它的功能主要是：

1）使发动机怠速保持在可设定的转速上。

2）使发动机的工作转速保持在可预设的转速上而不受负载变化的影响。

电子调速器主要由控制器、转速传感器、执行器三部分组成。

发动机转速传感器是一个可变磁阻的电磁体，它装在飞轮壳中飞轮齿圈的上方。当齿圈上的齿从电磁体下方通过时，就会感应产生交流电流（一个齿产生一个循环）。电子控制器将输入的信号与预设值进行比较，然后把修正信号或是维持信号发送给执行器。

控制器可进行多种调整，可以调节怠速转速、运行转速、控制器的灵敏度和稳定度、启动燃油量、发动机转速加速度。

执行器是一个电磁体，它将来自控制器的控制信号转换为控制作用力。控制器传送到执行器的控制信号通过一个连杆系传递给喷油泵的燃油控制齿条。

（3）电喷调速。电喷机组是通过柴油机上的电子控制模块（ECU）对安装在发动机上一系列的传感器检测到的柴油机各种信息来控制喷油器工作，调节喷油正时和喷油量，以使柴油机处于最佳工作状态。

电喷调速的主要优点：

1）通过对喷油器喷油正时、喷油量和高压喷射压力的电子化控制，可以使柴油机的机械性能达到最优。

2）通过 ECU 精确控制喷油量，柴油机在正常工作时油耗下降，更经济。

3）排放更低，符合 EURO 非公路内燃气轮机排放标准。

4）通过数据通信线，可以与外部仪表板、专用诊断工具进行连接，安装更容易，增加了故障点的检测点，更便于故障排除。

电喷柴油机管理系统的组成如图 8-27 所示。

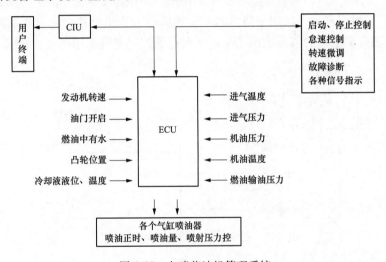

图 8-27 电喷柴油机管理系统

说明：①CIU 指控制接口装置，如控制屏等；②ECU 指电子控制模块，ECU 安装在柴油发动机上。

（二）同步发电机

1. 发电机工作原理

柴油发电机以三相交流同步发电机为主，主要由主定子、主转子、励磁定子、励磁转子、旋转整流器及自动稳压器等部分组成。通常三相同步发电机的定子是电枢，转子是磁极。它是一种将机械能转换为交流电能的设备。在结构上，将无刷同步交流发电机与柴油机曲轴同轴安装，发电机的转子由柴油机旋转带动轴向切割磁力线，定子中交替排列的磁极在线圈铁芯中形成交替的磁场，转子旋转一圈，磁通的方向和大小变换多次，由于磁场的变换作用，在线圈中将产生大小和方向都变化的感应电流并由定子线圈输送出电流。图 8-28 所示为同步发电机的构造原理图。

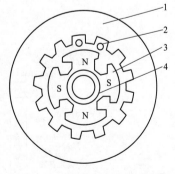

图 8-28 同步发电机构造原理图
1—定子铁芯；2—定子绕组的导体；
3—磁极；4—集电环

（1）无刷自励发电机的发电原理。无刷自励发电机的发电原理是利用主转子的剩磁产生一个较小的交流电压（AC）信号在主定子上。该小交流信号被送到自动稳压器 AVR，AVR 又将其整流转变为直流（DC）信号，并将其加入在励磁定子。此直流电流通过励磁定子时就产生一个磁场，磁场又依次在励磁转子上感应出一个交流电压，并输送到与其同步转动的整流器中，这交流电压又由旋转整流器转变为直流电。当这直流电压出现在主转子时，就产生一个比原来的剩磁强大的磁场，因而在主定子上感应出一个较高的交流电压。这较高的交流电压循环通过上述整个系统，并感应出更高的直流电压回到转子。这样循环往复直到产生一个近似发电机的额定输出电压。在这时候，自动稳压器开始限制通向励磁定子的电压，因而又限制了交流发电机的总输出电压。电压从没有到设定值的整个积聚过程一般不超出 1s 时间，是很短的，这样就可以满足用户尽快投入使用的要求。

图 8-29 所示为自励 AVR 控制的发电机原理图。主机定子通过 AVR 为励磁机磁场提供励磁电源，AVR 根据来自主机定子绕组的电压感应信号作出反馈，通过控制低功率的励磁机磁场，调节励磁机电枢的整流输出功率，从而达到控制主机磁场电流的要求。

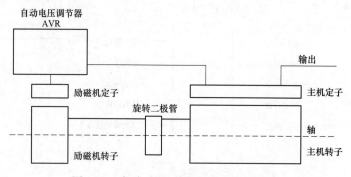

图 8-29　自励 AVR 控制的发电机原理图

（2）无刷永磁发电机发电原理。无刷永励发电机则是通过一个单独的励磁机提供一个稳定的磁场，利用此磁场来产生电信号，这种励磁方式电压建立的时间更短而且抗干扰能力更强。图 8-30 所示为永磁机控制励磁的发电机原理图。

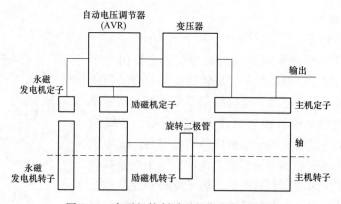

图 8-30　永磁机控制励磁的发电机原理图

2. 自动稳压装置

自动稳压器（AVR）可使主发电机从空载运行到满载运行时紧密保持较稳定的电压。

主机定子通过 AVR 为励磁机磁场提供电力，并能够自动调节励磁机磁场的电流。AVR 向来自于主机定子绕组的电压感应信号作出反馈，通过控制低功率的励磁机磁场，调节励磁机电枢的整流输出功率，从而达到控制主机磁场的目的。主定子所输出的三相四线制交流电之电压的大小与主转子绕组的电流大小成正比关系。

AVR 有一个电压/频率（赫兹）正比例的特性，当机组的运转速度减低时，这种特性能够正确地相应调整减低主发电机的输出电压。在突然加大负载时，这种正比特性有利于保护柴油发电机组。

（三）8800 系列控制屏

柴油发电机组的控制屏用于实现对机组的启动、运行、停机、紧急停机等操作，还具备实现通信、进行远程监控及报警保护等功能。当机组发生故障时，可根据其严重程度和性质自动对机组实施停机保护或发出报警信号等功能，同时指示出故障种类，为柴油发电机组的可靠运行、方便操作和故障查找等提供了保障和参考。

为了确保柴油发电机组的正常工作，8800 系列柴油发电机组远程智能监控系统集控制功能与通信功能于一体，既保证了安全、可靠的对柴油发电机组的控制，又可以对其实现远程监控。8800 智能监控系统控制面板如图 8-31 所示。

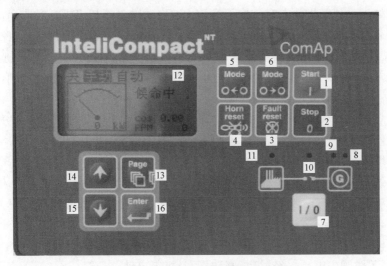

图 8-31　8800 智能监控系统控制面板

1—"START"：启动键；2—"STOP"：卸载/停机键；3—"Fault Reset"：故障报警复位键；
4—"Horn Reset"：解除蜂鸣器报警键；5—"MODE"：向后切换控制器工作模式键（按自动→手动→关断顺序）；
6—"MODE"：向前切换控制器工作模式键（按关断→手动→自动顺序）；7—"I/O"：柴油发电机输出开关
K0 合/分闸操作键；8—故障报警指示灯，当有报警出现时红灯闪烁；9—发电机组电压正常指示灯；
10—K0 分合闸指示灯，K0 合闸时点亮，分闸时熄灭；11—市电故障指示灯（红灯）；12—控制器显示屏；
13—切换显示翻页键；14—向上移动或增加参数；15—向下移动或减少参数；
16—确认键，确认参数设定值或进入历史页面

1. 8800 控制屏的发电机组控制保护功能

（1）手动和自动控制柴油发电机组的启停及柴油发电机输出开关的分合闸。

（2）LCD 宽屏液晶参数显示：油压、水温、电池电压、运行时间等油机参数，三相相电压、线电流、频率、功率因数、有功功率、无功功率、电度等发电机电参数，市电的三相

线电压、三相相电压、频率、相位差等同步参数。

（3）发电机组低油压、高水温、超速、超频、速度信号丢失、启动失败、过流、电压过高或过低、市电相序错误、发电机相序错误等保护停机。

（4）发电机组充电失败、水温高、油压低、电池电压高、电池电压低、传感器故障报警。

（5）历史事件记录。

（6）参数设置授权控制（密码保护）。

2. 8800 控制屏的工作模式

控制器总共有三种控制模式：关断—手动—自动，可用模式选择键选择所需的模式。

（1）关断模式。

在该模式下，除能进行参数设定外，不能进行机组的启停或分合闸操作。

（2）手动模式。

1）开机。①当机组处于静止状态时，按下 START 启动键，油门打开，并接通启动马达进行盘车，机组着车后自动退出启动马达，当第一次启动不成功时，经过启动间隔时间后，自动进行第二次启动尝试，如果经过三次启动仍未着车，则发出启动失败信号，并关断油门。②机组处于冷却停机状态时，按下 START 启动键，冷却停机延时取消，机组恢复正常运行（可带载）状态。③当发电机电压达到设定值时，发电机电压正常绿灯亮。

2）合上柴油发电机输出开关（带载）。按下柴油发电机输出开关合闸按键可合上开关，如开关合闸正常，则表示机组开关合绿灯亮。如发电机电压达不到设定值，则合闸按键不起作用。

3）停机。①按下停机键，机组首先会自动断开柴油发电机输出开关，并开始冷却停机延时，等冷却停机延时过后，机组自动停机。②当机组处于冷却停机状态时，按下停机键，冷却停机延时取消，机组立即停机。

注：在机组正常运行时，如出现紧急情况时，可连续按下停机键两次，相当于紧急停机，一般情况下应只按一下，让机组经过冷却停机延时再停机。在手动模式下，即使市电停电，机组也不会自动启动。

（3）自动模式。

1）市电开关跳闸失电后，经过启动延时后，机组启动。

2）如果在一定延时内，机组电压达到设定值，控制屏自动闭合柴油发电机输出开关。如在延时范围内，机组电压达不到设定值，则机组自动报警停机。

在自动模式下，出现停机故障后手动按下故障复位键后机组可能自动启动。

在需拆电池线或断开控制器电源时，应先将控制器置于关断模式，以防下次加电时，由于控制器置于自动模式，机组突然启动。

3. 8800 控制屏的报警页说明

8800 屏主控制器提供以下几类报警信息：报警、卸载、有冷却停机延时的停机及立即停机。每一个报警信息均会在故障报警页显示，最近发生的在最上一行。

（1）报警故障。当有报警故障发生时，控制器仅在报警输出口有输出，并无其他动作，报警故障有：

1）设为报警的开关量输入；

2）设为报警的模拟量输入；

3）传感器故障；

4）电池电压超限；

5）发电机相序错；

6）市电相序错。

（2）停机故障。当有停机故障发生时，控制器会不经冷却停机延时立即切断燃油，启动马达，预热及开关合闸输出，停机故障有：

1）超速；

2）转速过低；

3）紧急停机按钮被按下；

4）设置为停机故障的开关量输入口；

5）设置为紧急停机故障的模拟量输入口；

6）发电机开关或市电开关故障；

7）发电机电压过高/过低；

8）发电机三相电压不平衡；

9）发电机电流过高；

10）发电机三相电流不平衡。

（四）其他组件

1. 柴油发电机输出开关

为了保护主交流发电机不被超负荷电流及其他异常冲击损坏，在柴油发电机组的电力输出端装备有一个与本型号机组相配套的电力空气开关，它被安装在一个独立的专用开关箱内。用户在进行电力接驳时直接从此处引出即可。

2. 蓄电池充电电源

向电池充电的电源可以有三种：用户自配充电机、装在启动控制屏内的电池浮充装置、机组自带之电池充电机。这三种充电装置的使用条件不尽相同，简单介绍如下：

当机组配置为纯手动启动控制屏时，由于控制屏中没有安装电池浮充电装置，如果机组长期停放不用，用户就应另配充电机给电池单独充电。

8800 系列控制屏内装有一个对应电池充电电压的浮充装置，该浮充装置的电源为单相市电 AC220V，它的作用最主要是防止当机组长期停放时避免电池过量放电，导致电池损坏和影响机组的正常可靠启动。对于这种配置的机组，用户只需按要求将 AC220V 的单相市电正确接入控制屏的相应接线端子上即可，无需另外配电池充电机。电池浮充装置的特点决定了其适合连续 24h 向电池充电。它的优点是用户只需将电源正确接入，无需再对电池进行额外的保养工作；而且，由于其独有的充电方式和过压、过流等的全面保护，在标准 220V AC 电源的充电条件下，其充电过程不会给电池造成任何损害。当机组启动运行后，电控部分会自动断开浮充回路。这就同时对充电机和电池起到了较好的保护作用。

当柴油发电机组正在运行时，机组电气接线可以确保将浮充装置与电池自动隔离开，而机组自带的电池充电机会持续向电池充电，直到机组运行结束后，才重新自动转由浮充装置向电池充电。

3. 加热器

机组加热器可以有以下三种：

（1）水套加热器。当市电单相电压正确接入时，用于给发动机冷却液自动加热。当机组处于备用状态时，该装置自动检测冷却液温度，当温度低于厂设限值时，会自动通电加热。待温度升高到约50℃时，即自动停止加热。另外，开机时控制回路自动切断加热器电源，停止水套加热器工作，以防止机组运行时可能会烧坏加热器。水套加热器是用于可能结冰地区的机组所必须配套的。机组水套加热器的电源为市电220V AC。

（2）抗冷凝加热器。当机组使用环境湿度较大时，就应另外加装抗冷凝加热器。其电源一般为机组启动电池。

（3）空气预热器。它的作用是当机组启动时，为了增加启动成功率而专门给进入燃烧室的空气加热的。当机组实现正常着车运行、启动马达已经退出后，该空气预热器会自动停止工作。空气预热器的电源一般为机组启动电池。

五、柴油发电机组自动化性能

（1）机组的自动启动和自动加载。

1）机组接到自控或遥控的启动指令自动启动，启动成功率大于99%。一个启动循环包括三次启动，两次启动之间的间歇时间为10～15s。

2）机组启动成功后，当机油压力达到规定值时应能自动加载，加载时间通常为10s。

3）机组三次启动失败后不再启动，并发出启动失败报警信号。

（2）机组的自动卸载停机。机组接到自控或遥控停机指令后，能自动卸载停机，其停机方式有正常停机和紧急停机两种。正常停机步骤：切断主电路后，经延时切断燃油油路；紧急停机步骤：立即切断主电路、燃油油路。

（3）机组的自动保护。机组具有机油压力低、过电压、超速、过载、短路、缺相保护，水冷机组有高水温保护功能，风冷机组有高缸温保护功能。

（4）机组具有蓄电池的均充和浮充功能。

（5）机组采取预热措施自动维持准备运行状态，柴油机启动前自动进行预润滑。

（6）机组的自动补给功能：当用户有要求时机组具有自动补充燃油功能。

（7）机组具有自动计时功能、自控和遥控功能、手动操作功能。

（8）自动化机组可配合ATS实现市电与柴油发电机组的自动切换功能或两台柴油发电机组之间的双备用切换功能。

（9）机组应配备表明正常运行和正常运行声光信号系统，通过这些信号表明机组运行情况。

（10）机组在无人值守的情况下应能连续运行4h以上。

六、柴油发电机组运行维护

1. 柴油发电机组启动前检查

（1）检查机房、柴油发电机组本体清洁，确保机组周围无易燃易爆物品，机房进出风顺畅、无阻碍。

（2）检查电气、控制部分接线正确，接触良好可靠，无松动、无脱落、无老化现象。

（3）检查紧固件和油门调节系统的可靠性，确认各操纵机构灵活、轻便、可靠；检查水泵皮带、充电机皮带及风扇皮带的预紧情况，必要时重新收紧。

（4）检查机组的燃料系统、冷却系统及润滑机油油封无发生泄漏现象，油路、水路各阀门开启正确。

（5）检查机油油位在最高和最低标记之间，并尽可能靠近上限而不要超出。

（6）检查燃油箱内的燃油量，必要时添加。

（7）检查燃油中无空气，如有空气，旋松高压油泵上的放气螺钉，排尽燃油管中的空气，再拧上放气螺钉。

（8）检查冷却系统液位正常，散热器外部没有阻塞。

（9）检查空气滤清器阻塞指示器为绿色，如指示器为红色，则更换空气滤清器。

（10）检查蓄电池充电正常，电池两电极没有腐蚀或不清洁现象。

（11）检查所有软管，确保没有松脱或磨损，否则，应收紧或换掉。

（12）检查控制屏各电源开关已送上，各控制选择开关在正常位置，"紧急停机"按钮在复归系统，控制屏无异常报警信号，各仪表、灯光指示正常。

注：为了安全起见，在检查前应视检查内容把控制屏的开关断开；在冷却液还是热时，不要打开散热水箱的填口盖，不要加入冷却液于浑热的冷却系统中，否则会造成严重的破坏。

2. 机组运行检查

（1）检查机组是否有不正常的噪声或振动；

（2）检查有否三液泄漏或排烟系统泄漏现象；

（3）检查控制系统仪表有无异常的指示，尤其是高水温或低油压，油压应在机组正常着车后大约 10s 内进入正常范围；

（4）从控制屏检查输出电压和频率应指示在正常范围内；

（5）用相位检查器检查相位是否正确，注意应把相位表接在断路开关一侧；

（6）每次开机、停机及每运行 1h 需记录机组运行参数 1 次；

（7）保持机组的负载不要超出额定值，机组不允许有超过 0.5h 以上的连续空载或低于30%负载运转，以防机组发生润滑油泄漏现象；

（8）检查燃油箱油位在正常范围。

3. 紧急停机

当发生下列情况之一时，必须紧急停机：

（1）机油压力低故障灯亮为红色；

（2）冷却水温高故障灯亮为红色；

（3）当机组转速超过 1650r/min 时（即频率表读数超过 55Hz）；

（4）当机组发出急剧异常的敲击声；

（5）当零件损坏，可能使机组的某些部件遭到损伤时；

（6）当气缸、活塞、轴瓦、调速器等运动部件卡死时；

（7）当机组输出电压超出表上的最大读数时；

（8）当发生可能危害到机组、操作人员安全的火灾、漏电或其他自然灾害时。

此时，按下"紧急停机"按钮，机组会迅速切断负载，并立即关断油门，同时红色"紧急停机"指示灯亮。该按钮需重新旋出才有可能解除急停信号。

第六节　厂用电系统操作规定

一、厂用电系统操作一般原则

（1）在电气设备送电前，必须完成下列工作：

1）检查有关工作票已全部结束。

2）检查一、二次设备完好、整洁、无杂物。

3）拆除接地线、遮栏、标示牌等临时安全措施。

4）测量相关检修设备绝缘合格。

5）变送器、加热器、冷却风扇、内部照明灯的电源回路及电压互感器二次回路的保险或空开送上，并检查正常。

6）投入设备的继电保护装置及相关保护压板，设备禁止无保护运行。

（2）厂用电母线送电前，检查各馈线回路的开关应在断开位置，电压互感器应投入运行。厂用电母线受电后，必须检查母线三相电压正常后，方允许对各供电回路送电。

（3）厂用电母线停电前，应先检查母线上的各馈线开关已在断开位置，对带有快切装置的母线还应退出快切装置。在断开电源进线开关后，检查母线电压表三相无电压后，才能退出电压互感器。

（4）厂用变压器投入运行时，应先合电源侧开关，检查变压器充电正常后，再合负荷侧开关。变压器停电操作顺序与此相反。禁止由低压侧对厂用变压器充电。

（5）变压器并列或解列前应检查负荷分配情况，确认并列或解列后不会造成任一台变压器过负荷。

（6）电压互感器停电操作时，先断开二次侧空气开关（或取下二次熔断器），后拉开一次侧隔离开关。送电操作顺序相反。一次侧未并列运行的两组电压互感器，禁止二次侧并列。

（7）在操作设备时，正常情况下禁止使用备用机械钥匙、拆除电气机械闭锁装置或解除微机五防装置。在特殊情况下要使用备用机械钥匙、拆除电气机械闭锁装置或解除微机五防装置，必须得到值长的批准，并做好记录。

（8）雷雨天气时，一般不宜进行电气倒闸操作，不应进行就地电气操作。雨天操作室外高压设备时，应使用有防雨罩的绝缘棒，并穿绝缘靴、戴绝缘手套。

（9）巡视高压设备时，不宜进行其他工作，雷雨天气巡视室外高压设备时，应穿绝缘靴，不应使用伞具，不应靠近避雷器和避雷针。

（10）电气倒闸操作应由两人执行，其中一人对设备较熟悉者作监护，另一人操作。操作过程中，监护人应对操作人实行全过程有效监护，监护人不得代替操作人操作。

（11）6kV断路器正常操作时，应在远方控制。在紧急情况下，允许使用就地电动分、合闸按钮和机械跳闸按钮进行操作。严禁使用机械合闸按钮。

（12）380V各动力中心（PC）母线并列正常采用合环不停电的操作方式。并列前要检查两段母线电压相序相同，相角差在15°以内，电压差值在20V以内，并列后供电的电源开关不会过负荷。

（13）380V保安段母线两路工作段电源正常切换时，应采用先并后断的方式，防止

380V 保安段母线短时失电。

（14）测量 380V 母线绝缘时，应先断开开关柜加热器电源空气开关和该母线上所有开关的二次回路。

（15）测量 6kV 母线绝缘时，应先将母线 TV 手车隔离开关拉出。

（16）测量低压干式变低压侧绝缘时，应先将其测温装置隔离，并确认干式变低压侧中性点接地铜排已解开。

（17）正常运行时，高压备用变压器只允许带一台机组 6kV 母线运行；特殊情况下，高压备用变压器可以带两台机组 6kV 母线运行，但应注意以下几点：

1）密切监视高压备用变压器绕组温度、油温和油位在正常范围内。

2）密切监视高压备用变压器低压侧总电流，原则上其总电流不能大于高压备用变压器低压侧额定电流的 115%。

3）启动大容量设备（如 SFC 装置）运行时，必须确认其总电流不能大于高压备用变压器低压侧额定电流。

4）做好第三台机组 6kV 母线失电快切到启动备用变压器（简称启备变）供电的造成启备变过载的事故预想，尽量减小各段 6kV 母线的负荷。

5）做好高压备用变压器失电的事故预想。

二、开关操作规定

（1）开关操作后，应检查有关表计和信号的指示，以判断开关动作的正确性，同时到现场检查开关的实际开合位置。

（2）开关合闸送电或跳闸后试送电，人员应远离现场，以免因带故障合闸造成开关损坏，发生意外。

（3）检修后的开关，应保持在断开位置，以免送电时发生带负荷合隔离开关事故。

（4）开关合闸前，必须有完备的继电保护投入，开关合闸后，应检查三相电流正常。

（5）开关分闸操作时，若发现开关非全相分闸，应立即合上该开关；开关合闸操作时，若发现开关非全相合闸，应立即断开该开关。

（6）开关的控制电源和保护电源，必须待其回路有关隔离开关全部操作完毕后才退出，以防止误操作时失去保护。

（7）开关操作过程中，遇有开关跳闸时，应暂停操作。

（8）发生拒动的开关未经处理并试验合格，不得投入运行或列为备用。

（9）手车式开关拉出、推入前，必须检查开关确在分闸位置，推入开关之前应检查开关内没有异物留下。

（10）当开关的两侧分别属于不同的电源系统时，开关必须经同期合闸。如果开关无同期装置，并列操作时，只能采用先断后并的短时失压方法进行倒换。

三、隔离开关操作规定

（1）禁止用隔离开关拉开、合上带负荷设备；禁止用隔离开关拉开、合上空载变压器；禁止用隔离开关拉开、合上故障电流。

（2）操作隔离开关前，应先检查开关在分闸位置，以防止在操作隔离开关时开关在合闸位置而造成带负荷拉、合隔离开关。

（3）隔离开关操作前，必须投入相应开关的控制（保护）电源。

（4）拉、合隔离开关时，开关必须在断开位置，并经核对编号无误后，方可操作。

（5）经操作后的隔离开关，必须检查隔离开关的开、合位置。

四、验电接地规定

（1）电气设备需要接地操作时，必须先验电，分别验明三相确无电压后方可进行合上接地开关或装设接地线的操作。

（2）验电时，应戴绝缘手套，必须使用相应电压等级并经检验合格的专用验电器，严禁使用未经鉴定的不合格验电器、卡灯验电器和伸缩型验电器。

（3）验电完毕，应立即进行接地操作。验电后因故中断或未及时进行接地的，若需继续执行接地操作必须重新验电。装设接地线或合接地开关的位置必须与验电位置相符。

（4）装设接地线应先在专用接地点上接好接地端，再接导体端，拆除接地线顺序相反。禁止利用开关柜门、开关柜座或柜内其他金属构架作接地点。禁止采用缠绕方法装设接地线。

（5）装设、拆除接地线时，工作人员应使用绝缘棒，戴绝缘手套，人体不得触碰接地线。需要使用梯子时，禁止使用金属材料梯子。

（6）对无法进行直接验电的设备，可以采用间接方式验电，但必须符合二元变化确认设备状态的原则。即检查隔离开关（刀闸）的机械指示位置、电气指示、仪表及带电显示装置指示的变化，至少应有二个及以上的指示或信号已发生对应变化；若进行遥控操作，则应同时检查隔离开关（刀闸）的状态指示、遥测、遥信信号及带电显示装置的指示进行间接验电。

（7）在不能直接验电的母线合上接地开关前，必须核实连接在该母线上的全部隔离开关已拉开且上锁或该母线上的手车式断路器、隔离开关在隔离位置，检查连接在该母线上的电压互感器的一次侧隔离开关（或熔断器）已全部断开。

五、电加热器投退的规定

（1）当电气设备有自动恒温装置时，无论电气设备是否在运行都应将电加热器电源开关合上。

（2）当电气设备的电加热器需要手动投退时，在电气设备运行时一般应退出电加热器，当电气设备停运时应将电加热器投入。

（3）如天气较潮湿，即使电气设备在运行时，也应根据具体情况将电加热器投入。

（4）当电气设备检修时，应将电加热器退出运行并隔离。

第七节　厂用电的事故处理

一、厂用电系统故障处理的一般原则

（1）根据 DCS 上的参数变化、报警信息初步判别故障类型和故障区域。

（2）检查并记录相关的保护装置、快切装置的报警信息，将报警内容、开关跳合闸情况立即报告值长。

（3）在征得值长同意后，才能复位相关报警信号。

（4）检查故障设备，判明故障点及其故障程度，并及时通知检修人员作进一步检查和处理。

（5）如果事故对人身和设备安全有严重威胁时，应立即解除威胁。

（6）在没有查明事故原因前，任何跳闸设备禁止强送合闸。

（7）母线失压后，应检查受影响的重要负荷或重要电源已正常切换，并将连接在该母线的所有未断开的断路器断开；机组 6kV 母线因故障失压时，如无法尽快恢复，应着重处理 380V 保安段，监视保安段母线电源自动切换情况。柴油发电机应自动启动，确保 380V 保安段可靠供电。

（8）如果主变压器、厂用高压变压器本体故障或系统外部故障的保护动作引起 6kV 母线工作电源进线断路器跳闸，6kV 快切装置应动作，厂用电自动切换至高压备用变压器供电，如厂用电没有自动切换，应确认工作电源进线开关已断开，再合上备用电源进线开关。

（9）如果高压备用变压器低压侧速断保护、低压侧过流保护或是厂用高压变压器低压侧速断保护、低压侧过流保护等反映 6kV 母线故障的保护动作后，快切装置被闭锁，备用电源不会自投。在 6kV 母线再次送电前，必须测母线绝缘，确认母线确无故障后，经值长批准，才允许向空载母线试送电一次。

（10）当厂低变过流或零序过流保护动作，必须对变压器本体及其引出线进行全面检查，并测量厂低变低压侧的母线绝缘，确认母线确无故障后，经值长批准，才允许向空载母线试送电一次。

（11）380V A、B 段母线，当其中一段失压时，经检查母线确无故障，断开母线上所有负荷开关，必要时可以用联络开关向空载母线试送电一次。

（12）380V 母线工作电源跳闸，备用电源自投后再次保护动作跳闸，不允许强送，应查出故障点并隔离后才允许送电。

（13）在厂用电系统事故处理过程中，应防止向故障的母线再次送电，使停电范围扩大或影响到其他正常运行的机组。

二、厂用电系统常见故障处理

（一）6kV 母线 TV 断线

1. 现象

（1）DCS 发出"6kV 母线接地故障""6kV 母线 TV 直流回路断线或消谐装置故障报警""6kV 母线 TV 断线报警"信号。

（2）快切装置被闭锁，DCS 有"装置闭锁"信号，快切装置面板上"闭锁"灯亮。

（3）6kV 母线电压显示断线相的相电压降低或为零，其他相的相电压显示正常。

（4）6kV 母线 TV 柜及各馈线开关柜的保护测控装置面板上"报警"灯亮。

（5）6kV 母线 TV 柜上的微机消谐装置面板上可能有"接地"报警。

2. 处理

（1）根据上述现象判断故障类型和故障范围，一次回路断线有接地信号报警，二次回路断线无接地信号报警。

（2）退出厂用快切装置和各辅机保护测控装置的低电压保护软压板。

（3）若为 TV 二次回路断线，检查 TV 二次空开是否跳闸，二次回路接头无有松动、断线、接触不良等现象，并联系检修人员处理。如有二次空开跳闸，在无明显故障情况下，可试合一次；如再次跳闸，应查明原因消除故障后方可再合。

（4）若为 TV 一次回路断线，断开 TV 二次空开，拉出 TV 手车，检查 TV 一次保险是否熔断，更换保险后，将 TV 恢复运行。

（5）若仍无法消除断线故障，则联系检修人员进一步检查处理，并做好 6kV 母线失压事故预想。

（6）故障消除后，投入所退保护和快切装置，复归报警信号。

（二）6kV 母线单相接地

1．现象

（1）DCS 发出"6kV 母线接地故障""6kV 母线 TV 直流回路断线或消谐装置故障报警"信号。

（2）6kV 母线电压显示接地相的相电压降低或为零，另两相相电压升高，线电压不变。

（3）6kV TV 柜上的微机消谐装置面板上"接地"灯亮。

（4）6kV 相应开关的保护测控装置面板上"报警"灯亮，事件记录有接地保护动作信息。

（5）接地点可能有冒烟、弧光、烧焦或电死的小动物等现象。

（6）发电机-变压器组保护可能会有"厂用高压变压器低压侧零序过流保护"告警信号（6kV 母线由厂用高压变压器供电），或是高压备用变压器保护可能会有"高压备用变压器低压侧零序过流保护"告警信号（6kV 母线由高压备用变压器供电）。

2．处理

（1）根据上述现象综合判断故障类型和故障范围，发出接地信号时，如有相电压升高（大于相电压但不超过线电压），而线电压不变，则是 6kV 系统发生了单相接地故障；如相电压没有升高，且线电压不平衡，则判断为 TV 高压保险熔断；如是合空载母线时发出接地信号，可能是 TV 铁磁谐振，应检 TV 消谐装置是否正常工作，并设法消除谐振。

（2）若判断为单相接地，查看 DCS 上 6kV 母线电压，若稳定无变化，则为稳定接地；若电压变化（时高时低），则为间歇接地。

（3）询问是否有 6kV 辅机启动，如有，则将其停运看接地信号是否消除。

（4）检查 6kV 母线及负荷有无明显接地现象，6kV 电动机和厂低变有无接地保护信号发出。

（5）利用短时停电法或倒换负荷法判断查找接地点，尝试切换 6kV 电动机，如接地信号消失则判断电动机回路发生接地。

（6）退出 6kV 母线 TV 运行，测量 TV 本体绝缘合格，排除母线 TV 接地的可能再恢复运行。

（7）转移 6kV 母线负荷，将接地母线所接厂用低压变压器短时由其低压备用变压器带，以判断厂用低压变压器高压侧是否接地。

（8）将 6kV 母线倒至由高压备用变压器带，判断是否为厂用高压变压器低压侧接地；若厂用高压变压器低压侧接地，则汇报有关领导和调度，申请停机、停厂用高压变压器处理。

（9）经上述处理后仍未查出，则应视为母线接地，需停母线排查处理。

（10）6kV 系统单相接地运行时间不得超过 2h。

（11）查找接地点期间需密切监视 6kV 负荷电流、绕组温度等参数的变化趋势。

（12）处理接地点的注意事项：在进行寻找接地点的倒闸操作中或巡视配电设备时，必须严格执行《电业安全工作规程》中的安全规定，值班员应穿上绝缘靴，戴上绝缘手套，不得触及设备外壳和接地金属物。

（三）6kV 母线工作电源进线（厂用高压变压器低压侧）TV 断线

1. 现象

（1）DCS 上"6kV 工作电源进线电压 A-C"显示 A、C 相间电压降低（最低为相电压；若断线在 B 相，则"6kV 工作电源进线电压 A-C"显示正常）。

（2）厂用高压变压器保护柜"TV 异常"报警灯亮。

2. 处理

（1）检查 TV 二次空开是否跳闸，二次回路接头有无松动、断线、接触不良等现象，并联系检修人员处理。如有二次空开跳闸，在无明显故障情况下，可试合一次；如再次跳闸，应查明原因消除故障后方可再合。

（2）若电压仍不正常，则将 TV 停电，断开 TV 二次空开，拉出 TV 手车，检查 TV 一次保险是否熔断，更换保险后，将 TV 恢复运行。

（3）若仍无法消除断线故障，则联系检修人员进一步检查处理。

（4）处理好断线故障后，复归保护装置报警信号。

（四）6kV 母线备用电源进线（高压备用变压器低压侧）TV 断线

1. 现象

（1）6kV 厂用快切装置被闭锁，DCS 发出"出口闭锁""后备失电"信号，装置面板上"闭锁"灯亮。

（2）DCS 上"6kV 备用电源进线电压 A-C"显示 A、C 相间电压降低（最低为相电压；若断线在 B 相，则"6kV 备用电源进线电压 A-C"显示正常）。

（3）高压备用变压器保护柜"TV 异常"报警灯亮。

2. 处理

（1）联系检修人员退出厂用快切装置"后备失电闭锁"功能，并复归快切装置闭锁信号，重新投入快切装置运行。

（2）检查 TV 二次空开是否跳闸，二次回路接头有无松动、断线、接触不良等现象，并联系检修人员处理。如有二次空开跳闸，在无明显故障情况下，可试合一次；如再次跳闸，应查明原因消除故障后方可再合。

（3）若电压仍不正常，则将 TV 停电，断开 TV 二次空开，拉出 TV 手车，检查 TV 一次保险是否熔断，更换保险后，将 TV 恢复运行。

（4）若仍无法消除断线故障，则联系检修人员进一步检查处理。

（5）处理好断线故障后，投入厂用快切装置的"后备失电闭锁"功能，复归厂用快切装置和保护装置报警信号。

（五）6kV 母线失电

1. 现象

（1）6kV 母线电压显示为 0；

（2）6kV 母线工作电源和备用电源均在分闸位置，电流均显示为 0；

（3）机组跳闸，机组负荷到 0；

（4）机组 380V 工作段母线电压为零；

（5）机组所有 6kV、380V 交流电动机停运；

（6）机组保安柴油发电机自启动，并带保安段负荷；

（7）机组直流密封油泵、直流润滑油泵启动运行。

2. 原因

（1）机组 6kV 母线由高压备用变压器供电，由于高压备用变压器高压侧开关跳闸导致失电（机组 6kV 母线由高压备用变压器分支开关供电时，即使失电，快切装置也不会动作）。

（2）机组 6kV 母线由厂用高压变压器供电，因母线故障或馈线支路故障越级，跳开了 6kV 母线工作电源开关，并且闭锁了厂用电快切装置。

（3）机组 6kV 母线由厂用高压变压器供电，因主变压器、厂用高压变压器本体故障或系统外部故障的保护动作，跳开了 6kV 母线工作电源开关，快切装置没有正常动作。

3. 处理

（1）若机组 6kV A、B 两段母线均失电，应将处理重点放在保证机组安全停机上，保证保安电源正常供电，否则应紧急启动柴油机恢复保安段供电，再考虑查明 6kV 母线原因和隔离故障点，恢复 6kV 母线供电。

（2）若只有一段 6kV 母线失电，应检查受影响的重要负荷或重要电源已正常切换，否则应尽快调整相关系统的运行方式，保证机组正常运行。

（3）检查失电母线的两路电源开关及所有馈线开关均在分闸状态，否则手动断开。

（4）若 6kV 母线由厂用高压变压器供电时，则检查厂用高压变压器保护屏上的保护报警信号，若非"厂用高压变压器低压侧分支过流"或"厂用高压变压器低压侧分支限时速断"保护动作，则：①检查厂用快切装置是否有闭锁信号，若是由于上次快切完成后未复位或是在 DCS 中手动闭锁了快切装置，应立即复位快切装置，检查快切装置运行正常，在确认高压备用变压器及其分支开关工作正常后，手动合上 6kV 母线备用电源开关，将机组 6kV 母线转由高压备用变压器供电；②若快切装置故障暂时无法处理，退出厂用电快切装置，在确认高压备用变压器及其分支开关工作正常后，手动合上 6kV 母线备用电源开关，将机组 6kV 母线转由高压备用变压器供电。

（5）机组在停机情况下，若 6kV 母线由高压备用变压器供电时，则检查高压备用变压器保护屏上相应的保护报警信号，若非"高压备用变压器低压侧分支过流"或"高压备用变压器低压侧分支限时速断"保护动作，则在确认机组厂用高压变压器供电正常的情况下，手动合上 6kV 母线工作电源开关，将机组 6kV 母线切至机组厂用高压变压器供电。

（6）若是由于"高压备用变压器低压侧分支过流"或"高压备用变压器低压侧分支限时速断""厂用高压变压器低压侧分支过流"或"厂用高压变压器低压侧分支限时速断"保护动作，则在未确认 6kV 母线及其上游进线绝缘合格的情况下，禁止向 6kV 母线送电，并联系检修人员尽快排除故障。

（7）在机组 6kV 母线供电恢复，确认无异常后，逐一恢复 6kV 母线各馈线。原则是：先恢复公用系统 6kV 变压器供电，再恢复本机组 6kV 工作变供电，最后恢复 6kV 其他负荷供电。

（8）根据负荷的重要性，逐一恢复各 380V 母线供电。

（六）6kV/380V 厂用低压变压器运行中跳闸

1. 现象

（1）DCS 上来"6kV 厂用低压变压器高压侧开关分位""380V PC 段进线开关分位"报警信号。

（2）6kV 厂用低压变压器高压侧开关、380V PC 段进线开关跳闸，开关电流显示为零，380V PC 段母线电压显示为零。

（3）厂用低压变压器保护动作后，DCS 发出"厂用低压变压器保护动作"报警信号。

（4）PC 段母线失压 0.5s 后，DCS 发出"低电压保护动作"报警信号，有低电压保护的辅机电源开关跳闸。

（5）6kV 厂用低压变压器高压侧开关柜的保护测控装置面板上"动作"灯点亮。

（6）若是带保安段母线的机组工作段母线失电，则保安段电源进线开关将进行切换，保安段母线自动切至另一段机组工作段母线供电。

2. 处理

（1）PC 段母线失压后，应检查受影响的重要负荷或重要电源已正常切换，否则应尽快调整相关系统的运行方式，保证机组正常运行。

（2）检查厂用低压变压器高压侧开关、PC 段母线进线开关、母联开关及所有馈线开关均在分闸状态，否则手动断开。

（3）对厂用低压变压器本体及其引出线、PC 段母线及其负荷回路进行全面检查。

（4）若是厂用低压变压器故障引起，则检查 PC 段母线无异常后，可合上母联开关恢复母线运行，并隔离故障厂低变，联系检修处理好厂低变故障后，再将厂低变和 PC 段母线恢复至正常运行方式。

（5）若故障点在 PC 段母线所带的负荷回路，因馈线开关保护拒动而越级跳开厂低变高压侧开关时，则尽快隔离故障负荷回路，测量母线绝缘合格后，恢复母线运行。

（6）若未发现母线及负荷回路有明显故障点，则测量母线绝缘合格后，通过母联开关向母线试充电，母线恢复正常后，逐一测量负荷回路绝缘合格后恢复负荷供电。

（7）若是母线故障暂时无法消除，应将母线转检修状态，通知检修人员处理，母线恢复运行后逐一恢复负荷供电。

注：厂低变包括机组工作变、机组公用段、化水变等；PC 段包括机组工作段、机组公用段、化水段等。PC 段母线的保护由厂低变高压侧开关保护测控装置实现，PC 段母线进线开关未投入相关保护。

（七）380V 母线 TV 电压回路断线

1. 现象

（1）DCS 上发出"380V 母线 TV 电压回路断线"报警信号。

（2）母线 TV 综合保护测控装置报警灯点亮。

（3）380V 母线电压可能显示为降低或为零。

2. 处理

（1）根据上述现象判断 TV 断线相；若为 A、C 相断线，则母线电压显示为降低或为零；若为 B 相断线，则母线电压显示正常，只有现象（1）、（2）。

（2）若该段母线上辅机低电压保护的电压量取自母线 TV，则需将该段母线 TV 柜上的低电压保护压板退出，断开母线 TV 控制电源空开，再进行检查与处理；若辅机低电压保护的电压量取自辅机电源开关进线的引线，则辅机的低电压保护不受母线 TV 断线影响。

（3）将母线 TV 停电，检查母线 TV 一、二次交流保险是否熔断，若有熔断，则更换保险。

（4）将母线 TV 恢复送电，合上母线 TV 控制电源空开。

（5）若母线 TV 断线现象已消除，则投入母线 TV 柜上的低电压保护压板，否则联系检修人员做进一步检查与处理。

第八节　运行经验分享

一、6kV 系统发生单相接地故障

1. 事件经过

某厂 1 号机组正常运行中，DCS 发"机组 6kV 母线接地故障""机组 6kV 母线 TV 直流回路断线或消谐装置故障报警"，DCS 显示 1 号机 6kV 母线 A、B、C 相电压分别约为 1500V、4850V、4850V，发电机-变压器组保护屏及快切装置均无异常报警。

2. 原因分析

经检查，在 1 号机组 B 循环水泵电机开关的保护测控装置面板上找到接地报警信息，停运 1 号机组 B 循环水泵后，1 号机组 6kV 三相电压恢复正常。后经检修人员进一步检查发现 1 号机组 B 循环水泵电机绕组接头处有烧焦和接地现象。

3. 结论

6kV 系统中性点采用高阻接地，6kV 母线 TV 接线如图 8-32 所示，当 6kV 系统发生单相接地或者母线 TV 断线时，母线电压都会显示异常。

当系统发生金属性接地，接地电阻等于 0 时，系统中性点与故障相电压重合，故障相电压为 0，非故障相电压则上升为线电压，母线 TV 开口三角两端出现约 100V 电压，启动微机消谐装置发出接地报警信号。当系统发生非金属性接地时，接地电阻 $R \neq 0$，此时，由于零序电压向量值将随接地电阻的大小变化而变化，接地相电压降低，其余两相相电压升高，母线 TV 开口三角处两端有约 70V 电压，启动微机消谐装置，发出接地报警信号。

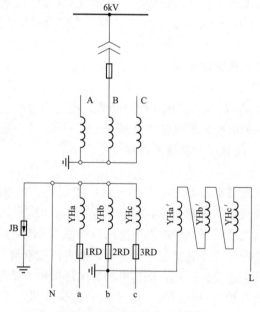

图 8-32　6kV 母线 TV 接线图

6kV 母线 TV 一次保险熔断时，熔断相电压降低，但不为零。因为 TV 还会有一定的感应电压，所以其电压并不为零而其余两相为正常电压，其向量角为120°，同时由于断相造成三相电压不平衡，故 TV 开口三角形处也会产生不平衡电压，即有零序电压，当零序电压大约为33V时，可以启动微机消谐装置，发出接地报警信号。6kV 母线 TV 二次保险熔断时，与高压保险之不同在于：一次三相电压仍平衡，故 TV 开口三角形没有电压，因而不会发出接地信号，熔断相二次电压为 0，非熔断相电压不变。

另外，因 6kV 母线 TV 保护测控装置是根据三相线电压不正常作为 TV 断线判据发出告警信号，当发生单相接地时，由于三相线电压正常，故不会发出 TV 断线告警信号。

对于 6kV 中性点高阻接地系统，发生单相接地故障时，系统仍可在故障状态下继续运行 2h，但非故障相会产生较高的过电压，影响系统设备的绝缘性能和使用寿命，应立即根据上述分析的现象做出正确判断，尽快找出接地故障设备，消除故障。

二、雷击造成厂用电设备跳闸故障

1. 事件经过

雷暴天气，雷击造成 220kV 输电线路出线瞬时短路故障重合闸。线路故障时，造成三台机组 6kV 母线 TV 断线报警、6kV 快切装置有闭锁报警，复归后正常；1 号、3 号机组燃气轮机 MCC 段控制油泵跳闸，1 号、3 号机组燃气轮机 EMCC 段密封油泵及燃气轮机罩壳风机等负荷跳闸；2 号机组高压给水泵变频器跳闸，备用泵工频联启正常；机组公用 A 段的闭冷水泵 A 变频装置故障跳闸。

2. 原因分析

查看到故障滤波器，故障时 220kV 母线电压 AB 相电压骤降，零序电压突增，母线上的线路电流也是呈现相同的变化趋势。判断是电厂附近区域的输电线路上发生了 AB 相瞬时相间接地故障，属于线路区外故障，因此电厂线路保护装置只启动，不动作。受到系统 220kV 区外故障的影响，此时 1 号、3 号机组的厂用电电压都出现了较大幅度的波动，而 2 号机组的厂用电电压波动稍小，原因是 1 号、3 号机组在停机备用状态，2 号机组处于运行状态，发电机带着厂用电系统运行，整体 6kV 电压比停机机组偏高。遇到区外故障时，由于发电机的作用，相对发生的电压波动会小。三台机组的厂用电电流都在故障时刻有一个陡增，说明了在受到区外故障的影响下，由于发生 AB 相接地故障，AB 两相的电压降低，而厂用电所带的负载仍在运行，由于需要保持电机等设备的功率维持不变，那么瞬间的电流就会突增。1 号、3 号机组 6kV 母线 A、B 相的电压跌落比较严重，瞬时电压降到了正常值的 1/2 以下，1 号、3 号机组的 A、B 相的电流突增比较明显，都基本达到了原来电流值的 2 倍以上。三台机的 6kV 母线三相线电压不平衡发出母线 TV 断线告警信号，并闭锁切装置。

1 号、3 号机组 MCC/EMCC 段的相关泵、风机跳闸原因：机组燃气轮机 MCC/EMCC 屏柜内的油泵、风机类的负载，其交流供电回路中依靠抽屉开关控制回来的交流接触器来实现远方启停、故障告警等功能，而这些交流接触器的励磁线圈电源取自燃气轮机 MCC/EMCC 的进线 380V 电源的 AC 相，通过一个变压器转成 220V AC。故障时，随着 1 号、3 号机组 6kV 厂用电 A、B 相电压的骤降，该 220V AC 控制电源也会在瞬间电压跌落，跌落幅度应该也为原额定值的 50% 以下。按 IEC 60947 及 GB 14048 等标准规定，接触器在 0.85~1.1U_e（U_e 为线圈额定电压）时会可靠吸合，因此当时会导致相关的接触器失去控制电源而失磁，造成相关电机、风机的主回路三相断电。对于三台机组在故障时，厂用电电压跌落的程度不同，且交流接触器存在个体差异性，因此就造成了某些断路器跳闸，而某些断路器未跳闸的情况。

2 号机高压给水泵变频器跳闸原因：变频器故障信息为"负载过流"，对于负载过流，变频器主要是感受到了突变性质的电流、电流峰值超过了电流检测值。其中，技术手册给出的故障可能原因就提到"由于三相电压不平衡，引起某相的运行电流过大，导致过载跳闸"。而当时 2 号机组 6kV 系统的 A/B 相电压骤降，因此导致了 2 号机组高压给水泵 B 变频器负载过流跳闸。

机组公用 A 段的闭冷水泵 A 变频器跳闸原因：闭式水泵当时的运行情况是 A/C 泵变频运行，B 泵变频备用（开关合位、变频器带电），D 泵工频备用。当发生系统区外故障的时候，DCS 报出"A/B 闭式水泵变频器故障"，A/B 泵开关随即跳闸，C 泵正常运行。之后，运行人员手动启动 D 泵工频运行，确保母管压力正常。闭式水泵变频器报警信息是"直流电压不足"。根据 ABB 变频器故障手册，其原因是"可能由主电源缺相、熔丝烧坏或者整流桥内部损坏导致"。手册指出，直流欠压跳闸值为 $0.6U_{1min}$，$U_{1min} = 380V$"。闭式冷却水泵 A/B 由机组公用 A 段供电，机组公用 A 段电源来自 1 号机组，而闭式冷却水泵 C 由机组公用 B 段供电，机组公用 B 段电源来自 2 号机组。由故障信息对比表并结合直流欠压跳闸定值可知，由于 1 号机组厂用电电压骤降比 2 号机组大很多，因此，闭式冷却水泵只有 A/B 变频器跳闸，而 C 泵变频器不会跳闸。

3. 结论

（1）交流接触器广泛使用在电气设备的控制回路中，但是由于交流接触器的特性，一旦发生较为严重的系统故障造成厂用电系统电压波动较大时，其有可能发生失电情况，对负载供电造成一定影响。

（2）变频设备一般都设置有过流、过压、欠压等保护，一旦系统发生故障导致电流、电压的突变，变频设备为了保护整流、逆变模块不受损坏，也将会自动保护跳闸。

（3）电机、风机主备之间切换逻辑和切换回路的可靠性，在大面积突发故障时就显得尤为重要，运行人员应按照定期切换要求做好主、备设备切换工作，确保备用设备处于完好状态，使其随时能够起到备用作用。

（4）台风、雷雨、暴雨等极端天气下，电力系统发生故障概率较高，可能出现电厂线路或者周边相关线路跳闸或重合闸等，会对电厂的 220、6kV 及 380V 各母线系统运行造成威胁。因此，在极端天气的过程中，运行人员应加强对相关电气设备运行参数的监视，特别留意 DCS 和网控机的报警信息，厂用电系统应重点关注变频器和交流接触器控制的泵与风机运行情况，并做好电气设备跳闸或厂用电失电事故预想。在发生设备故障后，运行人员应及时做好应对措施，对各个系统进行全面检查，对运行机组应进行重点检查，对每个报警的内容都应进行核实，保障机组设备安全运行。

三、电气开关切忌蛮力操作

电气开关有时候会发生操动机构卡涩或者无法操作的情况，这种情况一般由以下两个方面原因引起：①断路器的机械结构变形；②操作过程错误导致断路器本身的机械五防闭锁起作用。如果这种时候，运行人员蛮力操作，可能造成严重后果。第一种情况可能会造成断路器本体损坏变形，严重的可能造成断路器相间短路，引起母线失电。第二种情况也可能造成机械五防闭锁损坏，严重的可能造成断路器爆炸或者电气设备损坏。因此，在电气断路器操作时一定要谨慎，确保操作办法正确，避免造成人身伤害和设备损坏。当电气断路器发生操动机构卡涩或者无法操作的情况，首先联系其他运行操作人员一起检查操作过程是否有误，切忌强行推拉电气断路器和随意解除闭锁装置。如电气断路器故障，应及时联系检修人员处理。

四、柴油发电机蓄电池老化导致柴油发电机启动失败

1. 事件经过

某厂做柴油发电机组空载和带负荷试验时，发现柴油发电机组启动失败，经检修人员检查后确认为柴油发电机组的蓄电池老化，无法提供足够电能启动柴油发电机组。

2. 原因分析

由于蓄电池老化容量不足，造成柴油发电机启动失败，机组 380V 保安段失去备用电源。

3. 结论

（1）蓄电池是柴油发电机组的重要启动电源，平时应注意柴油发电机组蓄电池的浮充状态检查，定期进行蓄电池的充放电试验，定期补充蓄电池电解液，保证柴油发电机组的可靠性。

（2）柴油发电机组空载和带负荷试验是检查柴油发电机组是否能够正常启动运行的定期试验，在日常工作中应严格按要求执行柴油发电机组的各类定期试验，发现异常情况应及时联系检修人员处理，确保柴油发电机组良好的备用状态。

五、燃气轮机 MCC 段短时失电导致燃气轮机自动停机

1. 事件经过

某电厂 4 号机组燃气轮机 MCC 段因上游电源失电后，两路进线电源开关切换时间较长，导致燃气轮机 MCC 段两台燃气轮机润滑油箱排烟风机全停，触发燃气轮机自动停机程序。

2. 原因分析

（1）4 号机组燃气轮机 MCC 段双电源切换时间过长，长达 8s。时间上无法躲过"燃气轮机润滑油箱排烟机 A/B 全停延时 5s 联锁自动停燃气轮机"的逻辑，切换装置选型不合理。

（2）两台燃气轮机润滑油箱排烟风机均挂在燃气轮机 MCC 段，燃气轮机 MCC 段失电导致两台燃气轮机润滑油箱排烟风机全停，设计不合理。

3. 防范措施

（1）更换燃气轮机 MCC 段两路电源进线开关的切换装置，要求切换时间包括断路器动作时间控制在 1s 以内。

（2）两台燃气轮机润滑油箱排烟风机电源均挂在燃气轮机 MCC 段，燃气轮机 MCC 段失电后排烟风机全停，不利于机组安全运行，将其中一台燃气轮机润滑油箱排烟风机电源改接到燃气轮机 EMCC 段。

（3）关于"燃气轮机润滑油箱排烟机 A/B 全停，延时 5s 联锁自动停燃气轮机"逻辑，与三菱厂家协商处理。

直 流 系 统

第一节　直流系统概述

一、直流系统的作用和主要设备

直流系统是发电厂厂用电中最重要的一部分，它保证在任何事故情况下都能可靠和不间断地向其用电设备供电。

直流系统采用交流电源的整流模块和蓄电池组作为直流电源。正常运行时，由整流模块供电，同时为蓄电池浮充电；事故情况下，由整流模块和蓄电池同时供电或者整流模块交流电源失去时由蓄电池供电。

直流系统一般由充电柜和联络柜（单母线直流系统未配置联络柜）、馈线柜、蓄电池组成。其中充电柜包含多个整流模块、通信模块和综合监控模块；馈线柜配置一套直流接地检测装置，直流接地检测装置对每条馈线的绝缘情况进行监测。蓄电池配置一套电池巡检仪和一套蓄电池在线监测管理装置，对电池的温度和电压等参数进行监视。联络柜中的联络开关用来进行两段母线的并列运行操作。

对大型电厂，升压站直流系统的设置应满足继电保护装置主保护和后备保护由两套独立直流系统供电的双重化配置原则。

二、直流系统的接线方式和主要负荷

以惠州 LNG 电厂惠电为例（下文称惠电），直流系统分为升压站通信用 48V 直流系统、控制用 110V 直流系统和动力用 220V 直流系统。其中，升压站通信用 48V 直流系统主要用于调度通信负荷供电；控制用 110V 直流系统主要用于对断路器的远距离操作和信号设备、继电保护、自动装置等的供电；动力用 220V 直流系统主要用于向事故直流油泵、不停电电源等的供电。

（一）升压站通信用 48V 直流系统

220kV 升压站通信用 48V 直流系统的供货商为深圳奥特迅电力设备股份有限公司，配置两套独立的电源柜、配电柜及蓄电池组，每套 48V 直流系统分别独立向两段直流母线供电，两段直流母线间无母联开关，正极母线接地。蓄电池组不配备蓄电池输出开关、蓄电池充电开关、蓄电池放电开关，由蓄电池经熔断器接至直流母线。升压站通信用 48V 直流系统的主要负荷有 220kV 线路保护通信接口屏、地区传输 A 网设备屏、地区传输 B 网设备屏、地区 PCM 设备屏等。

（二）机组控制用 110V 直流系统

机组 110V 直流系统共配置两套独立的整流器、直流母线及蓄电池组（见图 9-1）。每台

机组的两套 110V 直流系统分别独立向直流 A、B 两段母线供电，每段直流母线配置一组蓄电池组，通过母联开关可实现本机组的两段 110V 直流母线之间的并列。除了位于机组直流配电室的机组 110V 直流系统馈线屏外，每台机组还配备以下 110V 直流分电屏：电子设备间直流分电屏 A/B、6kV/380V 保安段直流分电屏、380V 厂用工作段直流分电屏、燃气轮机岛直流分电屏、汽轮机 MCC 直流分电屏，另外还有主厂房公用直流分电屏 A/B（由 4 号机组 110V 直流 A/B 段馈线屏供电）。机组控制用 110V 直流系统主要为机组的直流控制、保护、自动装置、通信设备提供 110 V 直流电源。其中，主要包括 6kV 开关柜的控制电源、机组 380V 工作段和保安段的直流控制电源、发电机-变压器组保护屏的直流电源、机组热控柜的 110V 直流电源、GCB 控制电源、汽轮机启励电源、柴油机控制柜、汽轮机发电机励磁开关电源等。

（三）升压站 110V 直流系统

升压站控制用 110V 直流系统（见图 9-2）配置三套 110V 直流电源，其中 1 号、2 号套分别带两段直流母线运行，两段直流母线间有母联开关，正常运行时母联开关断开，当一组直流电源需退出时，可以合上母联开关，由一套直流电源带两段母线。第三套直流电源作为备用，与Ⅰ组蓄电池和Ⅱ组蓄电池设置有联络开关。该套装置主要为升压站提供 GIS 设备的控制电源、母线保护装置电源、线路保护装置电源等，同时还为升压站 UPS 直流电源回路提供电源。

（四）机组动力用 220V 直流系统

每台机组配置一套 220V 直流电源，三台机组配置了两套公用整流器（见图 9-3）。除了位于机组直流配电室的机组 220V 直流系统馈线屏外，在每台机组的就地直流润滑油泵、直流顶轴油泵、直流密封油泵区域配备启动盘。机组动力用 220V 直流系统负责向直流动力负荷、燃气轮机发电机 GCB 电机驱动电源、UPS 直流供电回路等提供电源。

4 号机组直流配电室配置一套机组 220V 直流公用整流器屏 1，作为 4 号机和 5 号机动力用 220V 直流系统的备用整流器。5 号机组直流配电室配置一套机组 220V 直流公用整流器屏 2，作为 5 号机和 6 号机动力用 220V 直流系统的备用整流器。

对机组动力用 220V 直流系统，也可通过联络屏的母联开关，可实现 4 号机直流母线与 5 号机直流母线之间的并列，以及 5 号机直流母线与 6 号机直流母线之间的并列。

机组动力用 220V 直流系统的特点是平时运行负荷很小，而机组事故时负荷很大。

三、蓄电池的结构和工作原理

蓄电池是一种独立的直流电源，它在火电厂内发生任何事故时，甚至在交流电源全部停电的情况下，都能保证直流系统的用电设备可靠而连续工作。另外，它还是全厂事故照明的可靠电源。火电厂的蓄电池组是由许多蓄电池串联而成，串联的数目取决于直流系统的工作电压。

惠电主厂房动力用直流系统采用 220V，容量为 2000Ah，每台机组含 1 组动力用蓄电池，每组 104 个；主厂房控制用直流系统采用 110V，容量为 800Ah，每台机组含 2 组控制用蓄电池，每组 52 个；升压站控制用直流系统采用 110V，容量为 500Ah，共含 2 组蓄电池，每组 52 个。

动力用直流系统的蓄电池采用广东新扬通电力科技有限公司代理的荷贝克阀控式密封铅酸（胶体）蓄电池，每台机组控制用直流系统和升压站控制用直流系统分别配置的两组蓄电池采用广东新扬通电力科技有限公司代理的荷贝克阀控式密封铅酸（胶体）蓄电池和广东江通机电工程有限公司代理的艾诺斯阀控式密封铅酸（胶体）蓄电池。

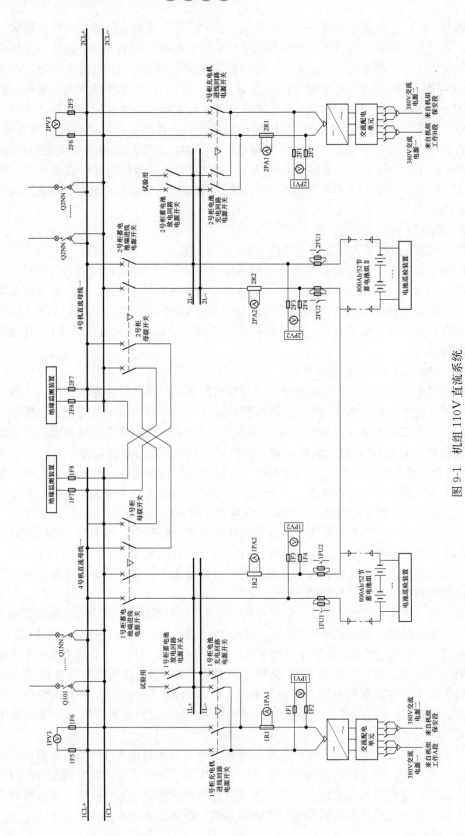

图 9-1 机组 110V 直流系统

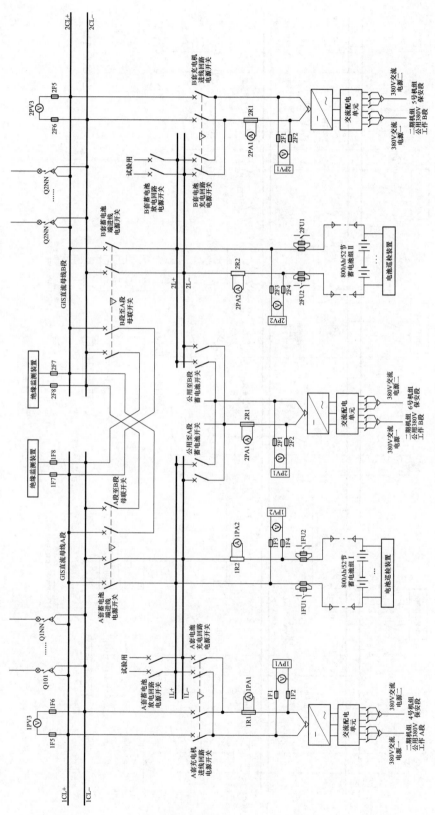

图 9-2　升压站控制用 110V 直流系统

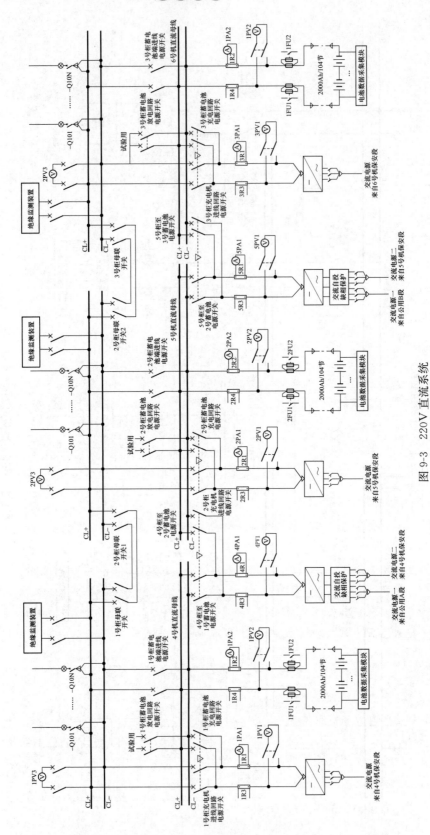

图 9-3 220V 直流系统

（一）阀控式密封铅酸蓄电池的结构

目前，在火电厂的直流电源系统中普遍采用阀控式密封铅酸蓄电池，该蓄电池的基本结构如图 9-4 所示，由正负极板、隔板、电解液、安全阀、气塞、外壳等部分组成。正极板上的活性物质是二氧化铅（PbO_2），负极板上的活性物质为海绵状纯铅（Pb），电解液为稀硫酸溶液。蓄电池槽中装入一定的电解液后，由于电化学反应，正、负极板间会产生约为 2.23V（单体阀控式密封铅酸电池）的浮冲电压。

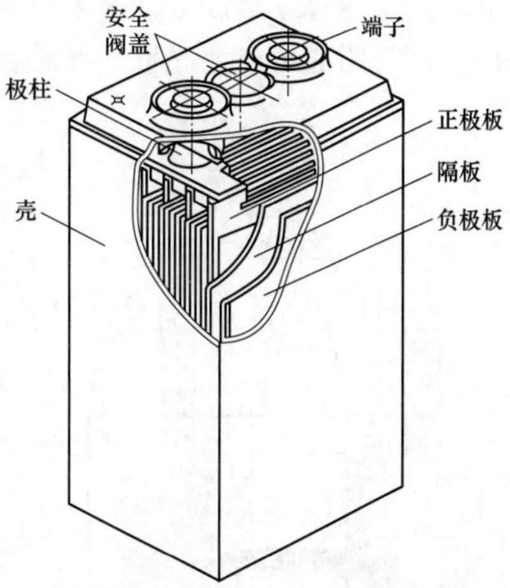

阀控式密封铅酸蓄电池克服了铅酸蓄电池需要补加水维护的缺点，其结构特点为：

（1）极板之间不再采用普通隔板，而是用超细玻璃纤维作为隔膜，电解液全部吸附在隔膜和极板中，蓄电池内部不再有游离的电解液；由于采用多元优质板栅合金，提高了气体释放的过电位，从而相对减少了气体释放量。

图 9-4　阀控式密封铅酸蓄电池结构图

（2）让负极有多余的容量，即比正极多 10% 的容量。充电后期正极释放的氧气与负极接触，发生反应，重新生成水，即 $O_2 + 2Pb \longrightarrow 2PbO + 2H_2SO_4 \longrightarrow H_2O + 2PbSO_4$，使负极由于氧气的作用处于欠充电状态，因而不产生氢气。这种正极的氧气被负极铅吸收，再进一步化合成水的过程，即所谓阴阴极吸收。

（3）采用新型超细玻璃纤维隔板。使氧气易于流通到负极，再化合成水。另外，超细玻璃纤维隔板具有将硫酸电解液吸附的功能，因此即使阀控式密封铅酸蓄电池倾倒，也无电解液溢出。

（4）采用密封式阀控滤酸结构，电解液不会泄漏，使酸雾不能逸出，达到安全、保护环境的目的。阀控式密封铅酸蓄电池可以卧式安装，使用方便。

（5）壳体上装有安全排气阀，当阀控式密封铅酸蓄电池内部压力超过阈值时自动开启，保证安全工作。

由于阀控式密封铅酸蓄电池具有上述特点，因此可免除补加水维护，这也是称其为"免维护"蓄电池的由来。但是，"免维护"的含义并不是任何维护都不做，恰恰相反，为了提高阀控式密封铅酸蓄电池的使用寿命，除了免除补充水外，其他方面的维护和普通铅酸蓄电池是相同的，只有掌握其正确维护方法，才能使阀控式密封铅酸蓄电池长期、安全、稳定运行。

（二）阀控式密封铅酸蓄电池的工作原理

阀控式密封铅酸蓄电池的工作原理与传统的铅酸蓄电池基本相同，它的正极活性物质是二氧化铅（PbO_2），负极活性物质是海绵状金属铅（Pb），电解液是稀硫酸（H_2SO_4），其电极反应方程式如下

正极（PbO_2）：$PbO_2 + 2e^- + SO_4^{2-} + 4H^+ = PbSO_4 \downarrow + 2H_2O$

负极（Pb）：$Pb - 2e^- + SO_4^{2-} = PbSO_4 \downarrow$

总反应式：$Pb + PbO_2 + 4H^+ + 2SO_4^{2-} = 2PbSO_4 \downarrow + 2H_2O$

阀控式密封铅酸蓄电池的设计原理是把所需分量的电解液注入极板和隔板中，没有游离

的电解液，通过令负极板潮湿来提高吸收氧的能力，为防止电解液减少把蓄电池密封，因此阀控式密封铅酸蓄电池又称"贫液蓄电池"。

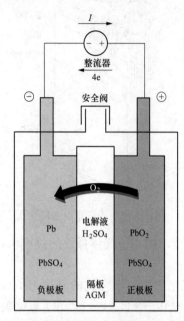

图 9-5 阀控式密封铅酸蓄
电池工作原理

如图 9-5 所示为阀控式密封铅酸蓄电池工作原理，正极板采用铅钙合金或铅镉合金、低锑合金，负极板采用铅钙合金，隔板采用超细玻璃纤维隔板，并使用紧装配和贫液设计工艺技术，整个蓄电池化学反应密封在塑料蓄电池壳内，出气孔上加上单向的安全阀。

正极电解水反应式如下

$$2H_2O \longrightarrow O_2 + 4H^+ + 4e^-$$

氧气通过隔板通道或顶部到达负极进行化学反应，得到

$$Pb + 1/2\, O_2 + 2H_2SO_4 \longrightarrow PbSO_4 + H_2O$$

负极被氧化成硫酸铅，经过充电又转变成海绵状铅，即

$$PbSO_4 + 2e^- \; H^+ \longrightarrow Pb + HSO_4^-$$

这是阀控式密封铅酸蓄电池特有的内部氧循环反应机理。这种充电过程中电解液中的水几乎不损失，使阀控式密封铅酸蓄电池在使用过程中不需加水。

（1）放电过程。阀控式密封铅酸蓄电池将化学能转变为电能输出。对负极而言是失去电子被氧化，形成硫酸铅；对正极而言则是得到电子被还原，同样是形成硫酸铅。反应的净结果是外电路中出现了定向移动的负电荷。因为放电后两极活性物质均转化为硫酸铅，所以称为"双极硫酸盐化"。

（2）充电过程。阀控式密封铅酸蓄电池将外电路提供的电能转化为化学能储存起来。此时，负极上的硫酸铅被还原为金属铅的速度大于硫酸铅的形成速度，导致硫酸铅转变为金属铅；同样，正极上的硫酸铅被氧化为 PbO_2 的速度也增大，正极转变为 PbO。

阀控式密封铅酸蓄电池在充放电过程中，蓄电池的电压会有很大的变化，这是因为正、负极的电极电动势离开了其平衡状态的电极电动势发生了极化。蓄电池的极化是由浓差极化、电化学极化和欧姆极化三种因素造成的，由于这三种极化的存在，才出现了蓄电池使用过程中各种充、放电流和充、放电电压的严格设置，以免使用不当，对蓄电池的性能造成较大的影响。

（三）蓄电池组运行方式

蓄电池的运行方式有两种，即浮充电方式（浮充）和均衡充电方式（均充）。

（1）浮充电方式：以最小的充电电流、比较低的推荐电压对电池进行长时间的连续不断地充电，以使电池始终保持满容量的充电方式。保持电池容量的一种充电方式，一般电压较低，常用来平衡电池自放电导致原容量损失。

（2）均衡充电方式：在规定的时间内，以所能容许的最大电压对电池充电以恢复电池的能量，可使串联的各个电池单元容量最大且电压一致，用于均衡单体电池容量的充电方式，一般充电电压较高，常用作恢复电池容量。

电厂的蓄电池组一般正常情况下在浮充状态。当蓄电池电量不足时等其他情况下，转为

均充状态。均充结束后,蓄电池容量恢复,蓄电池组恢复浮充状态。浮充和均充的转换由整流器的监控模块自动完成。

蓄电池浮、均充的转换方式有两种:手动转换和自动转换。手动转换由运行人员在直流系统的监控装置上手动设置;自动转换则根据监控系统内设定的条件自动进行。

以下是蓄电池浮、均充的自动转换条件:

(1) 220V 直流系统蓄电池浮充电压为 232V,均充电压为 244.4V,浮充均充自动转换条件。

当满足下面其中一个条件时,系统将自动由浮充转为均充运行方式:

1) 充电电流大于电池限流值 200A,延时 15min;

2) 浮充运行时间超过 90 天。

当满足下面其中一个条件时,系统将自动由均充转为浮充运行方式:

1) 当蓄电池充电电流小于 20A 时,延时 3h;

2) 均充时间大于 12h。

(2) 110V 直流系统蓄电池浮充电压为 116V,均充电压为 122.2V,浮充均充自动转换条件。当满足下面其中一个条件时,系统将自动由浮充转为均充运行方式:

1) 充电电流大于电池限流值 80A,延时 15min;

2) 浮充运行时间超过 90 天。

当满足下面其中一个条件时,系统将自动由均充转为浮充运行方式:

1) 当蓄电池充电电流小于 8A 时,延时 3h;

2) 均充时间大于 12h。

(3) 48V 直流系统蓄电池浮充均充自动转换条件。

当满足下面其中一个条件时,系统将自动由浮充转为均充运行方式:

1) 该整流器的交流侧电源失电超过 10min;

2) 蓄电池容量剩余 80%;

3) 浮充运行时间超过 2160h。

当满足下面其中一个条件时,系统将自动由均充转为浮充运行方式:

1) 当蓄电池充电电流小于 $1\%C_{10}$ A 时,延时 3h;

2) 均充时间大于 10h。

四、整流充电设备的工作原理

现代大型火电厂普遍采用高频开关直流电源或晶闸管整流器作为直流电源系统的整流充电设备。升压站 110V 直流系统整流充电设备采用许继电气 ZZG31 系列高频开关整流模块、机组 110V 直流系统采用许继电气 ZZG32 系列高频开关整流模块、机组 220V 直流系统采用许继电气 ZZG23A 系列高频开关整流模块。因 ZZG31 系列高频开关整流模块、ZZG32 系列高频开关整流模块和 ZZG23A 系列高频开关整流模块功能特点以及工作原理相似,本节只对 ZZG31 系列高频开关整流模块详细介绍。

ZZG31 系列高频开关整流模块采用有源功率因数校正及软开关变换技术开发的单相输入开关型整流器,可单台或多台并联运行向直流负荷供电,并同时对电池组充电,满足电力操作电源对整流器的要求。

1. 主要功能和特点

（1）稳压限流运行功能：整流模块能以设定的电压值和限流值长期对电池组充电并带负载运行。当输出电流大于限流值时模块自动进入稳流运行状态，输出电流小于限流值时，模块自动进入稳压运行状态。

（2）具有 LED 显示功能：单按面板上的"V/A"键，显示整流模块当前输出的电压、电流值。

（3）并机功能：多台同型号的整流模块可以并联运行并自动均流。其中某台故障时自动退出，不影响其他整流模块正常运行。

（4）热插拔功能：正在机架上并联工作的多台整流模块，不停电状态下可以任意插拔其中一台模块使其接入系统或脱离系统，而不影响其他模块的正常工作。

（5）散热方式：强迫风冷。设计了独立的风道，提高了可靠性和改善了工作环境。

（6）保护及报警功能。

1）输入保护：若整流模块的交流输入电源出现过压、欠压时，整流模块即停机，无输出电压，面板上"保护 ALM"黄灯亮。当交流输入电源恢复正常后，面板上"保护 ALM"黄灯灭，整流模块自动启动，正常运行。

2）短路保护：整流模块内部设有输出短路回缩限流功能，模块短路时输出电流降低到小于额定电流的 30%，可承受连续短路而不损坏模块，使整机的可靠性得到很大提高。

3）过温保护：当整流模块中的散热器温度超过 75 ℃时整流模块将自动停机，面板上"保护 ALM"黄灯亮。温度降低至正常后，整流模块会自动启动，进入正常运行。

（7）故障及报警功能。

1）输出过压保护：整流模块的直流输出电压大于表二规定的直流输出过压保护值时，整流模块停机；面板上"故障 FAULT"红灯亮，无直流输出电压；并重新启动，如输出电压正常，整流模块即正常运行，如果整流模块三次连续出现输出过压报警，模块将被锁定无输出。

2）过流保护：无论何种原因引起过流，整流模块都将停机，面板上"故障 FAULT"红灯亮，无直流输出电压；并重新启动，如无过流现象，整流模块即正常运行，如果整流模块三次连续出现过流报警，模块将被锁定无输出。

3）报警及显示：整流模块设有各种报警指示，各种报警也都可通过 RS485 通信口上传到上层监控装置。

说明：若某整流模块处于保护动作状态下，此时该整流模块的均流和外控功能将自动退出。即该故障模块不影响其余整流模块的正常均流运行。

2. 工作原理

ZZG31 系列高频开关电源模块采用全桥移相软开关技术。其工作原理是：四个主功率开关管的驱动脉冲为占空比不变（$D=50\%$）的固定频率脉冲。其中一个桥臂功率开关管的驱动脉冲的相位固定不变，另一个桥臂功率开关管的驱动脉冲的相位是可调的。通过调节该桥臂功率开关管的驱动脉冲的相位，即调节对角桥臂功率开关管在该周期内同时导通时间，来调节直流输出电压。在对角桥臂功率开关管在该周期内同时导通时，全桥逆变部分对后一级输出功率；在该周期内的其余时间内，因为上桥臂（或下桥臂）功率开关管处于同时导通状态，同时谐振电感需要释放储能，并与谐振电容产生谐振。因此，在全桥逆变电路内部存在环流。该环流创造了功率开关管的零电压开通条件，从而实现了功率开关管的零电压开通。从而极大地减少了功率开关管的电压、电流应力和损耗，极大地减少了功率开关管在开关状态下产生的 EMI 噪声，进而提高了整机的可靠性、使用寿命和效率。

整流模块原理框图见图 9-6，单相交流电输入后，先经 EMI 滤波，再经全波整流变成高压直流电，经全桥移相逆变、整流为 180kHz 左右的脉冲电压波，经滤波后输出标称的直流电。

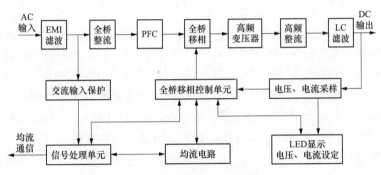

图 9-6 ZZG31 系列高频开关电源模块工作原理

五、直流系统的监控模块和绝缘监测仪、电池巡检仪

（一）微机直流系统监控装置

微机直流系统监控装置是电力直流电源系统的管理和控制中心，是直流电源系统的"大脑"，对直流电源系统进行维护和管理，其具有的四遥功能，即遥测、遥信、遥控、遥调。整个直流系统采用分散测量及控制、集中管理的集散模式，系统组成层次分明、扩容方便、灵活。以微处理器为核心的集散式测量系统对充电模块、电池组、母线电压及母线对地绝缘情况，实施全方位监视、测量、控制。

直流系统采用许继微机直流监控装置，型号为 WZCK-21，如图 9-7 所示，监控装置的主要功能有显示功能、设置功能、控制功能、告警功能、历史记录、通信功能和电池管理等。

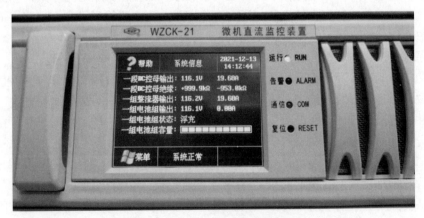

图 9-7 WZCK-21 微机直流监控装置

1. 显示功能

监控装置对下级智能设备上报的各种信息进行处理后实时显示，这些信息包括采集数据、设置参数等，包括系统的交流工作电压、整流器输出电压和电流、蓄电池组电压和电流、直流母线电压和绝缘电阻、整流模块的电压和电流、电池组单体电池电压等。通过监控装置的 LCD 触摸屏，可以随时查阅系统运行信息和历史信息、当前告警信息等。同时，在设置系统参数的过程中，能显示各种设置情况和动态的实时帮助信息。

2. 设置功能

设置功能是将监控装置或下级设备运行过程中需要的参数，通过 LCD 触摸屏输入到系统中去，这些参数会在以后的运行中影响整个系统的工作。对下级设备的设置是通过串口实现的，监控装置会提示设置是否成功。另外，系统的设置也分为用户级和工厂级两个级别，用户级指的是在监控模块运行的过程中，对一些常用的可更改的参数，用户可自行修改，而且立刻生效；而工厂级设置是核心的、重要的参数，除工厂维护人员外，其他人不可擅自更改，而且在修改工厂级参数后，必须复位上电监控装置，这些参数方可生效。当然，用户级和工厂级设置都有密码保护功能，并且用户级密码可以随时修改，而工厂级密码则不能。

3. 控制功能

控制功能是监控装置根据所采集数据，对下级设备执行相应的动作。这些动作包括微调整流模块的输出电压、调节整流模块的限流点、控制整流模块的开关机，控制命令是通过串口发出的。除监控装置可自动进行这些控制外，用户也可在触摸屏上手动执行这些动作，当然也要通过密码检查。

4. 告警功能

在监控装置中，下级设备产生的告警信息，经过串口发送至监控装置中，此时，监控装置会自动弹出告警屏显示当前告警信息且会有告警图标提示有告警产生。同时系统运行中，监控装置也能根据所采集数据自行判断，并产生相应的告警信息。在告警页面按"↓"和"↑"键可以浏览当前所有的告警信息，按返回键则回到系统原来的状态。

5. 历史记录

历史记录是指将系统运行过程中一些重要的状态和数据，根据时间等条件存储起来，以备查询。这些记录包括历史告警记录、历史事件记录、历史绝缘记录和电池测试记录，同时还具有历史数据的清除和下载等维护功能。

6. 通信功能

通信功能是监控装置最主要的功能之一，系统所有的实时数据和部分告警信息都通过该功能来获取，并且数据的上传也是通过通信来实现的。采用面向对象的编程方法，将数据封装起来，并利用了并行处理和中断技术，确保系统在最短时间内得到数据，并可在尽量短的时间内响应后台的需求。

7. 电池管理

电池管理是监控装置的核心功能，采用二级监控模式，对电池组的端电压、充放电电流、电池环境温度及其他参数作实时在线监测。可准确地根据电池的充放电情况估算电池容量的变化，还能按用户事先设置的条件自动转入限流均充状态，并通过控制充电电压和电流来完成电池的正常均充过程。另外，可自动完成电池的定时均充维护、均/浮充电压温度补偿等工作，实现全智能化，不需要人工干预。

（二）微机直流绝缘监测装置

1. 绝缘监测仪作用

直流绝缘监测装置在直流系统中起到了极其重要的作用。运行实践证明，直流系统接地的危害不仅使继电保护装置误动、拒动，甚至会造成采用直流控制的一次设备误动、拒动，严重危及电力系统安全稳定运行。因此，必须实时在线监测直流系统的对地绝缘状况，出现接地时要及时排除故障。

惠电采用 WZJ-31 型微机直流绝缘监测装置，如图 9-8 所示，它可以实时在线监测直流母线及支路的绝缘状况。在出现直流接地时，可以迅速查找并确定接地的母线或支路，并发出告警信号；还能够检测出工频交流信号混入到直流系统中的信息，以及检测寄生支路和两段母线的互联故障，及时发现系统存在的隐患。此外，WZJ-31 装置还具有母线调平功能。在系统出现接地时对母线进行调平，以免出现误动。WZJ-31 装置采用平衡桥及不平衡桥相结合的原理，检测母线对地绝缘状态，不向直流系统注入信号，不受直流馈线对地电容影响。

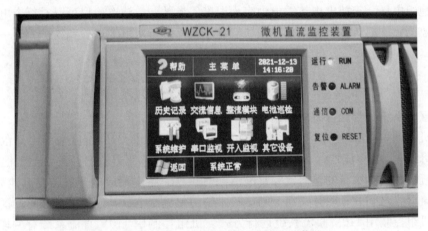

图 9-8　WZJ-31 型微机直流绝缘监测装置

2. 绝缘监测仪原理

绝缘监测仪采用平衡电桥法检测直流母线的绝缘电阻。平衡电桥法在绝缘监测仪主机内部设置 2 个阻值相同的对地分压电阻 R_1、R_2，通过它们测得母线对地电压 U_1、U_2。平衡电桥检测原理框图见图 9-9。

当 $R_x = R_y = \infty$ 时，直流系统无接地。此时，$U_1 = U_2 = 110\text{V}$。

当直流系统单端接地时，得到方程式（9-1），即

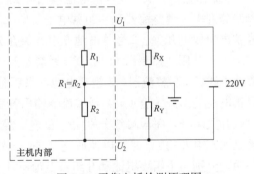

图 9-9　平衡电桥检测原理图

$$\frac{U_1}{R_1 \ /\!/ \ R_x} = \frac{U_2}{R_2} \tag{9-1}$$

通过此方程式可求得单端接地电阻 R_x 或 R_y。

当系统出现双端接地时，得到方程（9-2），即

$$\frac{U_1}{R_1 /\!/ R_x} = \frac{U_2}{R_2 /\!/ R_y} \tag{9-2}$$

此时，不能直接求解，处理方法是将 R_x、R_y 中较大的一个视为无穷大，按单端接地的情况求解，所求得的接地电阻值大于实际值。R_x、R_y 的实际值越接近，则测量误差越大，达到 $R_x = R_y$ 时，测量误差 ∞。

平衡电桥法的优点是属于静态测量，直流母线对地电容的大小不影响测量精度，不受接地电容的影响，检测速度快；缺点是双端接地时，测量误差大，不能检测平衡接地。

当直流母线绝缘电阻低于设定的报警值时，绝缘监测仪自动启动支路巡检功能。支路检测工作原理是通过检测直流系统各个馈线支路上的漏电流来实现的，而漏电流传感器采用霍尔电流传感器，当某支路出现接地故障时，该支路的霍尔电流传感器即输出信号，绝缘监测仪采样此信号，判断出接地支路。

（三）电池巡检仪

直流系统一般配备电池巡检仪，惠电采用许继电气 FXJ-21 电池电压巡检模块，在线跟踪监测电池组电压、充放电电流、电池表面温度等参数。电池巡检仪可以对每个电池的性能状态实时监测，同时传输数据给监控模块，利于检修运行对电池巡检和维护。

第二节　直流系统运行方式

一、直流系统正常运行方式及运行规定

（1）机组动力用 220V 直流系统运行方式。机组动力用 220V 直流系统，每台机组只有一段直流母线，5 套整流器，3 组蓄电池。正常运行时，整流器输出开关、蓄电池输出开关合上，直流母线由本机组的整流器和蓄电池同时供电。蓄电池放电开关、蓄电池充电开关、各机组直流母线之间的母联开关在分闸位置，公用整流器至蓄电池开关在分闸位置。

（2）机组控制用 110V 直流系统运行方式。机组控制用 110V 直流系统有两段 110V 直流母线，采用分段运行方式。正常运行时，1 号整流器输出开关、1 号蓄电池输出开关合上，2 号整流器输出开关、2 号蓄电池输出开关合上，两段母线之间的两个母联开关断开，每段母线分别由一套整流器和一组蓄电池供电。1 号蓄电池组放电开关、1 号蓄电池充电开关、2 号蓄电池放电开关、2 号蓄电池充电开关在分闸位置。

（3）升压站控制用 110V 直流系统运行方式。升压站控制用 110V 直流系统有两段 110V 直流母线，3 套整流器，2 组蓄电池，采用分段运行。正常运行时，1 号整流器输出开关、1 号蓄电池输出开关合上，2 号整流器输出开关、2 号蓄电池输出开关合上，两段母线的两个母联开关断开，每段母线分别由一套整流器和一组蓄电池供电。1 号蓄电池放电开关、1 号蓄电池充电开关、2 号蓄电池放电开关、2 号蓄电池充电开关在分闸位置。3 号整流器作为备用，分别与 I 组蓄电池和 II 组蓄电池有联络开关，正常运行时两个联络开关断开。

（4）升压站通信用 48V 直流系统运行方式。升压站通信用 48V 直流系统有两段 48V 直流母线，两段母线为分段运行，不设置联络开关。每段母线分别由一套整流器和一组蓄电池供电。正常运行时，每套通信电源柜的两路交流输入电源开关合上，由双电源转换开关切换；每套直流配电柜的两路直流输入开关合上。

（5）所有整流器的整流模块交流侧共有两路电源，由交流配电单元实现两路电源自动切

换，正常运行时，其中一路交流电源投入运行，另一路交流电源处于备用状态。当正在运行中的交流电源发生故障时，则该路电源自动退出运行，而处于备用状态的交流电源自动投入运行。

（6）正常情况下，蓄电池组和整流器并列运行，整流器供给正常的负荷电流，还以很小电流给蓄电池组浮充电，以补偿蓄电池组的自放电。蓄电池组作为冲击负荷和事故供电电源。

（7）正常运行时，不允许由蓄电池或整流器单独带直流母线运行。

（8）每个整流模块的输出电压差应该在 2V 范围之内，输出电流差在 1A 范围之内。

（9）各直流系统的整流模块均采用 N-1 配置模式，多台同型号的整流模块并联运行并自动均流，其中某台故障时自动退出，不影响其他整流模块正常运行。

（10）110V、48V 直流整流模块无电源开关，支持热插拔，异常时可在不停电状态插拔模块使其接入系统或脱离系统而不影响其他模块的正常工作。220V 直流整流模块均有电源开关按钮，异常时应先断开故障整流模块电源，然后将模块抽出检修。

（11）机组间 220V 直流公用整流器系统不可长时间投运，公用整流器系统的整流器直流监测装置功能很少，因部分参数或设备无法监视，长时间运行存在风险，运行时应加强就地监视。

（12）当直流系统的整流器或蓄电池或直流负荷还在运行时，不允许长时间将本单元的直流监控装置退出运行。

（13）110V 和 220V 直流系统整流器直流监测装置上"电池巡检"功能不起作用，系统另外配置了蓄电池在线监测系统，用于监视蓄电池运行信息。

（14）任意两段直流母线不允许长期并列运行，正常运行时母联开关应断开。

（15）110V 和 220V 直流系统两段直流母线并列操作前，应检查两侧母线电压偏差不应超过其额定电压的 5%，且极性相对应。如果两段待并列母线都有接地故障，则这两段母线发生接地故障的极性必须相同时，才允许并列。

（16）直流系统直流母线并列运行时，并列运行的两条直流母线微机直流绝缘监测装置会自动退出一套，不需人为专门退出。

（17）在投入整流器的操作中，应先启动整流器，检查整流器输出电压正常后，再合上整流器输出开关。

（18）每一组蓄电池通过直流母线联络开关，可同时供给两段母线的正常直流负荷，但不能同时承受两段母线的全部事故直流负荷，应尽可能缩短一组蓄电池供两段母线的运行时间。

（19）机组 220V 直流系统和升压站 110V 直流系统正常运行时，如果整流器需退出运行，应先将直流母线转由公用整流器供电，再停运该整流器；机组 110V 直流系统正常运行时，如果整流器需退出运行，应先将与其对应的直流母线转由另一段直流母线供电，再停运该整流器以及对应的蓄电池。

（20）如果蓄电池需退出运行，应先将与其对应的直流母线转由其他直流系统供电，再停运该蓄电池以及对应的整流器。

（21）在停运某段直流母线运行时，必须先确认其所供电的负荷已全部转移或可以停运后，才能停电。

（22）在机组停机期间，未经值长同意，220V、110V 和 48V 直流系统母线均不允许停电。

（23）110V 直流分电屏两路进线电源采用 ASCO432 系列自动转换开关进行切换，正常运行时，转换开关应在"AUTO"位置，转换测试在"NORMAL"位置，由常用电源回路供电，常用电源故障后，自动切至备用电源回路供电。

（24）用 1000V 兆欧表测量直流母线绝缘电阻不应低于 10MΩ，整个直流系统绝缘电阻不应低于 0.5MΩ。

（25）升压站 48V 直流系统正极接地，电压为 0，正常运行时，严禁负极接地。

（26）升压站 48V 直流系统蓄电池设有欠压保护，保障蓄电池在供电运行时不会因为过放电而损坏，欠压保护值为 44.4V。

（27）升压站 48V 直流系统在交流失电转由蓄电池供电的运行方式下，若为了保障负载侧重要电源不会因为 48V 直流系统蓄电池欠压保护动作而失电，可按下蓄电池强投按钮强制投入蓄电池供电。

（28）升压站 48V 直流系统故障时，在 220kV 网控系统的公用测控界面有相应的告警显示，主要告警内容如下：通信整流器 I／II 屏模块紧急告警、通信整流器 I／II 屏输出重大告警。

（29）48V、110V 和 220V 直流系统的整流器根据设定的条件，可以自动实现对蓄电池浮充转均充和均充转浮充的操作。同时，也可以采取手动切换的方式实现对蓄电池的浮充转均充和均充转浮充的操作。

（30）在手动切换蓄电池至均衡充电方式时，应由检修人员办理工作票，并负责切换操作。蓄电池在均衡充电期间的检查维护工作由检修人员负责。

（31）单个蓄电池电压在浮充电运行方式时，电压应保持在 2.23～2.25V 范围之内。蓄电池电解液正常温度应为 15～25℃，充放电时，温度不得超过 40℃。蓄电池室的温度应保持在 10～30℃。

（32）蓄电池正常运行每天中班巡检一次，充放电期间应加强巡视。

（33）蓄电池应尽量安排在机组大小修或临修时进行充放电工作。

（34）蓄电池室内严禁烟火，应经常保持通风良好。更换室内灯泡，必须断开照明灯电源后再进行，充放电过程中禁止更换灯泡，防爆灯罩应保持完整。

二、直流系统正常运行的检查

（一）运行中的整流器屏的检查和巡视

（1）各运行指示灯亮且正确。

（2）各断路器、隔离开关、旋转选择开关位置正确，电压表、电流表指示正常，无过充过放电现象。

（3）监控模块上无保护动作和整流器故障信号。

（4）整流器各部件无过热、振动过大、松动异音，断路器、隔离开关等接触良好。

（5）检查防雷器良好，与地网可靠连接。

（6）设备各部分完好无损，盘内清洁、无杂物、无异味。

（二）直流联络柜和馈线柜的检查和巡视

（1）柜内应保持清洁，温度正常，无焦臭味，干燥、通风良好。

（2）柜内表计、指示灯指示正确，断路器、隔离开关位置正确。

（3）馈线柜的绝缘检测模块无异常报警，各馈线绝缘良好，直流母线电压正常。

（4）各柜内各元件无松动、过热、异常。

（5）各柜门是否关好，锁好。

（三）蓄电池组的检查

（1）电池巡检仪各运行指示灯亮且正确。

（2）蓄电池在线监测管理装置无异常报警。

（3）电池外部完整无破裂、无杂物，各接头连接牢固，无松动、腐蚀、发热现象，蓄电池测温探头摆放正确及完好。

（4）蓄电池室内应保持清洁，电池及台架无污垢，室温应保持在 25℃ 左右。

（5）蓄电池室内照明、通风良好，无任何火源。

（6）蓄电池室的门窗应关好，应无漏、进水现象。

（7）检查蓄电池室轴流风机运行正常。

三、直流系统的倒闸操作

（一）整流器投入运行的操作

（1）检查所有有关的工作票已结束，临时安全措施已拆除。

（2）检查整流器两路交流输入电源开关在分闸位置，整流器输出开关、蓄电池输出开关、蓄电池放电开关、蓄电池充电开关、母联开关在分闸位置。

（3）检查相关控制熔断器已送上。

（4）合上整流器两路交流输入电源开关，并检查交流电压正常。

（5）将各整流模块电源开关按钮打至"ON"位置，检查整流器运行灯亮，逐台投入运行全部的整流模块，并检查各整流模块输出电压、电流正常（110V 和 48V 整流模块没有电源按钮）。

（6）合上整流器输出开关。

（7）合上蓄电池输出开关，将蓄电池投入运行（升压站 48V 通信用直流系统送上蓄电池负极熔断器）。

（8）检查直流母线电压正常，整流器运行正常，所有信号指示灯正常，无异常报警。

（二）整流器退出运行的操作

（1）检查整流器两路交流输入电源开关在合闸位置，整流器直流输出开关、蓄电池输出开关在合闸位置，蓄电池放电开关、蓄电池充电开关在分闸位置，母联开关在分闸位置。

（2）将两段直流母线并列，操作方法见本章第三节第（五）小节（如直流母线需停运，则不进行此项操作）。

（3）将蓄电池输出开关断开，退出待停电的直流母线对应的蓄电池组。

（4）断开待停运整流器直流输出开关。

（5）将待停运整流器的各整流模块电源按钮逐个打至"OFF"位置，逐台停运全部整流模块（110V 整流模块没有电源按钮）。

（6）断开待停运整流器两路交流输入电源开关。

（三）蓄电池放电试验的操作方法

（1）检查待放电蓄电池对应的直流母线已经转由另一段母线供电。

（2）断开该蓄电池输出开关和对应整流器输出开关。

（3）检查该蓄电池充电开关、蓄电池放电开关在分闸位置。

（4）向检修人员确认放电试验电阻已经接好，所有的试验条件已经具备。

（5）合上该蓄电池放电开关。

（6）检查该蓄电池放电电流正常。

（四）蓄电池充电的操作方法

（1）检查直流整流器已投入运行，直流输出电压正常，无异常报警。

（2）检查整流器输出开关已断开。

（3）检查蓄电池输出开关已断开。

（4）检查蓄电池放电开关已断开。

（5）合上蓄电池充电开关，检查蓄电池的充电电流在正常范围。

（五）机组220V直流系统、机组110V直流系统、升压站110V直流系统两段母线并列的操作方法

（1）检查待并列两段母线的母联开关在分闸位置。

（2）检查待并列两段母线没有同时存在不同极性接地报警。

（3）检查待并列两段母线的电压差小于其额定电压的5％。

（4）分别合上待并列两段母线的母联开关。

（5）检查并列后的环流在正常范围，无异常报警信号。

（6）将待停运整流器或蓄电池对应的整流器输出开关和蓄电池输出开关断开。

（六）机组220V直流系统、升压站110V直流系统公用整流器投入方法

（1）检查待停运整流器对应的直流系统运行正常，无报警信号。

（2）检查公用整流器两路交流输入电源在合闸位置，各整流模块运行正常，无异常报警。

（3）检查公用整流器分别至蓄电池组的两个联络开关在分闸位置。

（4）检查公用整流器输出电压与待停运整流器对应的直流母线电压差小于其额定电压5％。

（5）合上公用整流器与待停运整流器对应侧的蓄电池联络开关。

（6）检查公用整流器已分担负荷，环流在正常范围内，无异常报警。

（7）断开待停运整流器输出开关。

（8）将待停运整流器各整流模块退出运行。

（9）断开待停运整流器两路交流输入电源开关。

第三节 直流系统事故处理

一、整流模块面板指示灯的含义

机组110V直流系统、机组220V直流系统、升压站110V直流系统整流模块面板上有3个指示灯，含义如表9-1所示。

表 9-1　　　　机组 110V、220V 直流系统、升压站 110V 直流系统整流模块面板含义

指示灯	正常状态	异常状态	异常原因
"运行 RUN"（绿色）	闪烁	灭	无输入电压以致模块内部辅助电源不工作
	亮		监控不在位，且与模块通信不正常
"保护 ALARM"（黄色）	灭	亮	交流输入过欠压；交流输入缺相；环境/内部过温；与监控通信断；模块轻微不均流；输出欠压
		闪烁	手动模式
"故障 FAULT"（红色）	灭	亮	输出过压；模块严重不均流；风扇故障

注　ZZG23A—40220 模块面板上有两个按键，上键 "▲" 和下键 "▼"。通过按键，可查看模块信息，显示整流模块当前输出的电压、电流值、模块地址、模块分组号、模块运行方式（手动/自动）。单按 ZZG32—40110、ZZG31—20110 模块面板上的 "V/A" 键，显示整流模块当前输出的电压、电流值。

升压站 48V 直流系统整流模块面板上有 3 个指示灯，含义如表 9-2 所示。

表 9-2　　　　升压站 48V 直流系统整流模块面板上指示灯含义

指示灯	正常状态	异常状态	异常原因
"运行"（绿色）	亮	灭	输入故障（无输入、输入过欠压）、模块无输出
"保护"（黄色）	灭	亮	温度预告警（环境温度超过 65℃ 过温关机）、休眠关机（休眠关机时模块只亮保护指示灯，模块不上报告警）
"故障"（红色）	灭	亮	输出过压关机、风扇故障、过温关机、模块内部原因引起的无输出

二、直流母线电压低报警处理

（1）如果报警母线的整流器及蓄电池全部因故障退出，经确认母线绝缘合格后，将该直流母线通过母联开关倒换到另一段直流母线供电，并通知检修处理。

（2）如果就地测量直流母线电压正常，则可以判断为误报警或误整定报警设定值，通知检修处理。

（3）检查整流器及蓄电池的输出电流，是否因负荷过流而造成系统电压低，进一步查找过流原因，排除故障。

（4）如果直流母线电压确实偏低，应检查整流器的所有整流模块的输出电压是否偏低，如是，则可能是整流器的监控装置故障引起，将该直流母线通过母联开关倒换到另一段直流母线供电，并停运该整流器，通知检修处理。

三、直流母线电压高报警处理

（1）如果就地测量直流母线电压正常，则可以判断为误报警或误整定报警设定值，通知检修处理。

（2）如果直流母线电压确实偏高，检查是否因整流器的某个整流模块电压输出偏高引起，如是则停运该模块运行。

（3）如果输入电压正常，所有整流模块的输出电压偏高，则可能是整流器的监控装置故障引起，将该直流母线通过母联开关倒换到另一段直流母线供电，并停运该整流器，通知检修处理。

四、直流系统接地处理

直流系统发生一点接地后，如再发生另一点接地将可能造成保护误动、拒动，设备控制失灵。发现直流系统接地后应及时处理，处理方法如下：

（1）就地测量直流母线正、负母对地电压是否正常，以确定是哪一极接地，或是误报警。

（2）若测量后确认的确存在接地，在就地绝缘监控装置的液晶屏上查询接地极性是否正确，并记录接地电阻值，尽快通知检修处理。

（3）在就地绝缘监控装置的液晶屏上查询有无回路接地报警。如果没有回路接地报警，则可能是母线或直流模块部分发生接地故障，此时应禁止任何人在直流回路上进行与查找接地无关的工作；如果有回路接地报警，则记录报警的回路号，并做以下处理：

1）禁止任何人在直流回路上进行与查找接地无关的工作。

2）询问有无检修人员在直流回路上工作或报警时有无启动直流负荷。如果检修人员工作的直流回路或启动的直流负荷的电源回路与报警回路号吻合，可以要求检修人员暂时停止工作或暂时停运之前启动的直流负荷的方法，来初步判断直流接地故障点。

3）对于可以短时停电的直流负荷，可以采用瞬间断电的方法查找故障（控制用直流系统的负荷禁止采用瞬间断电方法查找故障点）。

4）对于不能停电的直流负荷，应联系检修人员采用直流接地故障测试仪查找接地故障点并设法消除。

5）在处理事故过程中，应防止出现两点接地造成设备误动或者拒动。

6）按粤电事故调查规程规定：直流系统接地持续时间超过 8h 则定义为设备异常。因此，直流系统接地点查找和处理应在 8h 内完成。

五、整流模块故障汇总表（详见表 9-3～表 9-6）

表 9-3　　　　　　　　　机组 110V 直流系统整流模块保护

故障保护	故障启动原因	故障后果
输入过压保护	输入电压≥（485±10）V AC	模块停机，无输出电压，面板上"ALM"黄灯亮。当交流输入电源恢复正常后，面板上"ALM"黄灯灭，模块自动启动，正常运行
输入欠压保护	输入电压≤（300±5）V AC	同上
过流保护	≥42A	模块保护停机，面板上"ALM"黄灯亮。过一段时间后，可自动启动，进入正常运行
短路保护	直流输出有短路故障	模块内部设有输出短路回缩限流功能，模块短路时输出电流降低到小于 4A，可承受连续短路而不损坏模块，使整机的可靠性得到很大提高
过温保护	当整流模块中的散热器温度达到过温保护值	模块将自动停机，面板上"ALM"黄灯亮。温度降低至正常后，模块会自动启动，进入正常运行
输出过压保护	受控模式≥（132±5）V DC 自主模式≥（147±5）V DC	模块停机；面板上"FAULT"红灯亮，无直流输出电压；并重新启动，如输出电压正常，模块即正常运行，如果模块三次连续出现输出过压报警，模块将被锁定无输出

表 9-4　　　　　　　　　　　机组 220V 直流系统整流模块保护

故障保护	故障启动原因	故障后果
输入过压保护	输入电压≥（460±5）V AC	模块即停机，无输出电压，面板上"保护 ALM"黄灯亮。当交流输入电源恢复正常后，面板上"保护 ALM"黄灯灭，模块自动启动，正常运行
输入欠压保护	输入电压≤（300±5）V AC	同上
过流保护	≥41A	模块保护停机，面板上"保护 ALM"黄灯亮。过一段时间后，可自动启动，进入正常运行
短路保护	直流输出有短路故障	模块内部设有输出短路回缩限流功能，模块短路时输出电流降低到小于 4A，可承受连续短路而不损坏模块，使整机的可靠性得到很大提高
过温保护	当整流模块中的散热器温度超过 75℃	模块将自动停机，面板上"保护 ALM"黄灯亮。温度降低至正常后，模块会自动启动，进入正常运行
输出过压保护	≥（295±5）V DC	模块停机；面板上"故障 FAULT"红灯亮，无直流输出电压；并重新启动，如输出电压正常，模块即正常运行，如果模块三次连续出现输出过压报警，模块将被锁定无输出

表 9-5　　　　　　　　　　　升压站 110V 直流系统整流模块保护

故障保护	故障启动原因	故障后果
输入过压保护	输入电压≥（310±5）V AC	模块停机，无输出电压，面板上"ALM"黄灯亮。当交流输入电源恢复正常后，面板上"ALM"黄灯灭，模块自动启动，正常运行
输入欠压保护	输入电压≤（80±5）V AC	同上
短路保护	直流输出有短路故障	模块内部设有输出短路回缩限流功能，模块短路时输出电流降低到小于额定电流的 30%，可承受连续短路而不损坏模块，使整机的可靠性得到很大提高
过温保护	当整流模块中的散热器温度超过 75℃	模块将自动停机，面板上"ALM"黄灯亮。温度降低至正常后，模块会自动启动，进入正常运行
输出过压保护	≥（150±5）V DC	模块停机；面板上"FAULT"红灯亮，无直流输出电压；并重新启动，如输出电压正常，模块即正常运行，如果模块三次连续出现输出过压报警，模块将被锁定无输出
过流保护	≥22A	模块保护停机，面板上"FAULT"红灯亮，无直流输出电压；并重新启动，如无过流现象，整流模块即正常运行，如果整流模块三次连续出现过流报警，模块将被锁定无输出

表 9-6　　　　　　　　　升压站 48V 直流系统整流模块保护

故障保护	故障启动原因	故障后果
输入过压保护	输入电压≥（270±5）V AC	输出关闭，电压正常后可自恢复，输出恢复点回差大于 10V
输入欠压保护	输入电压≤（170±5）V AC	输出关闭，电压正常后可自恢复，输出恢复点回差大于 5V
输出短路保护	直流输出有短路故障短路	保护后重启
输出限流保护	超过 105％额定输出电流	限流输出
过温保护	模块内空气温度高	当温度超过 45℃且小于 65℃时，模块能够自动降额，保证长期稳定输出至少 50％额定功率；当温度超过 65℃时，关机，关机后自恢复温度回差大于 10A
输出过压保护	≥（60±1）V DC	锁机，进入锁机保护状态后，需要先断开 AC 电源，再重新上电，电源才能重新工作

第四节　运行经验分享

一、直流系统接地故障

（一）事件经过

1. 事件一经过

某厂 3 号机 110V 直流母线接地报警，检查绝缘监测装置上有支路接地报警，通知电气检修人员利用直流接地故障检测仪查找对应的报警支路，发现 3 号机组中压进汽管疏水气动阀电磁阀线圈有接地。

2. 事件二经过

某厂 DCS 报"4 号机 110V 直流 A 段直流母线告警"，就地检查 4 号机 110V 直流 A 段绝缘监测装置面板显示"母线状态故障""支路电阻故障"，控母负对地电压－23V，控母负对地电阻 10.4kΩ，就地测量负母电压为－29V。现场检查各直流分配电屏均有"母线状态故障""支路电阻故障"报警。同时直流 A 段直流监控装置有"1 段母线对地电压异常""1 段直流母线绝缘降低"报警。

电气检修人员处理"4 号机 110V 直流 A 段母线故障"缺陷，检查发现 4 号机 DEH 继电器柜继电器存在接地，该继电器柜有两路电源，分别来自 4 号机电子设备间的 110V 直流分电屏 A、B，巡检发现 4 号机高压主汽阀阀杆漏水，漏水滴到高压主汽阀的 EH 油控制电磁阀，热控检查发现该电磁阀进水，导致接地，检修将该电磁阀解线，烘干后，重新送电，A 段直流母线故障报警复归，就地检查 A 段直流母线正负极对地电压、对地电阻都恢复正常。

3. 事件三经过

某厂 5 号机 DCS 上报 110V 直流母线 A 故障，就地检查 1 段母控♯007 支路正向接地，通知电气进厂检查。

电气检修人员检查后发现为 5 号燃气轮机变压器保护 B 屏至燃气轮机主变压器冷却器 PLC 控制柜过负荷启动冷却风扇信号二次电缆外皮破损导致 5 号机 110V 直流 A 段母线接地，将该接地电缆两端解线包扎，接地报警消失。

4. 事件四经过

某厂 DCS 上报 6 号机 110V 直流 B 段直流母线报警，就地控制面板上有"2 段直流母线绝缘降低""2 段母线对地电压异常"。经电气检修人员排查发现汽轮机发电机-变压器组非电气量保护屏装置电源开关 Q107 有接地故障。发现 9 号主变压器就地汇控柜内低油压合闸闭锁继电器处有小动物。

5. 事件五经过

6、9 号机组启动过程中，DCS 出现 6 号机 110V 直流 A 段母线报警、二期网控机报升压站 110V 直流 A 段故障等报警。就地检查发现 9 号主变压器汇控柜内低油压闭锁合闸继电器内有一壁虎导致继电器损坏，检修更继电器后直流系统报警复归，支路绝缘正常，检查正常后 9 号汽轮机并网。

6. 事件六经过

网控机报升压站 110V 直流"1、2 号控母对地绝缘降低、控母对地欠压"报警。电气检修人员检查后告知可能与馈线二期相关负荷有关。现场查看升压站直流系统运行情况，母线电压跳动较大，并有几条支路绝缘电阻为 0，经检查，为 7 号主变压器测控柜接线导致，在馈线柜内断开该支路开关后，接地报警复归。保持此支路电源断开，测控柜接地故障点交由施工方查明并处理。

（二）结论

（1）直流系统绝缘监测装置应具备监测支路接地的功能，这样能够快速定位故障支路。

（2）当直流系统接地故障报警时，首先应通过测量母线电压的方法确认是否真实发生了接地故障及接地的极性，然后通过绝缘监测装置判断哪条支路存在接地，最后采用先进的便携式直流接地故障检测仪查找到具体的接地点。

（3）一般情况下，不建议采用瞬时断电的方法查找接地点。

二、直流正极、负极接地运行的危害实例

1. 事件经过

某厂 1 号机组停运状态时，1 号厂用高压变压器压力释放保护动作，DCS 上出现以下报警：①1 号厂用高压变压器压力释放保护动作；②1 号机 110V 直流系统接地；③1 号主变压器高压侧断路器跳闸，1 号机 6kV 母线进线断路器跳闸。

2. 原因分析

1 号厂用高压变压器压力释放装置因雨天进水，该保护装置发生非同极性两点接地，导致 1 号厂用高压变压器压力释放保护误动作。

3. 结论

当直流系统发生非同极性的两点接地时，会造成保护或设备发生误动、拒动，以及短路故障等危害。因此对于直流系统设备的运行，有以下建议：

（1）对于安装在室外的保护装置应重点加强防水密封措施。

（2）如果发生直流系统单极接地应尽快查找接地故障并消除，防止扩大为两点接地故障。

（3）两段直流母线并列时，必须确认两段母线不存在非同极性接地，否则不允许母线并列操作。

（4）两段直流母线首次并列时，必须确认极性一致。

三、110V直流系统正负母线压差大故障

某电厂升压站110V直流系统报正负母线压差大故障，查看现场绝缘检测装置显示正、负极电压异常，正极对地电阻降低，判断正极不完全接地。电气检修人员通过现场查找分析直流接地原因，确定故障点为二期母线保护A柜至9号汽轮机发电机-变压器组保护A柜"解除复压闭锁"启动失灵回路的二次电缆，更换备用芯后故障排除。

四、直流系统模块异常

1. 事件经过

某电厂2号机组220V直流系统8号整流模块故障，检修完毕回装过程中，在将模块的交流电输入插头插入时，插头刚一接触就有电弧产生（在8号充电模块电源按钮断开的情况下），立即将8号模块隔离出来，检查发现220V直流母线监测屏上有"合闸母线电压高""控制回路母线电压高""6、7、9号模块异常"报警，6号模块"过压/保护"灯亮、8号模块"异常"灯亮。DCS上有"220V直流母线电压异常""220V直流母线接地""220V蓄电池容量低""220V蓄电池直流输出电流异常"报警。将6、7、9号模块退出后，DCS以及直流母线检测屏上的报警复归，停机后更换1、6、7、8、9号整流模块送电后各模块正常。

2. 原因分析

8号模块插拔过程，6、7、9号模块空开未断开，可能会导致电弧出现。

3. 结论

直流系统的整流模块虽然支持热插拔，但设备运行时间久，为安全起见更换直流系统充电模块时，要先断开对应模块的空开。

五、直流系统下游负荷异常

1. 事件经过

某电厂3号机组运行中，出现"3号机余热锅炉220V直流电源故障"报警。经检查发现3号机余热锅炉控制系统直流电源失去，进一步检查发现3号燃气轮机电气包220V直流配电屏内的3号机余热锅炉控制系统直流电源开关在合闸位置，但开关下游端子未检测到电压，目前已将该直流电源接至备用开关，需继续跟踪。

2. 原因分析

3号机余热锅炉控制系统直流电源开关下游端子未检测到电压。

3. 结论

直流系统的负荷均为重要负荷，涉及控制、保护等作用，当直流系统负荷出现报警时及时到现场确认情况。若确认直流系统下游负荷异常，冗余配置的负荷确保备用电源投入；单一电源负荷及时联系检修检查处理。

UPS 系 统

第一节 UPS 系统介绍

一、UPS 系统概述

UPS（uninterrupted power supply）即不间断电源，以整流器、逆变器、旁路电源为主要组成部分，是一种含有储能装置的不间断电源，具有稳压、稳频、滤波、抗电磁干扰、防电压冲浪等功能，能满足重要负荷或设备对电源的不间断要求。

（一）全厂 UPS 配置

惠州 LNG 电厂二期（以下简称惠电二期）UPS 装置供货商为深圳正昌时代电源系统有限公司，每套装置由主机柜、旁路柜、馈线柜三部分组成，其中 UPS 主机（含整流器、逆变器等）、整套设备控制系统、静态开关等为成套进口设备；旁路柜由旁路隔离变压器、单向交流自动稳压器、旁路输入电源开关和旁路输出开关组成；馈线柜作用是连接所有由 UPS 供电的负荷，每路负荷由一个开关控制。

惠电二期 UPS 配置如表 10-1 所示。惠电二期机组 UPS 为单机配置，接线方式如图 10-1 所示。UPS 主输入为三相交流电源，输出为稳定的单相交流电源。主回路电源经过主输入开关、输入隔离变压器、滤波器、整流器、逆变器、输出隔离变压器、静态开关、输出开关到 UPS 母线；除主回路电源外，UPS 还有另外两路电源作为备用电源：直流电源以及旁路电源。其中，直流电源经过电池开关、逆变器、输出隔离变压器、静态开关、输出开关到 UPS 母线；旁路电源经过旁路柜输入开关、旁路隔离变、自动稳压器后分为两路，即一路经过旁路输入开关、静态开关、输出开关到 UPS 母线，另一路经过手动检修开关直接送电到 UPS 母线。

表 10-1 惠电二期 UPS 配置

安装地点	机组 UPS 及直流配电室	公用 UPS 及直流配电室	二期升压站电子设备间
型号	GTSI-80K	GTSI-40K	GTSI-10K
额定容量	单机 80kVA	双机冗余 40kVA	双机冗余 10kVA
直流电源	220V 直流母线	220V 直流母线	110V 直流母线

二期公用 UPS 及二期升压站 UPS 为双机配置，接线如图 10-2 所示。二期公用 UPS 及二期升压站 UPS 两套主机各带一段母线，两段母线之间设置了联络开关，但两套主机不存在主从机关系。二期公用 UPS 及二期升压站 UPS 的两套主机共用一套旁路柜，旁路柜有两

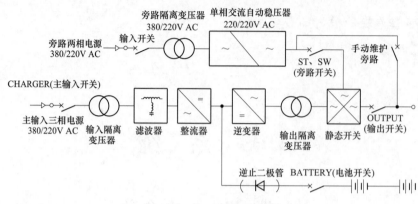

图 10-1　UPS 单机接线图

路进线电源，两路旁路输入电源开关合闸，通过手动切换开关手动操作实现由一路合闸供电，另一路在分闸备用，且旁路柜内均设置有两路输出开关，分别为两套主机柜旁路电源开关的上级开关。

UPS 装置主要向下列负荷供电：燃气轮机控制及保护系统、热控专业的机组及公用负荷、二期集控楼工程师室电源、DCS、计算机监控系统、汽轮机监视仪表、APS 系统、SIS 系统 、电能计费系统、继电保护装置、火灾自动报警系统、二期中央空调控制系统、远动及 AVC 系统、升压站安防监控系统其他自动保护装置等。

（二）UPS 主机柜组成

（1）整流器：整流器为逆变器提供稳定的直流输入电压。

（2）输入隔离变压器：起调压、隔离短路电流、抑制谐波、减小零序电压的作用。

（3）滤波器：滤除来自系统的谐波，同时防止 UPS 产生的谐波污染系统。

（4）逆变器：逆变器将直流电源逆变成交流电源，并实时监测输出的频率和电压，以保证给负载提供稳定的交流电源。逆变器仅具有调频功能，而不具备调压能力。

（5）输出隔离变压器：隔离直流、增强过载保护能力、减小零序电压、滤除负载端谐波。

（6）逆变器由控制单元中的逆变器驱动板来监测和控制，主要功能包括：逆变器过流保护，逆变器超温保护，电压、电流、频率、带载电压的调整，电池电压、电流测量以及静态开关接触器的切换控制。

（7）静态开关（静态旁路）：在逆变器过电流、负载冲击过大及功能异常等情况下，逆变器不能继续满足负载需要时，静态旁路开关就会动作将负载转由旁路供电。为保证静态开关实现可靠切换，逆变器在运行过程中应该在电压幅值（UPS 设备需要人为干预）、频率、相位三方面与旁路保持同步状态。

（8）控制系统：UPS 控制系统包括微处理器板、模拟数字（A/D）转换器板、电源板、电流和温度传感器等。它完成以下功能：测量输入、旁路、逆变器、输出电流、输入/输出频率信号、温度、控制逆变器和旁路继电器、控制告警接口、控制面板键盘输入并发送有关信息给前面板 LCD 显示、通过 RS232C 接口与计算机装置通信。

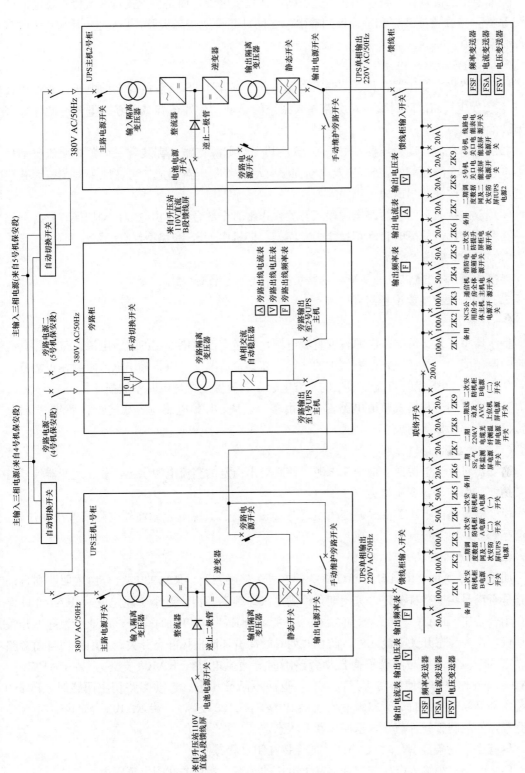

图 10-2 双机 UPS 接线

（9）逆止二极管：当蓄能装置不是由蓄电池提供电源，而是由直流母线直接提供电源的UPS系统，应在蓄能装置和整流器的输出端之间，装设逆止二极管，以防止UPS系统向直流母线倒送电。

（三）UPS旁路柜组成

（1）旁路隔离变压器：将旁路输入电源电压变换至UPS负载所要求的电压，并可以在UPS系统发生短路故障时减少对旁路输入系统的影响，另外还有减小零序电压、滤除负载端谐波的作用。

（2）单向交流自动稳压器：每个UPS在其旁路电源支路上都装有一个单向交流自动稳压器，它由一个降压/升压变压器及电动伺服驱动调节变压器组成，可就地手动调整旁路输出电压信号，改变输出电压大小。

（3）双击接线旁路有两路电源输入开关，正常时全部合上，由电源自动切换装置自动选择一路旁路电源，故障时自动切换至另一路。二期机组UPS旁路柜仅有一路输入电源。

（四）UPS馈线柜组成

连接所有由UPS供电的负荷，每路负荷均由空气开关控制。

二、UPS系统主要设备简介

（一）整流器

整流器将三相交流输入电源转变直流电源，为逆变器提供稳定的直流电源，整流器具有一定的调压能力，具备短路回缩保护的功能，在异常情况下可以将输出电流限制在正常范围内，从而保证UPS系统直流母线上的平波电容、直流保险在送电时不被损坏。

整流器采用三相桥式整流电路，主要由整流模块、L-C电感电容滤波器、平波电容器、直流保险、驱动板等组成。

（二）逆变器

逆变器将直流电源逆变成交流电源，使其输出稳定的交流电源供给负载。逆变器仅具有调频功能，而不具备调压能力。

逆变器电路由IGBT桥式逆变模块、驱动板、L-C电感电容滤波器、隔离输出变压器、电流互感器，以及控制板等组成。

（三）静态开关

如图10-3所示，RA101/102/103为静态开关接触器组，RA103的合分由主回路和自动旁路是否满足同期条件决定，若同期条件满足（即频率、相位差小于规定值），RA103就保持在闭合状态。RA101/102运行时互锁（只能闭合其一），停机时全分。PC690为静态开关驱动板，R为静态开关限流元件，防止并列时的冲击环流损坏静态开关。主回路切自动旁路时，PC690控制内部晶闸管组使自动旁路瞬时导通供电（经RA103支路），待RA101分，RA102合动作完毕才使晶闸管元件截止，返回原断开状态。自动旁路切主回路时，PC690控制内部晶闸管组使自动旁路瞬时导通供电（经RA103支路），待RA102分，RA101合动作完毕才使晶闸管元件截止，返回原断开状态。

只有当下列条件满足时RA103才能保持在闭合状态：

（1）旁路电源输入电压与逆变器输出电压的频率、相角差在规定范围内。

（2）旁路电源输入开关在闭合状态。

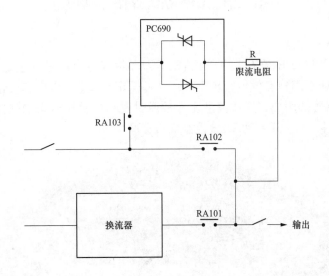

图 10-3 静态开关原理图

（四）旁路自动稳压器

UPS 旁路自动稳压器由调压电路、控制电路，以及伺服电机等组成。当旁路输入电压或 UPS 负载发生变化时，由控制电路进行取样、比较、放大，然后驱动伺服电机转动，使调压器碳刷的位置改变，通过自动调整线圈匝数比，从而保持输出电压的稳定。

三、UPS 系统运行方式

（1）主回路运行方式：正常情况下由 380V 母线提供三相交流电源，经整流器整流滤波为直流电，再由逆变器变换为 220V 交流电源向负载供电。

（2）主回路/整流器故障运行方式：当 380V 交流电源或整流器发生故障时，UPS 将自动（无延时）转由直流电源供电，工作电源恢复后又自动转为工作电源供电。当逆变器输入电压过低时，将切换至旁路电源供电。

（3）逆变器故障运行方式：当逆变器故障（逆变器超温、过载、输出电压异常、过流）且自动旁路工作正常时，UPS 将自动（无延时）转由自动旁路电源向负载供电；当逆变器恢复正常后，UPS 将自动切换至逆变器向负载供电。

（4）手动切换运行方式：在逆变器供电运行方式下，当同期条件满足时，手动按两次 [B/P/INV] 按钮，UPS 将转由自动旁路电源向负载供电，且不会自动切回主回路；如是通过手动切换至自动旁路供电运行，当同期条件满足时，手动按一次 [B/P/INV] 按钮，UPS 将转由主回路向负载供电。

（5）手动检修旁路运行方式：在检修 UPS 主机期间，由旁路交流电源通过手动检修旁路直接向负载供电，相当于 UPS 主机的输出与输入直接短接，UPS 主机整体退出运行。

（6）单机带两条母线运行方式（公用 UPS 及二期升压站 UPS）：因检修或其他原因，需将该套 UPS 负荷转为另一套 UPS 供电，先将两套 UPS 主机切至旁路运行，合上母联开关并列两段母线，再断开该套 UPS 对应母线的进线开关，确认另一套 UPS 已带两段母线运行，再将 UPS 切回主路运行。

第二节　UPS 系统操作与维护

一、主机柜操作

惠电 GTSI 系列 UPS 配置有 LCD 液晶显示器和触控键盘面板，它是用户与 UPS 直接交流的主要界面，便于用户有效地管理 UPS。有关 UPS 信息、告警和出错状况都会通过控制面板 LCD 显示器告知用户，这些信息还常常通过音频告警声音来加强提示效果，提醒用户注意或有故障发生。GTSI 系列 UPS 控制面板见图 10-4。

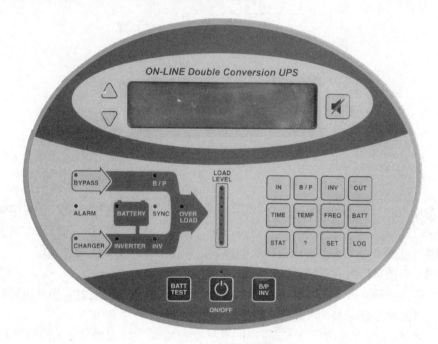

图 10-4　UPS 控制面板图

（一）[LED] 指示灯

LED 指示灯位于控制面板的左半侧，可以对 UPS 运行状态提供一目了然的流程指示。LED 灯采用彩色标记，使得用户能够容易快捷地找到所要的区域，即红色指示故障或异常状态（通常会伴随有音频告警），黄色指示警告注意，绿色指示正常运行状态。

表 10-2 列出了各个指示灯默认的颜色定义。

表 10-2　　　　　　　　　　　　UPS 操作面板指示灯含义

指示灯	定义描述	默认颜色定义
BYPASS	旁路正常	绿色
B/P	输出连接到旁路	红色
OVERLOAD	过载	红色
BATTERY	电池不正常	红色
SYNC	逆变器同步状态	绿色

指示灯	定义描述	默认颜色定义
CHARGER	充电器运行	绿色
INVERTER	逆变器正常	绿色
INV.	输出连接到逆变器	绿色
LOAD LEVEL	负载百分比	绿色
LOAD LEVEL	负载大于100%	黄色到红色

由主回路供电、自动旁路电源正常的工况下，主机柜LCD上应该有且仅有SYNC、BYPASS、CHARGER、INVERTER和INV绿灯亮，B/P、ALARM、BATTERY、OVERLOAD保持熄灭状态。

（二）功能按钮

系统的功能按钮指控制面板LCD右边的▣（告警消音）按钮和正下方的三个按钮。

按▣按钮用于消除系统故障引起的告警声音。

注：此操作没有相对应的显示，［ALARM］灯仍会亮起以继续提醒用户系统有故障，直到问题解决后该灯才会熄灭。

1.［UPS ON/OFF］UPS开关机按钮

关机状态按该按钮开机，UPS会自动进行一系列的自我诊断测试并显示诊断结果。

开机状态按该按钮关机，系统对此命令会要求再次确认：在2s内，再按一次该按钮，表示确认选择关机。

2.［B/P INV］主回路/旁路切换按钮

逆变器供电时，手动2s内按两次主回路/旁路切换按钮，UPS将转由自动旁路电源向负载供电，且不会自动切回主回路；旁路电源供电时，手动按一次主回路/旁路切换按钮，UPS将转由主回路向负载供电，主回路发生逆变器故障且自动旁路正常时仍能自动（无延时）切换到自动旁路供电。

3.［BATTERY TEST］电池手动测试按钮

按［BATTERY TEST］按钮，就会人为启动一次电池测试程序，对电池进行测试。测试内容为：将整流器输出降低至200V，使电池放电1min，如果电池电压1min后降至小于200V，说明电池有故障。

注：LCD上非电池试验期间显示的是逆变器输入电压，试验期间则显示放电电池电压和剩余使用时间。

测试结束后将结果显示如图10-5所示。

（三）信息按钮

UPS对其运行状态实施连续监控。运行人员想要获取实时信息，只要按位于控制面板的右半部分的信息按钮，LCD就会立即显示对应的状态信息。而相应的LED指示灯则提供一目了然的状态流程：

［IN］输入：显示系统实时输入电压；

［B/P］旁路：显示旁路电压和电流；

［INV］逆变器：显示逆变器输出电压和电流；

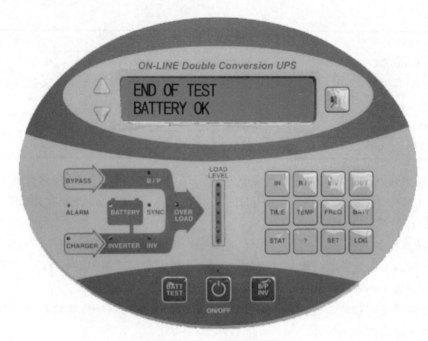

图 10-5　电池测试结果显示

［OUT］输出：显示 UPS 系统输出电压和电流；

［FREQ］频率：显示逆变器和旁路的输出频率；

［BATT］电池：显示电池电压、电流；

［TIME］时间：显示当前时间；

［STAT］状态：显示系统当前状态和系统累计运行时间；

［TEMP］温度：显示主散热器温度；

［LOG］事件记录：记录异常事件和历史数据；

［SET］事件设定：设定在线时钟；

［?］在线帮助功能。

二、旁路柜操作

SYNC 灯亮只表示频率、相位满足同期条件，运行人员要自行确定电压是否满足同期条件，并在旁路柜就地手动调节旁路电源电压。

正常时旁路调压柜保持运行状态，有两路电源互为备用，自动切换。

（1）调节旁路柜电压：通过手动调节旁路输出电压，满足 UPS 要求。

（2）旁路柜送电操作：

1）合上旁路柜的输入电源开关；

2）调节旁路柜电压；

3）确认旁路柜输出电压在规定的范围内。

（3）旁路柜停电操作：断开旁路柜的输入电源开关，确认旁路柜电源指示灯熄灭。

三、UPS 运行操作

（一）UPS 投入运行操作

（1）如图 10-1 所示，分别合上 UPS 主机主输入开关（CHARGER）和旁路输入开关（ST. SW）；

（2）UPS 系统开始自检，并在 LCD 上显示自检信息，待有且仅有 BYPASS 和 CHARGER 绿灯亮后，合上直流电源开关（BATTERY）；

（3）系统开始执行电池检测，大约 1min 后检测完毕。若发现直流输入电压过低，会发 BATTERY LOW 报警，ALARM 和 BATTERY 红灯亮；

（4）等待 LCD 上出现 UPS OFF，按［ON/OFF］按钮，启动逆变器，检查 B/P 红灯点亮后又熄灭，SYNC、INVERTER、INV 绿灯点亮，LCD 显示 UPS OFF，LCD 上显示 UPS OK（启动逆变器后，先自动切至自动旁路，判断同期满足后，又自动切回至主回路，所以 B/P 灯点亮后又熄灭，此时如果同期不满足，则停留在自动旁路不会切回主路，B/P 灯一直亮，SYNC 灯不会亮）；

（5）合上输出（OUTPUT）开关；

（6）合上 UPS 母线进线开关；

（7）合上 UPS 馈线中的负荷开关。

（二）UPS 由主回路供电转为自动旁路供电操作

（1）检查 UPS 旁路柜各开关位置状态正确，自动稳压器自动调压隔离开关在合闸位置；

（2）检查 UPS 主机柜 LCD 上 SYNC、BYPASS、CHARGER、INVERTER 和 INV 绿灯亮；

（3）如果 UPS 输出开关已合上，确认主回路和自动旁路电压幅值差小于 20V；

（4）按下［B/P INV］按钮，主机柜 LCD 上显示"Load to bypass? press again!"要求再次确认，在 2s 内，重复按一次［B/P INV］按钮，表示确认选择转旁路操作；

（5）检查主机柜 LCD 上 SYNC、BYPASS、CHARGER、INVERTER 绿灯亮，B/P 灯红灯亮，确认切换成功。

注：SYNC 灯亮只表示频率、相位满足同期条件，运行人员要自行确定电压是否满足同期条件，并在旁路柜上手动调节旁路电源电压。

（三）UPS 由自动旁路供电转为主回路供电操作

（1）确认 UPS 由人为操作切换至自动旁路运行；

（2）检查主机柜 LCD 上 SYNC、BYPASS、CHARGER、INVERTER 绿灯亮，B/P 灯红色，无其他异常报警；

（3）如果 UPS 输出开关已合上，确认主回路和自动旁路电压幅值差小于 20V；

（4）按一下［B/P INV］按钮；

（5）检查主机柜 LCD 上 SYNC、BYPASS、CHARGER、INVERTER 和 INV 绿灯亮，无其他异常报警，确认切换成功。

（四）UPS 由主回路供电转为检修旁路供电操作

（1）将 UPS 由主回路供电转为自动旁路供电；

（2）合上手动检修旁路开关；

（3）断开 UPS 输出开关。

（五）UPS 由检修旁路供电转为主回路供电操作

（1）合上 UPS 主机柜中的主输入开关（CHARGER）和旁路输入开关（ST. SW）；

（2）检查 UPS 输出开关在断开位置；

（3）主机柜 LCD 上开始显示自检信息，待有且仅有 Bypass 和 CHARGER 绿灯亮后，合上 UPS 主机柜中的直流输入开关；

（4）UPS 进行自检（大约 1min），若直流输入电压过低，会发 BATTERY LOW 报警，ALARM 和 BATTERY 灯亮；

（5）等待 LCD 上出现 UPS OFF，按 [ON/OFF] 按钮，启动逆变器，稍后 INVERTER 和 SYNC 灯亮，并确认 INV 绿灯亮，LCD 上显示 UPS O；

（6）将 UPS 由主回路供电转为自动旁路供电；

（7）合上 UPS 输出开关，断开 UPS 手动检修旁路开关；

（8）将 UPS 由自动旁路供电转为主回路供电。

（六）UPS 退出运行操作

（1）逐一关闭或转移所有 UPS 馈线柜中的 UPS 负载。

（2）连续按 [ON/OFF] 按钮两次，按一次后主机柜 LCD 会显示"ups off? press again!"再按一次表示确认后，系统将逆变器关闭，此时 LCD 显示 UPS OFF，INVERTER 和 INV 灯灭。

（3）先后断开直流输入开关、旁路输入开关、交流输入开关和 UPS 输出开关，此时 CHARGER、BYPASS 灯灭。

四、UPS 运行规定

（1）UPS 在运行期间，不要触碰 UPS 主机柜控制面板的 [ON/OFF] 按键，在 2s 内触碰 2 次将导致 UPS 关机。

（2）UPS 投运时，应先合上整流器交流输入开关，检查整流器运行正常后，才能合上直流电源输入开关。

（3）当启动逆变器运行后，应检查整流器、逆变器的风扇运行正常。

（4）主回路电源与旁路电源必须同期条件（电压、相位和频率）满足时，才能进行切换。

（5）正常运行时，手动维护旁路开关断开并上锁。

（6）由主回路逆变器带负荷时，严禁合上手动维护旁路开关。

（7）切换到手动旁路供电时，应确认负载已由自动旁路供电后，才能合上手动维护旁路开关。

（8）为防止 UPS 输出失电，对于机组 UPS 系统，必须确认手动维护旁路开关合上后，才能停止逆变器运行。对于公用 UPS 和升压站 UPS 系统，应确认手动维护旁路开关合上或者母联开关合上由另一套 UPS 系统供电后，才能停止逆变器运行。

（9）升压站 UPS 主机双电源自动切换开关正常运行时，应在"自动"位置。

（10）对于公用 UPS 及升压站 UPS 系统，正常情况下，两段母线的母联开关应在分闸位置，若需合上母联开关，应先将两套 UPS 从主回路切至旁路运行，再合上母联开关。

（11）正常运行时，自动旁路电源频率在（50±2）Hz 范围内时，主回路逆变器频率跟踪自动旁路电源频率，大于（50±2）Hz 范围时，则保持 50Hz 运行。

（12）正常运行时，自动旁路电源电压通过自动稳压器调节在 220V AC±2% 范围内，主回路逆变器电压跟踪自动旁路电源电压，但在主回路和自动旁路切换操作前，仍需按下 UPS 控制面板上的 [INV] 和 [BYP] 按钮确认逆变器和旁路电压、频率正常，主回路和自动旁路电压幅值差小于 5％额定电压。

（13）只有当逆变器启动后，逆变器和整流器的冷却风扇才会启动。当大于 50％UPS 额定容量时，风扇自动切换到高速运行。

（14）若 UPS 在正常运行中，直接停运逆变器会造成 UPS 短时失电，之后若此时旁路正常，则自动切至自动旁路运行。

（15）UPS 如果已经发生自动旁路故障（即 BYPASS 灯不亮），而整流器交流电源输入开关又在运行中跳闸，UPS 已转由直流电源供电，当检查无保护动作，可以重新合上整流器交流输入电源开关，重新投入整流器运行。

（16）当下列条件全部满足时，负载将自动切回到逆变器：

1）并非手动切换至自动旁路运行；

2）正确的逆变器输出电压；

3）UPS 的输出电流小于过载值；

4）逆变器无超温故障存在。

第三节　UPS 系统事故处理

一、UPS 系统常见故障

在 UPS 发生故障时，应立即检查 UPS 主机柜 LCD 显示面板的报警信息，然后根据情况对照表 10-3 来处理。

表 10-3　　　　　　　　　　　　　UPS 报警信息表

显示信息	汉语解释	LED 灯和声音	原因描述
FAULT CONDITION! SERVICE REQUIRED	装置故障! 等待修复	—	自检结果未通过
UPS OFF INPUT IS LOW	UPS 关机 输入电压低	—	直流电压低造成关机
BATTERY UNDER LOAD	电池带负载	每 4s 响一下	由于主电源中断或整流器故障，逆变器由电池供电
BYPASS VOLT FAULT	旁路电源故障	Bypass LED 灯不亮	Bypass 旁路故障
LOAD TRANSFERING PLEASE WAIT	负载正在切换，请等待	负载在 B/P, INV 逆变器 LED 不亮	开机瞬间是由旁路供电，检测逆变器正常后切换（约需 40s），此处为开机时逆变器检测未通过的现象
LOAD TRANSFERING PLEASE WAIT	负载正在切换，请等待	负载正在从旁路向主回路切换，B/P 亮，INV 逆变器 LED 不亮	负载正在从旁路向主回路切换显示此信号，如切换超过 3s，则切换系统有故障
INVERTER FAULT	逆变器故障	INV 逆变器 LED 不亮	逆变器故障

313

显示信息	汉语解释	LED 灯和声音	原因描述
BATTERY LOW	电池电压低	Battery 电池 LED 亮	直流电源未能通过测试或直流电压低或直流开关未合
RECTIFIER FAULT	整流器故障	—	整流器故障或电池不良
—		SYNC 同步 LED 不亮	逆变器未能与旁路同步
OVERLOAD	过载	Overload 过载	过载，逆变器自动切换至旁路
OVER TEMPERATURE	超温	ALARM LED 亮	超温，如果是逆变器超温则自动切换至旁路

二、UPS 系统故障处理

（一）整流器故障

1. 现象

（1）DCS 上有 UPS 故障的报警；

（2）UPS 的 LCD 显示面板上会有"BATTERY UNDER LOAD（蓄电池供电）""RECTIFIER FAULT（整流器故障）"报警；

（3）蓄电池有输出电流。

2. 原因

（1）电子元器件损坏；

（2）整流器过负荷；

（3）直流电压过电压保护动作；

（4）交流电源故障；

（5）整流桥出现故障；

（6）整流器控制单元出现故障。

3. 处理

（1）记录 UPS 各卡件上的报警信号灯，并通知检修处理；

（2）若预计检修时间较长，应将 UPS 由蓄电池供电转由旁路供电；

（3）检修过程中若需要停运 UPS 主机，应将 UPS 系统转由手动检修旁路供电。

（二）逆变器故障

1. 现象

（1）DCS 上有 UPS 故障的报警；

（2）UPS 的 LCD 显示面板上有"INVERTER FAULT"或"BATTERY LOW"的报警；

（3）UPS 的控制面板上［IN］输入灯灭，［B/P］旁路灯闪烁；

（4）UPS 旁路有输出电流。

2. 原因

（1）逆变器输出电压越限；

（2）直流母线电源熔断器熔断；

（3）逆变器过负荷；

（4）逆变器上的功率模块故障；

（5）逆变器控制单元故障。

3. 处理

（1）记录UPS各卡件上的报警信号灯，并通知检修处理；

（2）检修过程中若需要停运UPS主机，应将UPS转由手动检修旁路供电。

（三）无法同步

1. 现象

（1）DCS上有UPS故障的报警；

（2）UPS的控制面板上"SYNC"同步灯不亮。

2. 原因

（1）旁路频率越限；

（2）系统频率跟踪板故障。

3. 处理

（1）检查旁路和主回路的频率是否正常；

（2）通知检修人员处理。

（四）温度高故障

1. 现象

（1）DCS上有UPS故障的报警；

（2）UPS的LCD显示面板上有"OVER TEMPERATURE"报警，如果是逆变器超温则UPS自动切换至自动旁路运行。

2. 原因

（1）风扇停运或在大于50％额定容量时没有正确切换高速运行；

（2）整流器、逆变器和输入隔离变压器其中一个超温。

3. 处理

（1）检查整流器或逆变器或输入隔离变压器温度是否正常，通风孔是否堵塞，风扇是否运行正常；

（2）没有严重问题则等待UPS系统自动切换，并机运行的UPS可以视情况停运故障UPS。

第四节　运行经验分享

一、某电厂在给UPS恢复送电过程中UPS主机无法启动

1. 事件经过

某电厂1号机组UPS因检修需要已转为手动检修旁路供电，由于检修时间较长，直流母线上的平波电容已经放电。当UPS主机检修结束后，运行人员先合上主回路输入开关，然后合上蓄电池开关，发现UPS柜内有焦糊味，UPS主机无法启动。检修人员进厂检查后，发现1号机组UPS的直流熔断器熔断、平波电容烧毁。

2. 原因分析

检修人员将1号机组UPS主机的主回路输入电源接错，误将380V N线（中性线）接

入主回路进线开关 A 相，导致合上 1 号机组 UPS 主回路输入电源开关后，UPS 判断电源缺相，其整流器不工作，无直流输出。此时合上 1 号机组 UPS 蓄电池开关后，UPS 的直流熔断器熔断、平波电容烧毁。

如图 10-6 所示，整流器输出直流母线上并联有 6 节 8800UF 的电容，在 UPS 主机检修期间电容已放电完毕，其两端电压基本为 0V，如果此时整流器故障无电压输出，在合上蓄电池开关的瞬间电容就相当于短路状态，这样会产生很大的短路电流导致电容烧毁、直流熔断器熔断。而在整流器工作正常的情况下，启动整流器后，整流器的短路回缩功能控制其输出电压由 0V 慢慢升高至额定电压，此时平波电容也逐渐充电至额定电压，再合上蓄电池开关就不会对设备造成冲击。

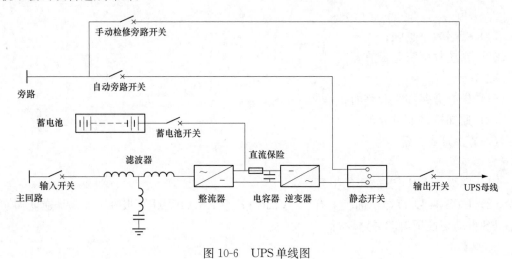

图 10-6 UPS 单线图

3. 结论

在 UPS 送电操作过程中，必须检查确认整流器工作正常，其输出电压已达到正常范围后，才能合上蓄电池开关，以防止直流母线上的熔断器熔断、电容烧毁，导致 UPS 主机无法启动甚至 UPS 失电。

二、UPS 板卡元件故障

1. 事件经过

事件一：2 号机组 UPS 系统运行中发故障报警。现场检查 UPS 主机柜控制面板上 alarm 灯红色、battery 灯红色、charger 灯不亮、inv 灯绿色、B/P 灯未亮。确认 UPS 系统仍在主路供电状态，但整流器未运行，UPS 系统处在蓄电池供电状态。

事件二：1 号机组 UPS 系统整流器输出电压降低至 380V，正常情况应为 430V 左右，UPS 蓄电池检测装置报警，多个蓄电池出现电压低的情况。检查 UPS 主机运行正常，并无任何报警，但显示的整流器直流电压只有 380V。

事件三：1 号机组 UPS 由主回路供电运行，在断开 UPS 自动旁路电源开关时，UPS 失电。

事件四：1 号机组 DCS 上频繁发出报警 "UPS BATTERY DISCHARGE" "UPS FAULT" 出，就地检查 UPS 面板正常，直流电压为 377V，电流为 −13A（蓄电池室内 UPS 蓄电池电压为 421V，电流为 0A），打开 UPS 主机柜门可以听到电源模块箱约每 4s 发出一声"滴"的声响。电气检修人员现场检查后判断 1 号机 UPS 整流板故障。运行人员将 1 号机 UPS 已切至检修旁路运行，UPS 主机停运。

事件五：DCS 上多次报"一期升压站 UPS 2 号主机柜综合报警动作"，2 号 UPS 自动切至自动旁路运行。

2. 原因分析

事件一：可能发生故障的情况包括：主回路三相交流输入故障、整流器本体故障、整流器的控制回路故障。检查三相交流输入、整流器本体均未发现异常，怀疑整流器控制回路故障的可能性很大。于是检查整流器控制板 PC990，发现板卡上有一个指示灯 CR24 在闪烁频率较正常时缓慢。将 UPS 主机切换至检修旁路供电，更换新的 PC990 板卡后，重新启动 UPS 主机运行正常，将 UPS 恢复正常运行方式。

事件二：检查发现 PC873 板故障，PC873 板主要是 UPS 工作电源供应中心，其输入来自主输入、电池组直流和旁路电源，通过 DC/DC 开关方式产生隔离的内部工作电源，并用于 LCD 显示。PC873 板上代表工作状况的 3 个 LED 灯中，只有 2 个灯亮，还有 1 个不亮。更换了新的 PC873 板，再次启动 UPS 主机，整流器输出电压达到正常值 430V，故障全部消除。

事件三：造成 UPS 失电的原因是 UPS 电源板发生故障，UPS 电源板的电源取自整流器输出和自动旁路电源，两路电源互为备用供电，当电源板的控制电源取自自动旁路电源时，断开自动旁路电源开关，此时由于电源板故障无法自动将电源切换至整流器输出端供电，导致电源板失电，从而使 UPS 异常失电。

事件四：电气检修人员现场检查后判断 1 号机 UPS 整流板故障。当 380V 交流电源或整流器发生故障时，UPS 将自动（无延时）转由直流电源或蓄电池供电，但此事件整流板故障后，UPS 并没有切换至直流电源供电。电气检修人员更换了板件，停机后试运 UPS 工作正常。

事件五：电气检修人员现场检查后告知一期升压站 2 号 UPS 主机柜整流控制板处于故障临界点，可能会频繁切换，但主路与自动旁路切换七次后会锁定在自动旁路。厂家更换控制板后恢复正常，恢复主路供电。

3. 结论

（1）UPS 的 PCB 板卡等电子元器件，在高温、多尘的环境下加速老化，容易发生故障。

（2）由于这些板卡都是 UPS 系统的控制核心，一旦出现故障将产生不可估计的后果。所以正常运行过程中应注意改善板卡元器件的运行环境以及定期对其进行检查和除尘工作。

（3）尽量选择在机组停运期间做 UPS 相关切换操作。

（4）利用红外成像技术检查 UPS 板卡及接线头有无过热的情况，这样可及早发现故障，避免不必要的损失。

三、集控楼并机 UPS 的蓄电池充电时，两台 UPS 主机故障停电

1. 事件经过

某电厂三台机组停运，集控楼两台并机 UPS 均在主回路运行，蓄电池输入开关断开，蓄电池进行放电核对容量试验。当蓄电池放电结束，运行人员就地合上蓄电池开关后，整流

器的输出电压瞬间降低，逆变器切换至自动旁路运行，另一台 UPS 也自动切换至自动旁路运行，但在切至自动旁路运行的同时，UPS 主机和 UPS 从机先后自动停机，就地 LCD 液晶显示屏上有 UPS OFF 告警，UPS 母线失电，导致集控室的操作员站所有电脑全部失电。迅速将 UPS 主机的手动检修旁路开关合上，由手动检修旁路带负载运行，恢复 UPS 母线供电。经过检修人员排查后，发现 UPS 电源板 PC873 故障，更换新的电源板。

2. 原因分析

UPS 在启动过程中需要检测很多的信号，如整流器电压、逆变器电压、输入输出电压等。当缺失某一信号时会造成 UPS 在启动中停机，这些信号均是由电源板 PC873 向 UPS 主控板传输的。而电源板 PC873 的控制电源取自整流器输出端，当合上蓄电池开关后，整流器输出电压瞬间降低，电源板 PC873 控制电源突然失去，可能导致电源板 PC873 故障。逆变器的输入电压降低后，两台 UPS 均自动切换至自动旁路运行。由于 UPS 主机电源板 PC873 故障，使得 UPS 主、从机之间传输的部分信号丢失，根据该 UPS 产品的控制逻辑，UPS 从机无法与 UPS 主机进行同步会自动停机。UPS 主机在 UPS 从机停机之后也同样失去了测量和通信的信号而停机。

3. 结论

（1）如果有充电机，可以先用充电机对蓄电池充好电以后，才能将蓄电池并入 UPS 系统。

（2）如果没有充电机，需要使用 UPS 整流器对蓄电池充电时，应先将 UPS 系统转至手动检修旁路运行，待蓄电池充电基本完成后再转主回路运行。

（3）由于集控室的操作员站的电脑有 UPS 和 APS 两路电源，应保证某一路电源失电切换至另外一路的过程中负载不停电。

（4）考虑到 UPS 并机运行控制逻辑复杂，一台故障会导致另一台也故障停机，因此建议取消 UPS 并机运行方式，采用两台 UPS 各带一段母线，两段母线之间加装联络开关方式。

四、UPS 逆变器偶发故障（此事件故障原因为推测）

1. 事件经过

DCS 上发出"CWP HALL UPS FAULF"报警，就地检查循环水泵房 UPS 已切至自动旁路供电，就地液晶屏上出现"Shutdown by key"报警，现场检查循环水泵房 UPS 已切至自动旁路供电，确认自动旁路供电正常后合上手动检修旁路开关，将循环水泵 UPS 切至手动检修旁路供电，重启逆变器无异常报警，维持主路空载运行；机组全停后，配合电气人员进行循泵房 UPS 试验，相关试验正常，恢复正常工作。

2. 原因分析

UPS 逆变器可能出现故障，如逆变器超温、过载、输出电压异常、过流，导致 UPS 切换至自动旁路运行。

3. 结论

UPS 逆变器发生故障时，UPS 将切换至自动旁路运行，停机后可将 UPS 切至手动检修旁路运行，重启逆变器看故障是否消除，若重启后逆变器仍存在故障，则将 UPS 主机柜隔离出来，交检修检查处理。

第十一章

厂 用 变 频 器

第一节 变频器介绍

一、变频器的工作原理

变频器是利用电力半导体器件的通断作用把电压、频率固定不变的交流电变成另一频率电能的装置。

现在使用的变频器均采用交—直—交方式变频，先把工频交流电源通过整流器转换成直流电源，然后再把直流电源转换成频率、电压均可控制的交流电源以供给电动机。

二、变频器的基本组成

变频器主要由整流器、储能滤波回路、逆变器和控制回路组成的，如图 11-1 所示。

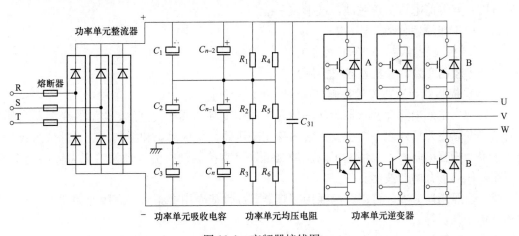

图 11-1 变频器接线图

（1）整流回路：将交流电转换为直流电，应用最多的是三相桥式整流电路。整流回路分为不可控整流和可控整流电路。

（2）滤波回路：对整流回路输出的脉动直流电压进行滤波。

（3）逆变回路：将直流电转换为交流电，应用最多的也是三相桥式逆变电路。

（4）控制回路：由运算电路、检测电路、控制信号输入/输出电路和驱动电路组成。主要任务是完成对逆变器的开关控制、对整流器的电压控制，以及完成各种保护功能等。目前，变频器基本采用微机来进行全数字控制，采用尽可能简单的硬件电路，靠软件来完成各种功能。

三、变频器的主要类型

1. 按变换的环节分类

（1）交-直-交变频器，则是先把工频交流通过整流器变成直流，然后再把直流变换成频率电压可调的交流，又称间接式变频器，是目前广泛应用的通用型变频器。

（2）可分为交-交变频器，即将工频交流直接变换成频率电压可调的交流，又称直接式变频器。

2. 按直流电源性质分类

（1）电压型变频器。电压型变频器特点是中间直流环节的储能元件采用大电容，负载的无功功率将由它来缓冲，直流电压比较平稳，直流电源内阻较小，相当于电压源，故称电压型变频器，常选用于负载电压变化较大的场合。

（2）电流型变频器。电流型变频器特点是中间直流环节采用大电感作为储能环节，缓冲无功功率，即扼制电流的变化，使电压接近正弦波，由于该直流内阻较大，故称电流源型变频器（电流型）。电流型变频器的特点（优点）是能扼制负载电流频繁而急剧的变化。常选用于负载电流变化较大的场合。

（3）按变频器调压方法分类。

1）脉冲幅度调制（pulse amplitude modulation，PAM）变频器是按一定规律改变脉冲列的脉冲幅度，对电压源 U_d 或电流源 I_d 的幅值进行输出控制的调节方式。

2）脉冲宽度调制（pulse width modulation，PWM）变频器是按一定规律改变脉冲列的脉冲宽度，其等值电压为正弦波，波形较平滑。

（4）按工作原理分类。

1）U/f 控制变频器（VVVF 控制）。

2）SF 控制变频器（转差频率控制）。

3）VC 控制变频器［矢量控制（vectory control）］。

（5）功率单元串联型变频器。功率单元串联型变频器属于交-直-交类型的变型器。其是当前高压变频主要形式之一，主要由输入移相变压器、功率模块和控制器三大部分组成。采用功率单元相互串联的办法解决了高压的难题，可直接驱动交流电动机，无需输出变压器，更不需要任何形式的滤波器。

（6）按照用途分类。可以分为通用变频器、高性能专用变频器、高频变频器、单相变频器和三相变频器等。

此外，变频器还可以按电压性质分类，按控制方式分类，按主开关元器件分类，按输入电压高低分类等。

第二节　惠州 LNG 电厂的变频器介绍

惠州 LNG 电厂二期（以下简称惠电二期）发电机组使用的高压变频器主要有两种，机组凝结水泵采用了 Allen-Bradley 公司的 PowerFlex 6000 型变频装置，变频器控制柜、旁路柜的冷却方式为室内密闭冷却，变压器柜和功率柜为室内开式强制风冷。锅炉高压给水泵采用了西门子公司的 SINAMICS 完美无谐波 GH180 变频器，变频器控制柜、旁路柜冷却方式为室内密闭冷却，变压器柜和功率柜为室内开式强制风冷。

一、惠电二期高压变频器的结构组成

（一）移相变压器

交流电源输入侧通过移相变压器给每个功率模块供电，移相变压器的二次侧绕组分为三组，根据电压等级和模块串联级数，一般由24、30、42、48脉冲系列等构成多级相叠加的整流方式，可以大大改善网侧的电流波形。使其负载下的网侧功率因数接近1，无需任何功率因数补偿、谐波抑制装置。由于变压器二次侧绕组的独立性，使每个功率单元的主回路相对独立，类似常规低压变频器，便于采用现有的成熟技术。

（二）功率模块

功率模块为基本的交-直-交单相逆变电路，整流侧为二极管三相全桥，通过对IGBT逆变桥进行正弦PWM控制，可得到单相交流输出，见图11-2。

每个功率模块结构及电气性能上完全一致，可以互换。

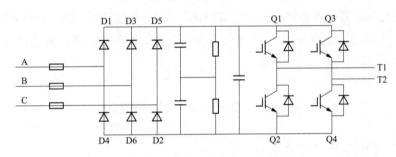

图 11-2 功率模块电力结构图

（三）控制器

控制器由高速单片机处理器、人机操作界面和PLC共同构成。其中，人机操作界面有工控PC机界面、嵌入式工控机界面、标准操作面板界面三种配置。机操作界面解决高压变频调速系统本身和用户现场接口的问题，可以实现远程监控和网络化控制。内置PLC则用于柜体内开关信号的逻辑处理，可以和用户现场灵活接口。

控制器与功率单元之间采用光纤通信，低压部分和高压部分完全可靠隔离，系统具有极高的安全性，同时具有很好的抗电磁干扰性能，可靠性大大提高。控制器由机组UPS、机组工作段供电，可靠性高。

（四）输出侧

输出侧由每个单元的U、V输出端子相互串接而成星型接法给电机供电，通过对每个单元的PWM波形进行重组，可得到阶梯正弦PWM波形。这种波形正弦度好，dv/dt 小，对电缆和电机的绝缘无损坏，无须输出滤波器，就可以延长输出电缆长度，可直接用于普通电机。同时，电机的谐波损耗大大减少，消除负载机械轴承和叶片的振动。

二、变频器的性能特点

（一）运行方式

1. 闭环运行模式

在闭环运行模式下，用户可以设定并调节被控量（比如压力、温度等）的期望值，变频器将根据被控量的实际值，自动调节变频器的输出频率，控制电机的转速，使被控量的实际值自动逼近期望值。

2. 开环运行模式

选择开环运行模式，变频器的运行频率由主界面或外部模拟信号直接给定。

（二）控制方式

变频器控制方式有两种，即就地本机控制和 DCS 远程控制。正常情况下，采用 DCS 启动控制方式。

三、冷却方式

变频器的发热部件主要是两部分：一是整流变压器，二是功率元件。功率元件的散热方式是关键。现代变频器一般采用空气冷却或者水冷。惠州 LNG 电厂二期高压变频器采用室内密闭冷却，使用空调冷却；低压变频器装在变频器柜内，每个变频器柜都安装有冷却风扇，当变频器运行时冷却风扇启动运行，变频器停止时冷却风扇停止。

凝结水泵变频室有中央空调、机组吉荣空调、格力空调柜机三套独立制冷系统，正常设置温度 26℃；高压给水泵变频室设置 2 套吉荣空调、2 套格力空调柜机制冷，正常设置温度 26℃。

第三节　变频器的运行与维护

一、变频器的正常运行方式

正常情况下，高压变频器均采用 DCS 启动控制方式。

（一）高压变频器的几种状态

（1）待机状态：已合高压，未启动变频器，系统发出待机信号，可启动变频器；人机操作界面显示"系统待机"。

（2）运行状态：变频器已启动并运行；人机操作界面显示"正在运行"。

（3）停机状态：变频处于非运行状态为系统停机状态。

（4）故障状态：系统存在故障，分为轻故障和重故障。轻故障报警，故障消除后自动复位；重故障跳闸停机，此种状态下高压开关无法合闸，需待重故障消除后，按复位按钮进行复位后方可合闸。

（5）本地/远程状态：通过变频器柜门上的选择开关进行切换。

（二）旁路功能

高压变频器配置旁路功能，变频器配备有进线隔离开关、出线隔离开关和旁路隔离开关，见图 11-3。正常情况下，变频器采用主路运行，电机可由变频器控制调速运行；但采用旁路运行时，电机可由高压开关直接启、停并进行保护，变频器可完全和系统隔离，便于维护与检修。隔离开关操作柜门装设电磁锁，只有上游高压电源开关在分闸状态，方可打开隔离开关操作柜门；隔离开关 QS3 和隔离开关 QS6 装设机械连锁装置，两把隔离开关不能同时闭合。开关、隔离开关闭锁条件见表 11-1。

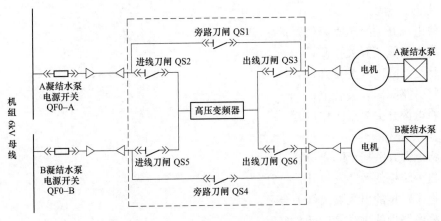

图 11-3　变频器旁路隔离开关接线图

表 11-1   开关、隔离开关闭锁条件

设备名称	联锁条件
QF0-A 合闸	QS2 合、QS3 合；或者 QS1 合
QF0-A 分闸	无
QS1 合闸	QF0-A 分、QS2 分、QS3 分
QS1 分闸	QF0-A 分
QS2 合闸	QF0-A 分、QS1 分、QS3 合、QS5 分
QS2 分闸	QF0-A 分、QS3 合
QS3 合闸	QF0-A 分、QS1 分、QS2 分
QS3 分闸	QF0-A 分、QS2 分
QF0-B 合闸	QS5 合、QS6 合或者 QS4 合
QF0-B 分闸	无
QS4 合闸	QF0-B 分、QS5 分、QS6 分
QS4 分闸	QF0-B 分
QS5 合闸	QF0-B 分、QS4 分、QS6 合、QS2 分
QS5 分闸	QF0-B 分、QS6 合
QS6 合闸	QF0-B 分、QS4 分、QS5 分
QS6 分闸	QF0-B 分、QS5 分

（三）保护配置

变频装置有过电压，过电流，欠电压，缺相，变频器过载，变频器过热，电机过载等保护功能。

（四）一拖二变频装置工频、变频转换操作

1. 变频转工频操作

（1）将电源开关摇至隔离位置；

（2）将进线隔离开关拉开；

（3）将出线隔离开关拉开；

（4）将旁路隔离开关合上；

（5）将电源开关摇至工作位置。

2. 工频转变频操作

（1）将电源开关摇至隔离位置；

（2）将旁路柜的旁路隔离开关拉开；

（3）将旁路柜的出线隔离开关合上；

（4）将旁路柜的进线隔离开关合上；

（5）将电源开关摇至工作位置。

二、变频器正常运行时的监视和检查维护

（1）变频器控制柜送电前检查急停按钮，变频器有无报警信息。如有报警信息，需按柜门上的"系统复位"按钮，清除故障锁存。

（2）需要给变频器送电时，必须先送控制电源，变频器自检正常后给出"高压合闸允许"信号后，方可给变频器送高压电。

（3）需要切断变频器电源时，应先断高压电，再断控制电源。

（4）不要用高压兆欧表测量变频器的输出绝缘，这可能会使功率单元中的开关器件受损。

（5）电机需要启动时，如果电机刚停机不久，应确认电机已经完全停转，否则容易引起变频器启动时单元过电压或者变频器过电流。

（6）现场控制系统只有在得到变频器的"系统待机"信号后，才能给变频器发启动指令，正常启动变频器。

（7）给变频器的启动指令必须在高压合闸 3s 后发出，持续时间应不小于 3s。

（8）要实现变频器正常停机，必须先给出变频器的停机或急停指令，不能直接分断高压真空开关。运行情况下直接分断高压真空开关，变频器将报电源故障（缺相或欠压）。须将变频器复位后方可重新开机。

（9）变频器控制柜操作面板：具备功能、参数设置、事件记录、报警信息、复位和停运变频器灯功能。日常检查时，只要查看记录和报警即可。

（10）如遇严重故障或紧急情况时，拍下变频器柜门上"紧急停机"红色按钮。变频器直接跳掉高压侧的 6kV 断路器。

（11）变频器操作面板上的"急停"按钮，不论系统处于"本机控制""远程控制"均在运行中有效。

（12）变频器运行过程中禁止触碰操作面板上"复位"按钮和控制柜门上的"系统复位"按钮。

第四节　变频器的常见故障处理

变频器出现轻故障时，虽然不会立即停运变频器，但必须及时处理，否则会演变成重故障，导致变频器停运。

变频器重故障就直接跳变频器，因此，出现变频器重故障后，应检查备用设备是否已自动启动，否则应手动启动，排除电机故障后将电机切换至工频模式，恢复备用功能。

1. 变压器过热

一般分为轻度过热和严重过热。轻度过热发出报警，严重故障变频器跳闸。

（1）原因分析：

1）环境温度过高：变频器内部由多个电子器件构成，工作时会产生大量的热量，若环境温度过高，会导致变频器内部元件温度过高。

2）变频器通风不良：变频柜风道堵塞，散热不良。

3）变频器冷却风扇故障。

4）变频器与电机容量不匹配，负载过重。

5）温度探头断路或温控仪故障造成误报。

6）变频器内接线接触不良，造成发热量增大。

（2）处理方法：

1）确认环境温度是否过高；

2）确认是否误报；

3）检查变压器柜的风扇是否停运，检查环境控制柜是否空开跳闸；

4）若短时处理不了，应转到备用设备运行，停运变频装置；

5）若是容量匹配问题，应减小负载或增加变频器的容量；

6）若是变频器内接线接触不良，应转到备用设备运行，停运变频装置，待检修处理后再启动。

2. 变频器主控制电源失电

（1）现象：控制柜的面板上报"主控电源消失"报警，控制柜切至备用电源供电，发声音报警。

（2）原因分析：上级电源失电、短路，电缆短路；变频器控制柜主控电源跳开或者接触器没吸合；控制系统存在短路现象致使主控电源跳开。

（3）处理方法：

1）跳开电源必须及时恢复，因为单靠备用电源供电，一旦备用电源也失电，控制系统将停止工作，变频器就会停机；

2）切换至备用工频泵运行，将变频器停运，切换至工频备用模式，联系检修查找故障；

3）变频器停运后，如果检修确认系统不存在短路，可以试合一次跳闸的空开，如果再次跳闸，禁止送电。

3. 变频器功率模块故障

（1）现象：DCS报变频器重故障报警，变频器跳闸，高压侧开关跳闸，就地控制柜的面板上报"功率模块故障"报警，发声音报警。

（2）原因分析：功率模块电容损坏、功率模块短路等。

（3）处理方法：

1）检查备用工频水泵连锁启动，否则手动启动；

2）检查变频器高压侧开关已分闸，否则手动分闸；

3）就地检查变频器故障报警信息，若变频器短路并引发着火，立即用二氧化碳灭火器灭火；

4）隔离变频器，换至工频模式，测量电机绝缘合格，检查电机无异常后，投入工频备用。

5）停机后，联系检查处理。

第五节　运行经验分享

一、功率模块故障造成凝结水泵 A 变频装置跳闸

1. 事件经过

凝结水泵 A 变频运行中跳闸，凝结水泵 B 未联锁启动，运行人员手动启动 1 号机凝结水泵 B 维持机组运行。检查凝结水泵 A 就地变频控制柜有"重故障告警，C5 模块过热"报警，但 DCS 只收到变频器轻故障信号，未收到重故障信号。

2. 原因分析

功率单元过热是布置在功率元件 IGBT 旁的散热器上检测出来，过热的原因有功率单元柜冷却系统故障、进气滤网堵塞、温度测量回路故障、功率元件老化、功率元件超载、控制模块故障等。本次故障已经排除了功率单元柜进气滤网堵塞和冷却器故障的情况，初步判断为功率模块故障，更换后运行正常。

同时检查凝结水泵 A 变频装置重故障告警信号回路，发现该回路报警信号小保险已熔断，导致 DCS 未能收到"重故障告警"信号，致使凝结水泵 B 未能联锁启动。

3. 结论

（1）变频装置在运行时发热量比较大，对冷却系统要求高，要保证变频室内冷却空调的工作正常，应定期清理功率柜的滤网；

（2）针对本次事件，建议定期检查报警信号回路保险；

（3）建议在 DCS 逻辑里增加凝结水泵 B 的联启条件，即使 DCS 收不到重故障告警信号，B 凝结水泵也可通过别的条件（如凝结水泵 A 开关位置）来联启。

二、变频器控制柜 UPS 装置故障，高压给水泵运行中跳闸

1. 事件经过

机组正常运行，高压给水泵变频器故障跳闸，备用泵连锁启动，排除电机故障后，将电机切换至工频备用。

2. 原因分析

高压给水泵变频装置控制柜 UPS 装置故障，控制系统电源切换过程，控制系统掉电。

3. 结论

变频控制柜 UPS 装置可靠性较差，转由机组 UPS 供电，提高控制系统供电可靠性。

三、3 号机凝结水泵变频器空调压缩机故障，环境温度高报警

1. 事件经过

DCS 上显示"CEP FREQ RNV TEMP HIGH"报警，3 号机凝结水泵变频器环境温度上升至 39℃，DCS 上"UNIT 3A CEP FREQ LIGHT FAULT"报警，变频器室环境温度继续上升，就地检查变频柜空调压缩机全跳闸，无法启动，就地将变频室门全部打开通风后，环境温度缓慢下降。

2. 原因分析

检查发现，空调压缩机风扇损坏，压缩机跳闸。

3. 结论

若出现变压器及变频柜内空调压缩机故障报警跳闸，按下"凝结水泵高压变频装置环境控制柜"上的"报警复位"按钮，复归报警信号，空调压缩机会自动重启；若压缩机无法启动，将变频室所有门打开自然通风冷却；若仍然温度高，启动备用工频泵，停运变频泵，隔离变频器，转为工频备用。

四、节能改造设计思路

(1) 变频改造中，最低给定频率的设定问题。频率低，电机启动电流小，启动力矩小，电机可能无法启动；频率过高，启动电流大，节能效果下降。因此最低给定频率需要反复试验，才能得出一个理想的经验值。

(2) 在节能降耗过程中，首先要考虑的问题是安全裕度，不能牺牲安全来争取节能。

(3) 对于两班制运行机组，节能重点应关注机组停运后仍需运行的辅助设备。

(4) 变频器所带来的谐波污染可能会对厂用电造成影响，在设备设计选型时应考虑这方面的问题。

参 考 文 献

［1］广东惠州天然气发电有限公司 . 大型燃气-蒸汽联合循环发电设备与运行（电气分册）. 北京：机械工业出版社，2013.

［2］王兆安，黄俊 . 电力电子技术 . 北京：中国电力出版社，2004.

［3］李崇坚 . 交流同步电机调速系统 . 北京：科学出版社，2006.

［4］吕汀，石红梅 . 变频技术原理与应用 . 北京：机械出版社，2007.

［5］吴龙 . 发电机励磁系统设备及运行维护 . 北京：中国电力出版社，2019.

［6］徐海，施利春，孙佃升，王东辉 . 变频器原理及应用 . 北京：清华大学出版社，2010.

［7］姚春球 . 发电厂电气部分 . 2 版 . 北京：中国电力出版社，2013.3.

［8］潘远 . 广东电网主网调度运行操作管理实施细则 . 广东电网有限责任公司，2020.

［9］梁俊晖 . 广东电网电力调度管理规程 . 广东电网有限责任公司，2020.

［10］国家电力调度通信中心 . 电力系统继电保护实用技术问答［M］. 2 版 . 北京：中国电力出版社，2000.

［11］李宏任 . 实用继电保护［M］. 北京：机械工业出版社，2002.

［12］王维俭 . 电气主设备继电保护原理与应用［M］. 2 版 . 北京：中国电力出版社，2002.

［13］贺家李，李永丽 . 电力系统继电保护原理［M］. 5 版 . 北京：中国电力出版社，2018.

［14］惠州天然气发电有限公司 . 一期 M701F3 型燃气-蒸汽联合循环热电机组运行规程（电气分册）. 2022.

［15］惠州天然气发电有限公司 . 二期 M701F4 型燃气-蒸汽联合循环热电机组运行规程（电气分册）. 2022.